Repetitorium Technische Kaufleute
Informatik & BPL

Theorie, Aufgaben & Lösungen

W0191823

1. Auflage 2016

Indro Giovanni Celia
Werner Latal

Indro Giovanni Celia

Betriebsökonom FH, System- und Softwareengineer in internationalen Softwareunternehmen. Berater und Teamleader in grossen und mittleren Reorganisations- und Informatikprojekten bei PricewaterhouseCoopers, Dozent und Mitglieder der Institutsleitung bei Hochschule Luzern und der Kalaidos FH. Leitung von Forschungs- und Innovationsprojekten in den Bereichen Informatik, Telematik, Elektronik und Elektromobilität. Gründer und Investor von mehreren Start-up-Unternehmen in High-Tech-Sektor. Akkreditierter Coach bei Venture, ein Programm von ETH, Kommission für Technologie und Innovation und McKinsey.

Werner Latal

ist seit 2003 Pensionist – im Unruhestand. Er war als diplomierter Elektroingenieur der Technischen Universität Graz zwischen 1963 und 2003 in verschiedensten Funktionen und auf verschiedenen hierarchischen Stufen im Weltkonzern BBC, später ABB tätig. Seine intensiven Kontakte zur Fertigung, insbesondere bei der Einführung neuer Produkte, aber auch die Mitwirkung in vielen Projekten, sowohl im Rahmen von Kundenaufträgen, als auch im internen Prozessmanagement und bei Reorganisationsaufgaben, erlauben ihm, einen intensiven Praxisbezug bei der Vermittlung von handlungsorientiertem Wissen herzustellen. Er ist seit Mitte der neunziger Jahre nebenamtlich als Dozent in verschiedenen Schulen tätig. Hierfür hat er das Zertifikat Modul 1 des Schweizerischen Verbandes für Weiterbildung erworben. 2003 begann er ein Vollstudium an der Universität Zürich, das er 2012 mit dem Lizentiat, bzw. dem Master abschloss. Er ist verheiratet, hat zwei berufstätige Töchter und zwei Enkel und wohnt in Zürich.

© by KLV Verlag AG

Layout und Cover
KLV Verlag AG, Mörschwil

1. Auflage 2016

ISBN 978-3-85612-352-9

KLV Verlag AG | Quellenstrasse 4e | 9402 Mörschwil
Telefon +41 71 845 20 10 | Fax +41 71 845 20 91
info@klv.ch | www.klv.ch

Inhaltsverzeichnis

Informatik 7

BPL 205

Anhang 407

Erklärung Icons

Theorieteil

Aufgaben zu den Themen

Theorie an einem Beispiel einfach erklärt

Guter Ratschlag oder nützliche Hinweise

Lösungen zu den Aufgaben

Qualitätsansprüche

KLV steht für **K**LAR • **L**ÖSUNGSORIENTIERT • **V**ERSTÄNDLICH.

Bitte melden Sie sich bei uns per Mail (feedback@klv.ch) oder Telefon (071 845 20 10), wenn Sie in diesem Werk Verbesserungsmöglichkeiten sehen oder Druckfehler finden. Vielen Dank.

Vorwort Teil Informatik

Die Informatikanforderungen an Technische Kaufleute, aus betrieblicher wie auch aus schulischer Sicht, sind enorm. Ich erlebe es als Dozent Jahr für Jahr: Es kommt eine neue Klasse in die erste Informatik-Lektion. Die Leute freuen sich schon auf Excel und Word, und dann muss ich sie enttäuschen.

Ich erkläre ihnen, dass wir die «Anatomie» der Informatik lernen, dass sie am Ende wissen, warum ein Unternehmen Teile der Informatik auslagern kann und andere nicht, nach welchen Kriterien Software beschafft werden und Vieles mehr. Sie erlangen am Ende dieser Lernphase Entscheidungs- und Anwendungskompetenz in wichtigen Bereichen der Informatik und letztlich der Unternehmensführung.

Dieses Wissen kann aber nur schrittweise und aufbauend erarbeitet werden. Die Informatik ist wie ein riesiges Baukastensystem. Erst gegen Ende der Lernphase fügen sich viele Einzelkomponenten zu einem Gesamtsystem zusammen.

Dieses Buch hilft, die vielen Einzelkomponenten zu verstehen und das Wissen darüber zu testen. Es ist weniger ein Buch, dass zusammenfasst, sondern viel mehr eins, dass Einzelteile erklärt. Somit ist es ideal als Zusatzmaterial während des Unterrichts und als Prüfungsvorbereitung.

Noch ein Wort an Sie, liebe Dozenten-Kollegin und -Kollege. Es gibt immer Aspekte, die man zu stark oder zu schwach oder gar nicht berücksichtigt bei der Erstellung eines solchen Buches. Ich möchte hier die bestmögliche Hilfe im und nach dem Unterricht anbieten. Sagen Sie mir was Sie ändern möchten: feedback@klv.ch.

Das Buch ist an meine liebe Frau Jacqueline gewidmet.

Indro Giovanni Celia

Vorwort Teil BPL

Das vorliegende Repetitorium BPL basiert auf einer detaillierten Analyse der eidgenössischen Prüfungen für Technische Kaufleute der letzten nahezu zehn Jahre. Nicht, dass die in ihnen verwendeten Aufgaben einfach übernommen worden wären, vielmehr wurde in jedem einzelnen Beispiel, in jeder Aufgabenstellung versucht, einen umfassenderen Zugang zur jeweiligen Fragestellung zu finden, vor allem aber durch Fragestellung und vorgelegten Lösungsvorschlag Zusammenhänge aufzuzeigen und das vernetzte Denken der Studierenden anzuregen.

Diese auf die bisherigen eidgenössischen Prüfungen ausgerichteten Aufgabenstellungen wurden durch eine Reihe weiterer Aufgaben ergänzt, die im Sinne eines Repetitoriums eine umfassendere Abdeckung der Lernziele anstreben. Nicht zuletzt wurden auch neuere Begriffe und Trends in der Logistik angemessen berücksichtigt.

Bedingt durch die Schwerpunktbildung in den Lernzielen des Faches sind Beschaffung und Produktion bezüglich Anzahl handlungsorientierter Aufgaben stark betont. Die übrigen Logistikbereiche sind durch eine Mischung aus wissensorientierten und handlungsorientierte Aufgaben gekennzeichnet.

Das gesamte Repetitorium basiert auf einem Fallbeispiel eines KMU, das im ersten Kapitel in notwendiger Knappheit, aber doch ausführlich genug dargelegt wird, um die Zusammenhänge zwischen aufgezeigten logistischen Problemen und Fragestellungen auf der einen Seite und konkreten Aufgabenstellungen auf der anderen Seite sichtbar werden zu lassen.

Wo es erforderlich erschien, wurde eine kurze Zusammenfassung der Theorie eingeschoben. Diese Texte sollen anregen, das Thema dort selbstständig zu erarbeiten oder zu vertiefen, wo der Leser in einer Selbstanalyse Wissenslücken feststellt.

Werner Latal

Informatik

Theorie, Aufgaben & Lösungen

Indro Giovanni Celia

Inhaltsverzeichnis

Informatik Mindmap

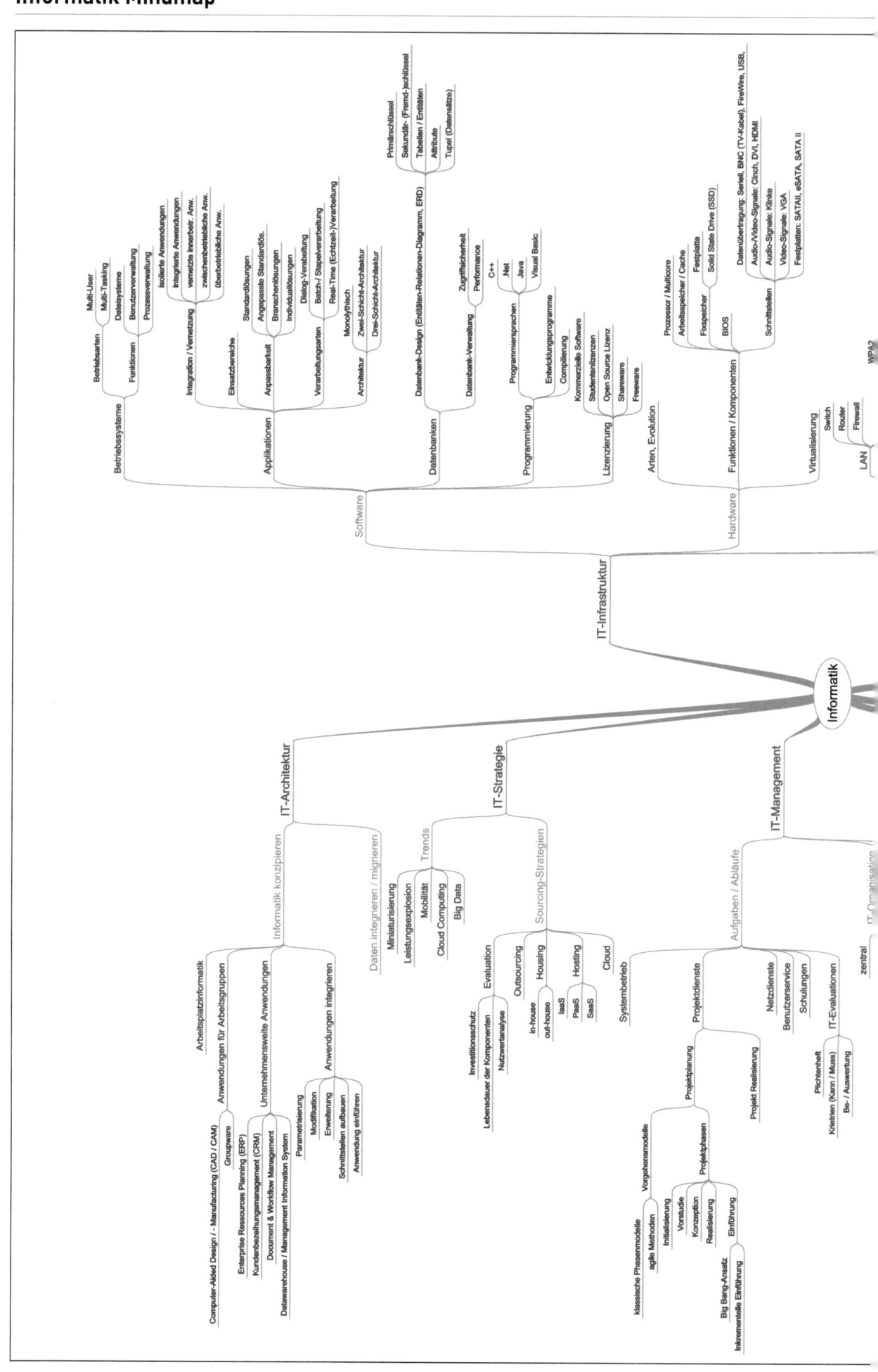

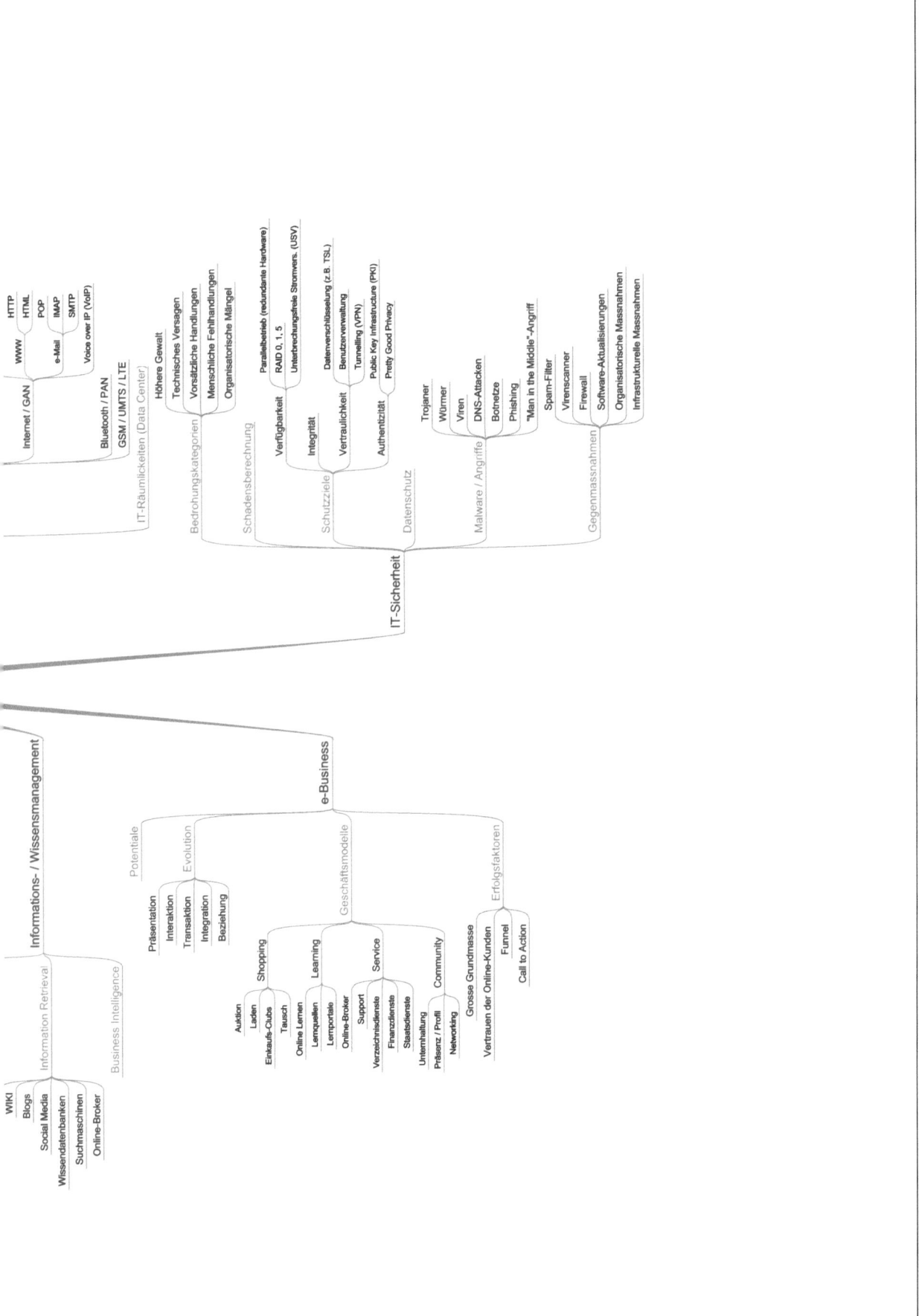

IT-Sicherheit

IT-Räumlickkeiten (Data Center)

Internet / GAN
- WWW
  - HTTP
  - HTML
- e-Mail
  - POP
  - IMAP
  - SMTP
- Voice over IP (VoIP)

Bluetooth / PAN

GSM / UMTS / LTE

Bedrohungskategorien
- Höhere Gewalt
- Technisches Versagen
- Vorsätzliche Handlungen
- Menschliche Fehlhandlungen
- Organisatorische Mängel

Schadensberechnung

Schutzziele
- Verfügbarkeit
  - Parallelbetrieb (redundante Hardware)
  - RAID 0, 1, 5
  - Unterbrechungsfreie Stromvers. (USV)
- Integrität
- Vertraulichkeit
  - Datenverschlüsselung (z.B. TSL)
  - Benutzerverwaltung
  - Tunneling (VPN)
- Authentizität
  - Public Key Infrastructure (PKI)
  - Pretty Good Privacy

Datenschutz

Malware / Angriffe
- Trojaner
- Würmer
- Viren
- DNS-Attacken
- Botnetze
- Phishing
- "Man in the Middle"-Angriff

Gegenmassnahmen
- Spam-Filter
- Virenscanner
- Firewall
- Software-Aktualisierungen
- Organisatorische Massnahmen
- Infrastrukturelle Massnahmen

Informations- / Wissensmanagement

Information Retrieval
- WIKI
- Blogs
- Social Media
- Wissendatenbanken
- Suchmaschinen
- Online-Broker

Business Intelligence

e-Business

Potentiale

Evolution
- Präsentation
- Interaktion
- Transaktion
- Integration
- Beziehung

Geschäftsmodelle
- Shopping
  - Auktion
  - Laden
  - Einkaufs-Clubs
  - Tausch
  - Online Lernen
- Learning
  - Lernquellen
  - Lernportale
  - Online-Broker
- Service
  - Support
  - Verzeichnisdienste
  - Finanzdienste
  - Staatsdienste
  - Unterhaltung
- Community
  - Präsenz / Profil
  - Networking

Erfolgsfaktoren
- Grosse Grundmasse
- Vertrauen der Online-Kunden
- Funnel
- Call to Action

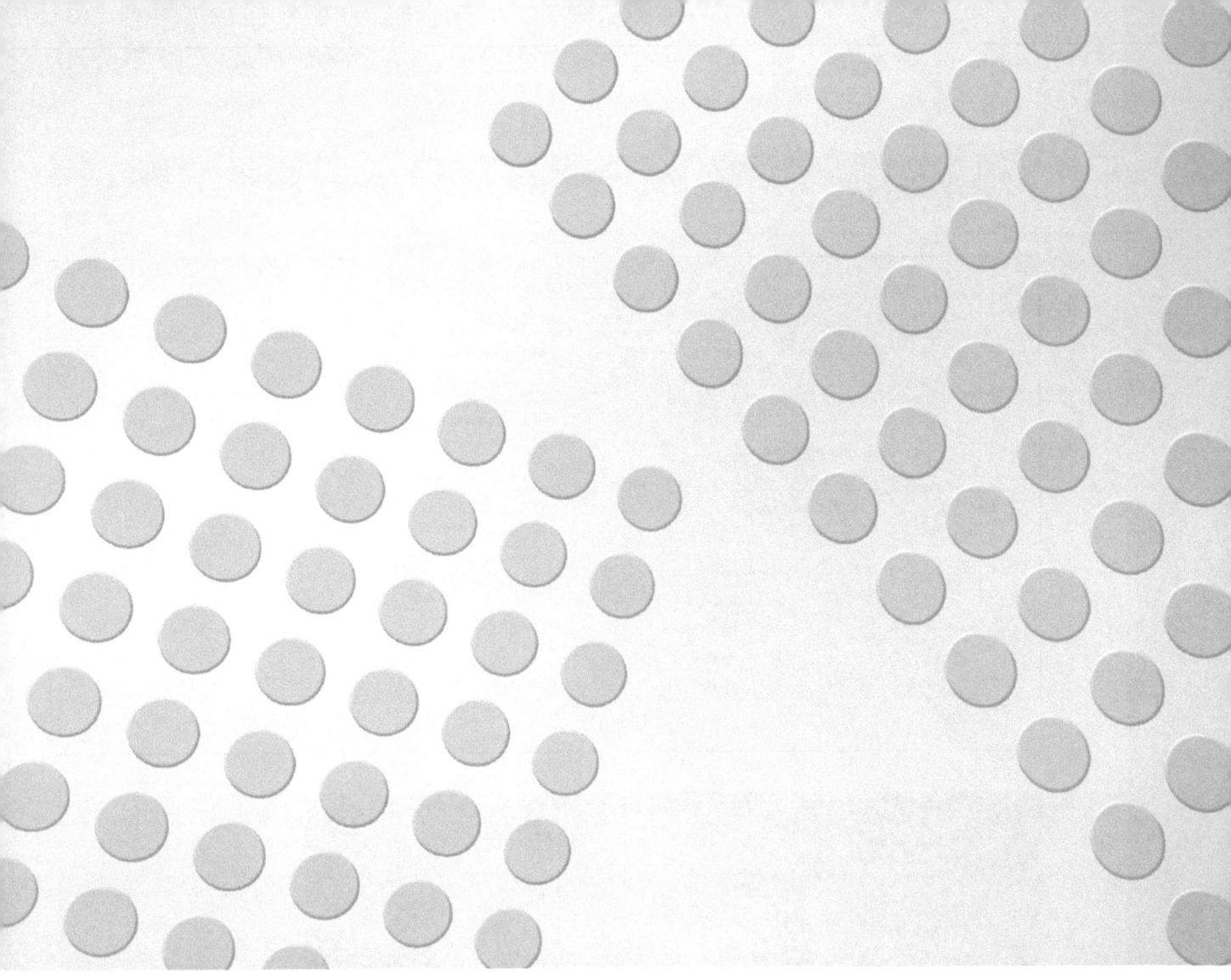

Informatik-Strategie

Kapitel 1

1 Informatik-Strategie

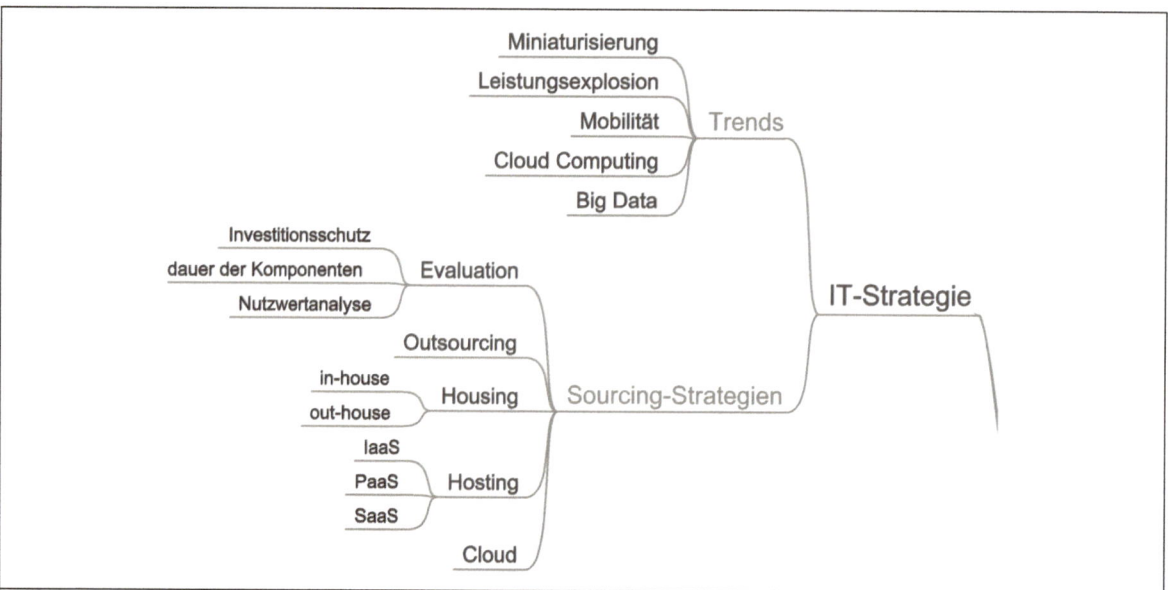

Eine Strategie kann man mit einer geplanten Aufstiegsroute bei einer Bergbesteigung vergleichen. Sie ist ein mittelfristiger Plan, eine Absicht, ein geplantes Vorgehen. In der Informatik heisst das, die grundsätzlichen Richtungsweiser zu setzen in Bezug auf:

– Strategische Bedeutung der Informatik für den Unternehmenserfolg
– Technologieeinsatz
– Aufbau- und Ablauforganisation der Informatik-Teams
– «Make-or-Buy»-Entscheidungen (Sourcing-Strategie)
– Erkennung von IT-Trends und deren Umsetzung der Potenziale für den Geschäfterfolg

Die Realität zeigt, dass bei jedem Vorhaben die Ist-Situation nicht immer einem Plan folgt, sondern viele unvorhergesehene Dinge geschehen, welche man oft gar nicht beeinflussen oder voraussehen kann. Deshalb muss die Informatikleitung strategische Pläne in kurzfristige, operative oder taktische Pläne ableiten.

Wohl der wichtigste Aspekt bei der strategischen Planung und beim Einsatz der Informatik in einer Unternehmung ist die «Wahrnehmung» der Unternehmensleitung und der Firmeninhaber in Bezug auf die Potenziale der Informatik. Es ist die Frage, wie stark die Informatik eine Unternehmung durchdringen soll. Man könnte auch von «Maturität», also Reifegrad des Informatik-Einsatzes, sprechen.

Operative Potenziale			Strategische Potenziale
Erfolgspotenzial für die Unternehmung, Kosten für die Informatik			
Informatik ersetzt papierbasierte Prozesse, Arbeitsabläufe bleiben die selben	Informatik automatisiert innerbetriebliche Prozesse (automatische interne Prozesse)	Informatik automatisiert überbetriebliche Prozesse (vollautomatische Wertschöpfung)	Informatik erlaubt neue Geschäftsmodelle (volldigitale Firma)

1.1 Entwicklung in die Zukunft

1.1.1 Miniaturisierung

Die Miniaturisierung von Informatik-Komponenten wird sehr stark von der Unterhaltungs-Elektronik (Consumer Electronics) angetrieben. Sie betrifft vor allem die Bauweise von Chips. Ein Chip (Mikroprozessor) ist hochgradig komplex und ist vergleichbar mit einer mehrstöckigen Grossstadt (also mehrere Grossstädte übereinander!).

Darin befinden sich «Quartiere» die auf bestimmte Aufgaben spezialisiert sind (z. B. Rechnen, Darstellen etc.). In einem modernen Chip existieren über 5 Milliarden ca. 30 Nanometer grosse Schaltungen.

Professionelle Informatikumgebungen im Betrieb profitieren von dieser Entwicklung, durch:

- Senkung des Energieverbrauchs
- grössere örtliche Flexibilität
- Platzgewinn
- grössere architektonische (bauliche) Freiheit/Flexibilität

Hinter dieser Entwicklung steckt die Miniaturisierung der Chips (Prozessoren) und der Hardwarekomponenten (Mikroelektronik). Letztlich geschieht dies durch zwei Bereiche:

- engere Bauweise von elektrischen Leitungen in den Chips
- Einbau von mehr und mehr Funktionen in einem Chip

Der Miniaturisierung sind aus heutiger Sicht aber auch Grenzen gesetzt:

- Die Bedienung eines Gerätes durch den Menschen erfolgt noch immer durch Tasten. Diese Tasten kann man zwar dank Mehrfachbelegung (Intelligentes Touchscreen wie bei Smartphones) effizient nutzen, aber unsere Fingergrösse limitiert eine weitere Miniaturisierung, solange die Bedienung von Hand erfolgt.
- Eine natürliche, physikalische Grenze ist die Bauweise von Chips. Wir nähern uns an die Dimension von atomaren bzw. molekularen Strukturen in Chips. Es können heute aber keine Transistoren hergestellt werden, die aus weniger als einem Atom bestehen (zurzeit sind Abstände von zehn Atomen möglich). Ausserdem verhalten sich Elektronen bei solchen Dimensionen anders als in grösseren Massstäben und die Computer-Chips werden so anfälliger. Somit stösst selbst die Nano-Technologie physikalisch an ihre Grenzen.

1.1.2 Leistungsexpansion

Dieser Trend hat damit zu tun, dass sich die Informatik in einem Rückkoppelungs-Effekt mit den Anforderungen und Wünschen der Anwender befindet. Das heisst, je mehr Funktionalität die Informatik (Geräte und Software) zur Verfügung stellt, desto mehr Ideen, Anforderungen und Wünsche werden von den Anwendern entwickelt. Diese Entwicklung treibt wiederum auch die Miniaturisierung an und umgekehrt. In der folgenden Abbildung wird diese Entwicklung anhand der Anzahl «FLOP's»[1] sichtbar gemacht:

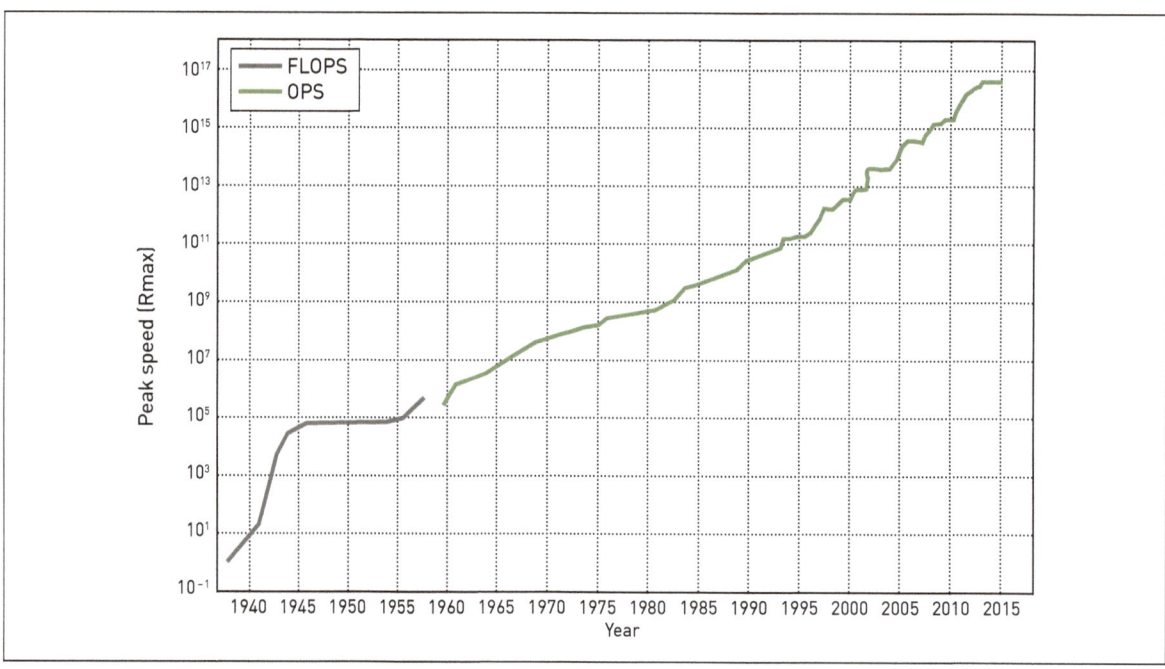

Man kann sich hier zu Recht fragen, welche Entwicklung welche andere antreibt.

Beispiel
Ist Globalisierung, Rationalisierung und Automatisierung der Geschäftsprozesse ein Treiber der Informatik-Entwicklungen oder werden diese betriebswirtschaftlichen Trends erst möglich, durch die neu entstandenen Möglichkeiten der Informatik? Man spricht in diesem Zusammenhang auch von «Informatik als Enabler» (Informatik als Ermögllicher).

---

1 FLOP's ist eine Leistungskennzahl für Prozessoren. Floating Point Operations Per Second =FLOPS; englisch für Gleitkommaoperationen pro Sekunde welche ein Mikroprozessor verarbeiten kann.

1.1.3 Mobilität

Aus den oben genannten Entwicklungen entstehen neue Möglichkeiten der örtlichen Unabhängigkeit von Geräten. Geräte werden mehr und mehr mobil, während ältere Modelle noch Kabelgebunden waren. Dieser Trend wird zudem unterstützt durch weitere Entwicklungen:

– Funktechnik ist klein und günstig geworden
– drahtlose Kommunikation ist weltweit sehr verbreitet und technisch ausgereift
– Geräte werden multifunktional (Smartphone, Smart Watches, Automobil-Technik etc.)

1.1.4 Cloud Computing

Das Aufkommen von Cloud Computing zählt zweifellos zu den auffälligsten Trends der letzten Jahre. Man könnte es umschreiben als «Informatik aus der Steckdose». Das Konzept ist einfach: Endanwender brauchen auf der Seite des Zugangsgeräts (Client) einen simplen Browser. Der ganze Rest der Komplexität ist im Hintergrund, im Datacenter untergebracht. Zwei Entwicklungen begünstigen diesen Trend:

– Die flächendeckende Verbreitung des Internet und
– die zunehmend sicheren und zuverlässigen Verbindungen.

Anbieter von Informatik-Dienstleistungen (wie Datenspeicherung, Elektronische Post, Arbeitsplatz-Anwendungen oder betriebliche Anwendungen) schaffen Angebote, die einfach und bequem von einem Browser aufgerufen werden können. Auch hier kann man sich fragen: Was war zuerst, der Wunsch der Anwender oder die technische Möglichkeit?

Vorteile für die Anwender:

– Anwender brauchen keine komplexe Informatik-Infrastruktur, ein Browser reicht.
– Anwender können sich auf ihr Kerngeschäft konzentrieren.
– Anwender müssen keine technischen Kenntnisse besitzen.
– Viele Anwender-Geräte (Endgeräte oder Clients) haben einen Browser bereits vorinstalliert.

Vorteile für die Anbieter:

– Anbieter können ihre Infrastrukturkosten auf mehrere Kunden verteilen.
– Anbieter haben dank dem Abo-Modell permanente, konstante und planbare Einnahmen.
– Anbieter können ihre Kunden besser binden als im Projektgeschäft.

1.1.5 Big Data

Diese «Informatik-Disziplin» umfasst das Sammeln und Auswerten von riesigen Datenmengen zum Zweck des besseren Verständnisses von komplexen Zusammenhängen. Dabei kommen oft viele unstrukturierte Daten ins Spiel (z. B. Bilder, Daten aus Sensoren, Kameras, Cookies, Töne, Wetterdaten etc.). Zum Unterschied: Strukturierte Daten sind Daten, welche in einer vorher definierten Struktur (z. B. in einer Datenbank) miteinander verknüpft sind (z. B. Name und Adresse von Kunden). Unstrukturierte Daten hingegen passen nicht in eine vorgefertigte Form. Es sind zum Beispiel Bilder, die eine Kamera in einem Strassentunnel liefert. Aus diesen Bildern wird maschinell ermittelt, ob sich unmittelbar ein Stau bilden wird. Oder ein grosses Warenhaus ermittelt anhand der Wetterdaten, dem Wochentag, den Nachrichten, den Daten aus den Kundenkarten und vielen anderen Faktoren wie viele Bratwürste morgen voraussichtlich verkauft werden und richtet die Lieferkette und die Mengen entsprechend aus.

1.1.6 Industrie 4.0

Die «Intelligente Produktion» ist eine weitere markante Entwicklung. Es ist die Vierte industrielle Revolution. Sie geht wesentlich weiter als die Computergesteuerte Produktion (dritte industrielle Revolution).

Die Digitalisierung der Fertigungstechnik und der Logistik geht soweit, dass Maschinen sich untereinander «selbstständig» organisieren. Dies setzt einiges voraus:

– Maschine-zu-Maschine-Kommunikation (M2M)
– Cyber-Physische Systeme (Robotik)
– Internet der Dinge (Sensoren und Maschinen sind permanent am Internet angeschlossen)
– Integration von Kunden und Geschäftspartner in tief eingebettete interne Abläufe (z.B. durch Cloud-Lösungen oder durch Systemschnittstellen)

1.1.7 Smart-Home

Smart Home bedeutet, Wohnräume so intensiv zu vernetzen, dass die darin verbauten Geräte und Maschinen selbstständig agieren oder reagieren können. Welche Ziele werden verfolgt?

– Erhöhung von Wohn- und Lebensqualität,
– Erhöhung der Sicherheit,
– effiziente Energienutzung,
– Fernsteuerung, -wartung, Überwachung (vom Mieter, Hausbesitzer, Gerätehersteller etc.)

Unter diesem Begriff fällt sowohl die Vernetzung von Haustechnik und Haushaltsgeräten (z.B. Lampen, Jalousien, Heizung, aber auch Herd, Kühlschrank und Waschmaschine), als auch die Vernetzung von Komponenten der Unterhaltungselektronik (etwa die zentrale Speicherung und heimweite Nutzung von Video- und Audio-Inhalten). Dabei spielt das Internet eine wesentliche Rolle. Man spricht in diesem Zusammenhang auch von «all-IP». Damit ist gemeint, dass alle Geräte mit dem Internet Protokoll (IP) verbunden sind.

1.2 Sourcing-Strategien

Sourcing beschreibt die Praxis der Beschaffung in einem Unternehmen. In der Informatikmittel-Beschaffung haben sich zwei grundsätzlich unterschiedliche strategische Ansätze etabliert:

- Single Source
- Best-of-Breed

1.2.1 Single Source

Hier werden Geräte und/oder Software von einem einzigen Anbieter bezogen. Dieser «alles aus einer Hand»-Ansatz ist sehr verbreitet, weil er der Komplexität von Informatik-Systemen Rechnung trägt.

Vorteile:

- günstigerer Einkaufspreis aufgrund der sicheren Abnahmen und/oder grossen Mengen
- Bildung langfristiger Geschäftsbeziehungen, wachsendes Vertrauen
- Bestellungen können als Routinevorgänge abgewickelt werden
- geringer Verhandlungs-, Kommunikations- und Logistikaufwand für Einkauf (z. B. Rahmenverträge)
- bessere Gewährleistung von Aufwärts- und Rückwärtskompatibilität unterschiedlicher Systeme

Nachteile:

- starke Abhängigkeit von einem einzelnen Lieferanten
- nicht zwingend günstiger Marktpreis
- nicht zwingend die beste Lösung (technisch, funktional, ergonomisch)

1.2.2 Best-of-Breed

Diese Strategie setzt auf den Einsatz von mehreren Hard- und/oder Softwarelösungen für die verschiedenen Teilbereiche der Informatik. Man sucht sich die beste Lösung für jeden einzelnen Bereich. In einer bereichsübergreifenden Lösung (wie z. B. bei einem ERP-System) sind oft einzelne Teile gut, andere mittelmässig oder sogar schlecht (gemeint sind Funktionen, Technik, Bedienung oder Service). Um solche Mängel zu vermeiden, sucht man sich den «Klassenbesten» von jedem Bereich. Weil hier aber nicht alles aus einer Hand stammt, müssen die Komponenten verschiedener Lieferanten miteinander verbunden werden (Schnittstellen). Es braucht den Einsatz eines Systemintegrators.

Vorteile:

- Die beste Lösung verschafft Wettbewerbsvorteile.
- Die Kunden- und Mitarbeiterzufriedenheit kann gesteigert werden.
- Der Lieferant kennt seinen Themenbereich bestens (Spezialisierung und höchste Kompetenz).

Nachteile:

- Kompatibilität ist nicht gewährleistet
- höhere Wartungskosten der einzelnen Systeme
- systemspezifisches Fachwissen zur Betreuung der Anwender notwendig
- Administrationsaufwand der Server-Farm höher
- Schnittstellenproblematik

1.2.3 Outsourcing

Outsourcing heisst Auslagerung. Es bezeichnet die Abgabe von Unternehmensaufgaben an vorwiegend externe Dienstleister. Es ist ein Fremdbezug von bisher intern erbrachter Leistung, wobei Verträge (sogenannte Service Level Agreements, SLA) die Dauer und den Gegenstand der Leistung fixieren.

Kleine und mittlere Unternehmen (KMU) zeigen gegenüber dem Outsourcing momentan eine «Alles oder Nichts»-Einstellung. Eine Mehrheit der Unternehmen kaufen heute ihre Informatikressourcen vollständig selbst ein. Wenn hingegen Ressourcen extern angemietet werden, dann werden sie überwiegend vollständig gemietet – komplett ausgelagert.

Anders sieht es bei der Wartung und Betreuung von Systemen aus. Nur eine Minderheit der Unternehmen erledigen diese Aufgaben vollständig intern. Die Mehrheit verfolgen entweder Mischformen oder sie lagern ganz aus.

Warum wird ausgelagert?

– fehlende Voraussetzung und/oder Wille oder Mittel die entsprechenden Kompetenzen aufzubauen
– betriebswirtschaftliche Kosten-/Nutzen Überlegungen
– höhere Verfügbarkeit sicherstellen, Senkung von Betriebsrisiken
– Konzentration auf das Kerngeschäft
– Verlagerung von Fixkosten zu variablen Kosten
– höhere Flexibilität durch kurzfristiges Abrufen von zusätzlichen Kapazitäten oder schnelle Senkung

Nachteile:

– Abhängigkeit zu Outsourcing-Partner ist gross
– Know-how-Verlust
– komplexe Haftungsfragen bei unerwarteten Unterbrüchen

Was wird ausgelagert?

– technische Dienste (Wartung, Security, Installation, Netzdienste, Back-up etc.)
– Fachkräfte, z. B. bei Programmierung (auch Offshoring, Nearshoring)
– Betreuung der Arbeitsplatzinformatik
– Projekt-Dienste
– Informatik-Schulungen
– Server-Betrieb (z. B. Internet-/Web-Dienste)
– Speicher-Betrieb
– Zahlungssysteme

1.2.4 Housing

Bei diesem Auslagerungs-Modell werden Teile oder die ganze eigene Informatik-Infrastruktur in das Rechenzentrum eines Providers eingestellt. Der Besitz der Informatik-Komponenten bleibt in Hand der Auftrag gebenden Firma. Der Provider stellt nicht nur die Räumlichkeiten zur Verfügung, sondern auch:

– zuverlässige Netzwerk-Verfügbarkeit
– ausfallsichere Stromversorgung
– einbruchsichere und überwachte Umgebung (innerhalb und ausserhalb des Gebäudes)
– Gebäude mit genügendem Schutz vor Risiken der höheren Gewalt
– ausserdem können auch klassische Outsourcing-Dienste bezogen werden

Beim On Site Housing (oder In-house Housing) werden dieselben Leistungen wie beim Outsourcing erbracht, mit dem Unterschied, dass die Infrastruktur beim Auftraggeber bleibt. Man könnte es auch als «Hauswart»-Modell bezeichnen.

1.2.5 Hosting

Der Hosting-Provider bietet und betreibt Hosting-Dienste (Betrieb von Hard- und Software im Namen des Kunden). Das sind Informatik-Dienste, welche den Betrieb einzelner oder mehrerer (Server-)Funktionalitäten auf Provider-Servern umfassen (E-Mail, Internet-Seiten, Buchhaltungssysteme-Systeme etc.). Die vom Provider erstellten Kundenangebote oder -dienste sind in der Regel öffentlich über das Internet zugänglich. Beispielsweise kann der Kunde eine E-Commerce-Shopping-Website oder den E-Mail-Versand/Empfang an einen Dienstleister auslagern ohne hierfür selbst Server betreiben zu müssen.

Vorteile für die Hosting-Kunden:

– Auslagerung auch nur von Teilbereichen möglich
– Provider ist hoch spezialisiert auf bestimmte Gebiete und somit wahrscheinlich sehr professionell
– oft günstiger als eigener Betrieb
– Flexibilität in der Wahl der Leistung und damit variable Kosten

Vorteile für die Hosting-Provider:

– Hunderte von Kundenanwendungen können auf dem gleichen Hardwaresystem betrieben werden, somit entstehen Skalenerträge.
– Hosting-Personal kann gut ausgelastet werden.
– Regelmässige Erträge entstehen, durch Abrechnung mittels Abo-Modell.

1.2.6 Cloud

Cloud ist schliesslich die letzte, modernste Form der Auslagerung. Aber woher kommt der Name Cloud (Wolke) eigentlich? Als das Internet seine Anfänge nahm, zeichneten es Ingenieure meistens als Wolke. Dies weil das Internet keine festen geografischen Grenzen hat – deshalb Wolke. Cloud Computing heisst Rechnen in der Wolke. Damit meint man das Speichern von Daten (auch Filehosting) oder die Ausführung von Programmen, die nicht auf dem lokalen Arbeitsplatzcomputer oder in der eigenen Informatik installiert sind, sondern eben entfernt in einem Rechenzentrum, irgendwo auf der Welt. Diesen Service bekommt man auch beim Hosting. Was ist den beim Cloud-Service anders?

Der Zugang zu dieser imaginären Computer-Wolke kann öffentlich sein (Public Cloud) oder nur für Kunden mit einer Geschäftsbeziehung zum Cloud-Provider (Private Cloud). Dabei dient das Internet immer als Zubringer und der Browser als Zugangsprogramm. Man Spricht in diesem Zusammenhang von Client-Server-Architektur, weil eine Lösung aus mindestens zwei Komponenten besteht (Zugangsgerät [Client] und eine oder mehrere Maschinen mit einem Dienst [Server]).

Unternehmen können die Intensität dieser Dienstleistung stufenweise einstellen. Die intensivste Form ist das «mieten» von Software-Programmen und Datenspeicherung (Software as a Service = SaaS). Es können auch nur die entfernte Datacenter-Infrastruktur und das dazugehörige Betriebssystem genutzt werden (Plattform as a Service = Paas), oder sie nutzen lediglich die fremde Datacenter-Hardware, sozusagen die Rechen-Kapazität (Infrastructure as a Service = IaaS).

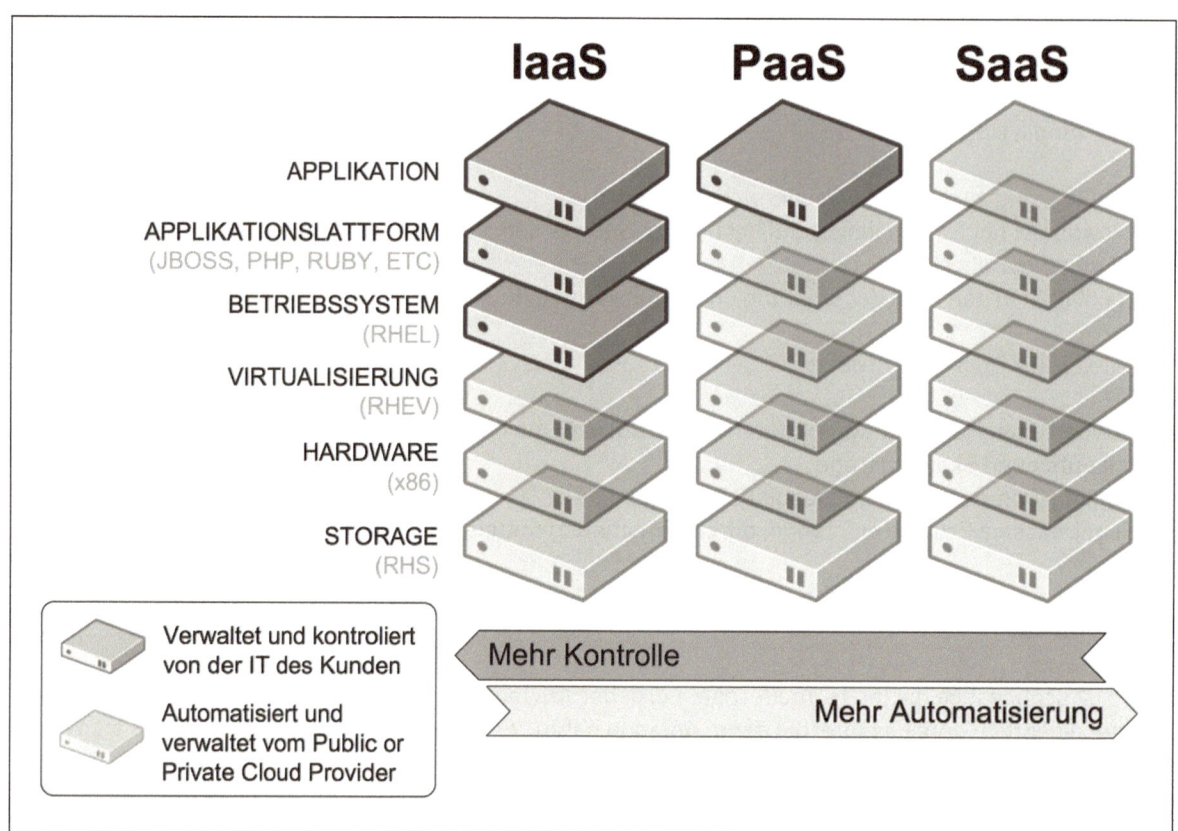

Aufgaben zu Kapitel 1

1. Informatikgrundlagen: Welche dieser Aussagen ist richtig?

   a) ☐ Die Miniaturisierung ist möglich geworden, dank neuen Technologien die es erlauben, Transistoren auf Nanogrösse zu bauen.

   b) ☐ Die Miniaturisierung ist erst dank der Entdeckung der Supraleitung möglich geworden. Eine Supraleitung ist eine Stromleitung ohne Widerstand.

   c) ☐ Der momentane Stand der Technik (industrielle Herstellung) erlaubt noch ein mehrfaches der Miniaturisierung was wir bis heute gesehen haben.

   d) ☐ Dank Nanotechnologie werden in Sachen Miniaturisierung massgebende Fortschritte möglich. Allerdings werden die weltweiten Vorräte an Silizium immer kleiner. Man arbeitet an einer Alternative, wie z. B. Chips aus Kochsalz.

2. Cloud Computing: Was stimmt hier über Cloud Computing? (mehrere Antworten)

   a) ☐ Bei Cloud Computing muss der Benutzer mindestens über einen Client verfügen. Er kann sogar diesen mieten, sodass er gar keine Hardware mehr besitzt. Aber ohne einen Zugangs-Client kann er nicht von den Cloud-Services Gebrauch machen.

   b) ☐ Das Cloud Computing ist überhaupt möglich, dank dem Client-Server-Prinzip. Ohne dieses wäre es unmöglich die Verarbeitung von der Präsentation zu trennen und somit gäbe es die externen Verarbeitungszentralen gar nicht.

   c) ☐ Ich muss mich als Firma beim Cloud Computing nicht mehr darum kümmern, ob meine Daten (z. B. Kundendaten) vollständig erfasst sind. Die inhaltliche Plausibilität der Daten übernimmt jetzt neu die «Wolke».

   d) ☐ Das Cloud Computing ist eine andere Art der Verarbeitung. Während gewöhnliche IT-Architekturen hauptsächlich auf Dialog-Verarbeitung basieren, sind die Cloud-Dienste allesamt Real-time-Verarbeitungsdienste.

   e) ☐ Cloud heisst im Englischen «Wolke». Das Prinzip des Cloud Computings ist ursprünglich eine Erfindung von Computerhersteller für Wetterstationen. Die ausserordentliche grosse Rechenkapazität für Wettervorhersagen kann jetzt auch für Unternehmen genutzt werden.

3. Nachfolgend sehen Sie eine Grafik zum Thema Hosting, Housing. Unterstreichen Sie den entsprechenden Ausdruck (am besten zutreffend) für das Bereitstellungsmodell des abgebildeten Webservers. (Der Webserver des Providers ist von ihm gekauft, nicht geleast.)

Browsing, House Farming, Housing inhouse, Housing outhouse, Inhousing, Hosting, Leasing, SLA

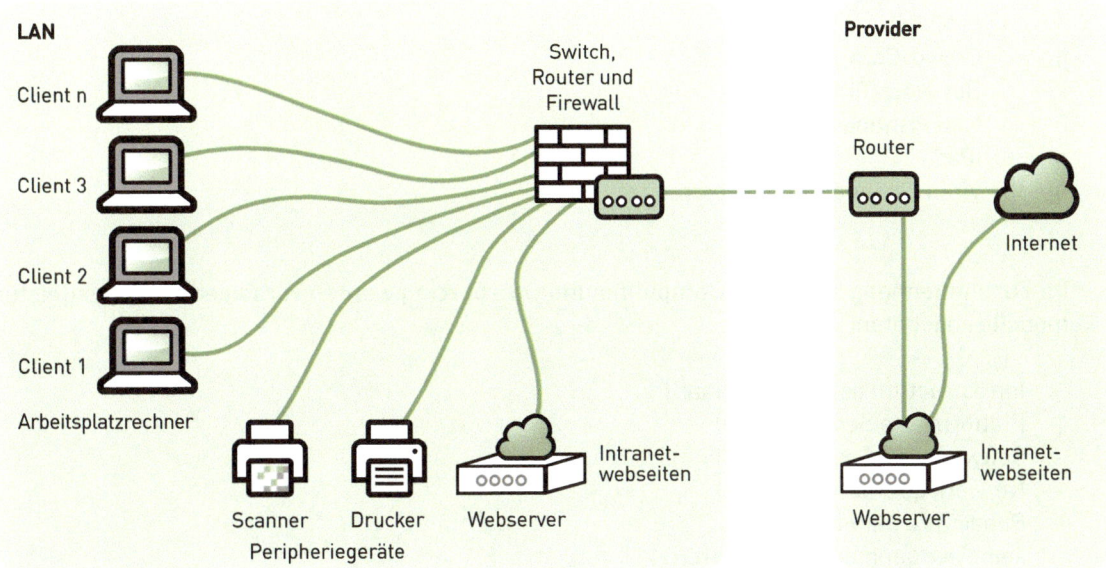

4. Lesen Sie folgende Aussagen zum Begriff IT-Strategie und kreuzen Sie an, welche Aussagen stimmen (eine Antwort).

a) ☐ Die IT-Strategie ist eine Disziplin des Geschäftsprozessengineerings, also der Aus- und Um-
gestaltung der Geschäftsabläufe in einer Organisation. Die Informatik ordnet sich unter diese
ein und unterstützt diese Konzeption mit den Möglichkeiten der Informationstechnologie. Die
Geschäftsprozesse stehen somit über alles. Die IT-Strategie beschreibt somit das Dienstleistungsangebot der Informatikabteilung. Sie wird jährlich überprüft, mit dem Ziel ein Maximum
an Kosteneffizienz und Automation mit den modernen Technologien zu erreichen. Man sagt
diesem Prinzip auch Service Level Agreement.

b) ☐ Die IT-Strategie ist ein Begriff welcher aus der Disziplin der Prozessautomation entstanden
ist. Wie uns die Autoindustrie vorführt, geht es dabei erstrangig um die Automation von Arbeitsprozessen. Die IT-Strategie legt fest, wie, zu welchem Zeitpunkt und in welchem Mass die
Prozesse nach und nach automatisiert werden. Dabei sind die strategischen Vorgaben «Kosteneffizienz» und «Stückkosten-Reduktion». Dies weil Informationen aus Sicht der Geschäftsleitung hauptsächlich als Kostenfaktor wahrgenommen werden.

c) ☐ Im Idealfall sind Programme (Applikationen) und die Infrastruktur (Hardware) optimal auf die
Bedürfnisse einer Organisation eingestellt. Diese Merkmale basieren auf einer ausgewogenen
IT-Strategie, die wiederum aus einer eingeschlagenen Geschäftsstrategie stammt. Wir haben
es hier mit einer hierarchischen Ableitung auf drei Stufen zu tun: 1. Geschäftsstrategie, 2.
IT-Strategie, 3. Informationsstrategie. Jede Ebene gibt der nächsten vor, was die entscheiden-
den Merkmale sind, damit das Geschäft in die gewünschte Richtung getrieben werden kann.

d) ☐ Die IT-Strategie leitet sich indirekt von der Geschäftsstrategie ab. Die Konzeption der Geschäftsabläufe ist der eigentliche direkte Treiber für die IT-Strategie. Wobei die Möglichkeiten
und Potenziale der Informatik wiederum auf die Gestaltung der Geschäftsabläufe zurückwirken und diese ihrerseits die Geschäftsstrategie beeinflussen. Somit ist die IT-Strategie nicht
einfach eine Ableitung der Geschäftsstrategie, sondern eine Umsetzung der betriebswirtschaftlich relevanten Stossrichtungen der Geschäftsleitung kombiniert mit dem gewählten
Ausschöpfungsgrad der Möglichkeiten der Informationstechnologie.

5. Nennen Sie zwei Beispiele von Anwendungen in der Cloud, wie sie Privatpersonen oft nutzen.

a) ☐ Load-Ballancing
b) ☐ Festplatten-Defragmentierung
c) ☐ Dateiablage
d) ☐ Navigation
e) ☐ Scanner-Dienste
f) ☐ VPN (Virtual Private Network)
g) ☐ Videobearbeitung
h) ☐ Firewall-Dienste
i) ☐ E-Mail
j) ☐ Crowd-Computing
k) ☐ Bot-Netz-Firewall
l) ☐ Net-Printing
m) ☐ iPad
n) ☐ Viren-Scanner für die Festplatte

6. Im Zusammenhang mit Cloud Computing und Outsourcing werden verschiedene Dienstleistungs-
modelle angeboten.

– Infrastructure as a Service (IaaS)
– Platform as a Service (PaaS)
– Software as a Service (SaaS)
– Network as a Service (NaaS)
– Repair as a Service (RaaS)
– keine der genannten Optionen

Wählen Sie anhand der folgenden Aussagen das richtige/entsprechende Dienstleistungsmodell aus.

a) Ein Informatik-Anbieter vermietet sichere und streng überwachte Räume mit der entsprechenden Hardware als dedizierte oder virtuelle Maschinen – ohne die Vorinstallation der Betriebssysteme.

_____

b) Dieses Outsourcing-Angebot beinhaltet die Informatik-Räume mit der entsprechenden Zutritts-kontrolle, die Hardware – allenfalls auch virtualisiert, und darauf die Betriebssysteme.

_____

c) Dieses Cloud-Angebot beinhaltet die volle Funktionalität eines ERP-Systems inklusive Daten-sicherung und Versionen-Aktualisierungen.

_____

7. Sie überlegen sich, Ihre Geschäftskritischen Anwendungen über einen Cloud-Dienstleister im Dienst-leistungsmodell «Software as a Service (SaaS)» zu beziehen, statt selber zu betreiben. Dabei nutzen Sie einen solchen Dienst direkt über das Internet – ohne Standleitung. Kreuzen Sie nachfolgend die zwei wichtigsten technischen Voraussetzungen spezifisch für ein solches Vorhaben an, aus Sicht des Cloud-Kunden.

a) ☐ Die Übertragungskapazität der Internet-Anbindung muss durch ein SLA mit dem Inter-net-Provider definiert werden und durch ihn garantiert werden.

b) ☐ Die Anwendung muss täglich durch einen aktualisierten Viren-Check ganzheitlich abgescannt werden.

c) ☐ Der Anbieter muss zertifizierte (z. B. nach ITIL) und fest definierte interne Abläufe, welche dem Kunden im Voraus bekannt sein müssen.

d) ☐ In den Arbeitsverträgen der Mitarbeiter des Anbieters müssen strenge Geheimhaltungsklau-seln mit der Androhung entsprechender Konventionalstrafen enthalten sein.

e) ☐ Die eigene Internet-Verbindung muss eine garantierte Verfügbarkeit/Performance während einer vorgängig definierten und gewünschten Betriebszeit aufweisen.

f) ☐ Die Boot-Reihenfolge der Clients muss so eingestellt werden, dass sie zuerst im Netz nach der entsprechenden Applikation suchen, bevor sie eigene Programme starten können.

g) ☐ Die Datensicherungs-Intervalle müssen mindestens wöchentlich durchgeführt werden und die entsprechenden Sicherungsprotokolle müssen vom Kunden jederzeit zugänglich sein.

h) ☐ Der Anbieter muss im Voraus Rechenschaft darüber ablegen, wo, wie, wann und durch wen die Geschäftsdaten seiner Kunden abgespeichert werden.

8. Was beschreibt dieser Text (nur eine Antwort möglich)?
... eine grosse Ansammlung von leicht nutzbaren und zugreifbaren Ressourcen (wie beispielsweise Hardware, Entwicklungsplattformen, Applikationen oder Dienste). Diese Ressourcen können dyna-misch an eine variable Last angepasst und entsprechend rekonfiguriert werden, wodurch eine opti-male Ressourcenauslastung ermöglicht wird. Typischerweise basieren diese Angebote auf einem verbrauchsabhängigen Abrechnungsmodell (pay-as-you-go), wobei Zusicherungen in Form von Ser-vice Level Agreements (SLAs) durch die Infrastrukturanbieter gemacht werden.

a) ☐ die Dienstleistungen einer Bank in Bezug auf IT-Dienste

b) ☐ das Service-Angebot eines Mobilfunkanbieters an Private

c) ☐ die IT-Infrastruktur eines Konkurrenten

d) ☐ das Grundprinzip von IT-Management

e) ☐ den eigenen Serverraum inkl. Netzwerk

f) ☐ die Funktionen der eigenen IT-Abteilung

g) ☐ die Merkmale von Cloud Computing

h) ☐ das Software-Angebot eines internationalen Softwareherstellers

1 Informatik-Strategie

9. Im folgenden Bild sehen Sie die durchschnittlichen Kosten in Rappen für die Abwicklung einer bargeldlosen Zahlung im Interbank-Clearing-Geschäft in der Schweiz (d. h. elektronische Abwicklung zwischen beteiligte Banken). Kreuzen Sie alle plausiblen Gründe an, weshalb sich die Stückkosten reduzieren (zwei Antworten gültig).

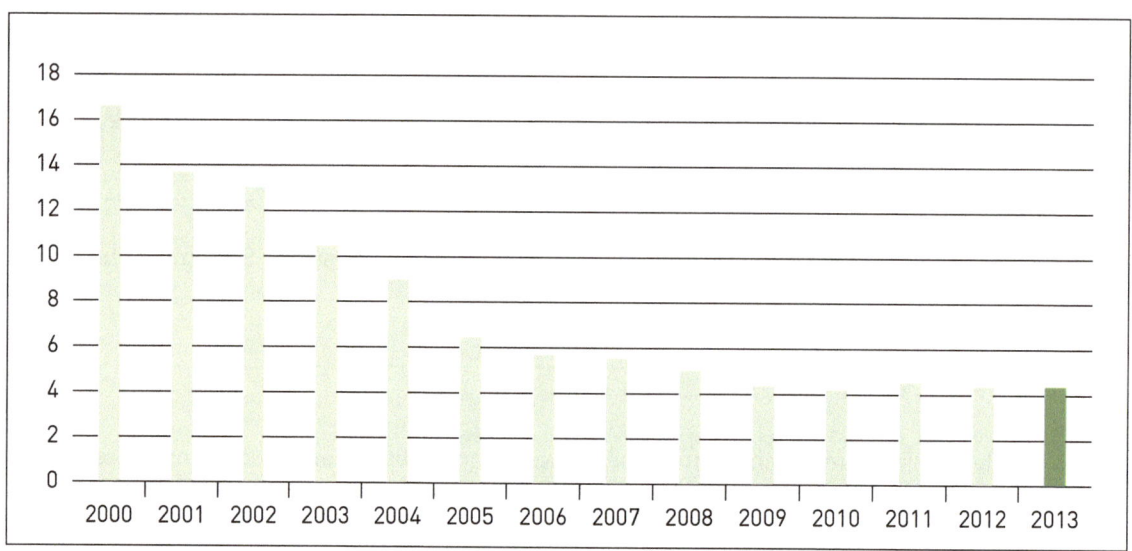

a) ☐ Die Kosten für den Betrieb und die Wartung der Informatiksysteme ist tendenziell konstant, aber das Transaktionsvolumen nimmt stetig zu, sodass die Stückkosten sinken.

b) ☐ Die Informatik kann heute ausgelagert werden – auch in fremde Länder (z. B. dank Cloud Computing). Deshalb konnten die Informatikkosten permanent gesenkt werden.

c) ☐ Die kriminellen Fälle von Datendiebstahl haben sich in den letzten Jahren reduziert, sodass die hohen Kosten für Sicherheit nach und nach gesenkt werden konnten.

d) ☐ Eine heutige moderne Informatik-Infrastruktur ist nicht mehr so komplex wie noch vor 15 Jahren. Deshalb können auch die Kosten gesenkt werden.

e) ☐ Die Kreditkartenzahlung wird im Internet immer unbeliebter. Deshalb versuchen die Banken mit günstigen Verarbeitungstarifen dieses Geschäft am Leben zu erhalten, bzw. anzukurbeln.

10. «Big Data bezeichnet Daten-Mengen, die zu gross, oder zu komplex sind, oder sich zu schnell ändern, um sie mit händischen oder klassischen Methoden der Datenverarbeitung auszuwerten. Der Begriff umfasst auch die Technologien, die zum Sammeln und Auswerten dieser Datenmengen verwendet werden. Die gesammelten Daten können aus nahezu allen Quellen stammen: Angefangen bei jeglicher elektronischen Kommunikation, über von Behörden und Firmen gesammelte Daten, bis hin zu den Aufzeichnungen verschiedenster Überwachungssysteme. Big Data können so auch Bereiche abdecken, die bisher als privat galten.»
Welche der folgenden Aussagen sind richtig?

a) ☐ Big Data ist erst mit der Virtualisierung der Server möglich geworden. Denn die hohen Anforderungen an die Hardware für die Verarbeitung von Big Data können nur Server-Farmen sicherstellen. Vorher konnten diese Daten gar nicht vearbeitet werden.

b) ☐ Big Data hat auch positive Aspekte für Endkonsumenten, weil dank den genaueren Daten-Auswertungen können bessere und massgeschneiderte Produkte entwickelt werden, welche näher an die Bedürfnisse der Endkonsumenten stehen.

c) ☐ Der Wunsch der Industrie und bestimmter Behörden, möglichst umfassenden Zugriff auf diese Daten zu erhalten, sie besser analysieren zu können und die gewonnenen Erkenntnisse zu nutzen, gerät dabei zunehmend in Konflikt mit Persönlichkeitsrechten des Einzelnen.

d) ☐ Big Data hat nichts mit Social Media zu tun. Es handelt sich um zwei unterschiedliche Disziplinen. Während Social Media Informationen generiert (von seinen Benutzern, Usern) befasst sich Big Data mit bereits gespeicherten Daten. Also eine ganz andere Problemstellung.

11. Kreuzen Sie an, welche der aufgelisteten Optionen richtige, wichtige, allgemeine, aktuelle Entwicklungstrends beschreiben.

a) ☐ Dank der Quantenphysik, können Computer um ein vielfaches kleiner bei gleicher oder sogar noch grösserer Leistung hergestellt werden. Der Trend führt dazu, dass heute Computer mit einer Grösse einer Stecknadel hergestellt werden können. (Quanten-Computer)

b) ☐ Bald wird Internet aus der Stromsteckdosen kommen, denn viele Stromanbieter haben im Bereich Internet-Anbindung viel investiert. Dadurch dass der Mobilfunkbereich weitgehend ausgeschöpft ist, wird das Internet wieder vermehrt Kabelgebunden sein.

c) ☐ Computer werden heute nicht mehr gekauft, sondern gemietet oder sogar geleast. Vor allem private User können so Schritt mit der technologischen Entwicklung halten, ohne dass sie jedes Jahr neue Geräte anschaffen müssen.

d) ☐ Moderne Datacenter sind so gross, dass sie gleich viel Strom wie eine Kleinstadt brauchen und so grosse Hitze entwickeln, dass sie ein ganzes Quartiert damit beheizen könnten. Solche Datencenter können irgendwo stehen, sie haben keine geografischen Einschränkungen

e) ☐ Grosse Datenmengen werden zu gross, um sie mit klassischen Methoden der Datenverarbeitung auszuwerten. Neue Ansätze werden gesucht. Das weltweite Datenvolumen verdoppelt sich alle zwei Jahre, vor allem die Mengen an maschinell erzeugte Daten nehmen rasant zu.

f) ☐ Die lokale Datenhaltung und Verarbeitung verliert an Bedeutung, weil die User aus einer grossen Vielfalt an Zugangsgeräten auf die gleichen Daten- und Verarbeitungselemente zugreifen wollen. Diese verlagern sich in das Internet und können als Dienst aboniert werden.

g) ☐ Es werden immer mehr Datentypen von Computern verarbeitet. Während es noch vor ein paar wenigen Jahren nur Zeichen waren, sind es heute schon bewegte Bilder und sogar künstlich hergestellte Bilder. Dieser Trend nennt man Multimedia.

12. Nennen Sie drei Vorteile der Computer-Miniaturisierung

a) ☐ bessere Kompatibilität zu anderen Systemen
b) ☐ grössere Anpassbarkeit und Erweiterbarkeit der Systeme
c) ☐ tiefere Entwicklungskosten
d) ☐ Einsatz von mehr Standardkomponenten
e) ☐ Senkung des Energieverbrauchs
f) ☐ höhere Modularisierung der Systeme
g) ☐ tiefere Komplixität der Systeme
h) ☐ bessere Anwender-Unterstützung durch Help-Desk
i) ☐ kleinere Fehleranfälligkeit
j) ☐ örtliche Flexibilität
k) ☐ Platzgewinn

13. Welche der genannten Tendenzen/Entwicklungen/Trends haben dazu geführt, dass sich das Cloud Computing in den letzten Jahren stark verbreitet hat, oder sogar erst möglich gemacht hat (zwei Antworten).

a) ☐ Der höhere Anspruch an Datensicherheit hat dazu geführt, dass Daten nur noch von Profis verwaltet werden.

b) ☐ Die Mitarbeiter möchten vermehrt von zuhause arbeiten. Mit dem Aufkommen von VPN ist dies nun möglich geworden. Somit muss die Firma keine eigene Informatik mehr betreiben.

c) ☐ Durch die Vernetzung der Unternehmensnetzwerke mit dem Internet.

d) ☐ Die Welt hat sich stark nach Asien orientiert. Dort sind die Kosten für Datacenter wesentlich günstiger als in der westlichen Welt.

e) ☐ Durch den weltweiten Preissturz von Computer-Hardware, lohnt sich die betriebseigene Anschaffung von Hardware nicht mehr. Man mietet sich heute vielmehr als man sie kauft.

f) ☐ Man möchte die betrieblichen Daten nicht mehr Inhouse haben, weil solche Datenbestände immer wieder Anlass zu Einbrüchen und Datendiebstahl führen.

g) ☐ Die Technik der Virtualisierung ermöglicht neue Formen von Architekturen und robuste Gesamtsysteme mit einer hohen Verfügbarkeit.

h) ☐ Die Betriebe haben grosse Flexibilität dank Cloud Computing, denn die Informatik-Partner können sehr schnell und unkompliziert ausgetauscht werden.

i) ☐ Die Löhne für Informatik-Profis haben sich in den letzten Jahren vervielfacht. Deshalb können sich Unternehmen nicht mehr eigene Informatiker leisten.

14. Heute ist sowohl in Fachzeitschriften als auch in andern Medien oft von Big Data die Rede. Was versteht man unter dem heute populären Begriff (eine Antwort)?

a) ☐ Als Big Data bezeichnet man üblicherweise Datensätze, deren Grösse und Umfang es schwierig machen, diese mit traditionellen Computer-Systemen und Anwendungen innerhalb nützlicher Zeit zu erfassen und zu bearbeiten.

b) ☐ Big Data umschreibt die Entwicklung, bei der aufgrund zunehmendem Einsatz moderner IT-Systeme immer grössere Datenmengen in Unternehmungen und Privathaushalten anfallen.

c) ☐ Moderne Prozessoren haben Big Data Technologie integriert, damit sie grössere Datenmengen in extrem kurzer Zeit verarbeiten können.

d) ☐ Big Data bezieht sich auf Daten, deren Speicherung grössere Bytes mit einer Grösse von 4096 Bits statt den üblichen 1024 Bits pro Byte erfordern. Hierfür sind spezielle Hochleistungsdatenbanken erforderlich.

e) ☐ Big Data bezeichnet den Trend der in den letzten Jahren stark angestiegenen Festplattenkapazitäten.

15. Aus heutiger Sicht sind Unternehmen zunehmend mit verschiedenen Anforderungen konfrontiert. Dafür sind vor allem wachsender Konkurrenzdruck innerhalb einer Branche, der allgemein rasante technologische Fortschritt mit den neuen Technologietrends und nicht zuletzt die erhöhten Kundenerwartungen verantwortlich. Letztere spiegeln sich in höheren Ansprüchen an die Produkte und Informationsqualität wieder. Diese Tatsachen erfordern permanente Optimierungen der Auftragsabwicklung mit den relevanten Prozessen bezüglich Zuverlässigkeit und Geschwindigkeit. Unternehmen sind gleichzeitig gezwungen, ihre Verarbeitungs- oder Prozesskosten möglichst tief zu halten, um konkurrenzfähig zu bleiben. Dies verlangt eine prozessorientierte Unternehmensstruktur und den optimalen Einsatz von IT-Mitteln. Diese ermöglichen die Automatisierung möglichst vieler Prozessschritte, was zu einer Effizienzsteigerung der entsprechenden Prozessketten führt. Der Einsatz neuer Technologien kann zudem die Konkurrenzfähigkeit erhöhen. Welche vier plausiblen Gründe existieren, weshalb ein Unternehmen administrative und logistische Prozesse automatisieren soll?

a) ☐ Kostengünstige Infrastruktur dank Produktionsverlagerung in Billiglohnländer.

b) ☐ Weniger Abhängigkeit in Bezug auf die Informatik.

c) ☐ Effizienterer Einsatz der Unternehmensressourcen.

d) ☐ Schneller Wechsel der Infrastruktur, der Abläufe möglich, dank vielen maschinellen Aktivitäten.

e) ☐ Die Prozesskosten werden durch Automatisierung gesenkt (vor allem bei grossem Volumen).

f) ☐ Bessere Übersicht/Kontrolle der Arbeitsabläufe.

g) ☐ Schneller und zuverlässigerer Datenaustausch.

h) ☐ Einfacher Zugang zu spezialisiertem Personal dank standardisierten Schnittstellen.

16. Sie stehen als Projektleiter am Anfang der Überprüfung des Automatisierungspotentials eines definierten Prozesses (z. B. administrative Abwicklung von Kundenbestellungen). Kreuzen Sie in der folgenden Liste zwei Voraussetzungen an, die für eine erfolgreiche Automatisierung des Prozesses erfüllt sein müssen.

a) ☐ Prozessautomatisierung eignet sich nur bei digitalen Geschäftsmodellen. Das heisst, als Vorbereitung auf eine bevorstehende Automatisierung muss man das Geschäftsmodell auf die digitale Abwicklung der Prozesse umstellen. Nur so lassen sich die Potenziale voll ausschöpfen.

b) ☐ Nicht alle Prozesse eignen sich gleich gut für eine Automatisierung. Deshalb ist eine gründliche Analyse der Potenziale notwendig.

c) ☐ Es müssen zuerst die Mitarbeiter geschult werden, damit sie genau verstehen, wie solche zukünftigen Prozesse später durchgeführt werden. Ihre Meinung kann damit in das Evaluationsverfahren der Lösung einfliessen.

d) ☐ Es muss zuerst eine geeignete Softwarelösung gefunden/Evaluiert werden. Damit weiss man, wie teuer das Projekt am Ende sein wird. Danach können die Einsparungspotentiale geschätzt werden und den Return on Investment (ROI) berechnet werden

e) ☐ Es müssen zuerst die wichtigsten Arbeitsabläufe (Prozesse) in der Buchhaltung automatisiert werden, sonst können die Potenziale der Automatisierung in den restlichen Unternehmensbereichen nicht realisiert werden.

f) ☐ Falls vom Automatisierungsprojekt auch Kundenabläufe betroffen sind, dann gilt es vor der Realisierung herauszufinden, ob unbewusst oder versehentlich Alleinstellungsmerkmale mit dem Projekt aufgelöst werden und wie gut die Kunden die neuen Prozesse aufnehmen werden.

17. Sie lesen unten stehend eine Liste mit Gründen, weshalb ein Unternehmen administrative oder logistische Prozesse durch den Einsatz von Informatik automatisieren könnte. Wählen Sie die vier besten Antworten aus.

a) ☐ Kosteneinsparungen bei Personalkosten und Administration.

b) ☐ Mehr Potenzial für Ferien für die Mitarbeiter.

c) ☐ Minimiert das Währungsrisiko eines Unternehmens im internationalen Geschäftsbereich.

d) ☐ Ist Voraussetzung für den Einsatz von Online Marketing in der Marketing-Abteilung.

e) ☐ Es ergeben sich steuerliche Vorteile durch grössere Belastung der Erfolgsrechnung (Abschreibungen).

f) ☐ Schnellerer und zuverlässigerer Datenaustausch von einem Prozessschritt zum anderen.

g) ☐ Bessere internationale Wettbewerbsfähigkeit gegenüber Herstellern von Billiglohnländern.

h) ☐ Bessere Gewinnmargen auf die Produkte dank Integration von Informatik in die Prozesse.

i) ☐ Übersicht und Transparenz innerhalb eines Ablaufs und über alle Prozesse hinweg.

j) ☐ Ist Voraussetzung, wenn ein Unternehmen eine ISO-Zertifizierung anstrebt.

k) ☐ Höhere Kreativität der Marketingabteilung dank Hochtechnologie in der Produktion.

l) ☐ Es fallen weniger Mitarbeiter-Gespräche an, dadurch wird die Personalabteilung effizienter.

18. Kreuzen Sie die wichtigsten drei Vorteile aus Sicht eines Unternehmens in Bezug auf das Outsourcings seiner ganzen oder Teile seiner IT.

a) ☐ Konzentration auf das Kerngeschäft (z. B. Entlastung des Managements)

b) ☐ Überregionale oder weltweite Präsenz eines kleineren Unternehmens sind so möglich, ohne grosse Investitionen

c) ☐ Flexibilität (z. B. zusätzliche Kapazitätsanforderungen ausgehen einer Geschäftsexpansion können realisiert werden)

d) ☐ Bessere Regelung der Haftungsfrage bei Grossereignissen der Höheren Gewalt (z. B. bei Überschwemmungen oder Brand)

e) ☐ Schnellerer Datenzugriff auf interne Daten, weil die Datacenter direkt mit dem Internet (Backbone) verbunden sind.

f) ☐ Verminderung der Abhängig zu Lieferanten im Bereich der IT (z. B. durch externe Evaluationsverfahren von Experten)

g) ☐ Kosteneinsparungen (z. B. Personalaufwand)

19. Sie sehen nachfolgend verschiedene Möglichkeiten, wie ein Unternehmen seine IT-Infrastruktur betreiben kann. Wählen Sie die richtigen Ausdrücke.

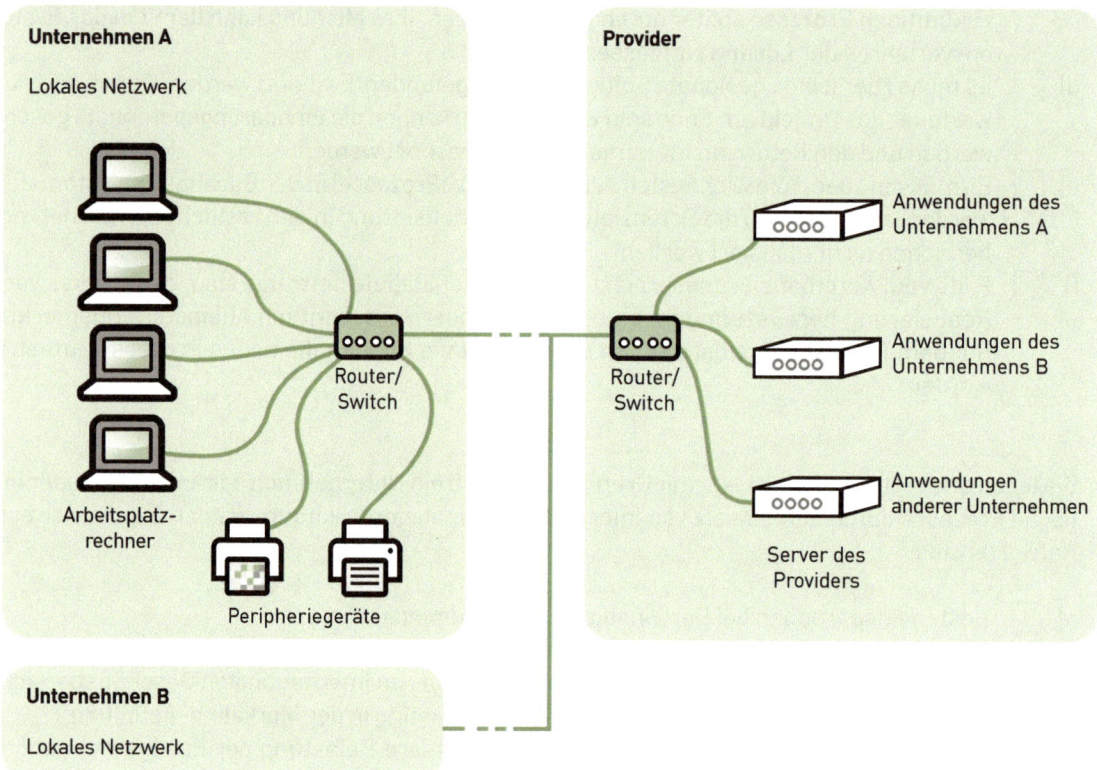

a) Hardware: eigene Server, Betrieb: externer Provider, App.-Verwaltung: selbst:
   Browsing, Hosting, Housing inhouse, Public Cloud, Supporting, Web Hosting, Housing outhouse

b) Hardware: eigene Server, Betrieb: externer Provider, App.-Verwaltung: Provider:
   Housing outhouse, Browsing, Hosting, Housing inhouse, Supporting

d) Hardware: Provider-Server, Betrieb: externer Betrieb, App.-Verwaltung: Provider:
   Housing outhouse, Browsing, Hosting, Housing inhouse, Private Cloud, Supporting

20. IT-Trends: Welcher Informatik-Trend wird hier beschrieben: Für Unternehmen bietet diese Technik die Möglichkeit zur Erlangung von Wettbewerbsvorteilen, Generierung von Einsparungspotenzialen und zur Schaffung von neuen Geschäftsfeldern. In der Forschung kann diese Technik durch statistische Auswertungen neue Erkenntnisse gewonnen werden. Staatliche Stellen erhoffen sich bessere Ergebnisse in der Kriminalistik und Terrorismusbekämpfung. Hier noch einige zusätzliche Potenziale:

   – rasche Erkennung von Tendenzen und Anpassung von Online-Werbemassnahmen
   – bessere, schnellere Marktforschung
   – Entdeckung von Unregelmässigkeiten bei Finanztransaktionen (Fraud-Detection)
   – Steuerung und Optimierung eines intelligenten Energieverbrauchs (Smart Metering)
   – Erkennen von Zusammenhängen in der medizinischen Diagnostik
   – Echtzeit-Cross- und -Upselling im E-Commerce und stationären Vertrieb

   Markieren Sie die korrekte Antwort. Dieser Trend, diese Technik heisst ...

   Automatische Applikationsschnittstellen im Internet, Big Data, Cloud Computing, Elektronische Wettervorhersagen, Intelligente Haussteuerung, Leistungsexpansion, Mehrprozessoren-Systeme, Miniaturisierung, Mobilitätssteigerung, Online-Shopping, Quanten-Computer

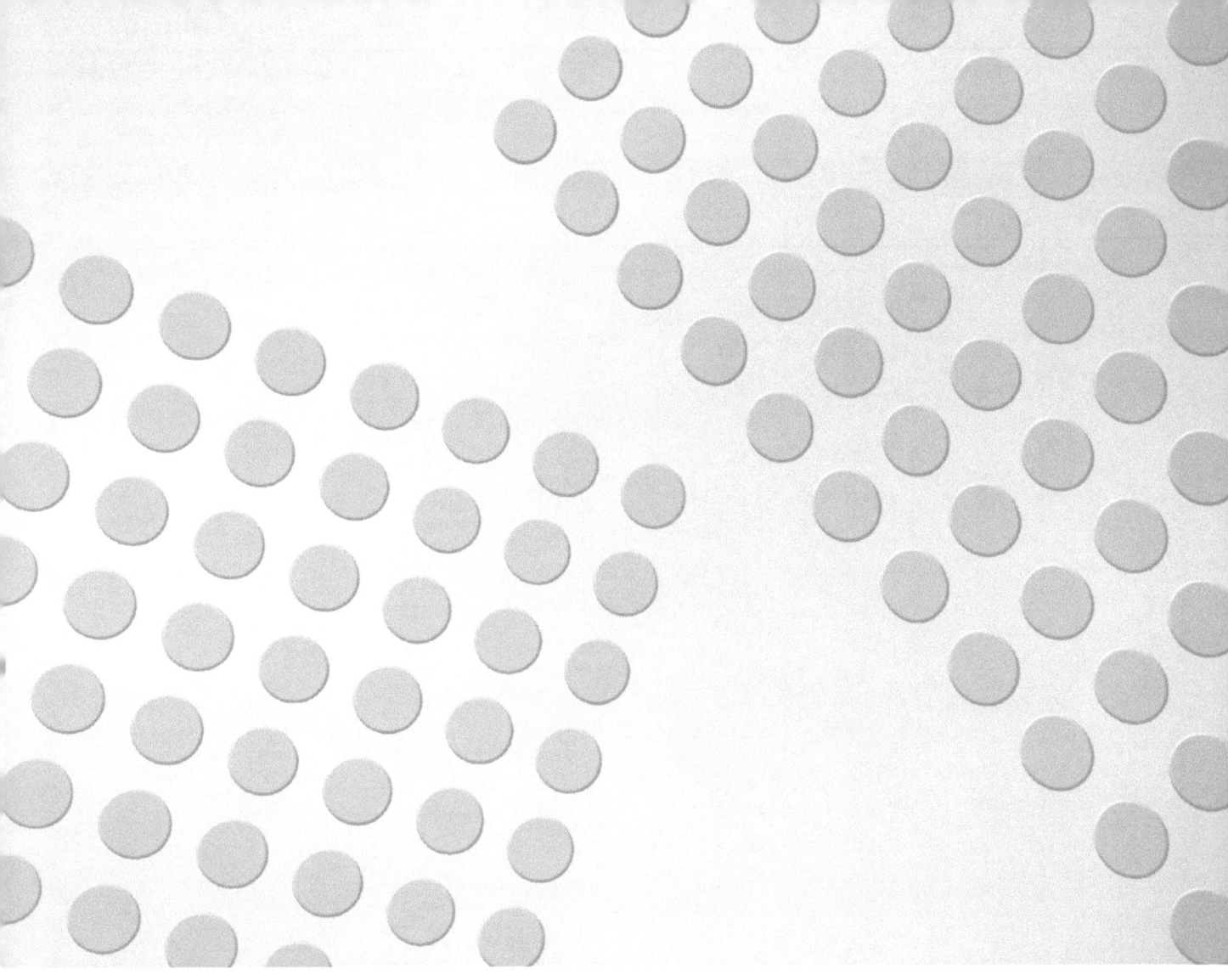

Informatik-Infrastruktur

Kapitel 2

2 Informatik-Infrastruktur

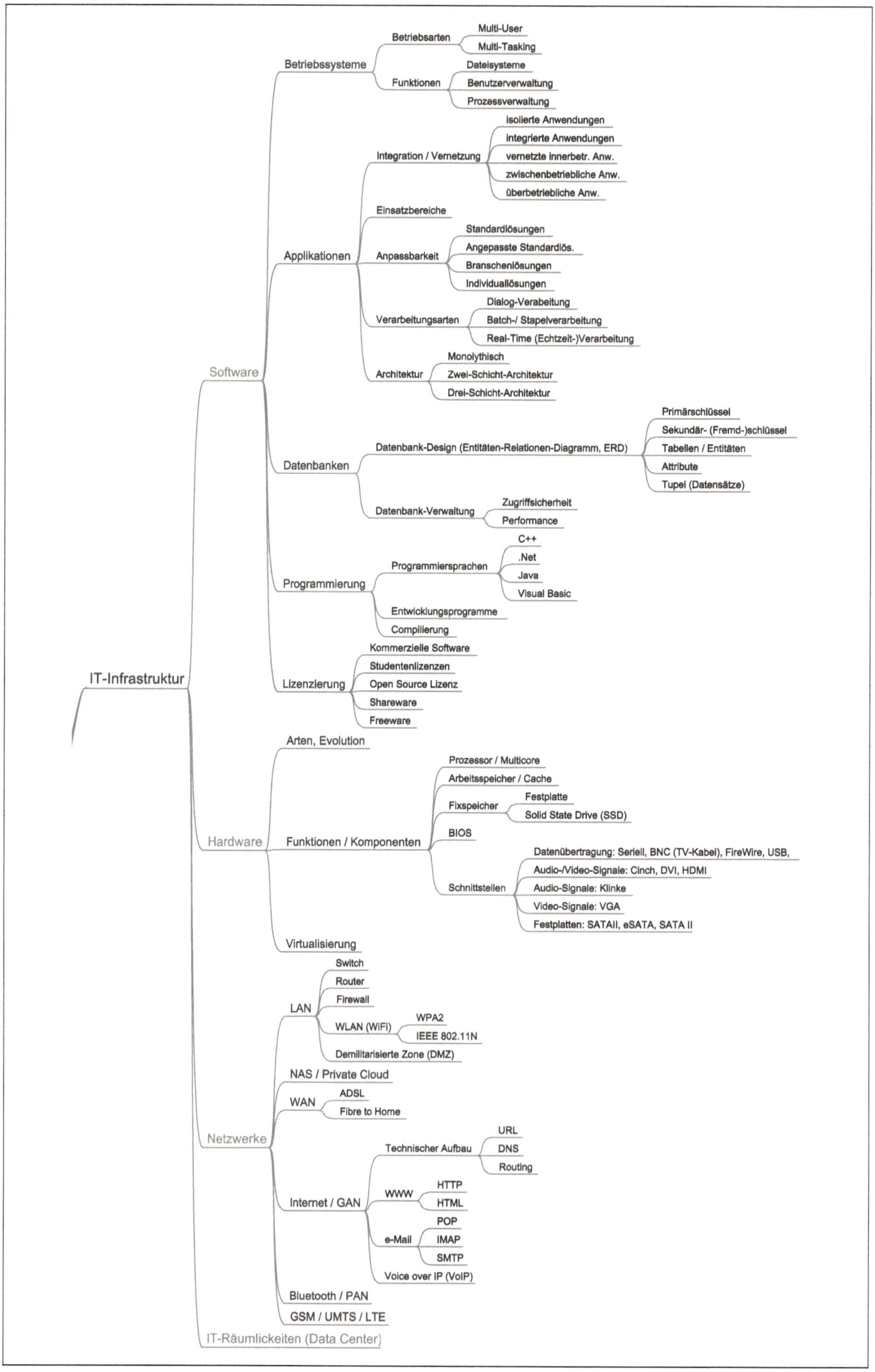

IT-Infrastruktur

- **Software**
  - **Betriebssysteme**
    - Betriebsarten
      - Multi-User
      - Multi-Tasking
    - Funktionen
      - Dateisysteme
      - Benutzerverwaltung
      - Prozessverwaltung
  - **Applikationen**
    - Integration / Vernetzung
      - isolierte Anwendungen
      - integrierte Anwendungen
      - vernetzte innerbetr. Anw.
      - zwischenbetriebliche Anw.
      - überbetriebliche Anw.
    - Einsatzbereiche
    - Anpassbarkeit
      - Standardlösungen
      - Angepasste Standardlös.
      - Branchenlösungen
      - Individuallösungen
    - Verarbeitungsarten
      - Dialog-Verabeitung
      - Batch-/ Stapelverarbeitung
      - Real-Time (Echtzeit-)Verarbeitung
    - Architektur
      - Monolythisch
      - Zwei-Schicht-Architektur
      - Drei-Schicht-Architektur
  - **Datenbanken**
    - Datenbank-Design (Entitäten-Relationen-Diagramm, ERD)
      - Primärschlüssel
      - Sekundär- (Fremd-)schlüssel
      - Tabellen / Entitäten
      - Attribute
      - Tupel (Datensätze)
    - Datenbank-Verwaltung
      - Zugriffsicherheit
      - Performance
  - **Programmierung**
    - Programmiersprachen
      - C++
      - .Net
      - Java
      - Visual Basic
    - Entwicklungsprogramme
    - Compilierung
  - **Lizenzierung**
    - Kommerzielle Software
    - Studentenlizenzen
    - Open Source Lizenz
    - Shareware
    - Freeware
- **Hardware**
  - Arten, Evolution
  - **Funktionen / Komponenten**
    - Prozessor / Multicore
    - Arbeitsspeicher / Cache
    - Fixspeicher
      - Festplatte
      - Solid State Drive (SSD)
    - BIOS
    - Schnittstellen
      - Datenübertragung: Seriell, BNC (TV-Kabel), FireWire, USB,
      - Audio-/Video-Signale: Cinch, DVI, HDMI
      - Audio-Signale: Klinke
      - Video-Signale: VGA
      - Festplatten: SATAII, eSATA, SATA II
  - Virtualisierung
- **Netzwerke**
  - **LAN**
    - Switch
    - Router
    - Firewall
    - WLAN (WiFi)
      - WPA2
      - IEEE 802.11N
    - Demilitarisierte Zone (DMZ)
  - NAS / Private Cloud
  - **WAN**
    - ADSL
    - Fibre to Home
  - **Internet / GAN**
    - Technischer Aufbau
      - URL
      - DNS
      - Routing
    - WWW
      - HTTP
      - HTML
    - e-Mail
      - POP
      - IMAP
      - SMTP
    - Voice over IP (VoIP)
  - Bluetooth / PAN
  - GSM / UMTS / LTE
- IT-Räumlickeiten (Data Center)

Ein funktionierendes Computer-System ist eine Maschine bei der mehrere Untersysteme aufeinander aufbauen. Während ein Staubsauger für immer nur die Funktion des Staubsaugens erfüllen kann, ist ein Computer in der Lage, beliebige Funktionen anzunehmen (z. B. Zeichnen, Fotobearbeitung, Finanzbuchhaltung oder die Steuerung einer Ampel). Dies ist nur möglich, weil verschiedene Systeme zwar voneinander getrennt arbeiten, sie aber miteinander so zusammenarbeiten, dass sie als Ganzes funktionieren. Die Systeme sind:

– Hardware
– Betriebssystem
– Applikation

Ist ein solcher Computer noch mit anderen vernetzt, kommt nochmals eine Komponente hinzu: Das Netzwerk.

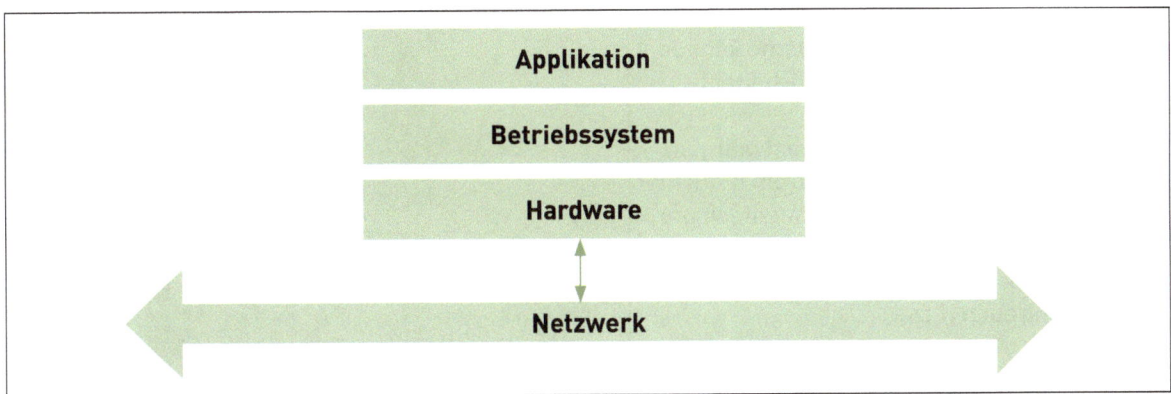

Die oberste Ebene, die der Applikation, wird in einer Unternehmung in den Arbeitsprozessen eingesetzt, somit existiert nochmals eine Ebene oberhalb der Applikationsebene: Die Prozessebene. Strenggenommen gehört diese Gestaltungsebene in den Bereich der Betriebswirtschaft und nicht der Informatik. Die Informatikverantwortlichen müssen aber eng mit den Prozessverantwortlichen Personen (Process Owner) zusammenarbeiten, denn nur wenn die Informatik und die Prozesse optimal ineinander verwoben sind, können die vollen Potenziale der Informatik (z. B. Prozessautomation) ausgeschöpft werden.

Der mehrstöckige Aufbau erlaubt es, auf jeder Ebene eigene Mechanismen und Technologien einzusetzen. Damit erreichen wir die grösstmögliche Flexibilität. Die folgende Abbildung zeigt diesen Zusammenhang:

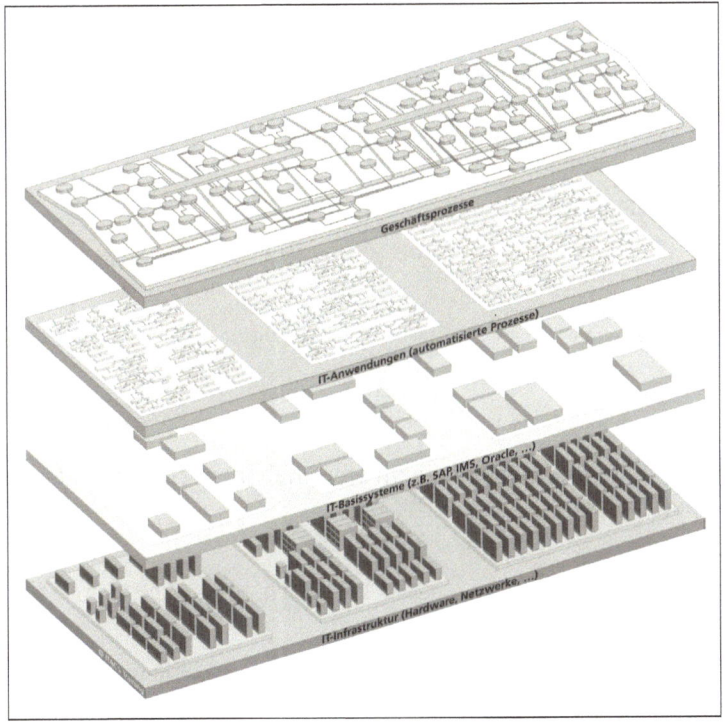

2.1 Hardware

2.1.1 Funktionen/Komponenten

Die Konzeption der Hardware kann man am Beispiel des persönlichen Computers (PC) darlegen. Die grösseren Computer (z. B. Server in einem Datacenter) arbeiten im Grundsatz gleich, ausser dass sie nur Rechen- und Speicheraufgaben lösen und deshalb selten Eingabegeräte brauchen wie Tastatur, Maus und Bildschirm.

① Die Hauptplatine oder Motherboard enthält folgende wichtige Komponenten:

② * Den Prozessor mit einem oder mehreren Kernen (Mehrprozessorensysteme können Rechenaufgaben schneller abarbeiten),

③ den Kühler für den Prozessor (weil jede 0/1-Schaltung im Prozessor Strom braucht und solche Schaltungen millionenfach pro Sekunde vorkommen, wird viel Strom gebraucht; dieser Strom erzeugt neben der Schaltung auch Hitze),

④ * den internen Arbeitsspeicher, damit Programme zur Ausführung viel schneller vom Prozessor angesprochen werden können als von einem Festspeicher,

⑤ Erweiterungskarten (z. B. für einen zweiten oder dritten Bildschirm),

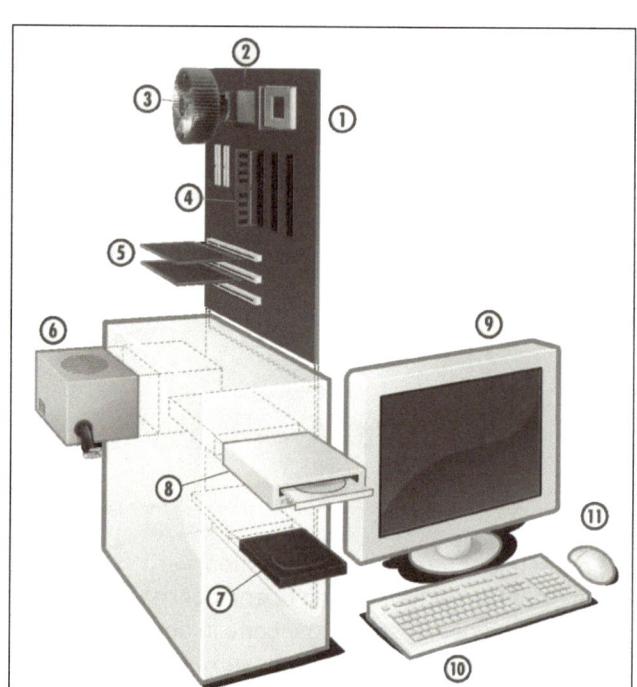

⑥ den Transformator, weil die Stromspannung die in den Computer aus der Steckdose reingeht 230 Volt beträgt, die Komponenten auf dem Motherboard aber nur wenige Volt (1–5 Volt) brauchen,

⑦ * den Festspeicher als Festplatte oder SSD (Solid State Drive),

⑧ das CD, DVD oder Blu-ray-Laufwerk,

⑨ den Monitor,

⑪ die Tastatur,

⑫ die Maus.

Hinweis
Alle Komponenten mit einem Stern haben grossen, direkten Einfluss auf die Performance des Computersystems.

BIOS: (Basic Input Output System)
Das BIOS ist das erste Programm welches gestartet wird beim Starten (Booten) des Computers. Es könnten die unterschiedlichsten Hardware-Bedienungselemente angeschlossen sein. Deshalb prüft das BIOS welche Bedienelemente (Tastatur, Maus, Bildschirm etc.) und Komponenten (Festplatte, SSD, RAM etc.) angeschlossen sind, testet ihre Funktionsfähigkeit und macht sie betriebsbereit (dank Treiberprogrammen). Danach startet es das Betriebssystem von einem Datenträger in den Arbeitsspeicher.

Das BIOS ist in einem Flash-Speicher abgelegt. Sein Speicherinhalt bleibt auch ohne Stromversorgung erhalten. Dank einer kleinen Batterie auf dem Motherboard kann die Systemuhrzeit weiterlaufen, auch wenn der Computer vom Stromnetz genommen wird.

2.1.2   Hardware-Typen

Im Laufe der Zeit haben sich wegen den unterschiedlichen Anforderungen an die Hardware unterschiedliche Gerätekonzepte etabliert.

	Mainframe	Server	Personal Computer, Notebook	Thin Client
Einsatz, Aufgaben	Grosse Verarbeitungsmengen	Einzelne Aufgaben oder im Verbund zusammengeschaltet	Arbeitsplatz, individuelle Auswahl an Programmen	Arbeitsplatz mit begrenzter Auswahl an Programmen
Besonderheit	Veraltetes Modell, aber für viele Unternehmen immer noch ein wichtiges System	Sehr robust im Verbund, weil modular ausbaubar	Viel Autonomie am Arbeitsplatz	Wenig Autonomie am Arbeitsplatz

Nebst diesen etablierten Hardwarekonzepten gibt es zunehmend Hardwarekomponenten die ursprünglich aus dem Consumer-Electronics-Bereich (Unterhaltungselektronik) stammen wie Tabletts oder Smartphones, die auch in betriebliche Prozesse eingebunden werden.

2.1.3   Hardware-Schnittstellen

Glücklicherweise erleben wir bei den Hardwareschnittstellen eine längst fällige Konsolidierung von unterschiedlichen Standards und die Eliminierung von veralteten Schnittstellen. Deshalb beschränkt sich die folgende Übersicht auf die bekanntesten Arten.

BNC	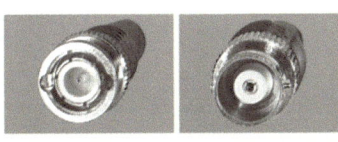	Einsatz: TV-Signal oder Internet-Verbindung zum Provider über Cabelmodem
		Besonderes: Gute elektrische Abschirmung
DVI	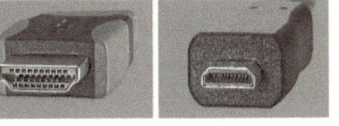	Einsatz: Monitor – Grafikkarte
		Besonderes: Bessere Qualität als VGA weil digital
HDMI		Einsatz: Digitale Übertragung von Audio- und Video-Signale und optional Netzwerk
		Besonderes: Alles ausser Strom in einem Kabel

Klinke	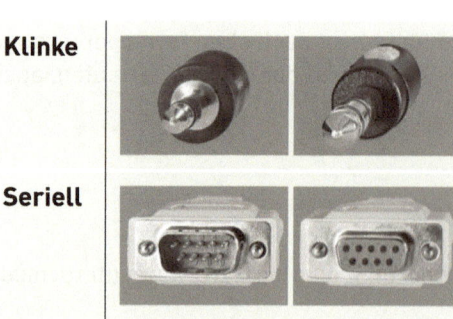	Einsatz: Übertragung von Strom, Audio- oder Video-Signalen
		Besonderes: Drei verschiedene Grössen
Seriell		Einsatz: Datenaustausch zwischen Computer und Peripheriegeräten
		Besonderes: In PCs veraltet, aber in der Industrie noch sehr verbreitet
USB		Einsatz: Datenverbindung und Stromzufuhr
		Besonderes: weltweit verbreitet, Geräte brauchen kein Stromkabel mehr
VGA		Einsatz: Video-Signale vom PC nach aussen
		Besonderes: obwohl noch analog und veraltet, noch immer sehr verbreitet

2.1.4 Hardware-Virtualisierung

Die Hardware-Virtualisierung kommt aus den Bedürfnissen der informatikverantwortlichen Personen, ein Maximum an Leistung, Effizienz und Stabilität aus ihren Maschinen raus zu holen.

Problem: Wenn eine Maschine nur eine bestimmte Aufgabe erfüllen soll (z. B. Datenbankserver, Web-Server, Fileserver, Mailserver, Druck-Server etc.) spricht man von einem dedizierten Server. Ein solcher Server kann total ausgelastet sein oder überhaupt nicht belastet, und dies sehr unterschiedlich im Tagesverlauf. Hier ein Beispiel der Auslastung von einem Backup-Server (Datensicherung), Mail-Server und einem Druck-Server im Tagesverlauf:

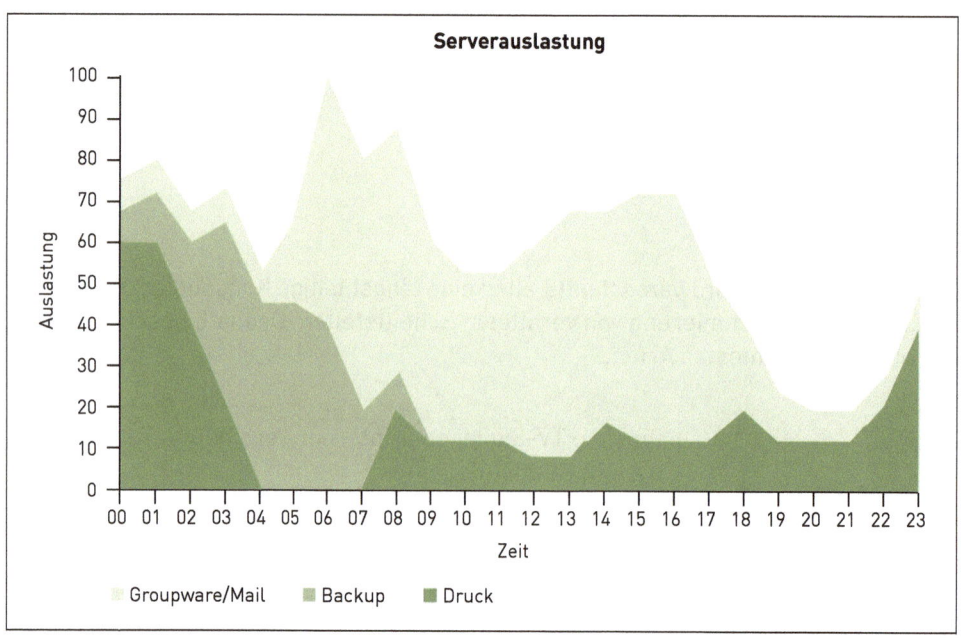

Beim Kauf dieser Server-Hardware muss jeweils die Performance zu Spitzenzeiten berücksichtigt werden, obwohl unter Umständen, dieser Server nur wenige Stunden am Tag tatsächlich benutzt wird (siehe z. B. Backup-Server im Bild). Es wäre ideal, wenn die drei Server im oberen Beispiel so zusammengeschaltet werden könnten, als wären sie nur eine Maschine. So kann beim Kauf der Hardware jeweils den Gesamtbedarf der Rechnerleistung berücksichtig werden und nicht mehr die einzelnen Geräte. Die Hardware wäre so besser ausgelastet.

Informatik-Infrastruktur
2

Und es gibt noch mehr Wünsche/Anforderungen:

Wunsch der informatikverant-wortlichen Personen	Problem bei klassischer Konzeption (dedizierter Server)	Lösung durch Virtualisierung
Ausfallsichere Systeme (Fail-Over-System)	Wenn eine Maschine nur einer bestimmen Aufgabe zugeordnet ist (z. B. Hardware-Server für E-Mail-Dienst), dann fällt der Dienst aus, wenn die Hardware einen Ausfall erleidet.	Ein Dienst wie E-Mail ist letztlich eine Software, ein Programm. Wenn nun dieses Programm auf mehreren Maschinen gleichzeitig läuft, dann kann ein Ausfall einer Maschine von den restlichen abgefangen werden.
Gleichmässige Auslastung der Hardware (Load-Balancing-System)	Wenn eine Maschine nur einer bestimmen Aufgabe zugeordnet ist, dann kann es sein, dass die eine Maschine aktuell komplett ausgelastet ist, während eine andere kaum gebraucht wird, weil dieser Dienst (z. B. Drucker-Server) momentan nicht gebraucht wird. Die Hardwarekapazitäten sind nicht optimal ausgenutzt.	Dienste, also Server-Programme (z. B. Web-Server, Druck-Server, File-Server, E-Mail-Server etc.) werden allen verfügbaren Hardware-ressourcen zugeordnet. So ist jede Maschine genauso stark ausgelastet wie jede andere.
Flexible und einfache Anpassung der Hardwarekapazitäten nach Bedarf	Wenn eine Maschine nur einer bestimmen Aufgabe zugeordnet ist, dann kann eine Kapazitätsanpassung nur durch Anpassung dieser Hardware selbst erfolgen.	Eine Kapazitätsanpassung kann einfach realisiert werden, in dem man einzelne Maschinen im Verbund hinzunimmt oder abbaut.
Möglichst grosse Kompatibilität zwischen Hardware, Betriebssysteme und Applikationen	Wenn eine Applikation nur auf einem bestimmen Betriebssystem funktioniert, dann muss dafür exklusiv eine Maschine bestimmt werden.	In dem man zwischen Betriebssystem und Hardware eine Zwischenschicht einbaut (Virtual Maschine), können auf derselben Maschine mehrere unterschiedliche Betriebssysteme installiert werden.

In einem modernen Datacenter sind die Maschinen virtualisiert. Die Maschinen sind so miteinander gekoppelt, dass sie sich wie eine einzige grosse Maschine verhalten können, nur dass das System aus mehreren Dutzend, Hunderten oder sogar Tausenden einzelnen Maschinen besteht:

Sogar die einzelnen physikalischen Maschinen können in mehrere virtuelle Maschinen aufgeteilt werden. So können zum Beispiel auf einem physikalischen Server dutzende von virtuellen Servern laufen:

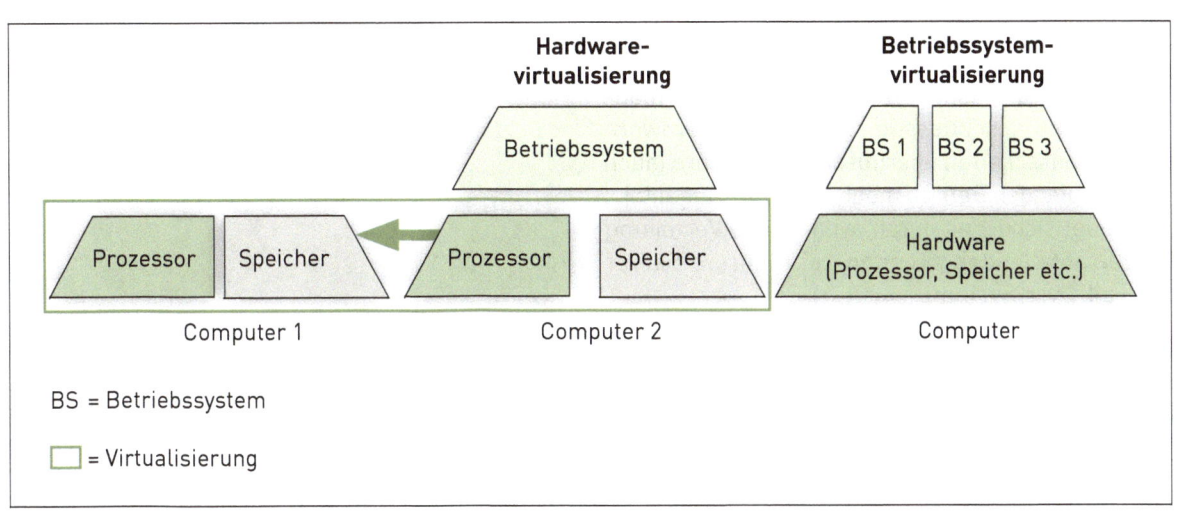

Warum ist das strategisch relevant?

Eine moderne Software (z. B. Applikation) kann dank einer speziellen Applikations-Architektur (Mehrschichten-Architektur) auf unterschiedliche Hardware laufen.

Beispiel:

Arbeitsplatz/Privat	Präsentation, Darstellung	Dieser Teil der Software läuft auf einem Zugangsgerät (PC, Tablet, Smartphone etc.), das für den Benutzer zugeschnitten ist, heute oft als Programmcode in einem Browser. Mehrere Benutzer können so auf gemeinsam nutzbare Funktionen zugreifen. Z.B. die Abfrage von aktuellen Flugpreisen und andere Fluginformationen von bestimmen Reisedestinationen.	

Netzwerk/Internet

Datacenter	Programmlogik	Dieser Teil der Software läuft auf einem Rechner das speziell für gute Performance, Robustheit und/oder Sicherheit gebaut ist. Dieser Rechner nennt man Server. Benutzer können alle gleichzeitig das Programm ausführen. Sie werden damit «bedient», (engl. served).	
	Datenspeicherung	Dieser Teil der Software kann ebenfalls auf einem separaten Rechner laufen, z. B. dann, wenn die Programmlogik geografisch verteilt ist (z. B. Kassensysteme einer Warehauskette), aber die Daten zentral gehalten werden sollen.	

Diese Trennung zwischen der Arbeitsplatz- oder privater Informatiknutzung und dem Verarbeitungs- und Speicherungsteil in einem Datacenter erlaubt nun ganz neue Modelle aufzubauen. Mit der Virtualisierung der Hardware können folgende Vorteile erzielt werden:

– beste und ausgeglichene Auslastung der Hardware (Load Balancing)
– einfache und flexible Anpassung der Performance durch anschliessen zusätzlicher Hardware oder ausschalten überflüssiger Hardware (auch im laufenden Betrieb möglich → Hot-Plugable)
– Ausfallsicherheit durch dynamische Verteilung der anfallenden Arbeiten auf mehrere Server (Fail-Over-System)
– robuste Abfederung von Leistungsspitzen

Damit werden Cloud-Dienste für Kunden und Anbieter finanziell attraktiv.

2.2 Software

Die Trennung von Hardware von der Software, also von den Funktionen, macht es möglich, universelle Hardware zu bauen (Computer), die je nach Verwendungszweck mit der entsprechenden Software ausgestattet werden kann. So kann ein Computer zu einer «Schreibmaschine» oder genauso gut in eine «Zeichnungsmaschine» für Architekten oder für eine Steuerung für eine Ampelanlage konfiguriert werden. Diese Flexibilität ist letztlich der Erfolgsfaktor für die globale Verbreitung von Computern.

2.2.1 Betriebssysteme

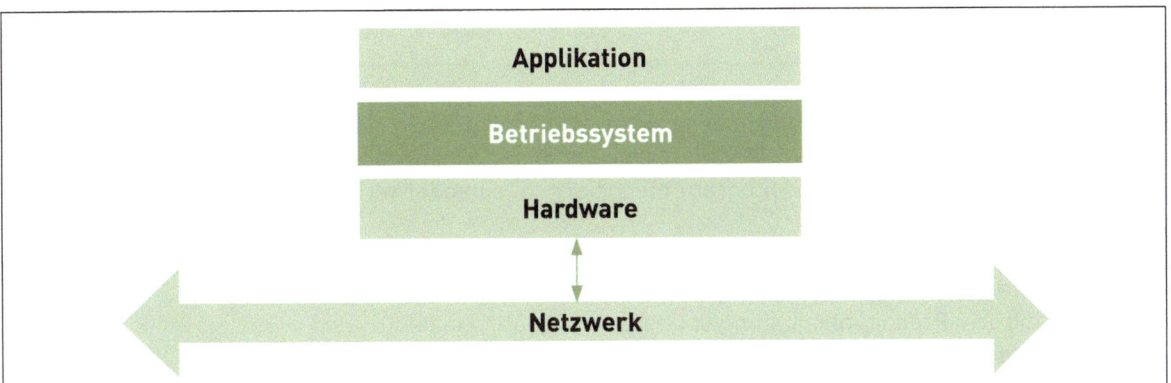

Es gibt gewisse Funktionen in den Computern, die unabhängig vom Fabrikat und von der Nutzung einfach vorhanden sein müssen, wie z. B.:

– Maussteuerung und -kontrolle
– Tastatursteuerung und -kontrolle
– Bildschirmsteuerung
– Netzwerkkonnektivität aufbauen und erhalten

– Dateiverwaltung
– Benutzerverwaltung
– etc.

Alle diese Aufgaben müssten Programmierer von Applikation in ihre Programme integrieren, wenn es keine Betriebssysteme gäbe. Jede Applikation hätte dann ihre eigene Maussteuerung, Tastatursteuerung, Druckersteuerung etc. Dieselben Funktionen würden unnötig oft programmiert. Es ist sinnvoller, dass diese Sammlung an Funktionen alle nur einmal programmiert wird und in ein Gesamtprogramm zusammengefasst wird, dem Betriebssystem. Dafür dürfen alle installierten Applikationen diese Funktionen gemeinsam nutzen. Somit ist ein Betriebssystem eigentlich nicht ein einziges Programm, sondern es ist eine Sammlung von Programmen, die sich alle um den Betrieb und der Bedienung der Maschine kümmern.

Ein lauffähiges funktionierendes Betriebssystem welches auf einer Hardware läuft nennt man auch «Plattform». Plattform deshalb, weil die Kombination aus Hardware und Betriebssystem eine Art «Startrampe» für den Start von Applikationen darstellt.

Aufgaben des Betriebssystems	– Programme (Applikationen) starten, stoppen, beenden, deren Ausführung kontrollieren und bei Fehler stoppen, Kommunikation zwischen den Programmen sicherstellen – Arbeitsspeicherverwaltung, beim Start eines Programms: Laden des Programms (Prozesse) in den Arbeitsspeicher, beim Beenden Speicher freigeben – Geräte- und Schnittstellenverwaltung – Dateiverwaltung mittels dem Dateisystem – Benutzer- und Berechtigungsverwaltung
Arten	– Multiuser-Betrieb (mehrere Benutzer gleichzeitig im System) – Multitasking-Betrieb (mehrere Programme werden gleichzeitig verarbeitet) – Realtime-Betrieb (Echtzeit-Systeme, hochpräzises Timing, z. B. in Mess- und Automatisierungssystemen)

2.2.2 Applikationen

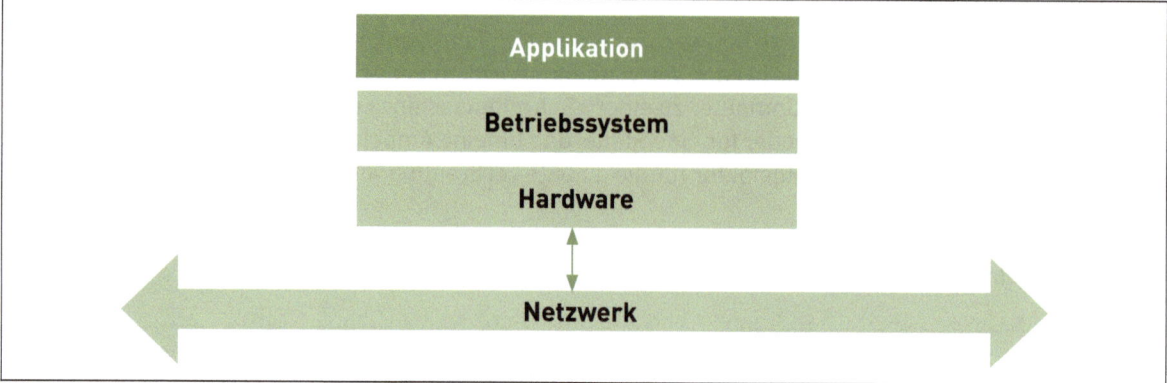

Die wichtigste Software-Anwendung in den meisten Unternehmen ist das ERP-System. Das System besteht zwar aus mehreren Software-Modulen, es kann aber als ganzes System genutzt werden, weil die Module funktional, datenseitig und programmtechnisch miteinander verknüpft sind. Die gängigen Module sind:

– Materialwirtschaft (Beschaffung, Lagerhaltung, Disposition, Bedarfsermittlung),
– Produktion bzw. Produktionsplanung und -steuerung, Stückliste
– Finanz- und Rechnungswesen, Controlling,
– Personalwirtschaft,
– Verkauf, Marketing, Kundenbeziehungsverwaltung
– Projektverwaltung,
– Produktdatenmanagement,
– Dokumentenmanagement

Vorteile/Nachteile beim Einsatz von ERP-Software:

Vorteile	Nachteile
– Kompatibilität und Schnittstellen zwischen den einzelnen Modulen sind gewährleistet – alle Module mit dem selben Navigations-Schema und Benutzungskonzept – eine zentrale Datenablage für alle Module – einmalige Anmeldung der Benutzer	– grosse Abhängigkeit zum Softwarehersteller – nicht immer optimale Funktionalitätsabdeckung oder bester Bedienungskomfort – komplex, da viele Module ineinander greifen – hohe Anschaffungs-, Installations- und Anpassungskosten

Die Vernetzung, also die Verknüpfung der Daten und Abläufe, dieser Module miteinander nennt man auch Integration. Es sind verschiedene Integrationsstufen möglich. Dabei kann man beobachten: Je vernetzter, desto komplexer und teurer.

Isolierte Anwendung	z. B. Excel, Word, Powerpoint etc.
Gekoppelte Anwendung	z. B.: Eine Applikation ist mit einer anderen funktional oder auf Datenebene (z. B. autom. Datenimport/-export) verbunden.
Innerbetrieblich vernetzte Anwendung	z. B. einfache ERP-Systeme
Zwischenbetrieblich vernetzte Anwendung	z. B. grösseres ERP-System mit Anbindung von Filialen oder Tochtergesellschaften, Kassensysteme eines Detailhändlers mit mehreren Filialen
Überbetriebliche vernetzte Anwendung	z. B. komplexes ERP mit elektronischer Anbindung an die ERP-Systeme von Lieferanten und Kunden

Applikationen haben grosse Unterschiede, wenn es um die Anpassungsmöglichkeiten von Funktionen oder Datenstrukturen geht. Auch hier gibt es verschiedene Güteklassen:

Nicht anpassbar	Nicht oder sehr gering anpassbare Fertiglösung (Standardlösung)	z. B. Outlook, Firefox etc.
Anpassbar	Standardlösung mit anpassbaren Teilen (Anpassung heisst: Customizing oder Parametrisierung)	z. B. modernes ERP-System
Bereits angepasst für Branche	Standardlösung die bereits für eine bestimmte Branche angepasst ist (Branchenlösung)	z. B. Software für die Hotellerie/Gastronomie
Individuell	Individuallösung (Programmierung) nach Auftrag und Wünsche des Auftraggebers	z. B. eine Bank gibt eine spezifische Smartphone-App. in Auftrag für ihr Onlinebanking

Die Anpassungen an komplexen Applikationen wie ERP-Systeme sind nicht nur sehr teuer. Sie bergen auch die Gefahr, dass bei einem nächsten Update[1] der Software nicht alle Funktionen fehlerfrei funktionieren. Es gibt in der Informatik einen berühmten Satz unter den Programmierern: «Never change a running System!»

Applikationen werden für verschiedenartige (Daten-)Verarbeitungsarten entwickelt:

– Batch-/Stapel-Verarbeitung (automatisches Abarbeiten von «Jobs» z. B. das Drucken von Dokumenten hintereinander)
– Dialog-Verarbeitung oder -Steuerung (Verarbeitung auf Basis von Eingaben des Anwenders in Eingabemasken)
– Realtime-/Echtzeit-Verarbeitung (unmittelbare Verarbeitung, z. B. bei Steuerungen der Industrie)

Der technische und konzeptionelle Aufbau einer Software kann ebenfalls sehr variieren. Eine Software muss heute auf vielen verschiedenen Geräten laufen können, wie z. B. auf Tabletts, in Smartphones oder in Browser von irgendwelchen Geräten. So macht es Sinn, sich von Anfang an zu überleben, wie eine Software konzipiert, bzw. aufgebaut werden soll, falls viele verschiedene Endgeräte zum Einsatz kommen werden. Es wäre nicht effizient die Software für jede unterschiedliche Hardware neu zu schreiben. Deshalb wird der Programmcode für die Darstellung vom übrigen Programmcode für die Funktionen der Software getrennt. Man spricht in diesem Zusammenhang von einer **Zwei-Schicht-Architektur:**

> **Darstellung**

> **Funktionslogik**

Bei der Speicherung der Daten kann ebenfalls eine grössere Flexibilität eingebaut werden. Wenn nämlich Daten zentral gehalten werden sollen, die Applikationen aber verteilt (z. B. in Filialen wie bei Kassensystemen), dann sollten die Programmteile für die Datenspeicherung ebenfalls vom Rest des Programms getrennt werden. Es hat sich über die Jahre eine spezielle Software-Gattung für die Speicherung der Daten etabliert, nämlich die Datenbanksysteme. Diese Weiterentwicklung der Schichten nennt man die **Drei-Schicht-Architektur:**

> **Darstellung**

> **Funktionslogik**

> **Datenspeicherung**

---

1   Update oder Release ist eine neue Version eines bestehenden Programms, siehe Lizenzformen

Somit stellen wir noch mehr Ebenen (Layers) in der Informatik-Konzeption fest. Dieser Zusammenhang kann wie folgt dargestellt werden:

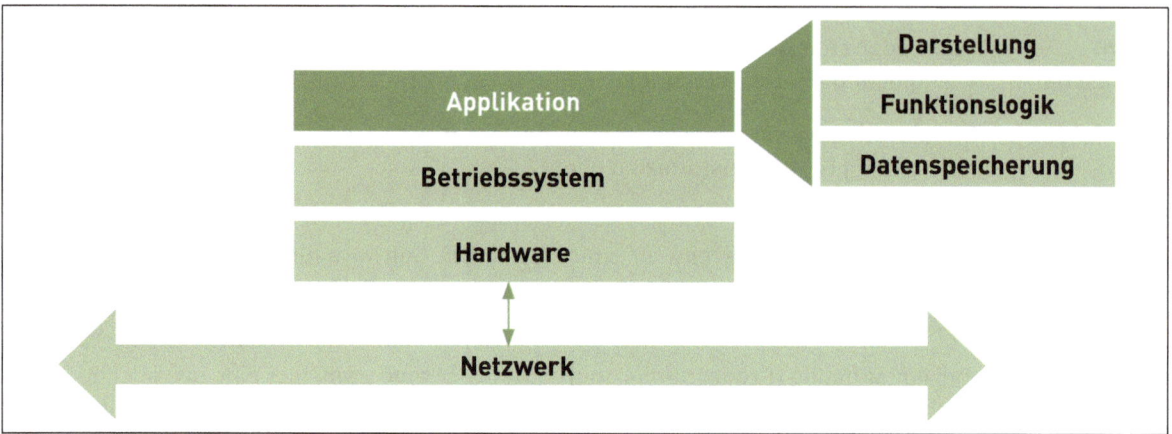

2.2.3 Datenbanken

Eine Datenbank ist eine Software (Datenbankmanagementsystem), welche in der Lage ist, grosse Datenmengen effizient, strukturiert, widerspruchsfrei und dauerhaft zu speichern und benötigte Teilmengen in unterschiedlichen, bedarfsgerechten Darstellungsformen für Benutzer und Anwendungsprogramme bereitzustellen. Ausserdem regelt eine solche Software auch die Zugriffsberechtigungen zu den Daten. Datenbanken können also auf einer oder mehreren Maschinen (Servern) betrieben werden. In diesem Fall spricht man von einem Datenbankserver. Die Funktionen dieser Software sind:

– Speicherung, Überschreibung und Löschung von Daten
– Verwaltung der Metadaten (Informationen über Merkmale der Daten, nicht die Daten selbst)
– Datensicherheit
– Datenschutz
– Datenintegrität (Unversehrtheit, Verknüpfungen und Konsistenz)

– Mehrbenutzerbetrieb (durch Benutzer und Systeme)
– Performance-Optimierung
– automatische Datenmodifikationen durch Programmaufrufe (z. B. mit einer Datenbankprogrammiersprache wie SQL)
– Statistiken über Zugriffe, Technik und Betrieb und über die Dateninhalte selbst

Die Struktur, wie die Daten in einer Datenbank miteinander verknüpft sind, nennt man Datenmodell und wird als Entitäten-Relationen-Diagramm (ERD) dargestellt. Die Verknüpfungen nennt man Relationen. Deshalb spricht man in diesem Zusammenhang von einer Relationalen Datenbank. Hier ein Beispiel von einer Lagerverwaltung für verschiedene Stecker-Typen:

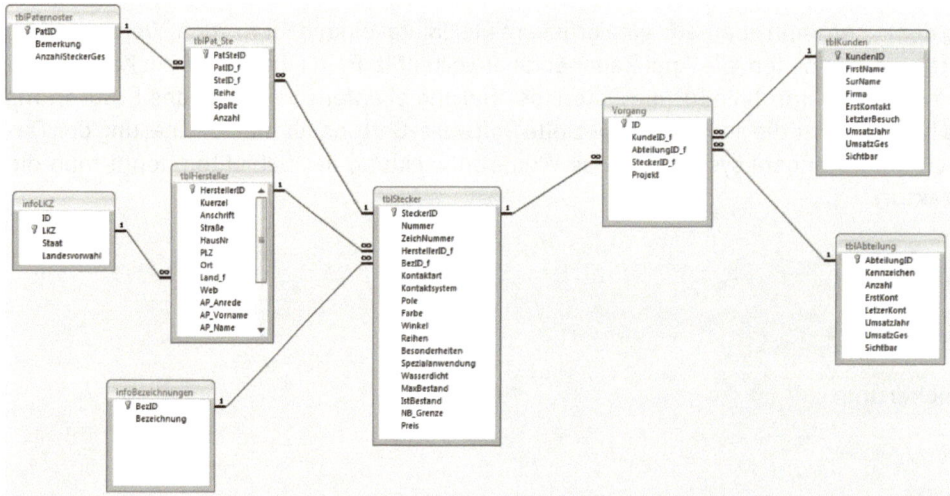

2.2.4 Programmierung

Programmierung nennt man auch Softwareentwicklung. Dabei sind folgende Elemente im Spiel:

Programmierung	Vorgang der Zusammenstellung von Befehlen zu einer Gesamtlogik, der Programmlogik
Programmiersprache	Eine Programmiersprache besteht aus Befehlen, welche für die Menschen so verständlich sind, dass sie eine solche Sprache erlernen können und die Funktionen der Befehle lernen und zu einem Gesamtkonzept, einem Programm, zu einer Programmlogik, zusammenstellen können. Bekannte Programmiersprachen: – C – Java – Objective-C – C# – SQL (für Datenbanken) – PHP – Javascript – Python – Visual Basic .NET – COBOL
Kompilierung	Ein Compiler ist eine Software. Sie ermöglicht die Umwandlung von Quellcode (von Menschen lesbare Programmbefehle einer bestimmten Programmiersprache) in eine Form (Binärcode), die von einem Computer, letztlich vom Prozessor, ausgeführt werden kann.
Interpretation	Ein Interpreter ermöglicht wie der Compiler die Umwandlung von Quellcode in Binärcode. Im Unterschied zum Compiler entsteht bei der Umwandlung nicht eine neue Datei, sondern der Binärcode (Kombinationen von 0 und 1) wird sofort vom Prozessor ausgeführt. Der Umwandlungsprozess muss bei der Interpretation immer wieder neu durchgeführt werden. Hingegen entsteht bei der Kompilierung eine neue Datei (mit Binärcode) die nicht jedes Mal für die Ausführung umgewandelt werden muss. So spart man sich Prozessorzeit.
Programmlogik oder Funktionslogik	Programmlogik ist die Ablauforganisation aller Steuerungsanweisungen (Programmbefehle), Aufrufe von Unterprogrammen und Datenmanipulationen eines Programmsystems. Diese Logik kann man grafisch darstellen (Flussdiagramm). **Beispiel:** 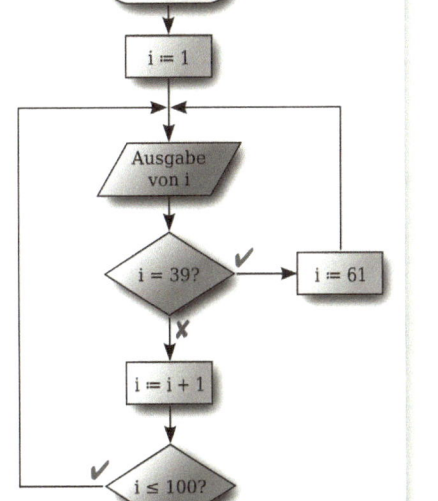

Wie in der folgenden Abbildung sichtbar, ist Java die meist angewendete Programmiersprache. Dieser Erfolg kommt in erster Linie daher, dass Java-Programme auf allen möglichen Endgeräten und Servern lauffähig (kompatibel) sind.

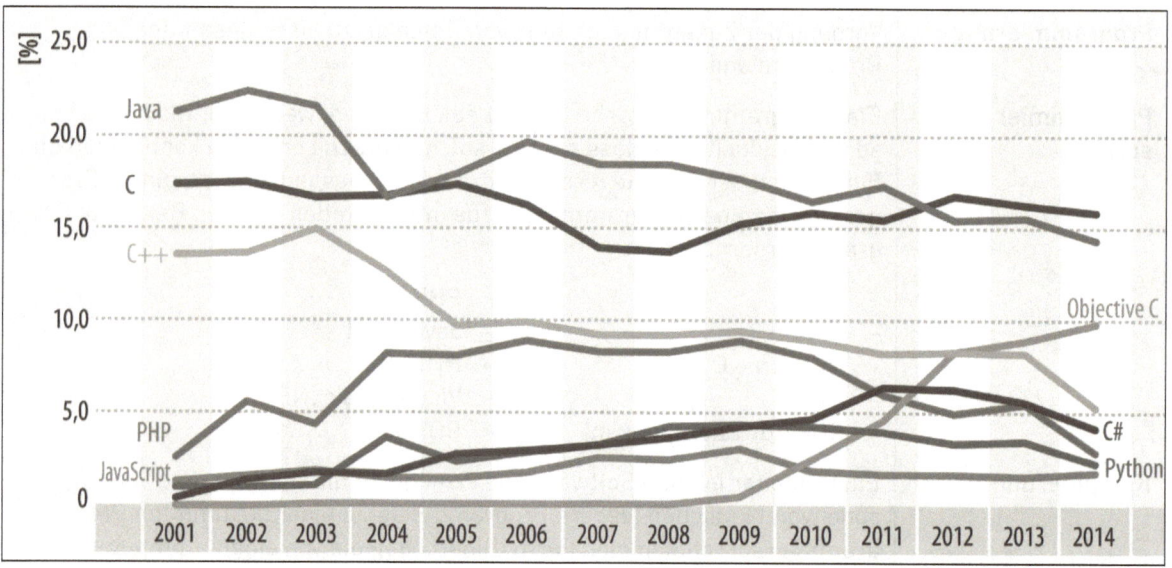

2.2.5 Lizenzierung

In der Softwareentwicklung durchläuft die neu zu erschaffende Software verschiedene Entwicklungsstadien:

pre-Alpha → Alpha → Beta → Release Candidate → Release

Das Release ist dann die Version, welche offiziell angeboten wird. Durch Wiederaufnahme der Arbeit an dieser Version der Software, wird der Zyklus wieder von vorne begonnen und sie Software wird zu einer neuen Version weiterentwickelt.

Software unterliegt rechtlich dem Urheberrecht, da es geistiges Eigentum darstellt. Dieses Eigentum kann
– verkauft/gekauft oder
– (als Lizenz) gemietet/vermietet/genutzt werden.

Wenn es gemietet wird, dann spricht man von Lizenzierung. Die Lizenz[2] enthält die Bedingungen, die die Nutzung der Software regeln, insbesondere den Umfang der Lizenzrechte sowie alle anderen diesbezüglichen Einschränkungen, zum Beispiel den Zweck oder Ort der Nutzung und die verwendete Hardware. Es existieren folgende Lizenzformen (Mietformen):

Kommerzielle Formen	
Einzellizenz	Die Software darf nur auf einem Arbeitsplatzrechner installiert werden. Soll sie auf mehreren Rechnern laufen, müssen auch mehrere Lizenzen erworben werden.
Floating-Lizenz	Jedes Jahr wird ermittelt, wie viele Benutzer die Lizenz gebraucht haben und entsprechend abgerechnet.
Netzwerklizenz	Software darf innerhalb eines bestimmten Netzwerks (z. B. LAN) unlimitiert genutzt werden.
Server-Lizenz	Software kann auf einem Server (von mehreren Benutzern) genutzt werden. Abgerechnet wird pro Serverinstallation.

2   Ein Endbenutzer-Lizenzvertrag, auch Endbenutzer-Lizenzvereinbarung, abgekürzt EULA (End User License Agreement), ist eine Lizenzvereinbarung, welche die Benutzung von Software regelt. Texte mit einer EULA werden zu Beginn der Installation der Software angezeigt.

Nicht-kommerzielle Formen

Studentenlizenz	Diese Software darf von Studenten nur im Zeitraum ihres Studiums benutzt werden, entweder kostenlos oder zu einem stark reduzierten Preis.
Public Domain	Der Urheber verzichtet auf sein Urheberrecht und erlaubt somit eine kostenlose und uneingeschränkte Nutzung und Weiterverwendung der Software.
Open Source	Der Urheber erlaubt die freie Nutzung, Vervielfältigung und Veränderung des Quellcodes (der Programmbefehle). Veränderungen am Quellcode, müssen allerdings wieder der Allgemeinheit zur Verfügung gestellt werden (GNU → General Public License). Open Source ist zwar eine Gratis-Lizenz, aber die Installation und Wartung solcher Systeme wird von Firmen angeboten. Es gilt somit die Gesamtkosten zu beachten, wenn man böse Überraschungen vermeiden will.
Freeware	Software die uneingeschränkt und kostenlos genutzt werden darf, deren Quellcode jedoch nicht öffentlich ist.
Shareware	Software die kostenlos getestet und weiterverbreitet werden darf. Die Testphase ist entweder zeitlich oder funktional begrenzt. Zur uneingeschränkten Nutzung einer solchen Software ist der Erwerb einer kommerziellen Lizenz nötig.

2.3 Netzwerke

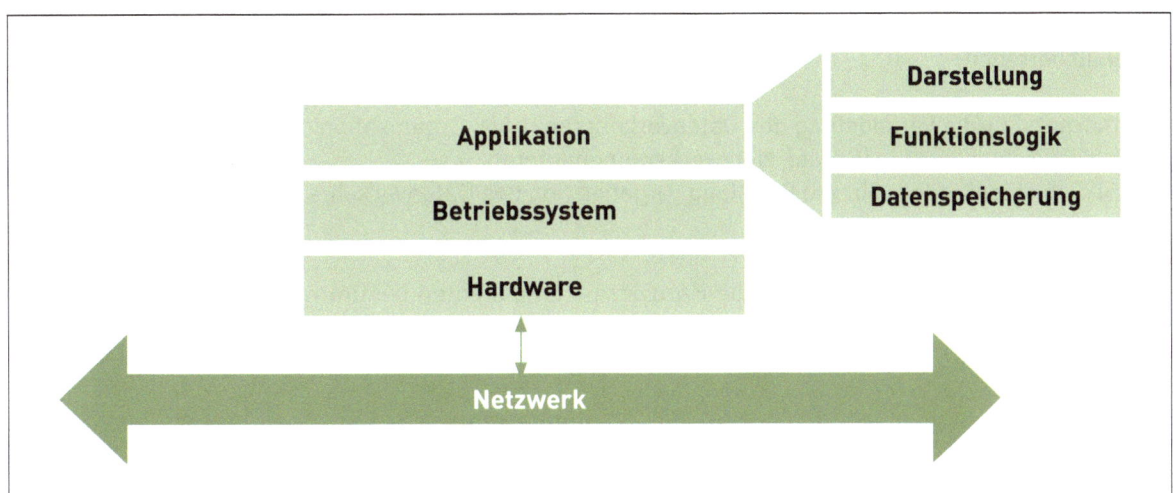

Warum sollten Computer miteinander vernetzt werden?

– Aufgaben im Team gemeinsam lösen
– Daten gemeinsam nutzen
– Computer bilden zusammen ein Datacenter, ein Verarbeitungscenter
– Computer teilen sich Aufgaben
– Computer teilen sich die Rechenleistung
– Software kann verteilt auf verschiedenen Computer ausgelagert werden.
– Daten können verteilt auf verschiedenen Computer ausgelagert werden.
– Bei Ausfällen können andere Computer die Arbeit übernehmen.

Informatik-Infrastruktur

2

2.3.1 Geografische Ausdehnung

Ein Netzwerk kann kabelgebunden oder kabellos sein. Für die verschiedenen Einsatzgebiete sind auch unterschiedliche Reichweiten vorgesehen:

Netzwerk	Reichweite/Anwendung	Beispiele
NFC/RFID	ca. 30 cm, kabellose Kleinstnetzwerke oder Mikronetzwerke	Bargeldloser Zahlungsverkehr, Zutrittssysteme, Logistik, Diebstahlsicherung
PAN/Bluetooth	ca. 10–30 m, Arbeitsplatzvernetzung, Vernetzung von Heimelektronik, Vernetzung im Auto	Audio-Streaming im Auto von einem Smartphone zur Audioanlage des Fahrzeugs
LAN/WLAN	10–100 m, Abteilung einer Firma, Gesamtvernetzung zuhause	Gesamtes Heimnetzwerk, kabelloses Netzwerk eines Hotels für Gäste-Internetzugang
WAN	1–10 km, regionales Netzwerk eines Internet-Providers	Regionales Internet-Zubringer-Netz eines Telekommunikationsanbieters
GAN/Internet	Global, firmeninternes Netz einer Grossbank, öffentliches Netzwerk	Internet, Netz von Visa oder Mastercard um global alle Kreditkartentransaktionen abwickeln zu können

2.3.2 Wichtige internationale Standards

Es existieren enorm viele Standards für die Konzeption von Hardware und Software in einem Netzwerk. Zwei davon sind wichtige weltweite Standardisierungen für Netzwerke die jede Unternehmung und jeden Haushalt betreffen:

- Ethernet: Für die Verkabelung des Datenverkehrs im LAN, Organisation des Datenverkehrs für alle physikalischen Aspekte (Geräte, Netzwerkkomponenten)
- OSI-Schichtenmodell: Für die Regelung, Organisation des Datenverkehrs in LAN/WLAN, WAN, GAN der Applikationen

Mit Ethernet werden die Regeln für die Hardware-Komponenten bestimmt und das OSI-Schichtenmodell definiert die Verkehrsregeln der Datenpakete im Netz. Man könnte das System mit der Rohrpost vergleichen:

Rohrpost

Datenpakete

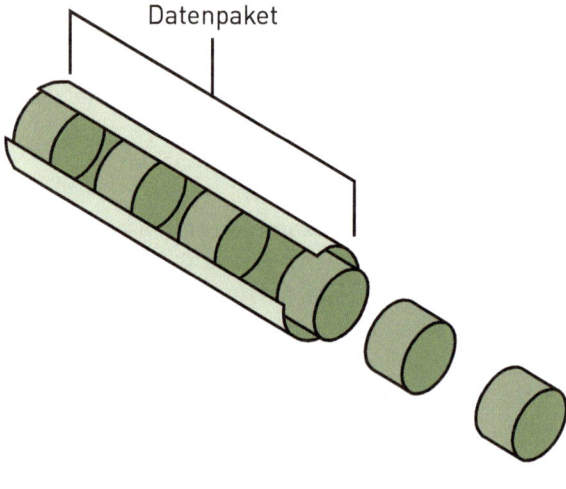

Datenpaket

2.3.2.1 Ethernet

Dieser Standard ermöglicht den Datenaustausch in Form von Datenpaketen (Datenframes) zwischen den in einem lokalen Netz (LAN: Local Area Network) angeschlossenen Geräten (Computer, Drucker etc.). Die Ethernet-Standards umfassen Festlegungen für Kabeltypen und Stecker sowie für Übertragungsformen (z. B. elektrische oder optische Signale in Kabel, Paketformate). Der Ethernet-Standard kümmert sich nicht um Inhalte in Datenpakete, sondern nur deren Zustellung in einem LAN.

2.3.2.2 OSI-Schichtenmodell

Damit Datenpakete über lokale Netzwerkgrenzen hinweg transportiert werden können, werden z. B. Ethernet-Pakete nochmals «Umverpackt». Ziel ist, die Datenkommunikation über unterschiedlichste technische Systeme und Netzwerke hinweg zu ermöglichen. Dazu werden Datenpakete in sieben «Sektoren» aufgeteilt. Man spricht auch von Schichten (engl. layers). Jeder Sektor, also jede Schicht, hat jeweils eng begrenzte Aufgaben:

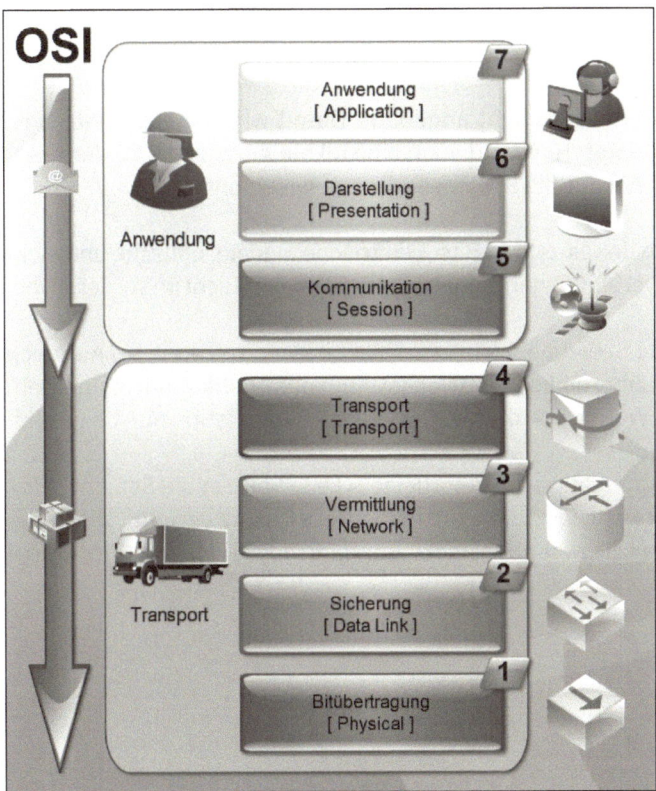

Bei einer Datenübertragung (z. B. über das Internet) sind meistens zwei Applikationen im Spiel.

Beispiel:

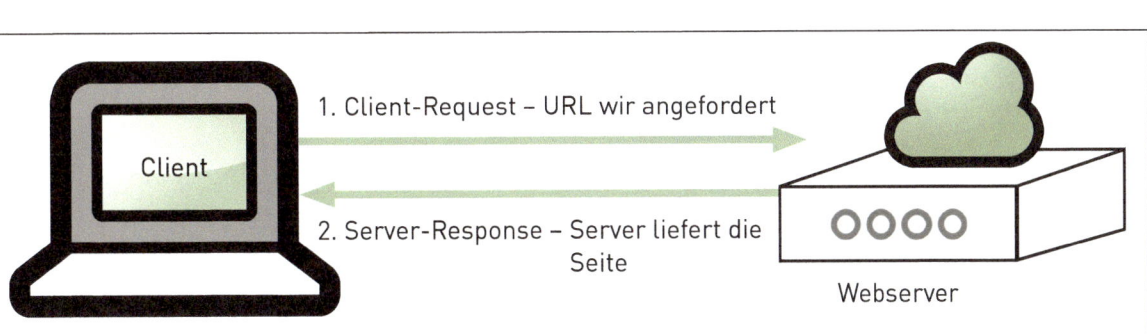

In diesem Fall heissen die beiden Applikationen «Browser» auf der Client-Seite (Anwenderseite) und «Webserver» auf der Serverseite. Damit die Webseite gesendet wird und im Browser ankommt, braucht der Server eine entsprechende Anfrage. Was passiert genau bei dieser Kommunikation?

1. Die Applikation Browser muss den Befehl «Sende mir deine Webseite» an die Applikation Webserver senden. Diesen Befehl schreibt sie in die Schicht 7. Die Schicht 6 bleibt in diesem Fall leer, weil der einzige Inhalt nur dieser Befehl ist. Die Schicht 5 wird in diesem Fall auch nicht gebraucht. Sie ist bei längeren Datenübertragungen oder Dialoge wichtig (z. B. Download einer Datei oder beim Online-Banking). Damit kann die Datenübertragung bei Kommunikationsunterbrüchen schnell wieder aufgenommen und synchronisiert werden, um z. B. einen Download nicht wieder von vorne zu beginnen.

2. Nun übergibt die Applikation die weitere Arbeit an das Betriebssystem, welches sich um den Rest kümmern muss. Bei dieser Auftragserteilung stellt sie auch die gewünschte Sende- und Empfangsgüte ein (z. B. mit Empfangsgarantie). Zum bestehenden Datenpaket wird somit auf Schicht 4 noch die gewünschte Logistik-Qualität eingestellt und die Pakete werden nummeriert, falls eine Nachricht mehr als ein Paket umfasst. Von nun an übernehmen die Netzwerkgeräte (Router und Switch) die Arbeit.

3. Jetzt muss noch auf Schicht 3 die Paketvermittlung sichergestellt werden. Die Pakete werden mehrere Knotenpunkte (Router) passieren. Damit die Pakete am richtigen Ort gelangen, müssen sie mit Absender und Empfängeradresse versehen werden. Diese Information wird somit noch dazu gepackt. (IP-Adressen)

4. Zum bestehenden Paket wird nun die Sicherungsschicht angebaut. Damit wird eine zuverlässige, möglichst fehlerfreie Übertragung gewährleistet. Hier wird auch eine lokale Adresse (MAC-Adresse) mit eingebaut, damit die Feinverteilung im LAN mittels Switches effizient geschieht.

5. Zuletzt kommt die physikalische Übertragung der einzelnen Bits. Elektrische Signale, optische und elektromagnetische Wellen, Leitungen und Steckverbindungen stehen hier auf dieser Schicht im Vordergrund.

6. Auf der anderen Seite ankommend, wird jede Schicht einzeln vom Paket wieder getrennt, bis nur noch die eigentliche Nachricht übrig bleibt. Diese übergibt das Betriebssystem der Applikation. In unserem Beispiel ist es der Befehl: «Sende mir deine Webseite», die die Web-Server-Applikation nun bekommt.

7. In unserem Beispiel wird die Web-Server-Applikation die geforderte HTML-Seite in die Schicht 6 des Pakets verpacken (sofern nicht in ein Paket reicht, wird die Seite in mehrere Pakete verteilt). Die Pakete werden nummeriert, adressiert und an den Browser geschickt, der dann den HTML-Code interpretiert und auf dem Bildschirm darstellt.

Hier nochmals zusammenfassend:

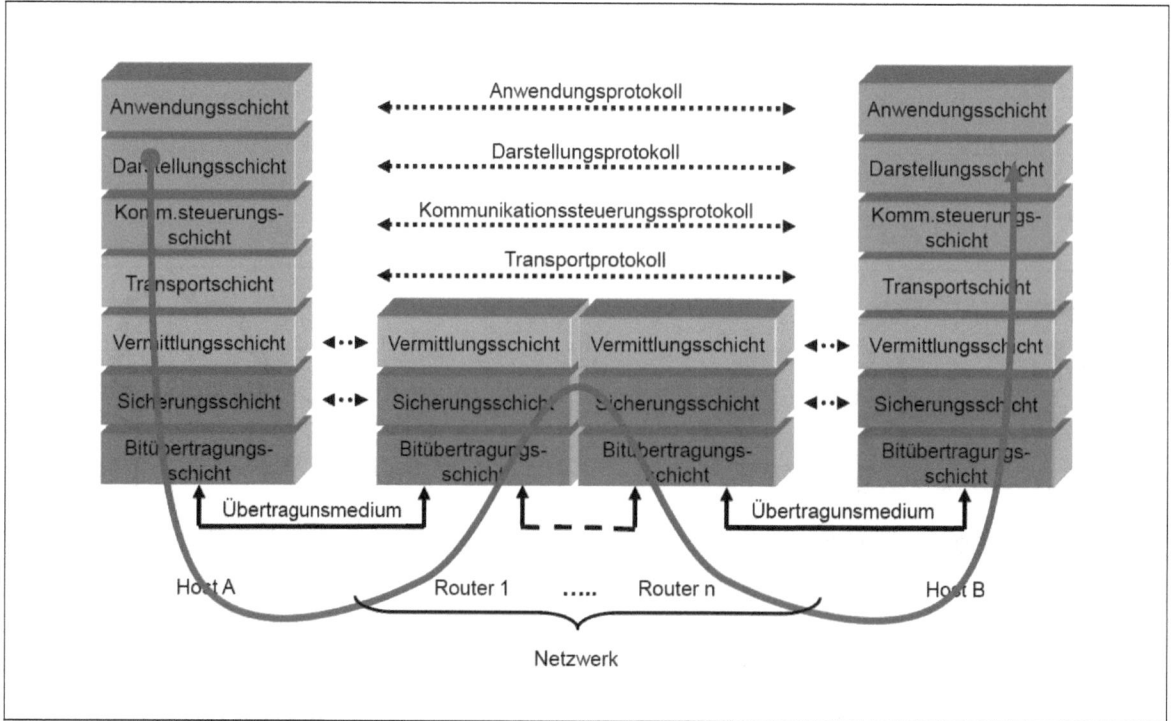

2.3.3 Topologien

Netzwerkteilnehmer/-Geräte können verschiedenartig miteinander verbunden (verkabelt) werden. Die Anordnung nennt man Topologie. Die Stern- oder Baumtopologie kommt am meisten vor.

Beispiele:

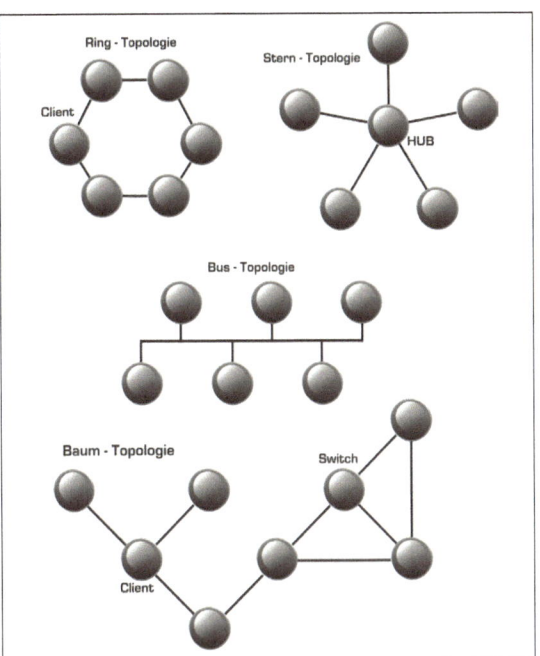

2.3.4 Organisation der Netzteilnehmer

Es sind grundsätzlich zwei Formen denkbar:

- Peer-to-Peer: Dabei erhalten alle Netzteilnehmer die gleichen Rechte und können über die Ressourcen aller anderen Teilnehmer mitverfügen. Allerdings muss jeder Teilnehmer auch seine Ressourcen den anderen zur Verfügung stellen. Das Prinzip ist verlockend, denn so können alle von allen profitieren (gemeinsame Daten, gemeinsamer Zugriff auf Geräte wie Scanner, Festplatten, alles ist allgemein zugänglich). Als Informatikverantwortliche Person ist dieses Konzept allerdings ein Alptraum, denn ein Eindringling oder ein Virus hat ebenfalls auf allen anderen Computer Zugriff.
- Client-Server: Hier werden die Rollen klar aufgeteilt. Es gibt Geräte-Typen für die Endbenutzer, also Zugangsgeräte (PC, Tablets, Notebooks etc.) und es gibt Geräte für die Bereitstellung von Diensten (Server) wie Druckdienste (Printserver), Nachrichten (E-Mailserver), Datenablagen (Fileserver) etc. Die Kontrolle der Server ist fest in der Hand der Informatikverantwortlichen. So können die Zugriffe genau geregelt und kontrolliert werden.

2.3.5 Netzwerkkomponenten

In der Hardware eines Netzwerks existieren aktive und passive Komponenten:

- Aktive Hardwarekomponente = Sie braucht eine eigene Stromquelle für den Betrieb.
- Passive Hardwarekomponente = Sie braucht keine eigene Stromquelle für den Betrieb.

Aktive Netzwerkkomponenten		Passive Netzwerkkomponenten
– Switch	– Kabel-Modem	– Kabel mit Stecker (RJ45)
– Router	– Repeater	– Netzwerkdosen
– Firewall	– Access Point	– Patchpannel
– ADSL-Modem		

2.3.6   Near Field Communication (NFC), Radio Frequency Identifikation (RFID)

Ein RFID-System ist kein sehr intelligentes Netzwerk-System. Es besteht aus Transponder und Lesegerät. RFID-Transponder können so klein gebaut werden, dass sie implantiert werden können. Vorteile:

- geringe Grösse
- unauffällige Auslesemöglichkeit (z. B. aus einem Personalausweis)
- geringer Preis der Transponder

Diese Technik ersetzt nach und nach den heute weitverbreiteten Barcode.

Die Nahfeldkommunikation (Near Field Communication, Abkürzung NFC) basiert auf der RFID Technologie für den kontaktlosen Austausch von Daten per Funktechnik über kurze Strecken von wenigen Zentimetern. Typische Einsatzgebiete sind Micropayment – kontaktlose, bargeldlose Zahlungen kleiner Beträge. Es können damit intelligentere System als mit RFID gebaut werden, weil in beide Richtungen Daten gelesen und geschrieben werden können, z. B. im Zusammenspiel mit einer SmartCard:

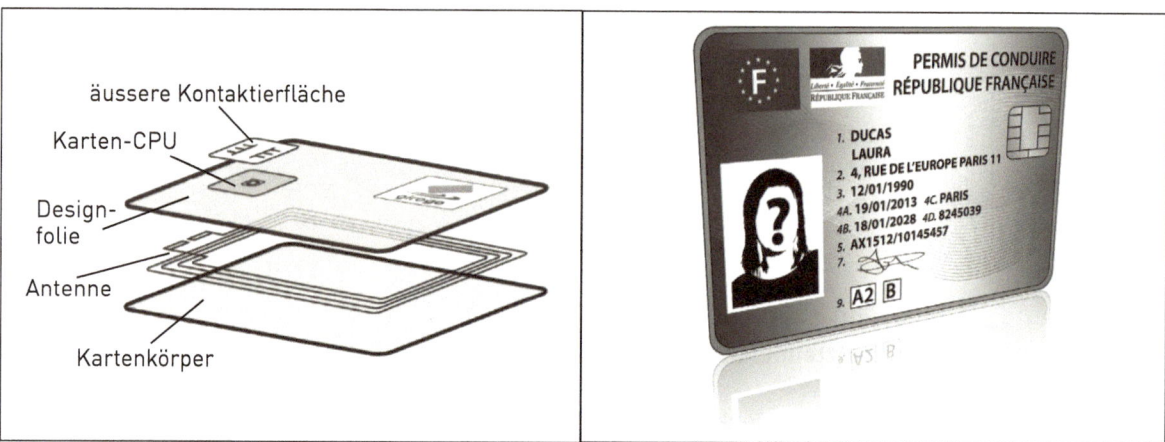

Beide vorgestellten Technologien (RFID, NFC) sind passive Netzwerkkomponenten.

2.3.7   Personal Area Network (PAN)

Die geografisch zweitkleinste Rangordnung eines Netzwerks ist das PAN (Personal Area Network). Es umfasst 10–30 m. Die Geräte befinden sich entweder am/im Körper oder in unmittelbarer Nähe (z. B. am Arbeitsplatz, im Auto oder zuhause). Meisten kommt die Bluetooth-Technologie zum Einsatz. Auch in der Medizinaltechnik kommt PAN zum Einsatz, ein Beispiel dafür ist die Überwachung von Patienten zuhause.

2.3.8   Local Area Network (LAN)

Ein LAN ist normalerweise auf ca. 100 m Ausdehnung beschränkt. Mit dem Einsatz von Fiberglaskabel können auch grössere Distanzen überbrückt werden. Die Anordnung der Verkabelung (Topologie) eines LANs wird heutzutage als Baum- oder Sternstruktur realisiert. Ethernet ist heute der am weitesten verbreitete Standard.

2.3.8.1   Netzwerkkabel

Die Datenübertragung erfolgt über Twisted-Pair-Kabel (verdrillte Kupferkabel) oder optisch über Plastik-faserkabel und Glasfaserkabel.

Beispiele:

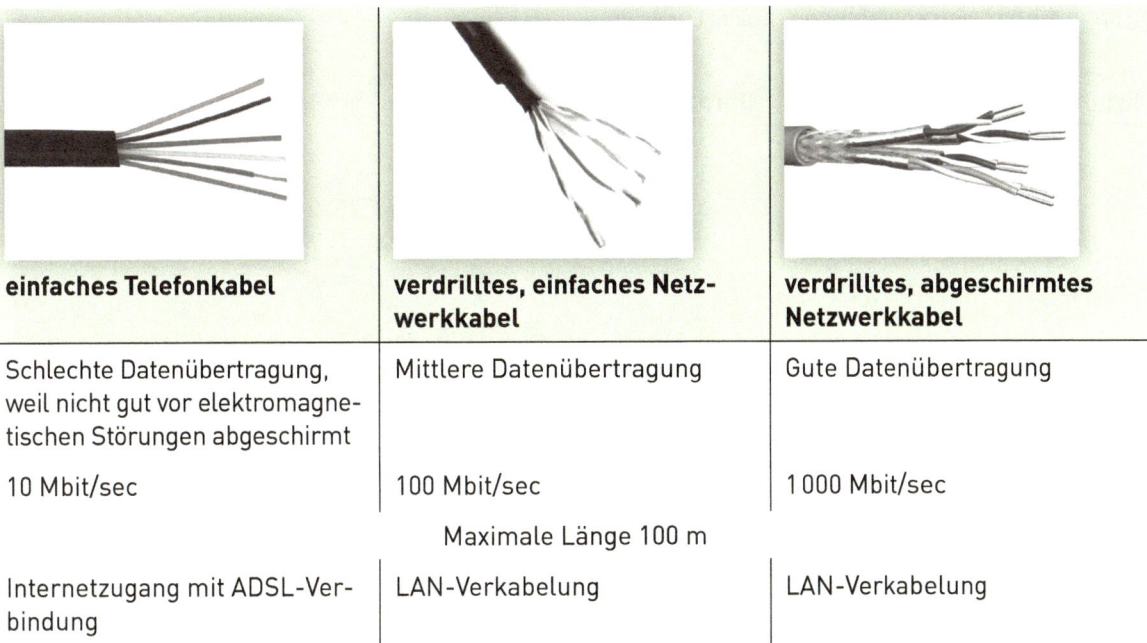

einfaches Telefonkabel	verdrilltes, einfaches Netz-werkkabel	verdrilltes, abgeschirmtes Netzwerkkabel
Schlechte Datenübertragung, weil nicht gut vor elektromagne-tischen Störungen abgeschirmt	Mittlere Datenübertragung	Gute Datenübertragung
10 Mbit/sec	100 Mbit/sec	1 000 Mbit/sec
	Maximale Länge 100 m	
Internetzugang mit ADSL-Ver-bindung	LAN-Verkabelung	LAN-Verkabelung

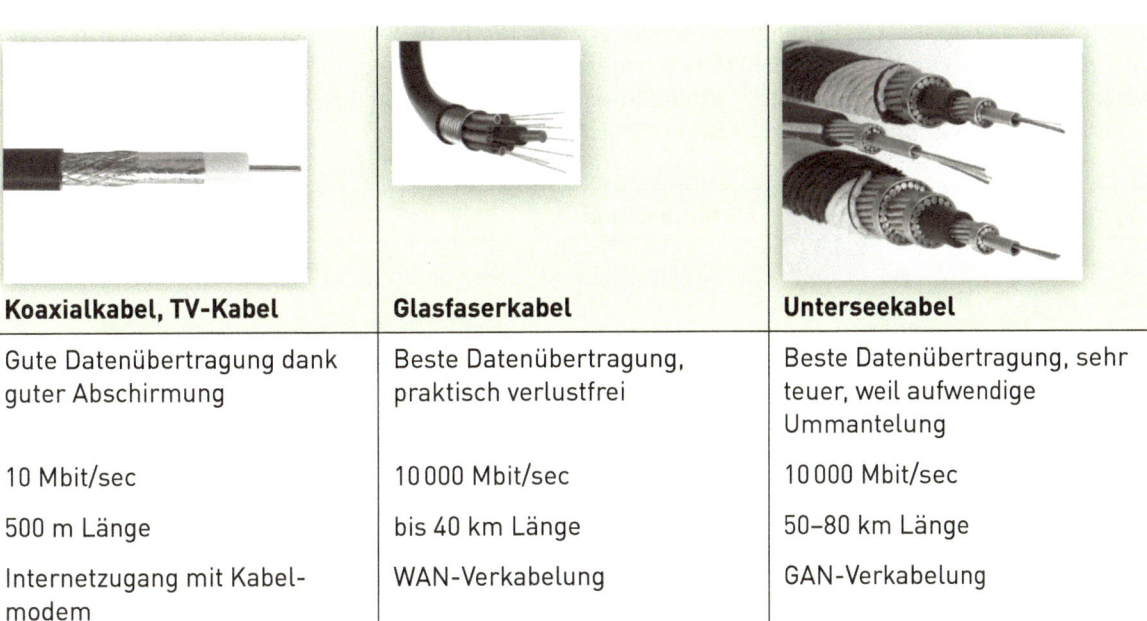

Koaxialkabel, TV-Kabel	Glasfaserkabel	Unterseekabel
Gute Datenübertragung dank guter Abschirmung	Beste Datenübertragung, praktisch verlustfrei	Beste Datenübertragung, sehr teuer, weil aufwendige Ummantelung
10 Mbit/sec	10 000 Mbit/sec	10 000 Mbit/sec
500 m Länge	bis 40 km Länge	50–80 km Länge
Internetzugang mit Kabel-modem	WAN-Verkabelung	GAN-Verkabelung

2.3.8.2   Netzwerk-Stecker

Die häufigste Steckverbindung in Netzwerke ist der normierte RJ-45 Stecker:

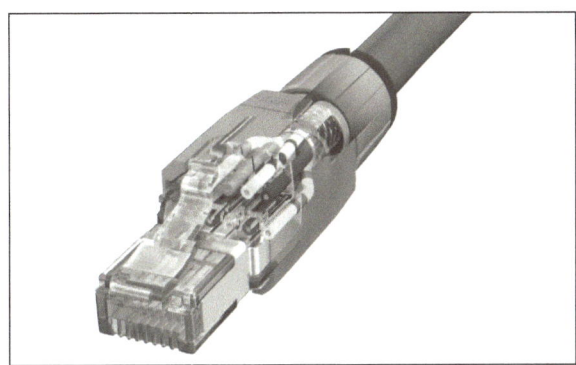

2.3.8.3 Switch

Der Switch erfüllt in einem Netzwerk die Aufgabe einer Weiche oder eines Verteilers von Datenpaketen. Es ist ähnlich wie beim Strom eine Art «Mehrfachsteckleiste». Dank einem Switch können Baum-/Stern-topologien realisiert werden. Der Switch übernimmt die Feinverteilung der Datenpakete in einem LAN und orientiert sich dafür an der MAC-Adresse (Netzwerk-Schicht 2). Datenpakete welche zwischen zwei am gleichen Switch angeschlossenen Geräte ausgetauscht werden, werden direkt im Switch vermittelt. So kann die Netzwerkbelastung reduziert werden.

Symbole	Gerätebeispiel

2.3.8.4 Router

Router sind Multitalente und die eigentlichen Postboten im Netzwerk. Netzwerkrouter können Netzwerk-pakete zwischen mehreren Rechnernetzen weiterleiten (Routing). Sie können auch zwei oder mehrere LAN miteinander koppeln. Dabei entstehen sogenannte Netzwerksegmente. Sie können solche Netz-werksegmente für bestimmte Datenpakete abriegeln. Router treffen ihre Weiterleitungsentscheidung anhand von Informationen aus der Netzwerk-Schicht 3 (IP-Adresse).

Symbole	Gerätebeispiel
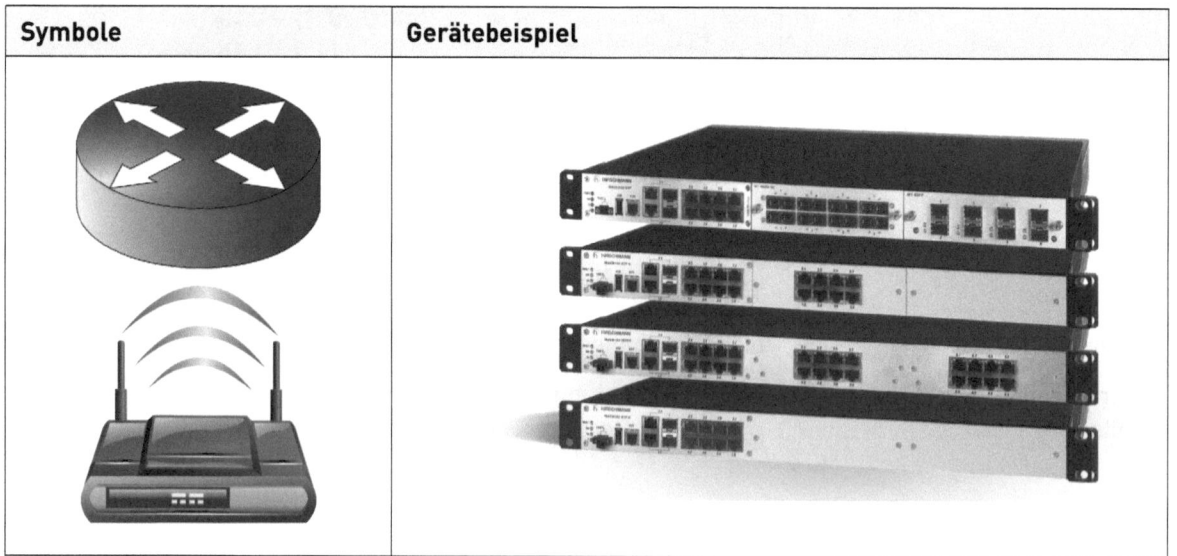	

2.3.8.5 Firewall

Die Firewall ist ein Software- oder Hardwaresystem, das den Datenverkehr aus und in einem Netzwerk überwacht und allenfalls blockieren kann. Sie funktioniert wie ein Filter oder eine Membrane nach fest-gelegten Regeln. Abhängig davon, wo die Firewall-Software installiert ist, wird unterschieden zwischen einer

- personal Firewall (auch Desktop Firewall) und einer
- externen Firewall (auch Netzwerk- oder Hardware-Firewall genannt).

Die Firewall entscheidet selbstständig, ob ein Datenpaket das Netz passieren darf oder nicht. Dies basiert auf einem Firewall-Regelwerk.

Symbol	Geräebeispiel

2.3.8.6   WLAN, WI-FI, Access-Point

Der Drahtlose Zugang in ein LAN wird mittels verschiedener Frequenzen realisiert. Je höher die Frequenz, desto mehr Daten können übertragen werden. Die verbreiteten Standards hierfür sind:

– IEEE 802.11n und
– IEEE 802.11ac (aktuell)

Übertragungsraten: Mit dem neusten Standard lassen sich Übertragungsraten von ca. 500 Mbit/s erreichen. Somit gilt WLAN inzwischen als fast ebenbürtiger Ersatz für kabelverbundene LANs.

Verschlüsselung: Da sich die Funkwellen auch abfangen lassen, sollten WLANs verschlüsselt werden. Momentan ist die WPA2 Verschlüsselungsvariante die gute Wahl, auch wenn sich andere, ältere Varianten am WLAN-Router einstellen lassen.

WLAN-Name – SSID (Service Set Identifier): Dieses Kürzel meint den Namen des WLANs. Diesen Namen kann in den Einstellungen des Routers geändert werden. Optional kann der Name versteckt werden. Einige Geräte wie Tablets können sich dann aber nicht mehr ohne weiteres mit dem WLAN verbinden.

Symbol	Gerätebeispiel

Access-Points: Dies sind im Prinzip kabellose Switches. Sie verbinden verschiedene Netzwerkgeräte miteinander. Im OSI-Schichtenmodell sind sie wie Switches in der Sicherungsschicht (Schicht 2) angesiedelt. Im Gegensatz dazu sind WLAN-Router «intelligenter». Sie erfüllen alle Aufgaben eines Routers wie z. B. Routing (Vermittlungsschicht 3). Die Access Points können miteinander gekoppelt werden:

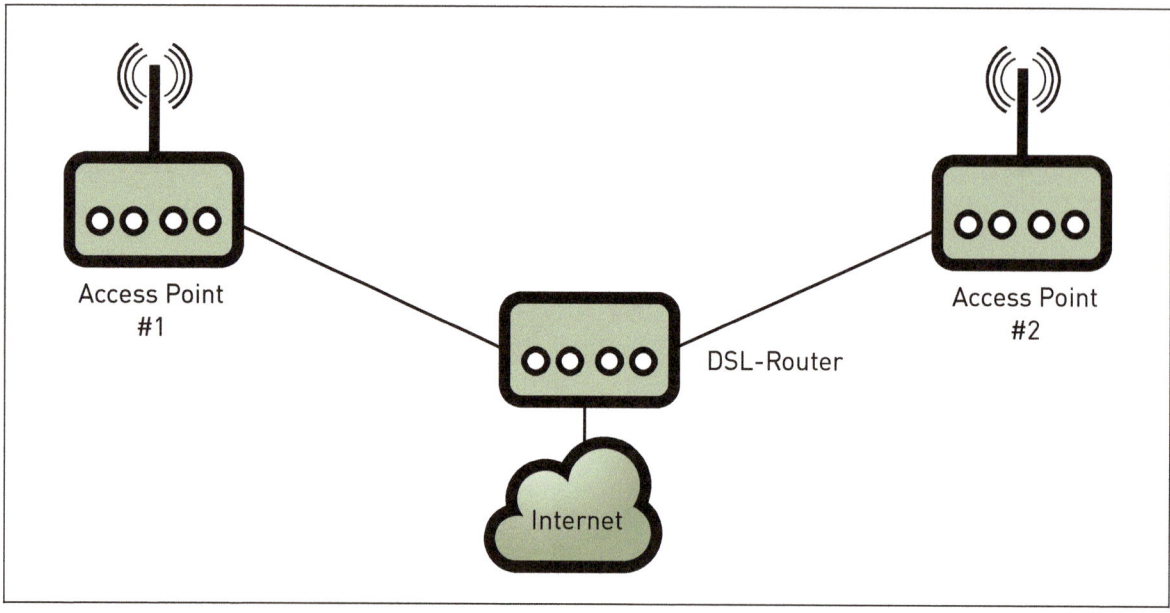

2.3.8.7 Network Attached Storage (NAS)

Benutzergeräte zu Hause oder am Arbeitsplatz wie Personal Computer (PC) oder Tabletts verfügen normalerweise über einen eigenen Festspeicher (Direct Attached Storage). Die Daten auf diesen Geräten stehen nur den einzelnen Personen zur Verfügung, nicht aber allen Personen in einem Team oder einer Familie zu Hause. Sollte dieser Computer defekt, zerstört sein oder verloren gehen, dann sind auch alle Daten darin weg. Sollen Dateien netzweit zur Verfügung stehen, muss das Speichersystem an das Netzwerk angeschlossen sein. Solche Geräte heissen NAS. Ein zusätzlicher Vorteil ergibt sich beim Wechsel auf ein neues Gerät. Die Daten müssen nicht mehr auf das neue Gerät übertragen (migriert) werden.

Ein NAS ist im Prinzip ein Dateiserver. Es ist in der Lage, Zugriffsrechte zu berücksichtigen (Datenschutz). Es ist ein eigenständiger Computer (Host) mit eigenem Betriebssystem. Viele Systeme verfügen ausserdem über spezielle Datensicherungs-Mechanismen (z. B. RAID-Funktionen) um Datenverlust durch Defekte vorzubeugen und/oder die Performance zu erhöhen.

2.3.9 Wide Area Network (WAN)

WANs sind geografisch wesentlich grösser ausgedehnt als LANs. Sie werden eingesetzt, um verschiedene LANs miteinander zu vernetzen. Es gibt private WANs oder öffentliche, die z. B. durch Internetdienstanbieter errichtet und betrieben werden, um einen Internetzugang anzubieten.

Ein WAN arbeitet auf Schicht 1 und 2 des OSI-Referenzmodells. Es kommen Switches und Router zum Einsatz. Ein simples WAN entsteht, sobald man zwei LANs miteinander verbindet:

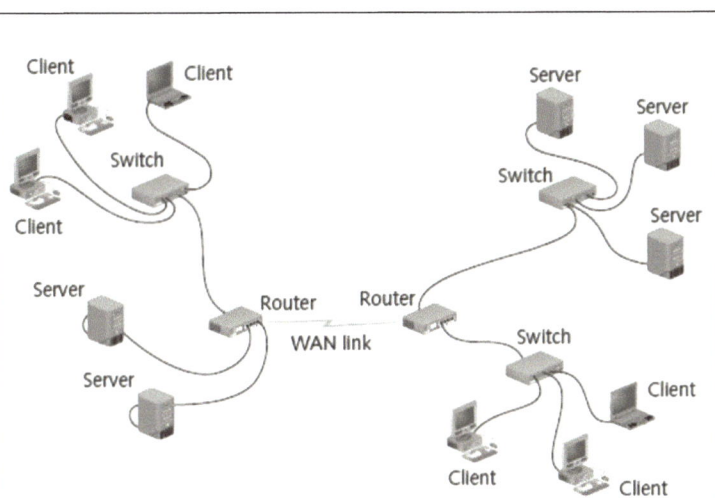

Hält man sich die Sterntopologie vor Augen, so ist das WAN ein Zubringer-Netzwerk, nämlich vom Globalen GAN über das WAN zum LAN und umgekehrt:

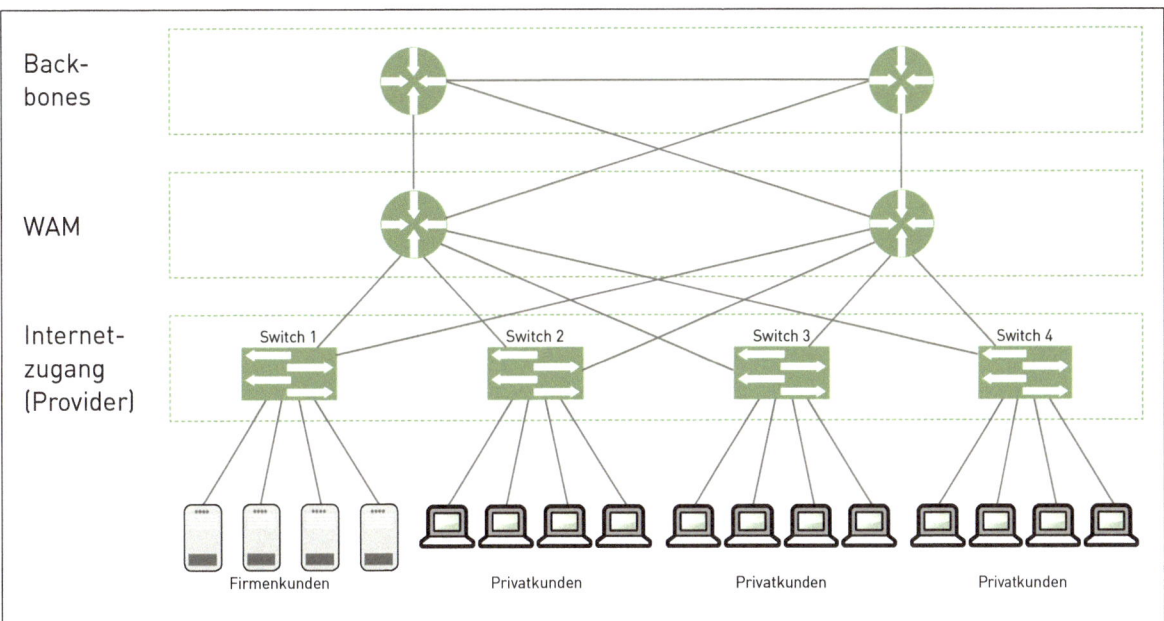

2.3.9.1 Internetzugang mit ADSL

Der Zugang ins Internet geht für die meisten Unternehmen und Haushalte über ein WAN eines Internet-Providers, welcher sein Netz gegen eine Abo-Gebühr zur Verfügung stellt. Das Provider-WAN ist wiederum mit dem Internet (GAN) verbunden und dafür muss der WAN-Provider dem GAN-Betreiber ebenfalls eine Gebühr bezahlen. Der Zugang ins WAN des Internet-Providers wird mit der zur Verfügung stehenden Kabelinfrastruktur realisiert. In seltenen Fällen kommen kabellose Technologien zum Einsatz. Mögliche Kabel sind:

- Telefonkabel
- TV-Kabel (Koaxialkabel)
- Fiberglaskabel

Für den Internet-/WAN-Zugang aus einem privaten LAN per Telefonkabel hat sich ADSL etabliert. Es funktioniert, ohne die Telefonie über den Festnetzanschluss zu beeinträchtigen. ADSL steht für «Asymmetric Digital Subscriber Line». Der Unterschied zum herkömmlichen DSL-Anschluss ist, dass unterschiedliche Bandbreiten für die beiden Übertragungsrichtungen zur Verfügung gestellt werden, deshalb ist die Geschwindigkeit «asymmetrisch». Für den Download ist sie höher als für den Upload, da Privatkunden meistens mehr Daten empfangen als versenden (beim klassischen Web-Seiten-Aufruf wird die Seite vom Server an den Browser, also zum Betrachter, gesendet). Neuere VDSL-Leitungen erzielen Download-Bandbreiten von bis zu 100 Mbit/s. Möchte man als Firma die LANs zweier oder mehrerer Standorte miteinander verbinden, dann bietet sich DSL ebenfalls an. In diesem Fall ist die Datenübertragung nicht asymmetrisch, sondern Voll-Duplex.

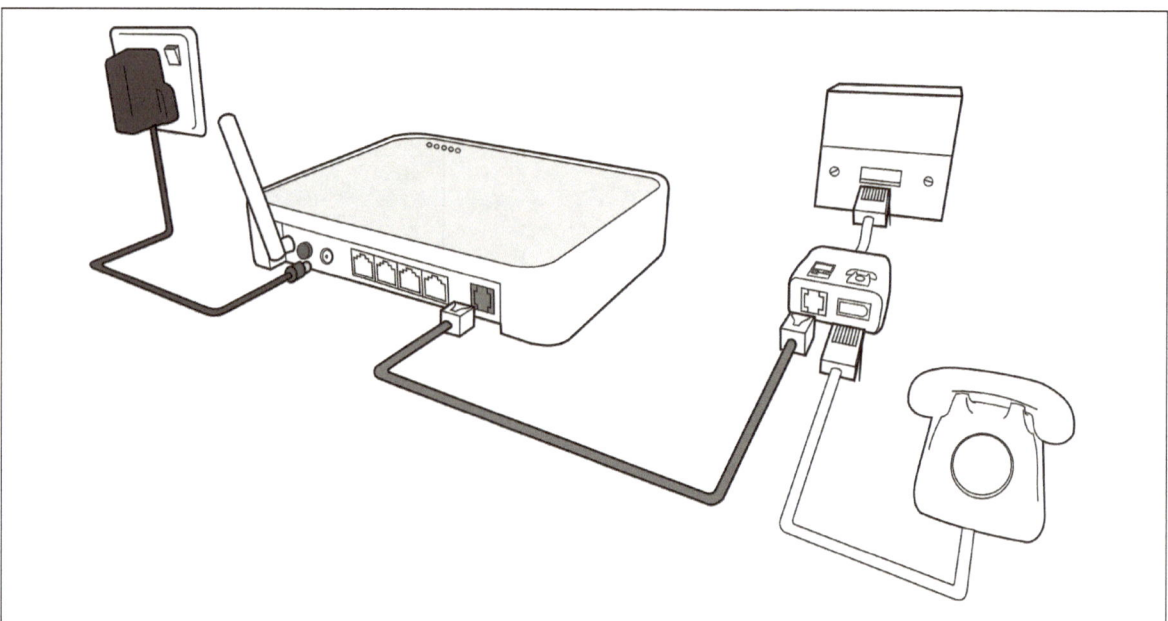

Inzwischen sind die ADSL-Router richtige Multitalente. Sie vereinen in sich mehrere Geräte in einem:

- ADSL-Modem
- Router
- Firewall
- Switch
- WLAN-Acess-Point
- Funktelefonstation mit Telefonbeantworter

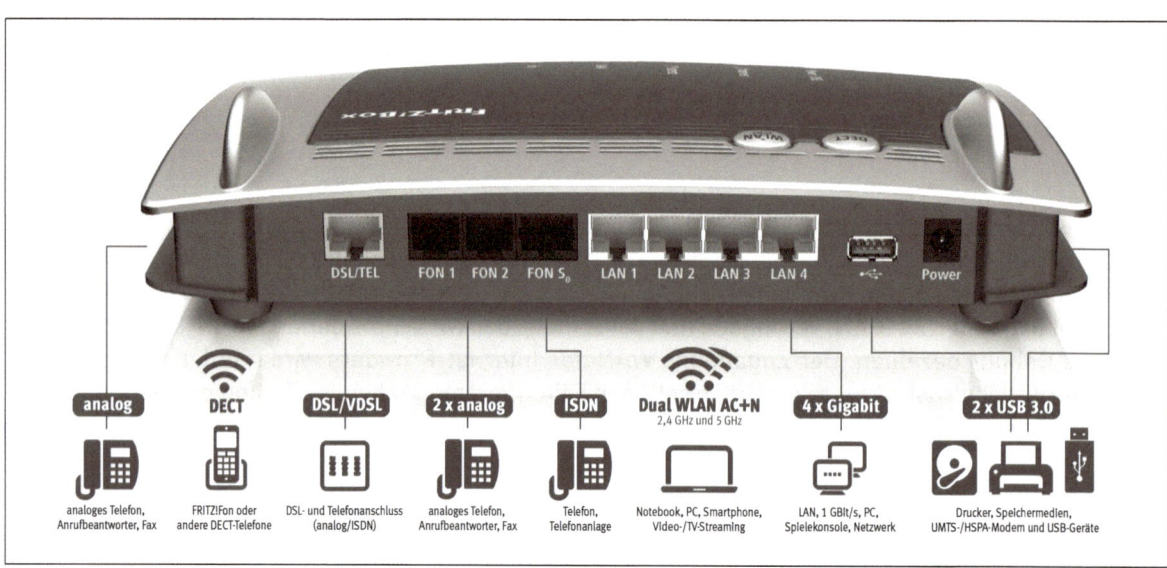

2.3.9.2 Internetzugang mit Kabel-Modem

Kabelmodems übertragen Daten über Kabelfernsehnetze. Damit beim Surfen weiterhin der TV-Empfang funktioniert, werden wie beim ADSL, die Frequenzbereiche einiger Kabelfernsehkanäle exklusiv für die Datenübertragung genutzt. Auch hier können die Frequenzbereiche so genutzt werden, dass mehr Download-Übertragungskapazität als Upload zur Verfügung steht.

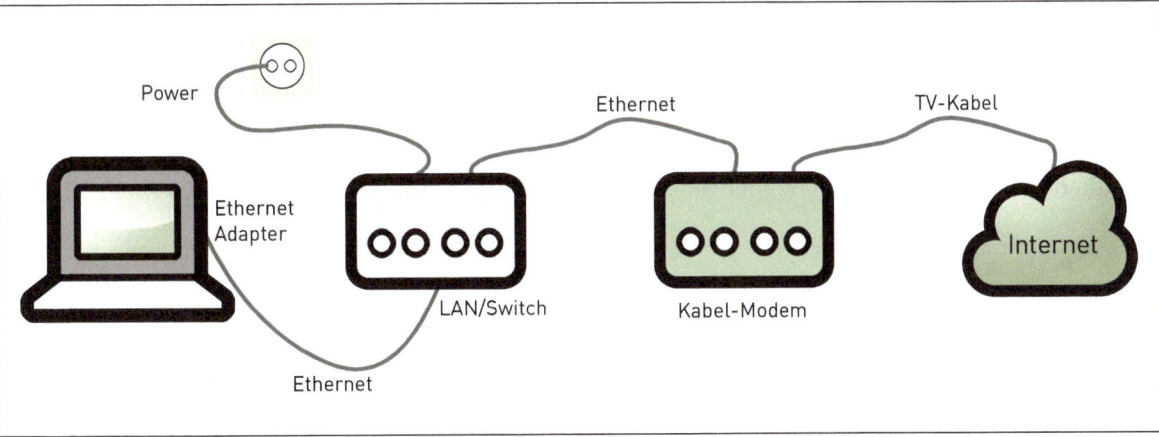

2.3.9.3 Fibre to Home

Glasfasernetze existieren schon lange, aber sie reichen meistens nicht bis zum Endverbraucher (Privatkunden oder Firmen). Sie sind im «Rückgrat» (Backbone) der Kommunikationsnetze aber die Regel. Der letzte Netz-Abschnitt zum Endverbraucher wird mit Telefon-Kupfer-Doppeladern (ADSL) oder Koaxialkabel (Kabelmodem) realisiert. Von den Glasfaserkabeln in die Kupferleitungen wird das optische Signal in ein elektrisches Signal umgewandelt. Die Überwindung dieser letzten Meile stellt meistens einen Flaschenhals dar, in Sachen Datenübertragungsgeschwindigkeiten und -durchsätze. Würden diese entfallen, dann wären Datenübertragungen von 1GBit/s in beide Richtungen (Download/Upload) der Normalfall.

2.3.9.4 Anforderungen an Internet-Provider

Bei der Wahl des Internet-Providers kann die Berücksichtigung bestimmter Kriterien grosse Unterschiede in der Effizienz der Internet-Nutzung ausmachen:

– maximale Anzahl Ausfälle pro Betrachtungszeitraum
– nötige (Kabel-)Infrastruktur für den Anschluss
– Dienstgüte bei technischen Fragen
– Ansprechpartner in eigener Sprache
– Vertragsbedingungen
– Preis-Leistungs-Verhältnis

2.3.9.5 Berechnung der minimalen Übertragungskapazitäten

Die Kapazität eines Internetzugangs muss nach Download und Upload separat berechnet werden.

Ein Beispiel für Download:
Download-Anforderungen:

– zehn Mitarbeiter im Büro
– relevante Anwendungen: Browser, Mail
– relevante Zeit im Internet: 4 h pro Tag

Die Durchschnittsgrösse einer Webseite ist 1 Mbyte. Die Mitarbeiter schauen pro Tag durchschnittlich 300 Seiten an. Ein E-Mail hat eine Durchschnittsgrösse von 2 Mbyte. Es kommen pro Tag 50 Mails pro Mitarbeiter auf den eigens betriebenen Mail-Server an.

Surfen: 300 Seiten = 300 Mbyte × 10 Mitarbeiter = 3 Gbyte pro Tag
Mail: 50 Mails = 100 Mbyte × 10 Mitarbeiter = 1 Gbyte pro Tag
Total: 4 Gbyte pro Tag = 1 Gbyte pro Stunde oder 0.28 Mbyte pro Sekunde
0.28 Mbyte = 280 Kbyte = 2 240 000 Bits/s ≈ 2,5 Mbit/s Mindestübertragung (ohne eingeplante Reserve)

Informatik-Infrastruktur

2

2.3.10 Internet/Global Area Network (GAN)

Ein GAN ist ein Netz, das grosse geografische Entfernungen mehrere Wide Area Networks (WANs) verbindet. Die Vernetzung aller Standorte einer global verteilten Firma sein geschieht über eine GAN. Somit gibt es sowohl private GANs wie auch das öffentliche GAN, das auch Internet genannt wird. In GANs werden Satelliten- oder Glasfaserverbindungen eingesetzt. Hier die Untersee-Glasfaserkabel weltweit:

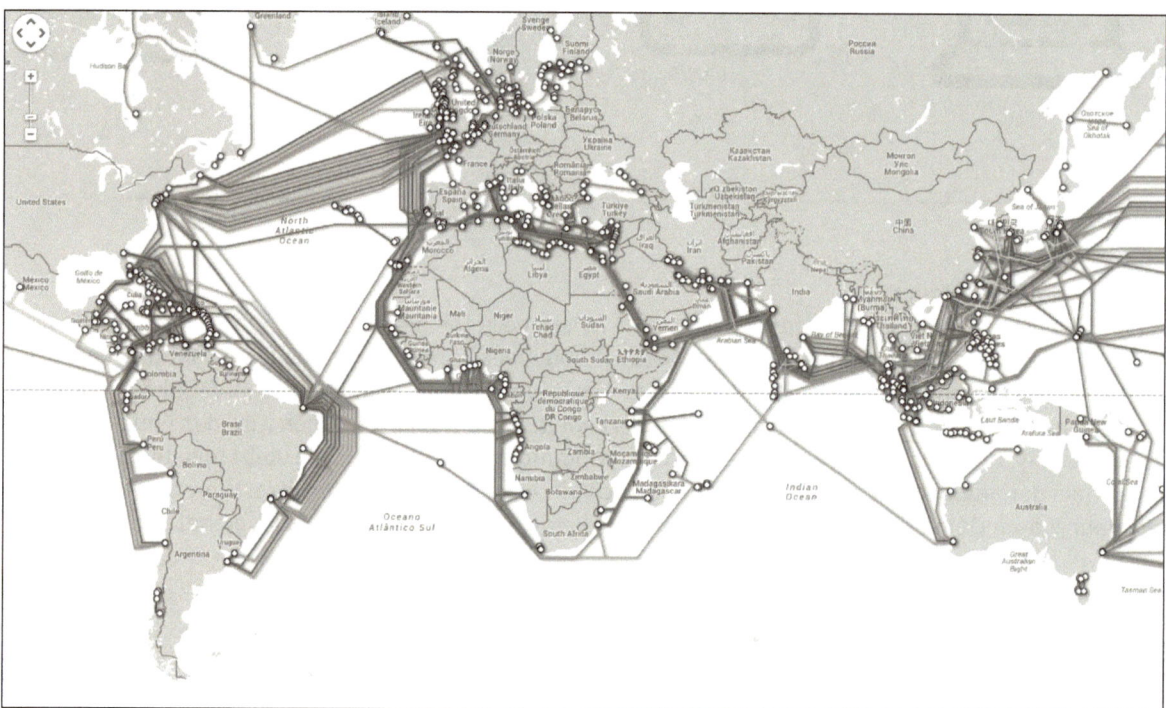

Technisch gesehen funktioniert ein GAN wie ein WAN. Es hat Router und Switches. Die Anforderungen an die Infrastruktur sind allerdings bei GAN um ein Vielfaches höher. Hier ein Beispiel eines Hochleistungs-Routers (Core Router):

2.3.10.1 Technischer Aufbau des Internets

Damit das Internet funktioniert, muss ein Datenpaket den Weg über dutzende von Knotenpunkte (Router und Switches) sein Ziel finden. Dazu nutzt man ein ähnliches System wie die Postleitzahl. Ein Datenpaket im Internet besitzt immer eine Absender und eine Empfänger-Adresse. Diese beiden Adressen heissen IP-Adressen (IP = Internet-Protokoll). Ist ein Datenpaket im GAN unterwegs, müssen die IP-Adressen darin einmalig sein. Dank diesen Adressen können die Verbindungsknoten (Router) bestimmen, welche Router (Pfad) ein Paket nehmen soll. Jedes Gerät das in diesem weltweiten Netz angeschlossen ist, hat eine einmalige IP-Adresse.

Informatik-Infrastruktur

2

IP-Adressierung

IP-Adressen (Version 4) bestehen aus 32 Bits, also 4 Bytes. Es ergeben sich 4.294.967.296 Kombinationen. Die 4 Bytes werden durch Punkte voneinander getrennt, z. B.: 000.000.000.000 bis 255.255.255.255. Die 4,3 Milliarden Adressen sind inzwischen knapp geworden. Deshalb gibt es eine neue Version von IP-Adressierung (IPv6) mit einem Vielfachen an Kombinationen im Vergleich zur Version 4. Die dezimale Darstellung von IPv6 ist wesentlich umfangreicher: ddd.ddd.ddd.ddd.ddd.ddd.ddd.ddd.ddd.ddd.ddd.ddd.ddd.ddd.ddd.ddd
In jedem Fall werden beide IP-Versionen in der Schicht 3 des OSI-Schichtenmodells untergebracht und zwar in digitaler Form:

Beispiel IP-Adresse dezimal:

203.000.113.195, digital: 11001011 00000000 01110001 11000011

Die IP-Adressen sind hierarchisch konzipiert in drei Klassen: A, B und C. Jede Klasse hat einen anders grossen Adressraum oder mehr oder weniger Anzahl mögliche Kombinationen von einmaligen Adressen:

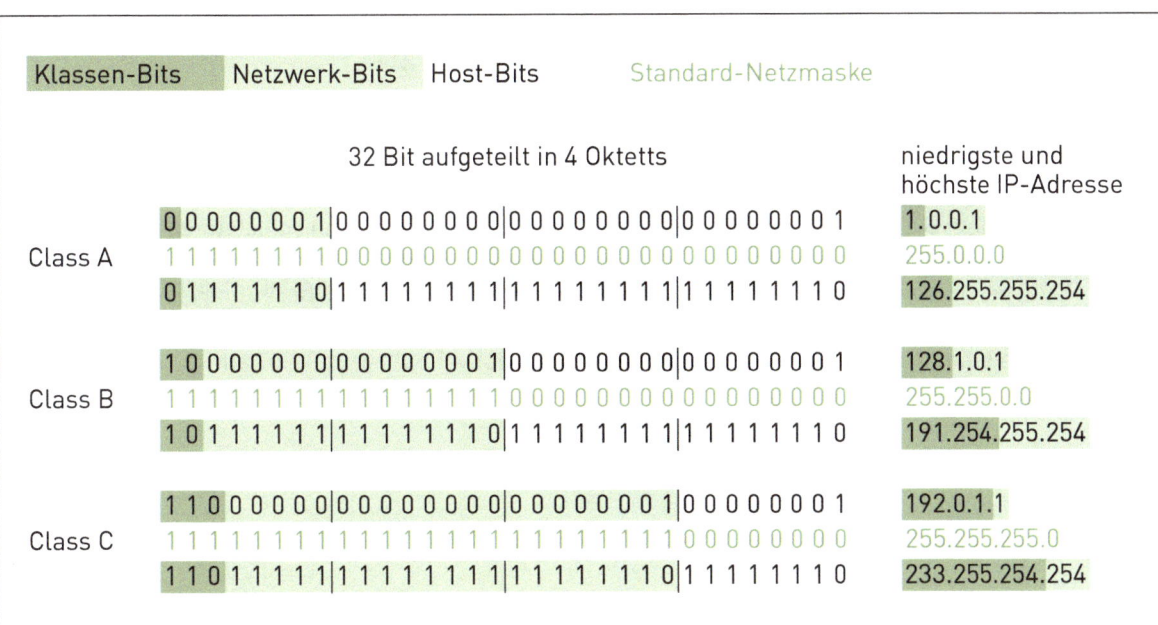

Es stellt sich noch die Frage, wie die Netzwerkgeräte eine IP-Adresse bekommen. Dazu gibt es zwei Konzepte:

- feste IP-Adressen-Vergabe (der Netzwerktechniker legt die IP-Adressräume selber fest und vergibt die Adressen fest an die am Netzwerk angeschlossenen Geräte)
- automatische IP-Adressen-Vergabe (auch DHCP genannt, ein dafür zuständiges Gerät, wie z. B. Router, vergibt die Adressen dynamisch, der Netzwerktechniker legt nur die Adressräume fest)

Routing

Wird ein Datenpaket von einem Computer am Arbeitsplatz gesendet (z. B. eine User-Anfrage einer Webseite an einen entfernten Web-Server wie google.com), dann wird zuerst überprüft, ob beide IP-Adressen im vorderen Teil identisch sind (z. B. 192.168.1.12 und 192.168.1.24). Wenn das der Fall wäre, dann befände sich der Zielrechner im gleichen Netz (LAN) und es bräuchte keine Paketvermittlung durch den Router. Der Switch könnte diese Aufgabe selbst lösen (anhand der MAC-Adresse auf Schicht 2).

In unserem Beispiel nehmen wir an, dass es eine Paketvermittlung (Routing) braucht, weil der gesuchte Web-Server sich nicht im selben LAN befindet. Der Router nimmt das Paket entgegen, liest die Ziel-IP-Adresse aus und konsultiert eine Routingtabelle. Befindet sich die Ziel-Adresse in dieser Tabelle, dann weiss der Router sofort die Route. Falls nicht wird es an einen nächsten Router weitergereicht. Das ist möglich, weil jeder Router Kontakt zu anderen Netzen (Routern) hat. Er routet das Paket mit demselben Verfahren weiter. Bis zum Endgerät (Ziel-IP-Adresse) kann das Paket viele Netze und Router durchlaufen. Das Durchlaufen eines Routers wird auch Hop (Sprung) genannt, das Routingverfahren Next Hop Routing.

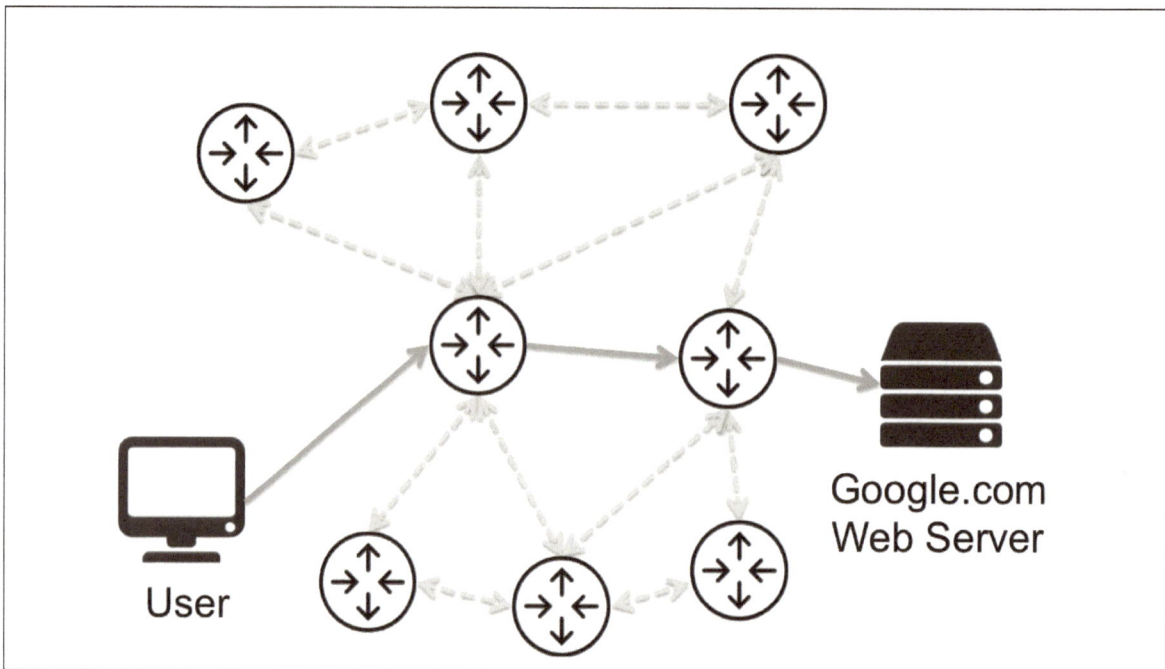

Das geniale an dem System ist, dass alle Router miteinander verbunden und selbstständig kommunizieren können. Somit können sie sich jederzeit die aktuelle «Verkehrslage» mitteilen. Jeder Router entscheidet die Route neu. Ein allfälliger Stau kann so von den umliegenden Routern bei ihrer Pfad-Entscheidung mitberücksichtig werden. Es ist somit das weltweite «Navigationssystem» für IP-Pakete, das sich permanent und selbstständig aktualisiert und jederzeit eine Alternativ-Route ermitteln kann.

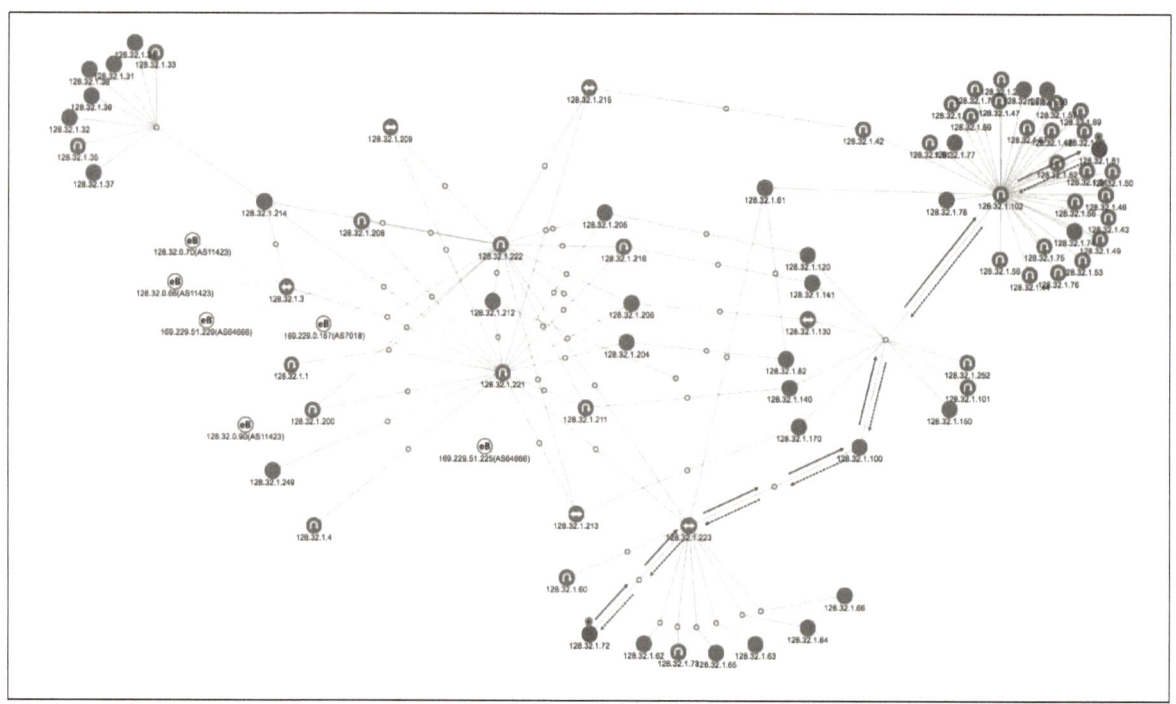

URL

Ein Mensch kann sich weder die digitale Form noch die numerische Form einer IP-Adresse gut merken. Das ist genauso wie bei den Telefonnummern. Erst wenn wir einer Telefonnummer eine Assoziation vergeben wie «Telefon mein Haus Festnetz», dann können wir die Nummer mit dieser Assoziation in einem Telefonbuch speichern und wir finden sie wieder anhand eines der entsprechenden Stichworte.

Bei IP-Adressen verhält es sich genauso. Wir vergeben den IP-Adressen Namen. Diese Namen sind auch URL (Uniform Resource Locator) genannt. Somit entspricht jede Web-Adresse auch einer IP-Adresse.

Beispiel:
www.google.ch = 216.58.213.3
Beide Adressen sind einmalig im Netz, sowohl die URL wie auch die IP-Adresse. Wenn das nicht so wäre, dann würden die Router nicht wissen, wohin das Paket geleitet (geroutet) werden soll.

Die URL ist nach Segmenten eingeteilt:

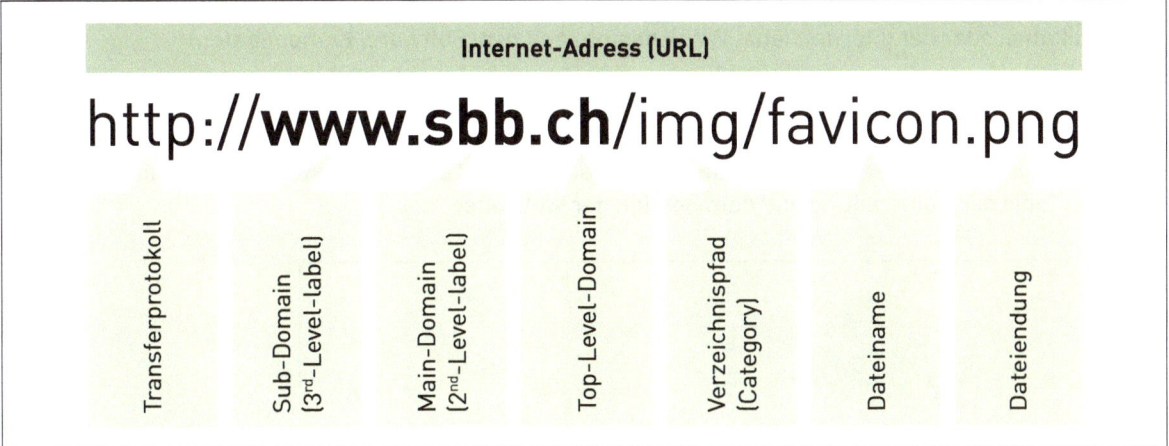

DNS (Domain Name System)

Die für Menschen verständliche URL werden in eine Liste (Tabelle) eingetragen. Mit der URL wird auch die dazugehörige IP-Adresse eingetragen. Diese Tabelle wird auf einem DNS-Server gespeichert. Die DNS-Server stehen miteinander in Verbindung und «erzählen» sich allfällige Änderungen in den Einträgen. So ist es möglich, dass ein User auf einem Web-Browser in Neuseeland eine URL einer Webseite aus Zürich eingibt und er bekommt diese auf seinem Browser, weil sein DNS-Server von dieser Webseite die entsprechende IP-Adresse bekommen hat – damals als die Webseite erstmals online ging, haben sich die DNS-Server diesen neuen Eintrag weltweit umhergereicht.

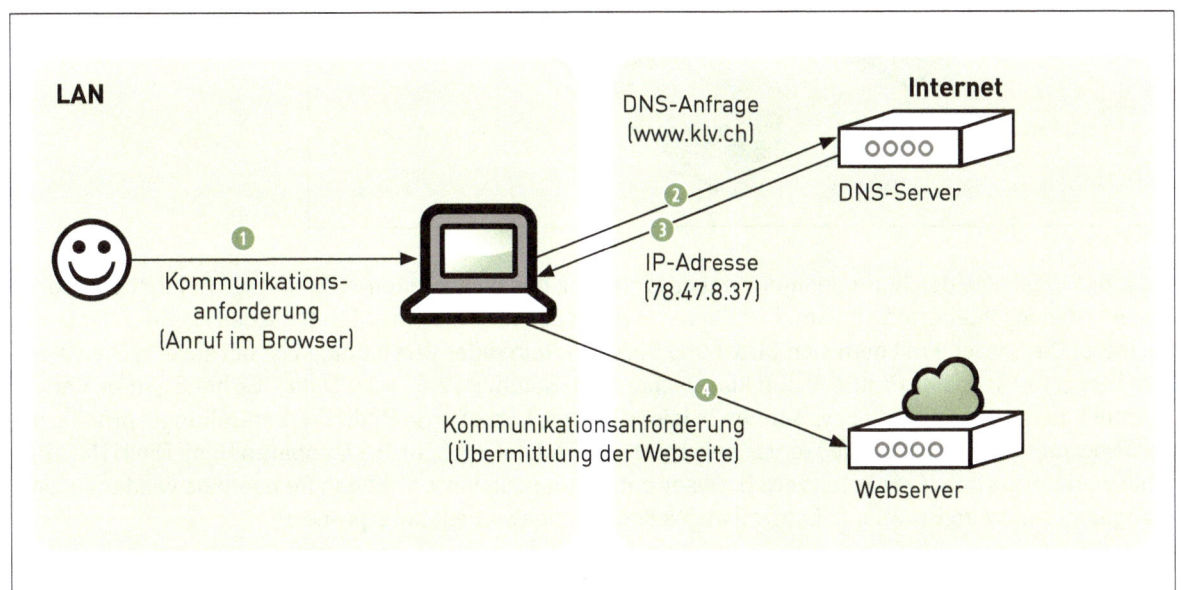

2.3.10.2 Internetdienste

Das Internet selbst stellt im engeren Sinn lediglich die Infrastruktur und die nötigen Verfahren zur zuverlässigen und stabilen Übertragung von Datenpaketen zur Verfügung. Aber damit kann man vorerst noch nichts anfangen. Es ist noch keine Anwendung. Dazu braucht es noch Software-Applikationen die allen zu Verfügung stehen. Solche Programme nennt man Dienste. Ein Internetdienst ist also eine Anwendung, die permanent läuft und öffentlich zugänglich ist. So hat der Dienst des World Wide Web dem Internet Anfang der 1990er-Jahre weltweite Bekanntheit verholfen. Aber vorher gab es auch noch andere Dienste (allgemein zugängliche Programme über das Netz). Hier eine Liste von Internetdiensten:

- World Wide Web
- E-Mail
- Dateiverwaltung (auch FTP genannt)
- Diskussionsforum (auch USENET genannt)
- Chat (auch IRC genannt)

- Telefonie (auch VoIP genannt)
- Fernsehen (auch Livestream oder IPTV genannt)
- Radio (auch Multicast-Streaming genannt)
- Spiele

World Wide Web (WWW)

Die Applikation oder der Internetdienst WWW besteht aus zwei Software-Komponenten:

- Der Browser, auf der Seite des Clients (Benutzer), ist das Ein- und Ausgabeprogramm. Es dient somit hauptsächlich der Darstellung von Webseiten.
- Der Web-Server, auf der Seite des entfernten Datacenters, ist das Verarbeitungsprogramm. Es dient in erster Linie der Aufbereitung und dem Senden der Webseite.

Zwischen diesen beiden Komponenten liegt das Internet, das beide Seiten verbindet. Es handelt sich somit um eine dialoggesteuerte Software. Der Server reagiert ausschliesslich auf Befehle des Kommunikations-partners. Die Sprache mit dem sich Client und Server miteinander verständigen ist bei diesem Dienst das http (Hypertext Transfer Protocol). Ein klassischer http-Befehl ist z. B. «Get Data». Es heisst, «hei, Server, könntest du mit bitte die Seite xyz senden?» (siehe Schritt 1 im oberen Bild). Die Darstellungssprache, die der Browser in Paketen vom Webserver bekommt ist HTML (siehe Schritt 2 im oberen Bild). Die HTML-Befehle werden aus den IP-Paketen vom Browser entnommen, in ihrer richtigen Reihenfolge wieder zusammengesetzt und vom Browser in Echtzeit als Webseite umgewandelt (interpretiert).

Electronic Mail (E-Mail)

Elektronische Post ist die zweithäufigste gebrauchte Internet-Anwendung (Dienst) weltweit. Obwohl technisch nicht so ausgeklügelt wie das WWW, ersetzt dieser Dienst nach und nach den klassischen Brief-verkehr. Der Dienst war aber ursprünglich nicht für den weltweiten Einsatz gedacht. Deshalb existieren einige Konstruktionsfehler, die zu einigen Problemen führen:

- E-Mail wird nicht garantiert immer verschlüsselt übertragen.
- Der Absender kann nicht sicher ermittelt werden.
- E-Mail hat keine Beweiskraft vor Gericht.

– Die erfolgreiche Ankunft einer E-Mail kann nicht garantiert/zuverlässig bestätigt werden.
– unerwünschte Werbenachrichten (Spam)
– Zeitverzögerung zwischen Senden und Empfang

Voice oder IP (VoIP)

Telefonieren über das Internet (auch IP-Telefonie genannt) ist ein neuer, aufkommender Dienst. Bei den Gesprächsteilnehmern (Client-Seite) können Computer, Tabletts, Smartphones, auf IP-Telefonie spezialisierte Telefonendgeräte oder klassische Telefone (mit spez. Adapter) eingesetzt werden.

IP-Telefonie kann herkömmliche Telefontechnologie komplett ersetzen. Die Vorteile sind:

– Tiefere Kosten, weil z. B. kein Roaming, Verbindungskosten sind im Internet-Abo bereits enthalten.
– Flexibler Standort, weil hinter einer VoIP-Telefonnummer letztlich eine IP-Adresse steht und diese kann überall auf der Welt sein. Somit kann man seine eigene IP-Telefonnummer überall hin mitnehmen und erreichbar sein.
– Man kann dieselbe bestehende Infrastruktur wie PC, Notebook nutzen und braucht keine zusätzlichen Geräte mehr (Daten und Telefon gehen über das selbe Netz).
– Intelligente Umleitungsmechanismen können konfiguriert werden (z. B. bei Call Center).
– Moderne IVR (Interactive Voice Response)-Systeme können integriert werden (z. B. für automatische Auskünfte).

Nachteile:

– Der Wechsel erfolgt gleitend. Es existieren beide Technologien parallel (sanfte Migration).
– Grössere Abhängigkeit von der Netzwerkverfügbarkeit.

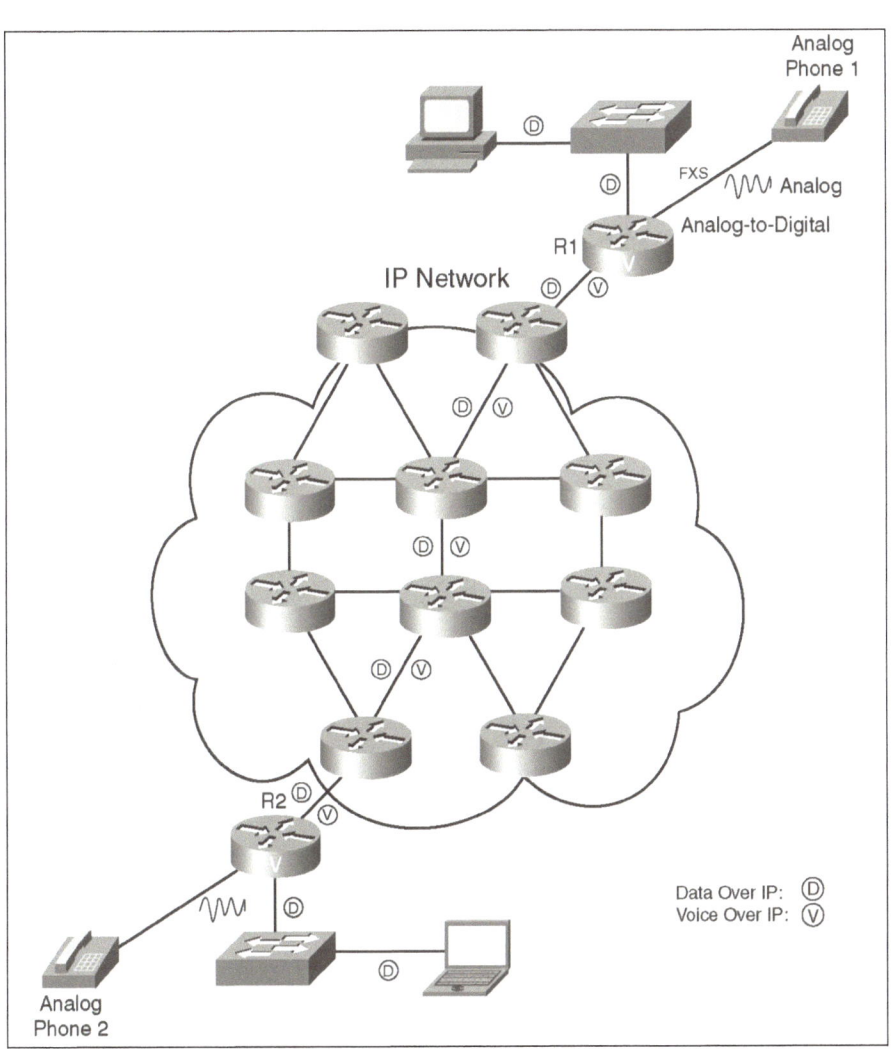

2.3.11 GSM/UMTS/LTE

Das weltweite Telefonnetz ist ebenso gross wie das Internet. Während die beiden Netze viele Jahre parallel existiert haben, verschmelzen sie momentan zu einem Gesamtnetzwerk[3]. Die Nutzung des älteren Telefonnetzes ist vor allem im Bereich der mobilen Kommunikation interessant. Dank dieser Verschmelzung wurde das Internet mobil. Die beiden Netze kommen einander entgegen: Das Festnetz wird zunehmend ins Internet integriert (VoIP) und das Mobiltelefonnetz (auch GSM genannt) übernimmt zunehmend Internet-Aufgaben.

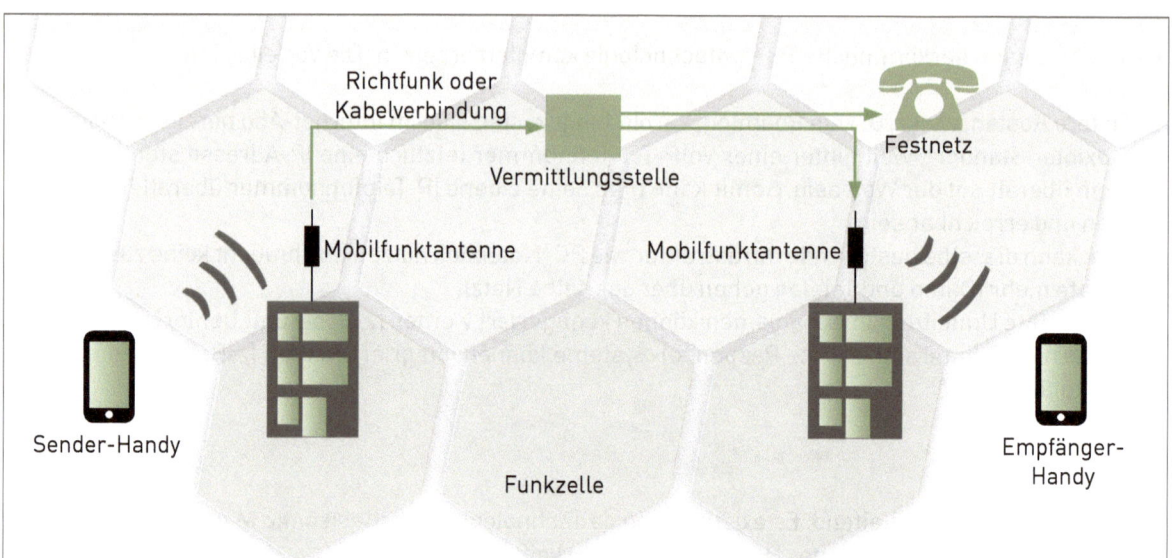

Über die Vermittlungsstellen eines Mobilfunknetzes (siehe Bild oben) kann Internet (IP-Pakete) «eingespeist» werden. Und so wird das Internet mobil. Die Wünsche und Anforderungen an diese Technologie sind dermassen gross, dass die Forschung und Entwicklung in diesem Bereich kaum mithalten kann. Je mehr Datenübertragungskapazitäten bereitgestellt werden können, desto mehr neue Anwendungen können realisiert werden. Ein ausserordentlicher Vorteil von mobilem Internet ist die Möglichkeit, der genauen Ortung eines Endgerätes. Damit lassen sich sogenannte «Location-based Services», also ortsabhängige Dienste, erschaffen, was wiederum ein riesiges Spektrum an interessanten Anwendungen erlaubt. Und die Entwicklung geht noch weiter:

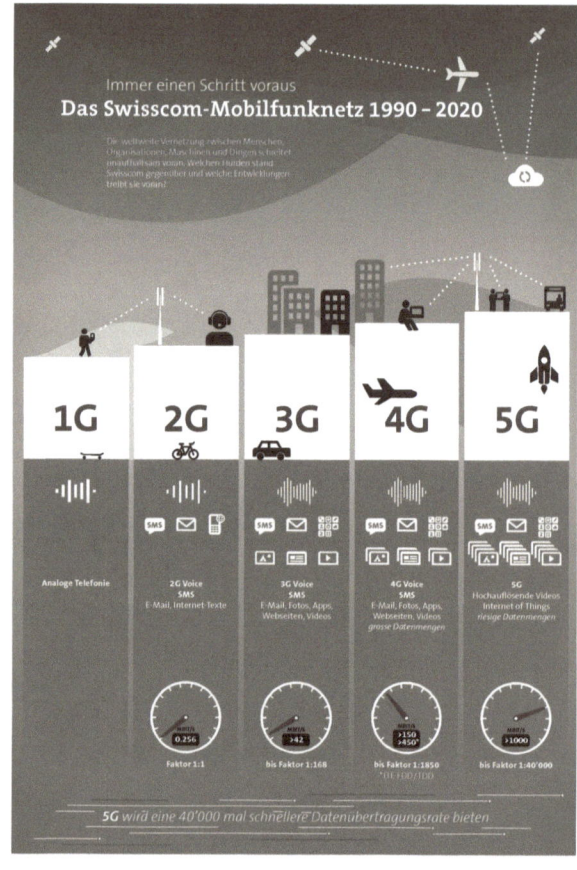

---

3 Man spricht in diesem Zusammenhang auch von «Konvergenz der Medien».

2.4 Informatik-Räume (Data Center)

Das Datacenter umfasst alle Komponenten der Informatik-Infrastruktur mit Ausnahme der Endanwender-Geräte. Man spricht in diesem Zusammenhang auch von **serverseitiger** Infrastruktur (Informatik-Raum, Datacenter) und **clientseitiger** Infrastruktur (Arbeitsplatzinformatik, Informatik zu Hause).

Die Informatik weist eine immer höhere Komplexität auf. Je intelligenter gewisse IT-Lösungen werden, desto komplexer wird auch deren Aufbau und innere Struktur. Dies wird für Unternehmen zwar immer interessanter, denn sie können ihre Abläufe noch intensiver automatisieren und/oder mit anderen Unternehmen verknüpfen, aber auch zunehmend ein Problem. Die steigende Komplexität führt deshalb dazu, dass sich viele Unternehmen die folgenden strategischen Fragen stellen:

- Wieviel Informatik soll noch im eigenen Haus betrieben werden?
- An welchen und an wie vielen Standorten soll die eigene Informatik-Infrastruktur betrieben werden?
- Welche Informatik-Aufgaben wollen wir selber übernehmen?

Diese grundsätzlichen strategischen Überlegungen verändern die Haltung der Führungsleute in Bezug auf die Informatik. Die Entwicklung geht in folgende Richtung:

Von ...	... zu ...
Die Informatik-Infrastruktur wird in den eigenen Räumen betrieben.	Die Informatik-Infrastruktur wird in den Räumen eines spezialisierten Unternehmens betrieben.
Die Informatik ist an vielen Standorten verteilt, möglichst in der Nähe der Anwender.	Die Informatik wird an möglichst wenigen Standorten betrieben. Sie wird zentralisiert, dies unabhängig von der geografischen Distanz zu den Anwendern.
Die Aufgaben rund um den Betrieb der Informatik-Infrastruktur werden selbst wahrgenommen.	Die Aufgaben rund um den Betrieb der Informatik-Infrastruktur werden zunehmend an spezialisierte Unternehmen in Auftrag gegeben.

Aus dieser Perspektive bekommt das Datacenter eine immer wichtigere Rolle. Welche Vorteile bieten Datacenter?

- professioneller Umgang und Kontrolle mit Daten, Sicherheit und Performance
- Höchste Verfügbarkeit wird angeboten (99.9999 % Verfügbarkeit).
- zuverlässige Stromversorgung
- zuverlässige und sichere Personen-Zutrittskontrolle
- Schutz vor Risiken der Höheren Gewalt
- permanent ideale Raumumgebung für Server-Infrastruktur (Klima, Netzverfügbarkeit, Überwachung)
- flexible Leistungsanpassung bei wechselndem Informatikbedarf

Aufgaben zu Kapitel 2

1. Ordnen Sie die möglichen Antworten an die richtige Stelle in der Tabelle unter der Spalte Problembereich. Schreiben Sie jeweils nur eine Zahl in die Zellen der Spalte Problembereich. Achtung: Es gibt mehr Antwortmöglichkeiten als richtige Plätze in der Tabelle.

Problembeschreibung	Problembereich
E-Mail-Nachrichten werden manchmal in Klartext verschickt und können somit von jedem an der Übermittlung beteiligten Rechner gelesen werden.	
E-Mail lassen sich von überall her praktisch kostenlos an eine uneingeschränkte Zielgruppe weltweit versenden. Der Empfänger kann sich nur schlecht dagegen wehren.	
E-Mail können nicht nachweisbar einer Person zugeordnet werden. Man kann nur das Gerät nachweisen, nicht aber die Absender-/oder Empfängerperson.	
E-Mails lassen sich unter einer beliebigen Absenderadresse verschicken.	
E-Mail ist ein asynchroner Kommunikationsdienst. Der Absender weiss nicht mit Sicherheit, ob die Nachricht geöffnet und gelesen wurde.	

[1] Authentizität des Absenders
[2] Server-Überlastung wegen gleichzeitigem Zugriff
[3] Einfaches Eingangstor für Malware
[4] Vertraulichkeit des Inhalts
[5] Datenverlust bei Server-Absturz

[6] Beweiskraft vor Gericht
[7] Unwiderruflichkeit einer gesendeten Nachricht
[8] Zustellzeiten und Zustellquittung
[9] Spam

2. Das OSI-Schichtenmodell: Welche dieser Aussagen ist richtig (eine Antwort)?

   a) ☐ Das OSI-Schichtenmodell ist ein international verbindlicher Rahmen für den elektronischen Datenaustausch
   b) ☐ Mit dem OSI-Schichtenmodell können sich Computer vor Angriffen schütze
   c) ☐ Dank dem OSI-Schichtenmodell sind E-Mails gerichtlich als Beweismittel zugelassen
   d) ☐ Das OSI-Schichtenmodell wurde geschaffen, wegen den hohen Kosten im Internet

3. Netzwerkgrundlagen: Welche dieser Aussagen ist richtig (eine Antwort)?

   a) ☐ Einfache Switches arbeiten auf der Schicht 2 (Layer-2) des OSI-Modells.
   b) ☐ Mit einem Router kann ich, anders als beim Switch, die Netzwerkbelastung verringern. Somit ist bei grosser Netzwerkbelastung zwingend ein Router einzusetzen.
   c) ☐ Der Router verbindet zwei unterschiedliche Netzwerke mit unterschiedlichen Protokollen. Das ist nötig, damit das Netz schneller wird, als mit einem Switch.
   d) ☐ Man könnte theoretisch überall dort wo ein einfacher Layer-2-Switch installiert ist, anstelle auch ein Router einsetzen. Dabei ersetzt dieser Router dann die Firewall.

4. Netzwerkgrundlagen: In einer Firma A hat der Mitarbeiter Peter Huber bei seinem PC heute die IP-Adresse 192.168.1.12 bekommen. Er sendet ein E-Mail an seinen Kunden über das Internet. Der Kunde Hans Meier hat heute zufälligerweise die selbe IP-Adresse. Wie kann es sein, dass beide dieselbe IP-Adresse haben und die Router trotzdem wissen, welche Daten-Pakete wem gehören (mehrere Antworten möglich)?

a) ☐ Die IP-Adresse mag dieselbe auf beiden Seiten sein. Aber die MAC-Adresse ist weltweit eindeutig. Mit dieser kann nun der Router den Zielpfad genau ermitteln, obwohl die beiden Geräte dieselbe IP-Adresse haben.

b) ☐ Es gibt im Internet einen Dienst Namens Domain Name System (DNS). Dieser Dienst ist sozusagen das Telefonbuch des Internets. So kann jeder Router nachsehen, wo und wie eine bestimmte Person zu finden ist. Deshalb ist es eigentlich egal, welche IP-Adresse ein Gerät momentan hat.

c) ☐ Die Firewalls zwischen den beiden Standorten regeln, dass nur Pakete mit der selben Bezeichnung durchgelassen werden. Die Router haben die Firewall bereits integriert, somit kann der Router die Pakete durchlassen, weil sie von der gleichen IP-Adresse sind.

d) ☐ Eine bestimmte LAN-interne IP-Adresse kann an mehreren Standorten mehrfach vergeben werden, weil sie gegen aussen (also zum öffentlichen Netz) abgeschirmt wird (maskiert). Dies hat den Vorteil, dass so öffentliche IP-Adressen eingespart werden können.

5. Netzwerke: Mit welchem Gerät realisieren Sie zuhause auf einfachste Weise eine zentrale Datenhaltung für Musik, Daten, Fotos, Filme – ohne dass Sie dazu ein PC dafür einsetzen müssen (eine Antwort)?

a) ☐ Youtube-Drive
b) ☐ NAT (Network Attached Terabyte-Drive)
c) ☐ Router mit eingebauter Festplatte
d) ☐ RAID-System mit eingebautem Router
e) ☐ SSD-Switch (SSD = Solid State Drive)
f) ☐ NAS (Network Attached Storage)

6. Netzwerkgrundlagen, DHCP (Dynamic Host Configuration Protokoll): Welcher der folgenden Aussagen stimmen (zwei Antworten richtig)?

a) ☐ DHCP wird hauptsächlich bei sogenannten Hosts, also Grossrechner, eingesetzt. Bei kleineren Netzwerken übernimmt NAT die Funktion von DHCP und muss somit nicht noch zusätzlich installiert werden. NAT ist darüber hinaus auch noch sicherer als DHCP – deshalb für den Einsatz in kleinen Netzen geeigneter.

b) ☐ DHCP ist vor allem für grosse bis sehr grosse Betreibe sinnvoll. Kleinere Betriebe haben nur wenige Geräte im Einsatz. Somit kann man diesen Geräten auch eine feste IP-Adresse vergeben. Es ist sogar sinnvoller, denn so kann ein Provider von aussen besser Fernwartung betreiben (z. B. mit TeamViewer).

c) ☐ In der Regel besitzen ADSL-Router mehrere integrierte Funktionen wie unter anderen auch einen DHCP-Server. Dieser dient dazu, die am Router angeschlossenen Geräte mit einer eindeutigen IP-Adresse zu versorgen.

d) ☐ Ein Vorteil von DHCP ist, dass sich der Systemadministrator, bzw. der Netzwerkadministrator nicht darum kümmern muss, welches Gerät welche IP-Adresse nutzt. Die Zuteilung erfolgt automatisch innerhalb einer vorgängig festgelegten Bandbreite an IP-Adressen.

7. Informatikgrundlagen, Internet: Angenommen die Internet-Adresse «www.hallo.ch» entspräche der IP-Adresse 212.59.165.43. Woher weiss mein Browser auf meinen Computer wohin meine Anfrage geschickt werden muss (mehrere Antworten möglich)?

a) ☐ Der DMZ-Server ist in der Lage, eine URL in eine IP-Adresse umzuwandeln. Diese Funktion kann der Browser aufrufen und kann dann dem nächsten Router die entsprechende IP-Adresse übergeben.

b) ☐ Der DHCP-Server ist in der Lage, jede Anfrage mit einer IP-Adresse zu beantworten. Er ist sozusagen das «Telefonbuch» des Internets in Sachen IP-Adressen und kann sie auch dynamisch vergeben, sofern neue Adressen nötig sind.

c) ☐ Weil «hallo.ch» in jedem Router in der sogenannten Router-Tabelle hinterlegt ist. Auf diese Weise, weiss jeder Router die gesamte Route zum Zielort.

d) ☐ Der Browser ist so eingestellt, dass er zunächst einen DNS-Server anfragt, damit die URL in eine IP-Adresse umgewandelt wird. Danach wird die eigentliche Anfrage an den Web-Serber mit der aufgeschlüsselten IP-Adresse durchgeführt.

8. Ordnen Sie folgende Begriffe richtig zu:
Mailserver, Authentizität, Beweiskraft, digitale Signatur, IMAP, offline, OSI-Schichtenmodell, POP, SMTP-Protokoll, Spam-Mail, unverschlüsselt

Elektronische Nachrichten: Eine E-Mail-Adresse bezieht sich auf ein bestimmtes Postfach auf einem bestimmten _____. Für das Versenden von E-Mail wird ein sogenanntes

_____ verwendet. Dieses befindet sich auf der Anwendungsschicht des

_____. Für die Übertragung der Nachrichten zwischen einem Mailserver und einem Arbeitsplatzrechner kann _____ verwendet werden, sofern die Nachricht schliesslich auf dem Arbeitsplatzrechner gespeichert werden soll. Der Vorteil dieser Art der Übertragung liegt darin, dass die Nachrichten später auch im _____ -Zustand gelesen werden können. Anders sieht es aus bei der Verwendung von _____. Hier kann dafür die Nachricht aus mehreren Geräten gelesen werden. E-Mail lassen sich prinzipiell unter einer beliebigen Absenderadresse verschicken. Dies ist ein Problem in Bezug auf die

_____ des Absenders. Deshalb haben auch keine, oder nur eine geringe _____ in rechtlichen Fällen. Erst mit der Einführung der _____ könnte dieses Problem entschärft werden. E-Mail lassen sich praktisch kostenlos an eine grosse Zielgruppe versenden. Dies führt zu einer grossen Anzahl _____, was das Internet unnötig belastet. Wenn sich die beteiligten _____ nicht einigen können, dann wird eine Nachricht _____ verschickt, was einem versenden einer Postkarte gleich ist.

9. Wozu verwendet man VoIP (Voice oder IP) (zwei Antworten)?

a) ☐ Es wird gebraucht um die Firewalls so einzustellen, dass wenn solche VoIP-Pakete unterwegs sind, diese von den Firewalls prioritär behandelt werden. Das heisst, dass solche Pakete als «Konvoi» zusammengehalten werden.

b) ☐ Um die Daten bei einer ADSL-Verbindung von der Sprache zu trennen. Es ist sozusagen ein Filter welches die verschiedenen Frequenzen voneinander (Daten/Sprache) trennt.

c) ☐ Es wird verwendet, um eine Alternative zum herkömmlichen Telefonnetz anzubieten. Der Vorteil ist, dass eine bestehende Internet-Leitung genügt. Ausserdem verliert das Telefonieren somit seine geografische Bedeutung und ein internationales Telefongespräch kann zum lokalen Tarif getätigt werden.

d) ☐ Es ist ein Internetdienst, welches analoge Sprache als digitale Pakete über das Internet versenden kann. Damit können Telefongespräche über das Internet realisiert werden.

10. ADSL: Welche dieser Aussagen ist richtig (mehrere Antworten möglich)?

a) ☐ Der ADSL-Router ist schneller im Daten runterladen als im Daten hochladen

b) ☐ Alle ADSL-Router haben zwingend auch einen WLAN-Access-Point integriert. Wenn dies nicht so wäre, könnte man das Gerät gar nicht einstellen, denn nur mit einer Wireless-Verbindung lassen sich diese Geräte konfigurieren (einstellen).

c) ☐ Ein ADSL-Modem wandelt analoge Signale in digitale um und umgekehrt

d) ☐ Ein ADSL-Modem erlaubt die gleichzeitige Internet-Verbindung während eines Telefongesprächs auf der selben Leitung

e) ☐ ADSL gibt es auch als Duplex-Variante und sogar auch als Durex-Variante, dabei ist der Datenausstoss (Outbound) grösser als der einkommende Datenstrom (Inbound).

f) ☐ Die ADSL-Router haben einen integrierten Gateway eingebaut. Die Gateway-Funktion erlaubt die Übersetzung des IP-Protokolls in das PPP-Protokoll (welches für die Analoge Übertragung nötig ist).

11. Welche der folgenden Aussagen über das OSI-Schichtenmodell stimmt (mehrere Antworten möglich)?

a) ☐ Das OSI-Schichtenmodell ist eine Sammlung von Normen, welche die Verkabelung von Computernetzwerke regelt.

b) ☐ Das OSI-Schichtenmodell ist ein internationales Rahmenwerk für den elektronischen Datenaustausch.

c) ☐ Das OSI-Schichtenmodell ist eine Standardsprache für die Kommunikation über Netzwerke.

d) ☐ Das OSI-Schichtenmodell ist eine US-amerikanische Norm des Militärs die später zivil genutzt und öffentlich zugänglich wurde.

12. Welche der folgenden Aussagen über Peer-to-Peer (P2) stimmt (mehrere Antworten möglich)?

a) ☐ Man kann mit zwei PCs und einem Switch bereits ein Peer-to-Peer-Netz aufbauen. Diese Einfachheit ist auch gleich das Problem von Peer-to-Peer. Die zentrale Kontrolle fehlt.

b) ☐ Ein Peer-to-Peer-Netzwerk hat den Vorteil, dass keine Serverinstallation nötig ist, somit können Daten auch ohne Verschlüsselung sicher übertragen werden.

c) ☐ Diese Architektur würde sich vor allem für kleine Netzwerke mit wenigen vernetzten Rechnern eigenen, da der Aufbau des Netzwerks schnell und kostengünstig zu bewerkstelligen ist.

d) ☐ Die Ressourcen im Netzwerk werden bei P2P zentral verwaltet, organisiert und zur Verfügung gestellt.

e) ☐ Das Peer-to-Peer-Prinzip ist sehr kompliziert, weil jeder Benutzer auch eine Serverinstallation durchführen muss.

f) ☐ Peer-to-Peer hat sich nicht so richtig durchgesetzt, weil jeder Benutzer einzeln installiert und administriert werden muss. Die Informatik muss deshalb bei allen Clients vor Ort sein.

13. In der Grafik auf der folgenden Seite wird eine extrem einfache, konzeptionelle Informatik-Architektur abgebildet. Die nachfolgenden Aussagen beziehen sich darauf. Kreuzen Sie jene Aussagen an, die richtig sind (zwei Antworten richtig).

a) ☐ Ein allfälliger DNS-Server müsste in dieser Grafik ausserhalb der DMZ eingetragen werden, also fehlt in einem solchen Fall die Firewall.

b) ☐ Der DHCP-Server ist falsch, normalerweise ist er ausserhalb der DMZ.

→

c) ☐ Diese Grafik ist konzeptionell. Es fehlt der Netzwerk-Aufbau, also wie die Geräte verkabelt werden.

d) ☐ Der Applikationsserver müsste zwingend zwischen zwei Firewalls installiert werden.

e) ☐ Der Datenbank-Server ist eigentlich überflüssig in diesem Schema, denn es ist ein Fileserver für die zentralen Dateien eingetragen.

f) ☐ Der Netzwerkdrucker müsste zwingend an einem Switch oder Router angeschlossen sein, denn sonst ist er für die Clients im Netz nicht sichtbar, wenn er am Fileserver hängt und dieser abgeschaltet ist.

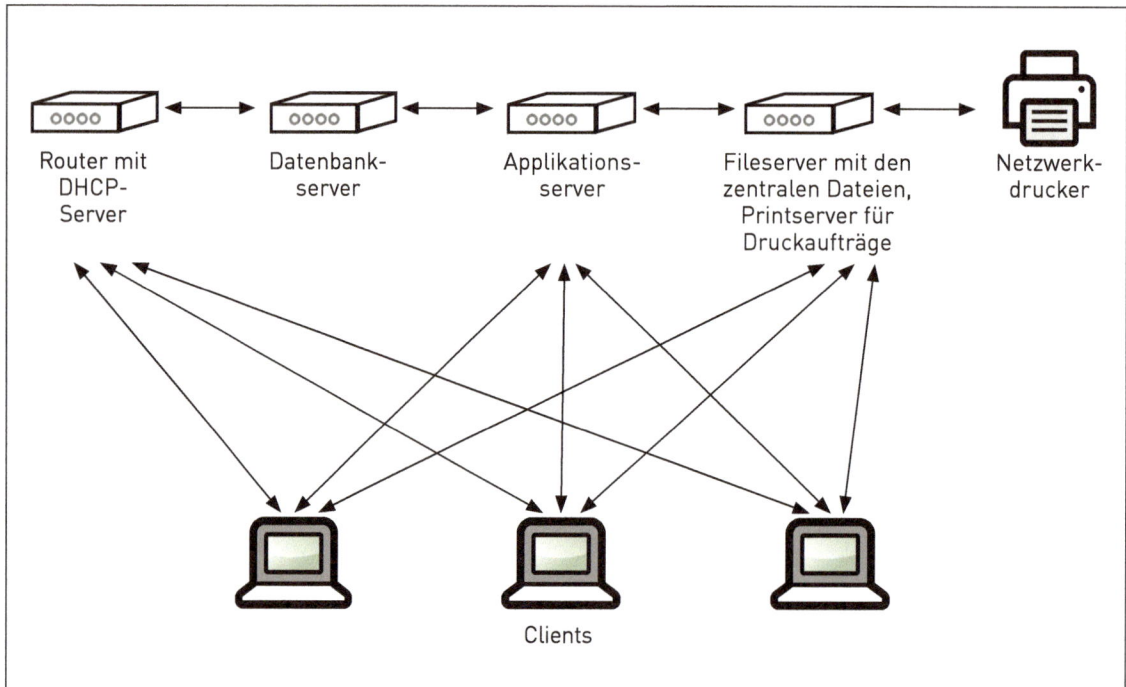

14. Welche der Aussagen über Netzwerke und Netzwerkkomponenten stimmen (mehrere Antworten möglich)?

a) ☐ Ein Switch genügt bereits um ein Peer-to-Peer-Netz aufzubauen.

b) ☐ Auch mit einem einfachen Switch kann ich die Netzwerk-Zugriffsberechtigungen steuern. Solche Funktionen müssen heute, wegen den stark zunehmenden Sicherheitsanforderungen, zwingend alle Netzwerk-Komponenten beherrschen.

c) ☐ Ein Switch könnte auch dynamisch IP-Adressen vergeben, sofern diese Funktion eingeschaltet ist. Es ist aber nicht sehr sinnvoll. Besser ist, wenn der Router eines LANs diese Funktion übernimmt.

d) ☐ Ein Switch verbindet die Netzwerkteilnehmer untereinander solange die Clients die gleichen Zugriffsberechtigungen haben. Wenn einer der Teilnehmer Administrator ist, dann wird der Switch nur diesen Anwender bedienen.

e) ☐ Ein Switch kann ein Netzwerksignal über weite Strecken verstärken, damit auf diese Weise LANs zu WANs verbunden werden können (z. B. für den Internetzugang).

f) ☐ Ein Switch (engl. Schalter) kann auch Datenpakete von einem Netzwerksegment in das andere «Schalten», sofern diese Pakete die entsprechende Berechtigung haben.

g) ☐ Ein Switch ist wie eine Mehrfachsteckdose. Er kann selbstständig entscheiden, welche Datenpakete an welchen anderen angeschlossenen Geräten versendet werden (ähnlich wie ein Filter), sofern diese Geräte an demselben Switch angeschlossen sind. Ansonsten werden die Pakete einfach weiter geschickt.

15. Wählen Sie die richtigen Begriffe aus, welche mit den jeweiligen Zahlen auf der Zeichnung übereinstimmen (es bestehen zwei LANs).

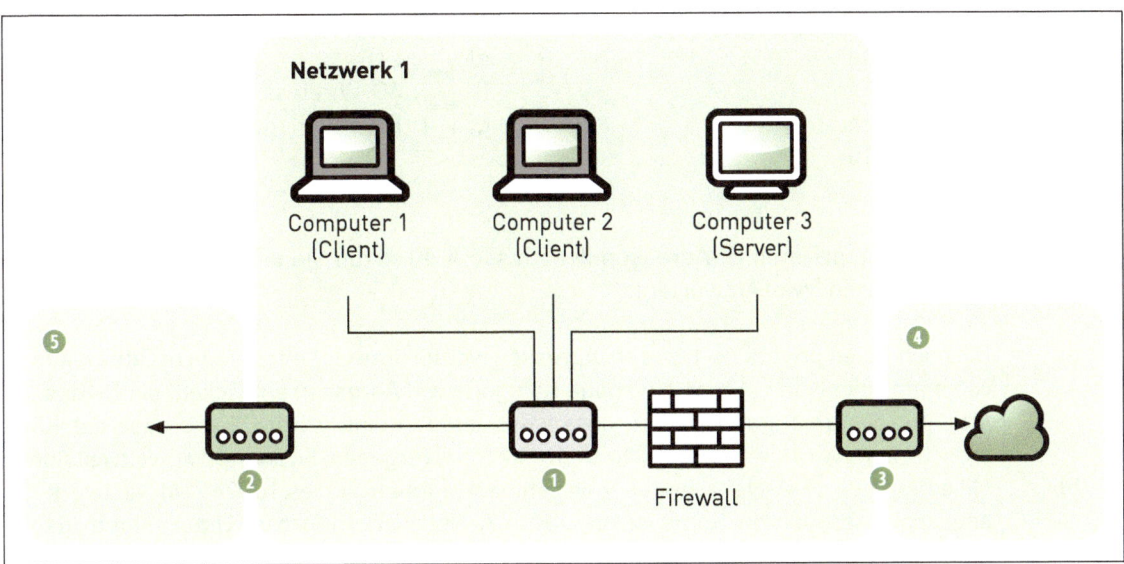

Begriffauswahl: Switch, Bridge, Host, Local Area Network (LAN), Mail-Server, Patch Pannel, Router, Terminal-Server, Unterbrechungsfreie Stromversorgung (USV), Wide Area Network (WAN), Wireless LAN-Adapter

1. _____

2. _____

3. _____

4. _____

5. _____

16. Welche der folgenden Aussagen über Netzwerkkabel stimmt (mehrere Antworten möglich)?

a) ☐ Das Glasfaserkabel hat den Nachteil, dass man damit nicht scharfe Ecken durchlaufen kann, weil die Gefahr besteht, dass das Kabel geknickt wird und damit beschädigt wird.

b) ☐ Ein Glasfaserkabel ist nicht überall geeignet, weil es anfälliger ist auf Schmutz und Funkstörungen.

c) ☐ Die maximale Kabellänge eines CAT5-Kabels errechnet sich aus der Anzahl Rechnern die an einem solchen Kabel angehängt sind: Umso mehr Rechner, desto weniger lang darf ein solches Kabel sein.

d) ☐ Die Art des Kabel-Typs, welches angeschlossen ist, erkennt man auch anhand der IP-Adresse: Je besser das Kabel ist (z. B. CAT5), desto höher ist auch die IP-Adresse.

e) ☐ Normalerweise dürfen sich Netzwerkkabel nicht zusammen mit Stromkabeln im selben Kabelkanal befinden. Bei Glasfaserkabel ist das gestattet. Bei Kupferkabeln ab abgeschirmten CAT5-Kabeln oder solche höhere Kategorie wird das in der Praxis aber oft trotzdem gemacht.

f) ☐ Je länger ein Twisted-Pair-Kabel ist, desto schwächer wird das Datensignal. Deshalb gibt es CAT-Kabel mit einer maximalen Länge von 100 m. Mit dieser Limitierung wird die Qualität der Datenübertragung garantiert.

g) ☐ Ein verdrilltes Kupferkabel das zwei Adern hat ist in Sachen Datenübertragung immer besser als ein Fernsehkabel welches in der Mitte nur eine Ader hat.

17. Sie sind von der Firma beauftragt, einen neuen Wireless-Router zu einzukaufen. Welches dieser WLAN-Standards müsste der neue Router beherrschen? Was würden Sie Ihrer Firma empfehlen, wenn Sie möglichst mit der Zeit gehen wollen mit dieser Anschaffung (eine Antwort)?

a) ☐ IEEE 802.11g
b) ☐ IEEE 802.11ac
c) ☐ IEEE 802.11n
d) ☐ IEEE 802.11p

e) ☐ LTE
f) ☐ 4G-Wireless
g) ☐ Bluetooth mit Multipoint-Access

18. Sinn und Zweck von privaten IP-Adressen der Klasse A: Kreuzen Sie die richtigen Aussagen über Klasse-A-IP-Adressen (zwei Antworten).

a) ☐ Die noch freien privaten A-Klassen-Adressen werden immer seltener, da praktisch alle schon vergeben sind. Nun hat man eine neue Kategorie von Adressen entwickelt, die D-Klasse. «D» steht für dynamic und bedeutet, dass wenn jemand eine private IP-Adresse der Klasse A braucht, dann wird sie dynamisch (die nächste freie) vergeben. So sparen wir weltweit Adressen.

b) ☐ Mit einem Klasse-A-Netzwerk können sehr viele (genau sind es 16 774 214) Netzwerk-Geräte angeschlossen werden. Somit ist ein Klasse-A-Netzwerk für grosse Unternehmen geeignet.

c) ☐ Ein privates Klasse-A-Netzwerk ist ein privates Netzwerk, das nicht über das öffentliche Netz, also das Internet, geroutet wird. Es wird für private oder firmeninterne Netzwerke verwendet (z. B. Intranet).

d) ☐ Eine Klasse-A-IP-Adresse kann weltweit mehrfach vorkommen, denn es handelt sich immer um eine private Adresse. Somit muss diese bestimmte Adresse nur innerhalb dieses Klasse-A-Netzes eindeutig sein, nicht aber weltweit.

e) ☐ Ein Klasse-A-Netzwerk ist ein Netz, welches die Router prioritär behandeln. Das heisst, wenn ein Paket einer A-Klasse-IP-Adresse stammt, dann wird der Router dieses Paket zuerst verarbeiten. Auf diese Weise können schnellere Verbindungen geschaltet werden.

f) ☐ Eine private Klasse-A-Adresse ist im Internet nicht gestattet, sie würde das Routing-System durcheinanderbringen und wäre eine grosse Gefahr für einen Totalzusammenbruch des Internets. Allerdings können moderne Firewalls solche privaten Adressen automatisch herausfiltern.

19. Beantworten Sie folgende Fragen zum Thema OSI-Schichtenmodell, indem Sie lediglich die Nummer der Schicht angeben, die zu der entsprechenden Beschreibung passt.

Während des Downloadvorgangs löst sich das Netzwerkkabel. Der Transfer wird sofort angehalten. Das gesendete Datenpaket ist somit unvollständig. ☐

Einige Pakete gehen bei der Datenübertragung verloren. Der Empfänger meldet keine Empfangsbetätigung. Der Sender muss die fehlenden Daten erneut senden. ☐

Die MAC-Adresse ist die weltweit eindeutige «Seriennummer» einer Netzwerkkarte bzw. eines Netzwerkgerätes. Auf welcher Ebene wird diese Adresse übertragen? ☐

Der Router findet anhand der IP-Adresse immer eine Ausweichroute, falls eine Standard-Route überlastet sein sollte. ☐

Die «Programmiersprache der Webseiten heisst HTML. Auf welcher OSI-Ebene wird sie übertragen? ☐

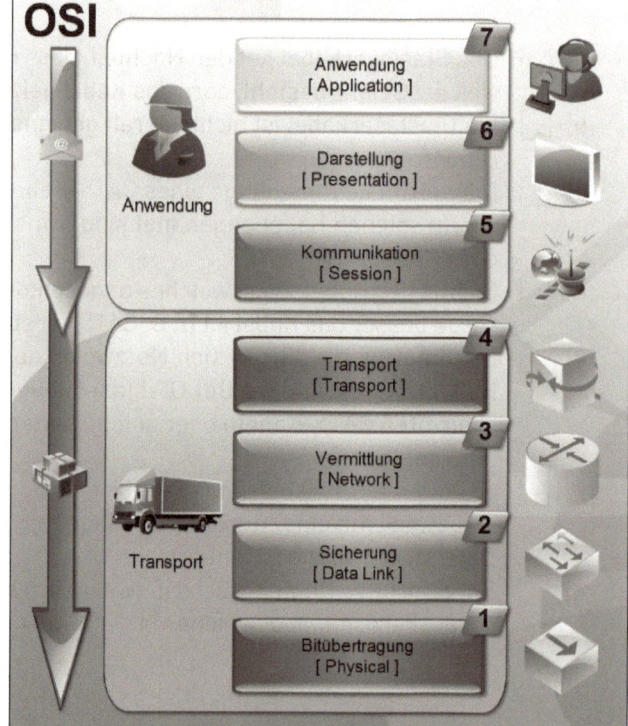

20. Welche der folgenden Aussagen stimmt über das Routing (eine Antwort richtig)?

a) ☐ Der Router ist in der Lage, ein Netzwerk in verschiedene Zonen einzuteilen. Sodass beispielsweise die Zone 1 dank eines Routers dazwischen von der Zone 2 «getrennt» werden kann. Dieses Prinzip nennt man auch das Drainage-Prinzip und wird vorwiegend in Schulungsräumen eingesetzt.

b) ☐ Die Routing-Tabelle eines Routers ist eine Tabelle welche URL-Adressen in IP-Adressen umwandeln kann.

c) ☐ Die Robustheit des Routings verdanken wir auch der Tatsache, dass sich die Router untereinander verständigen können, und so immer die beste «Reise-Route» für die Datenpakete ermitteln werden können.

d) ☐ Dank dem Prinzip des Routings ist das Internet seit über 20 Jahren permanent in Betrieb ohne einen einzigen Totalunterbruch. Einzig die DNS-Attacken kann der Router nicht abwehren, sonst aber alle anderen Attacken.

e) ☐ Die Routing-Adressen sind reservierte Adressen, welche nur Router verwenden können. Für die Clients sind die MAG-Adressen reserviert. Diese werden von den Switches geroutet.

21. Braucht ein NAS (Network Attached Storage) ein eigenes Mini-Betriebssystem (nur ja/nein-Antwort)?

_____

22. Aus welchem Grund gibt es private IP-Adressbereiche? Welche Aussagen stimmen?

a) ☐ Das IPv4-Adressystem kann ca. 4 Milliarden Adressen erschaffen. Diese Limite ist bald erreicht. Deshalb gibt es private IP-Klassen, damit man öffentliche IP-Adressen sparen kann. Das NAS-Prinzip gibt es somit auch im Grossen und nicht nur innerhalb des privaten LANs.

b) ☐ Weil viele Firmen Ihre Daten vor der Öffentlichkeit schützen wollen. Wenn sie also private Netze aufbauen, dann können sie sich teure Firewalls sparen, weil diese Netze eben in privater Hand sind.

c) ☐ Weil so Firmen und Organisationen ihre eigenen Netze aufbauen können. Die können beispielsweise für ihr Intranet eine komplette interne Welt mit Web-Servern und Mail-Servern etc. schaffen, also eine Art privates Internet.

d) ☐ Um Konflikte zu vermeiden, unterliegt die Verwaltung der IP-Adressen einer zentralen Organisation, dem Network Information Center (NIC). Diese Organisation wird allerdings mit dem neuen IPv6 abgeschafft, weil in Zukunft nur noch dynamisch Adressen vergeben werden.

23. Welcher dieser Ausdrücke stellt einen Internetdienst dar? (Kreuzen Sie an, mehrere Antworten sind möglich.)

a) ☐ United Resource Locator (URL)
b) ☐ Weltweites Netz von Webseiten (WWW)
c) ☐ Internet-Telefonie (VoIP)
d) ☐ Sensoren-Verbund-System (RFID-Netz)
e) ☐ Elektronische Post
f) ☐ Lichtgeschwindigkeits-Transfer-Entität (LTE)
g) ☐ USS (Unified Service Supply)
h) ☐ Asynchrone Datenservice Leitung (ADSL)
i) ☐ Echtzeitverarbeitung im Internet (RealTec)

24. Nennen Sie die Schweizer second-level-Domain der meistbesuchten Suchmaschine in der Schweiz.

_____

25. Bei welcher Instanz (bei welchem Gerät oder Server) wird eine URL aufgelöst – also übersetzt in eine IP-Adresse? Geben Sie für die Antwort nur ein Wort an mit drei grossen Buchstaben.

_____

26. Welche standardisierte Sprache versteht der Browser um eine Seite darzustellen?

_____

27. Aus welchem Grund existiert das NAT-Prinzip (Network Adress Translation)? (Zwei Antworten sind gesucht.)

a) ☐ Das NAT ist eine Art Compilierung von Binär-Adressen in IP-Adressen. Der DNS-Server liefert reine IP-Adressen. Aber die Router arbeiten mit Binärcode, also digital mit 0 und 1. Das NAT übersetzt nun diese IP-Adressen in binäre Adressen damit die Router diese verarbeiten können.

b) ☐ Das NAT-Prinzip entstand als es plötzlich sehr viele DNS-Attacken gab (1990er-Jahren). Man wollte sich damit schützen, indem man die Adressen nur bis zum DNS-Server verfolgen konnte und nicht weiter.

c) ☐ Das NAT-Prinzip wurde nötig, nachdem mehrmals in private Netze eingedrungen worden ist. Die Bekanntgabe von Adressen wurde sofort suspendiert und hat stattdessen das NAT eingeführt, welches alle Adressen aus einem privaten Netz verschlüsselt, damit sie nicht gelesen werden können.

d) ☐ Das NAT-Prinzip ist nötig, weil die meisten LAN einen privaten IP-Adressraum nutzen. Die Pakete welche aber über das Internet transportiert werden müssen, können mit einer privaten IP-Adresse nichts anfangen. Deshalb muss man diese privaten in öffentliche Adresse umwandeln.

e) ☐ Der IP-Adressraum wurde im Laufe der Jahre immer knapper. So stellte sich schnell heraus, dass die zu Verfügung stehenden IP-Adressen nicht reichen würden. So hat man den Adressraum in einem privaten und einen öffentlichen Teil gespalten. NAT verbindet nun diese beiden Welten.

28. Für welche Aufgabe wird ein SMTP-Server benutzt (eine Antwort richtig)?

a) ☐ Um die Server-Virtualisierung zu verwalten und in Gang zu halten
b) ☐ Um Webseiten per HTTP-Protokoll zum Client zu senden
c) ☐ Um E-Mails zu versenden
d) ☐ Um Original-Datenbestände auf einer zweiten Speicherinstanz (z. B. NAS mit RAID) zu spiegeln
e) ☐ Um den Transport von Datenpaketen zu kontrollieren und gewährleisten
f) ☐ Um Mails zu empfangen
g) ☐ Um die Datenströme auf Malware zu kontrollieren
h) ☐ Um Firewalls auf dem neusten Stand der bekannten Bedrohungen zu halten und zu aktualisieren

29. Was ist die Aufgabe eines ADSL-Filters (eine Antwort richtig)?

a) ☐ Im Router ist ein ADSL-Filter eingebaut. Dieser filtriert allfällige Malware automatisch aus. Es funktioniert als eine Art Firewall.

b) ☐ Bei jeder Übertragung entstehen sogenannte Interferenzen (Störungen). Bei qualitativ schlechten Kabel (Bsp. Telefonkabel) kann der ADSL-Filter diese Störungen rausfiltrieren.

c) ☐ Der ADSL-Filter funktioniert wie eine Membrane. Gewisse Pakete werden in eine Richtung durchgelassen, andere, die keine Zugangsberechtigung haben, werden blockiert.

d) ☐ Der ADSL-Filter wird benutzt, wenn man eine sichere Verbindung über das öffentliche Internet aufbauen will. Beispielsweise können so aus der Ferne Geschäftsdaten gelesen werden. Es ist eine Art Tunnel.

e) ☐ Ein ADSL-Filter kann fehlerhafte oder vermisste Datenpakete wieder herstellen. Es filtriert die guten von den fehlerhaften aus und kann über die OSI-Schicht 4 fehlerhaft Pakete vom Absender wieder anfordern.

f) ☐ Die Frequenzen für Daten und Sprache in das selbe Kabel zusammenzuführen (mischen) auf einer Seite und wieder auf zu spalten (filtrieren) auf der anderen Seite des Kabels.

30. Weshalb kann ich aus einem internen PC auf einen Web-Server zugreifen der Server kann aber nicht auf meinen PC zugreifen? Markieren Sie jeweils die korrekte Antwort.

a) Welches Gerät steckt dahinter?
ADSL-Filter, ADSL-Router, Firewall, Bigwall-Router, Web-Server, Modem, SWITCH

b) Welches Prinzip?
kann Datenpakete nur durch eine Seite durchlassen, blockiert alle analogen Signale, filtriert die gefährlichen MAC-Adressen, Daten nur speichern aber nicht zurücksenden, nur in eine Richtung kommunizieren

c) Wie heisst der Zugangspunkt welches geschützt/blockiert wird?
DHCP-Server, HTTP-Server, MAC-Adresse, Routing-Tabelle, Port, USB-Schnittstelle

31. Was heisst der Begriff «Plattform» in der Informatik (drei Antworten sind gültig)?

a) ☐ Eine Plattform, gelegentlich auch Schicht oder Ebene genannt, bezeichnet in der Informatik eine einheitliche Basis, auf der Anwendungsprogramme ausgeführt und entwickelt werden können. Bei Plattformen kann zwischen Soft- und Hardwareplattformen unterschieden werden.

b) ☐ Der Begriff «Plattform» existiert in der Informatik überhaupt nicht. Es handelt sich um einen Begriff aus der Baubranche. Es gibt in der Informatik keinen direkten Zusammenhang zwischen der Informatik-Architektur und der Architektur eines Hauses. Somit ist der Begriff frei erfunden und gehört nicht in die Begriffe der Informatik.

c) ☐ Mit Plattformen sind Entwicklungsumgebungen gemeint. Beispielsweise kann ein mit der Java-Programmiersprache geschriebenes Programm nur auf einer Java-Plattform laufen. Erst wenn der Compiler das Programm in Binärcode übersetzt hat, kann ein Programm auch auf anderen Plattformen, also Entwicklungsumgebungen fehlerlos laufen.

d) ☐ Für die Werbung werden oft Markennamen in vereinfachender Weise, als technisch betrachtet eigentlich zu differenzierende Plattformen, zusammenfasst. Ein bekanntes Beispiel dafür ist die «Macintosh-Plattform», deren technische Plattformen sich je nach Generation grundlegend unterscheiden können. Diese vereinfachende Sicht ist teilweise in den Sprachgebrauch und die öffentliche Wahrnehmung übergegangen.

e) ☐ Eine Softwareplattform wie ein Betriebssystem ermöglicht es Softwareentwicklern, Anwendungen zu schreiben, die auf variierender Hardware, wie Prozessoren unterschiedlicher Hersteller, verschiedenen Grafikkarten, verschiedenen Peripheriegeräten etc. funktionsfähig sind.

32. Sie lesen hier nachfolgend Aussagen über Router. Welche Aussage ist korrekt (eine Antwort)?

a) ☐ Router können Pfade auf verschiedene Arten lernen und damit die Routingtabelleneinträge erzeugen: 1.direkt verbundene Netze: Sie werden automatisch in eine Routingtabelle übernommen, 2.statische Routen: Diese Wege werden durch einen Administrator eingetragen, 3 dynamische Routen: In diesem Fall lesen die Router die Informationen aus einem weltweit zentralen DNS-Server und aktualisieren sich dort.

b) ☐ Keine der Antworten ist richtig.

c) ☐ Router arbeiten auf Schicht 4 (Transportschicht) des OSI-Referenzmodells. Beim Eintreffen von Datenpaketen muss ein Router anhand der IP-Adresse den besten Weg zum Ziel bestimmen, über welche die Daten weiterzuleiten sind. Dazu bedient er sich einer lokal vorhandenen Routingtabelle, die angibt, über welchen Anschluss des Routers (bzw. welche Zwischenstation) welches Netz erreichbar ist.

d) ☐ Jeder Router entscheidet anhand der Routing-Tabelle, welchen Weg ein bestimmtes Daten-packet nehmen soll. Diese «Reiserouten» können stark variieren, sodass ein Dokumenten-versand erst am Zielort aus einzelnen Paketen wieder das Ganze Dokument zusammenge-setzt werden kann. Dieses Verfahren nennt man Rout-Computing und ist als Open-Source frei verfügbar.

e) ☐ Router treffen ihre Weiterleitungsentscheidung anhand von Informationen aus der Netz-werk-Schicht 3 (IP-Adresse). Viele Router übersetzen dabei auch zwischen privaten und öf-fentlichen IP-Adressen (Network Address Translation, Port Address Translation) oder bilden Firewall-Funktionen durch ein Regelwerk ab.

f) ☐ Die Routingtabelle ist in ihrer Funktion einem Adressbuch vergleichbar, in dem nachgeschlagen wird, ob eine Ziel-IP-Adresse bekannt ist, d.h. ein Weg zu diesem Netz existiert. Da ein Router nicht für alle IP-Adressen gespeichert hat, muss er sehr oft den DNS-Server konsultieren.

33. Sie planen Ihr Firmennetzwerk zu erweitern. Dazu beziehen Sie die Dienste einer Informatik-Firma. Beim ersten Gespräch hören Sie einige Aussagen Ihres Informatik-Providers. Welche Aussage ist richtig (eine Antwort)?

a) ☐ Die geplante Netzwerkerweiterung könnte teuer kommen, denn der IP-Adressraum ist ein knappes Gut und wird deshalb per Auktion an den Meistbietenden vergeben. Dies vor allem bei den guten IP-Adressen (also die mit «schönen» Zahlen).

b) ☐ Die neue IP-Adresse V6 ist von blossem Auge schwierig einzuordnen. Das ist ein Nachteil. Sie ist aber die Adresse der Zukunft, denn nach und nach werden alle netzwerkfähigen Geräte auf diese neue Version setzen.

c) ☐ Jede IP-Adresse muss weltweit eindeutig sein. Deshalb wird bei jedem neuen PC diese Adres-se in einem zentralen Register eingetragen – sie ist sozusagen die Seriennummer für s Netz. Es lohnt sich deshalb auch gleich neue PCs zu kaufen, denn diese neuen Modelle besitzen bereits die IP-Version 6.

d) ☐ Die neue Version von IP-Adressen (IPv6) ist jetzt auch für Mobiltelefone erhältlich. Das heisst, dass auch Mobiltelefone in Zukunft die Funktionen von «Cloud-Computing» nutzen können. Allerdings müssen diese Geräte bei einem Mobil-Provider angemeldet sein.

34. Sie werden von einer Firma beauftragt, ein WLAN in Betrieb zu nehmen. Welche dieser Aussagen ist richtig (mehrere möglich)?

a) ☐ Das WLAN hat nicht die gleiche Flexibilität in Sachen DHCP. Manche WLAN s können sogar wegen der Sicherheit nur mit fixen TCP/IP-Adressen arbeiten – es sei denn, sie werden in der DMZ installiert.

b) ☐ Ein WLAN ist immer an einem Access-Point gebunden. Wenn mehrere Geräte ins WLAN andocken wollen, dann wird automatisch der Repeater zugeschaltet.

c) ☐ WLAN s sind nur für Internet-Zugänge möglich. Für Extranet-Access muss man noch eine zusätzliche VPN-Software installieren. Somit muss VPN von Anfang an mitgeplant werden.

d) ☐ Die Verschlüsselung eines WLAN s mit WPA2 ist heute ein guter Schutz. Zusätzlich mit dem DHCP-Prinzip kombiniert, ist der Schutz noch besser. Das WLAN für Gäste gehört in die DMZ.

35. Welche Aussage über Netzwerkgeräte ist richtig (mehrere Antworten möglich)?

a) ☐ Die Firewall bildet immer die Aussengrenze eines Netzwerks oder eines Netzwerksegments. Sie ist sozusagen der Abschluss des LAN s. Sie kann private in öffentliche IP-Adressen um-wandeln (man sagt auch Maskierung).

b) ☐ Das ISDN-Netz ist ein digitales Telefonnetz welches speziell für das Internet konzipiert wurde. Auf diese Weise können zahlreiche Router eingespart werden.

c) ☐ Ein Gateway verbindet Netzwerke die unterschiedlichen Topologien haben. So kann der Rou-ter dank dem Gateway wissen, welches Netzwerksegment aktuell mehr Traffic hat.

d) ☐ Der einfache Switch hat gegenüber dem Router einen wesentlichen Unterschied: Er kann keine Netzwerksegmente herstellen und arbeitet auf der OSI-Schicht 2 statt wie der Router auf 3.

36. Welche dieser Software-Lizenz-Modelle kann bei den Informatikverantwortlichen für böse Überraschungen sorgen, wenn es um Themen wie Installationskosten und Betreuungskosten, also Wartungskosten geht (nur eine Option richtig)?

a) ☐ Middleware
b) ☐ Social Media Software
c) ☐ Freeware
d) ☐ Studentware

e) ☐ Free Service Download Software
f) ☐ Open Source Software
g) ☐ Budgetware
h) ☐ Shareware

37. Welches Recht erwerben Sie in der Regel, wenn Sie im Computerladen eine Software kaufen?

_____

38. Beantworten Sie folgende Fragen über DNS (Domain Name System) und Domain-Namen mit ja oder nein.

a) Kann ich ein DNS-Server rein privat aufbauen und nur für interne Zwecke nutzen – also im LAN?

_____

b) Stimmt die folgende Aussage? Das DNS funktioniert ähnlich wie eine Telefonauskunft. Der Benutzer kennt die Domain (den für Menschen merkbaren Namen eines Rechners im Internet) – zum Beispiel example.org. Diese sendet er als Anfrage in das Internet. Die URL wird dann dort vom DNS in die zugehörige IP-Adresse (die «Anschlussnummer» im Internet) umgewandelt – zum Beispiel eine IPv4-Adresse der Form 192.0.2.42.

_____

c) Der Domain-Namensraum hat eine baumförmige Struktur. Die Blätter und Knoten des Baumes werden als Labels bezeichnet. Ein kompletter Domainname eines Objektes besteht aus der Verkettung aller Labels eines Pfades. Kann ich eine Top-Level-Domain selber kreieren, also mit einem frei wählbaren Fantasienamen versehen?

_____

39. Welchem Zweck dient ein Hypertextsystem (mehrere Antworten möglich)?

a) ☐ Dateisystem mit relationalen Beziehungen zur sicheren und effizienten Datenspeicherung
b) ☐ Spracherkennungssystem bei Smartphones
c) ☐ Grosse Datenmengen im Netzwerk speichern
d) ☐ Sichere Verbindung zu einem fremden Rechner (Tunneling)
e) ☐ Dateisystem mit Verknüpfungen: Referenzpunkte zu anderen Dokumenten (auch auf fremden Rechnern)
f) ☐ Mit Hypertexte können komplexe Informationen redundanzarm vermitteln werden.
g) ☐ Dokumentenablage

40. Welches sind Protokolle und Technologien, die direkt mit dem Surfen (mit einem Browser) im Internet zu tun haben? (Kreuzen Sie alle entsprechenden an.)

a) ☐ HDML (Hypertext Dynamic Markup Language)
b) ☐ VPN (Virtual Private Network)
c) ☐ URL (Uniform Resource Locator)
d) ☐ FDP (File Device Protocol)
e) ☐ POP (Post Office Protoccol)
f) ☐ SSLP (Safer Surf Language Protocol)

g) ☐ HTTP (Hypertext Transfer Protocol)
h) ☐ Port 80 (Teil einer Netzwerk-Adresse)
i) ☐ DHCP (Dynamic Host Configuration Protocol)
j) ☐ TCP/IP (Transmission Control Protocol/Internet Protocol)
k) ☐ CAT5-Ethernet-Verbindung
l) ☐ ERD (Entity Relationsship Diagram)
m) ☐ DNS (Domain Name Service)

41. Sie sehen in der Grafik einen Bildschirm auf einem Smartphone. Was stellen die Einträge auf der Liste dar?

a) ☐ Internetdienste des laufenden Prozessors
b) ☐ Zuteilung des freien Festplattenspeichers auf die Apps
c) ☐ gelöschte Applikationen
d) ☐ ist nicht ersichtlich auf diesem Bild
e) ☐ 51 % des gesamten RAMs
f) ☐ 860 MB
g) ☐ Prozesse (laufende Apps) die Prozessorzeit brauchen
h) ☐ Die Zeiteinheiten welche der Prozessor abarbeitet
i) ☐ 910 MB

42. Das BIOS (Basic Input Output System) führt folgende Aufgaben aus (zwei Antworten richtig):

a) ☐ Die Programme, welche in der Vergangenheit häufig an diesem Computer verwendet wurden, werden schon mal in den Arbeitsspeicher geladen, damit das spätere Starten dieser Programme schneller abläuft.
b) ☐ Das BIOS überprüft und installiert die Treiber aller angeschlossenen Hardwarekomponenten am Computer. Falls eine neue Komponente während des Startvorgangs gefunden wird, geht das BIOS automatisch im Internet nach dem entsprechenden Treiber suchen und installiert ihn automatisch.
c) ☐ Die Datenträger werden ermitteln, welche ein Betriebssystem enthalten. Nach einer vordefinierten Reihenfolge, wird das Betriebssystem gestartet und somit in den Arbeitsspeicher geladen.
d) ☐ Das BIOS ist eine Art Virenscanner, welcher im Moment des Systemstarts gestartet wird. Er überprüft alle Komponenten auf Auffälligkeiten oder Schadprogramme. Der BIOS kann sich selbstständig aktualisieren, sobald der Computer online ist.
e) ☐ Das BIOS führt automatisch Datensicherungen durch, damit – falls das System abstürzen sollte – die noch nicht gespeicherten Daten aus der offenen Programmen aus den Sicherungskopien wieder hergestellt werden können.
f) ☐ Die eingebauten Selbsttestroutinen der Hardwarekomponenten und der Peripheriegeräte werden aufgerufen und der Initialzustand wird hergestellt. Falls eine Testroutine auf Fehler stösst, wird entweder das System angehalten, oder/und es wird eine entsprechende Meldung am Bildschirm ausgegeben.

43. Sie sehen auf dem Bild die Rückseite eines Beamers. Ordnen Sie die richtigen Schnittstellen zu. Begriffauswahl:
Analoger Videoanschluss (Cinchstecker), Analoger Audioanschluss (Cinchstecker), Analoger Audioanschluss (Klinkenstecker/Jack), Analoger Videoanschluss (VGA), DVI-Anschluss für Bilddatenübertragung, HDMI-Stecker für Audio und Bilddaten (+Netzwerk), RJ45-Stecker für Netzwerk (LAN), Serielle Schnittstelle (RS232), S-Video, USB 2.0 Typ A, USB 2.0 Typ B, USB 3.0 Typ A, USB 3.0 Typ B

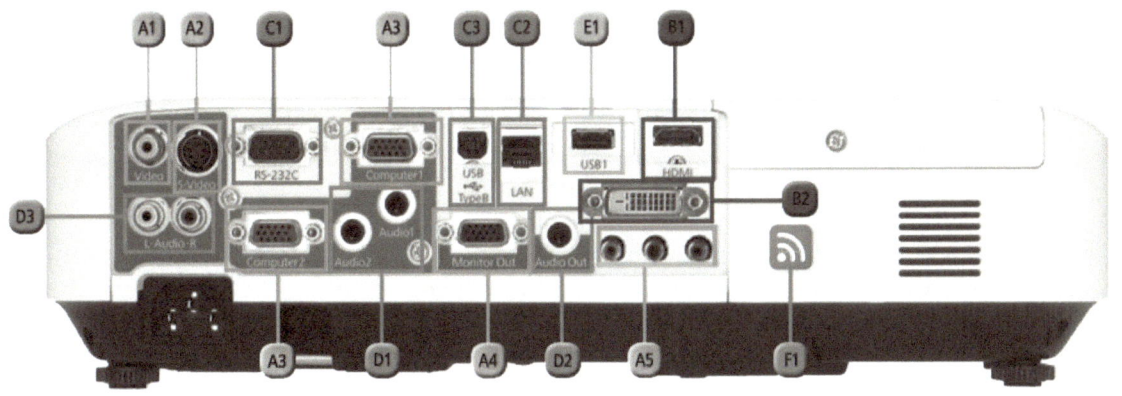

A1: _____

A2: _____

A3: _____

B1: _____

B2: _____

C1: _____

C2: _____

C3: _____

D1: _____

E1: _____

44. Wie heisst die folgende Hardware-Schnittstelle? Und kreuzen Sie ein mögliches Anwendungsgebiet an.

a) ☐ USB4-Schnittstelle

b) ☐ Anschluss für alle Komponenten der PC-Bedienung (z. B. Maus)

c) ☐ SATA-Schnittstelle

d) ☐ Anschluss für die Übertragung von LAN-Daten über ADSL

e) ☐ HDMI 2.0-Schnittstelle

f) ☐ Firewire-Schnittstelle

g) ☐ Anschluss für das Starten des Computers aus dem LAN

h) ☐ Anschluss für Geräte aus der Videotechnik

i) ☐ HDMI-Mikro-Schnittstelle

j) ☐ Firewall-Schnittstelle

k) ☐ Anschluss für die Steuerung von Beamern

l) ☐ HDTV-Schnittstelle

Informatik-Infrastruktur **2**

m) ☐ DVI-Schnittstelle

n) ☐ Anschluss für die Stromzufuhr externer PCs

o) ☐ LAN-Schnittstelle

p) ☐ Mikro-USB-Schnittstelle

q) ☐ Apple-Talk-Schnittstelle

45. Sie sehen nachfolgend einige Computer-Schnittstellen. Kreuzen Sie alle an, welche auf den Bildern sichtbar sind (drei Antworten gesucht).

 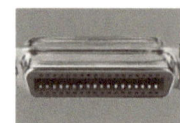   

a) ☐ VGA-Schnittstelle, oft im Einsatz für analoge Videoübertragung

b) ☐ Firewire-Schnittstelle, oft im Einsatz für externe Firewalls

c) ☐ Mikro-USB-Schnittstelle, oft im Einsatz für digitale Kameras

d) ☐ IDE-Schnittstelle, für die Erweiterung von externen Grafikkarten

e) ☐ PS/2-Schnittstelle, oft im Einsatz für Tastaturen und Mäuse

f) ☐ Display-Port-Schnittstelle, für den Anschluss eines zweiten Monitors

g) ☐ Serielle Schnittstelle, oft im Einsatz bei industriellen Anwendungen

h) ☐ HDMI-Schnittstelle, oft im Einsatz für digitale Videoübertragung

i) ☐ HotFire-Schnittstelle, für den Anschluss von externem RAM

j) ☐ IBM-Schnittstelle, oft im Einsatz für die (Fern-)Steuerung von PCs

k) ☐ Parallele-HDTV-Schnittstelle, für die Übertragung von Video und Audio

l) ☐ DVI-Schnittstelle, oft im Einsatz für Digitale Videoübertragung

m) ☐ RJ45-Schnittstelle, oft im Einsatz für den Anschluss ans LAN

n) ☐ Apple-Dock-Schnittstelle, speziell für Apple-Produkte konzipiert

o) ☐ SATA-Schnittstelle, oft im Einsatz für externe Datenträger

p) ☐ USB3-Schnittstelle, für die High-Speed-Übertragung von Daten

q) ☐ VGA-Plus-Schnittstelle, digitale High-Speed-Videoübertragung

r) ☐ Parallel-Schnittstelle, oft im Einsatz für Drucker

46. Welche Aussagen über Solid State Drive (SSD) stimmen hier (drei Antworten richtig)?

a) ☐ Flash-Speicher sind energieeffizient und stromunabhängig. Allerdings: Bei den konventionellen Festplatten bleibt die Magnetisierung ewig (also der Inhalt), bei SSD nicht.

b) ☐ Vorteile von SSD sind mechanische Robustheit, kurze Zugriffszeiten und keine Geräuschentwicklung aufgrund beweglicher Bauteile, da solche nicht vorhanden sind.

c) ☐ SSD sind feste Speicher mit unbeweglichen Teilen für Computer. Sie sind schneller als Festplattenspeicher mit mechanischen Teilen.

d) ☐ Die SSD-Speicher verlieren ihre Daten auch bei Unterbruch der Spannungsversorgung nicht. Sie sind weniger empfindlich als Festplatten. Sie sind eben «Solid».

e) ☐ SSD-Speicher sind im Vergleich zu Festplatten wesentlich anfälliger auf Datenverlust, denn wenn der Strom während eines Schreibvorgangs fehlt, dann sind die Daten Weg.

f) ☐ SSD-Speicher sind ideal für nichtflüchtige Anwendungen wie beispielsweise das Abspielen von Musik auf mobilen Geräten. Sie müssen allerdings festplattenkompatibel sein.

g) ☐ Die Bezeichnung «Drive» wird bei SSD behalten, weil der SSD-Prozessor tausendfach pro Millisekunde «dreht» um die Speichervorgänge vorzunehmen und abzuschliessen.

h) ☐ Zunehmend werden SSD-Speicher durch sogenannte SSX-Festplatten ersetzt, weil diese schneller und günstiger herzustellen sind. Ausserdem besitzen sie auch keine beweglichen Teile.

i) ☐ Die SSD-Speicher werden zunehmend durch sogenannte Flashspeicher ersetzt. Diese sind weniger stossempfindlich und sind auch schneller.

Informatik-Infrastruktur

2

47. Auf der Grafik sehen Sie den grundlegenden, technischen Aufbau einer Festplatte. Kreuzen Sie an, welcher der Aussagen über Festplatten stimmen (zwei Antworten gesucht).

a) ☐ Der Schreib- und Lesekopf «schwebt» über die Festplatte. Auf diese Weise werden die 0er und 1er optisch ausgelesen, weil 1er etwas dunkler sind als 0er-Daten.

b) ☐ Spezielle Festplatten löschen ihre Daten nicht wirklich, weil somit diese Daten vom Betriebssystem wiederherstellt werden können. Diese sind aber teurer.

c) ☐ Auf Windows XP oder bei höheren Versionen empfiehlt es sich, eine Festplatte mit dem Dateisystem «NTFS» zu formatieren.

Bildbeschriftung: Lese-/Schreib-Spur, Sektor, Schreib-/Leseköpfe

d) ☐ Partitionen einer Festplatte sind voneinander unabhängige Abschnitte und können als einzelne Laufwerke innerhalb der gleichen Festplatte definiert werden.

e) ☐ Festplatten werden oft den SSD-Speicher vorgezogen, weil sie günstiger sind und auch weniger empfindlich auf Stösse und daher langlebiger sind, z. B. Notebooks.

48. Sie lesen nachfolgend einige Aussagen über RAM (Random Access Memory). Kreuzen Sie an, welche Aussagen richtig sind.

a) ☐ Für den Arbeitsspeicher sind auf dem Motherboard spezielle Steckplätze vorgesehen. Damit kann ein Computer mit SSD-Speicher aufgerüstet werden. Auf diese Weise kann eine stationärer PC zu einem mobilen PC umgebaut werden.

b) ☐ Zwischen dem RAM und der CPU befindet sich noch der Cache-Speicher. Dieser Speicher könnte man als Ultra-Kurzzeit-Gedächtnis der CPU bezeichnen. Dank dem Cache-Speicher werden die Zugriffe der CPU auf das RAM beschleunigt.

c) ☐ Arbeitsspeicher ist wegen den einfachen Aufbaus als flüchtiger Speicher konzipiert. Das heisst, bei Stromausfall verliert es den Inhalt. Gegen Aufpreis kann allerdings RAM durch SSD ersetzt werden und so das System stabiler gemacht werden.

d) ☐ Die Grösse des Arbeitsspeichers eines Computers steht im direkten Zusammenhang mit seiner Leistungsfähigkeit. Bei fehlendem Platz im RAM muss des Betriebssystem evtl. Teile des RAMs auf die Festplatte auslagern (Auslagerungsdatei), was die Verarbeitung verlangsamt.

e) ☐ Der RAM-Speicher ist der Zentraleinheit eines Computers zugeordnet. Aus dem RAM liest die CPU die Instruktionen und Daten. Dort kann die CPU ihre Daten zwischenspeichern, bis sie definitiv auf der Festplatte oder SSD abgelegt werden können (z. B. am Ende eines Verarbeitungszyklus).

f) ☐ Je nach Version des Microsoft-Betriebssystems, kann ein RAM-Speicher eingesetzt werden oder nicht. Moderne Versionen brauchen keinen RAM mehr, weil die CPU direkt mit einem SSD arbeitet. Auf diese Weise kann die Verarbeitung wesentlich beschleunigt werden (64 bit-CPU).

g) ☐ Oft wird RAM als Primärer Speicher bezeichnet. Dies weil die CPU alle Daten zuerst auf das RAM schreibt. Dort werden sie zuerst von einer Firewall auf Unregelmässigkeiten überprüft. Erst danach gelangen sie auf den Sekundärspeicher (Festplatten, SSD, DVD etc.).

49. Beschriften Sie folgende Grafik. Dafür stehen folgende Begriffe zur Verfügung: Peripherie-Anschlüsse (Hardware-Schnittstellen), AGP-Steckplatz für Grafikkarte, BIOS-Batterie für die Speicherung von Datum, Zeit etc., BIOS-Chip für den Startvorgang, CPU-Schnittstellen für CPU-Erweiterungen, PCI-Steckplätze für Hardware-Erweiterungen des Computers, RAM-Steckplätze für externe Grafikkarten, RAM-Steckplätze für RAM-Speicher(-erweiterung), Standardisierter CPU-Sockel ohne Kühlung, Treiber-Anschlüsse für Software-Schnittstellen

→

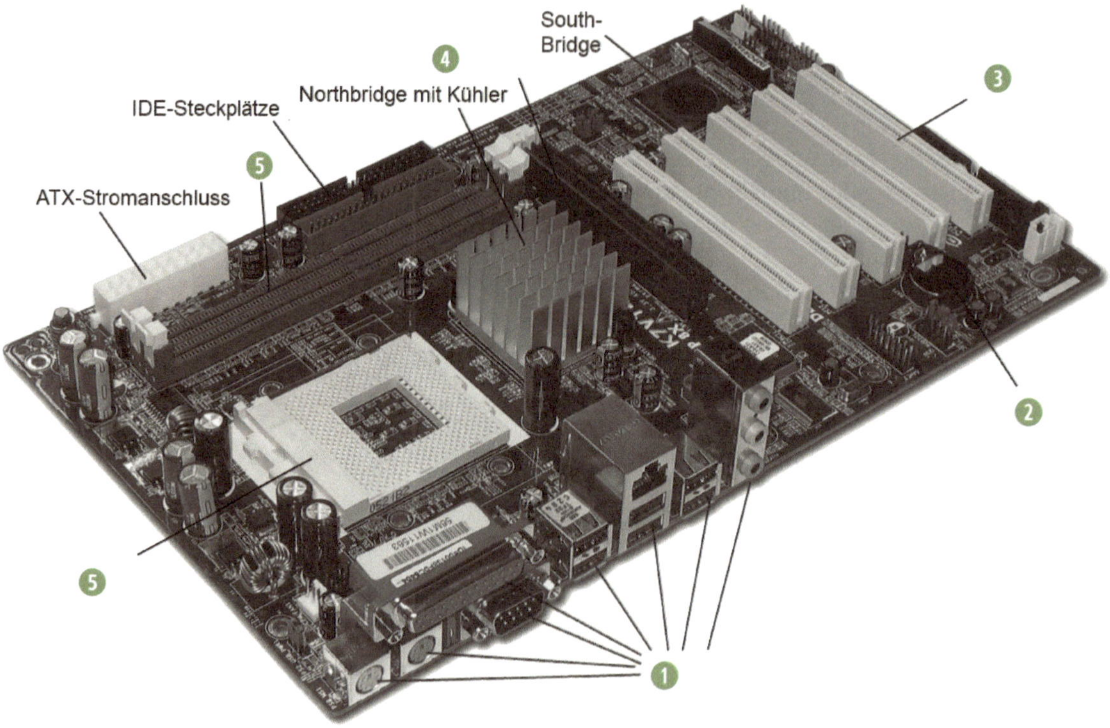

South-Bridge

IDE-Steckplätze   Northbridge mit Kühler

ATX-Stromanschluss

1: _____

2: _____

3: _____

4: _____

5: _____

6: _____

50. Lesen Sie den nachfolgenden Text und entscheiden Sie, welches Thema der Text beschreibt (nur eine Antwort möglich).

> Unter ... versteht man allgemein die Trennung von Software von der Hardware. Es geht darum, die unterschiedlichen Ressourcen, die in Form von Rechnerleistung (Prozessoren), Speicherplatz (Festplattenspeicher), Übertragungskapazitäten (Netzwerk), externe Geräte etc. vorhanden sind, verschiedenen Anwendungsprogrammen zur Verfügung zu stellen. Damit lassen sich Ressourcen besser nutzen. Speziell interessant ist die ... auf Serverebene. Dabei wird eine Vielzahl von Servern auf einer einzigen Plattform betrieben. Dies ergibt Vorteile in Sachen Wartung, Ernergiekosten und Systemverfügbarkeit. Auch deshalb, weil die Systeme oder die Verarbeitung unterbrechungsfrei auf andere Hardware-Plattformen verschoben werden können.

a) ☐ Mehrschicht-Architektur   h) ☐ Standardisierung
b) ☐ IT-Architektur   i) ☐ Compilierung
c) ☐ Open-Source-Nutzung   j) ☐ Mehrfachspeicherung
d) ☐ Echtzeitverarbeitung   k) ☐ Programmierung
e) ☐ Lizenzierung   l) ☐ Lastenausgleich-Verarbeitung
f) ☐ IT-Evaluation   m) ☐ Virtualisierung
g) ☐ IT-Aufgabenverteilung   n) ☐ Datentrennung

51. Nachfolgend werden einige Alltagssituationen aus der Welt der Informatik beschrieben. Geben Sie an, von welcher Lizenzform von Software gerade geschrieben wird.

a) Oliver hat eine Software runtergeladen. Er darf sie unbegrenzt nutzen und verändern. Die Lizenz hindert niemanden darin, die Software zu verkaufen oder sie mit anderer Software zusammen in einer Software-Distribution weiterzugeben. Die Lizenz darf keine Lizenzgebühr verlangen. Der veränderte Code muss allerdings gratis der Öffentlichkeit zur Verfügung gestellt werden.

Open-Source Lizenz (mit GPL), Demoware-Lizenz, Donationware-Lizenz, Freeware-Lizenz, kommerzielle Lizenz, Shareware-Lizenz, Speziallizenz für Studierende, Vaporware-Lizenz

b) Er hat vor einer Woche einen neuen PC gekauft. Dort ist das Antivirus-Programm VirPut bereits vorinstalliert. Oliver kann dieses Programm gratis nutzen, allerdings nur während 90 Tagen. Danach wird das Programm deaktiviert, sofern er nicht die Lizenz online erwirbt. Die Software bleibt sonst auf seinem PC, hat aber keine Funktion mehr.

Donationware-Lizenz, Freeware-Lizenz, Kommerzielle Lizenz, Open-Source Lizenz (mit GPL), Speziallizenz für Studierende, Trial-Lizenz, Vaporware-Lizenz, Shareware-Lizenz

c) Oliver hatte letzten Monat Geburtstag. Er hat ein neues Smartphone vom Typ SmaZZ der Firma YES bekommen. Er hat das letzte Wochenende damit verbracht, alle Einstellungen runter zu laden. Unter anderem hat er auch die Facebook-App installiert.

Demoware-Lizenz, Donationware-Lizenz, Freeware-Lizenz, Kommerzielle Lizenz, Open-Source Lizenz (mit GPL), Shareware-Lizenz, Socialware-Lizenz, Speziallizenz für Studierende, Vaporware-Lizenz

52. Ordnen Sie die richtigen Begriffe über Software-Lizenzformen in diesem Text zu.
Begriffsauswahl: Nutzer, eingeschränkte, Freeware, Schule, Open Source, Lizenz, Schüler-/Lehrerlizenz, Einzellizenz

Beim Kauf einer Software wird immer lediglich eine _____ erworben, dies bedeutet: Es

wurde das _____ Recht zur Nutzung der Software erworben, die es dem User

erlaubt, die Software auf einem (ggf. auch mehreren) Computern zu installieren und entsprechend

den Lizenzbedingungen zu verwenden. Eine _____ darf nur auf einem Ar-

beitsplatzrechner installiert werden. Soll die Software auf mehreren Rechnern laufen, müssen auch

mehrere Lizenzen erworben werden. Dies bedeutet, dass wenn beispielsweise ein Microsoft Of-

fice-Paket auf 2 oder mehr Rechnern gleichzeitig eingesetzt werden soll, muss man auch die entspre-

chende Anzahl von Lizenzen erwerben. Eine Campus-Lizenz entspricht der Educational Version

(Schüler-/Lehrer-Lizenz) und bezeichnet eine Lizenz für alle Systeme der _____ und

für beliebig viele gleichzeitige Nutzer auf jedem System. Bei dieser Lizenz handelt es sich um Soft-

ware, welche der Hersteller speziell für Schulen, Universitäten, Bildungseinrichtungen, Lehrer, Stu-

denten und Schüler anbietet. Bei der _____ handelt

es sich zumeist um Versionen der Software, die gegen Nachweis der Berechtigung zu einem günstigeren Preis abgegeben wird. Eine Lizenz ist _____. Damit berechtigt der Entwickler

den Nutzer, die Software unentgeltlich nutzen zu können. Meist darf in Verbindung mit dieser Lizenz-

form die Software über andere Kanäle weiterverbreitet werden.

Eine weitere, bekannte Lizenz ist «Für privaten Gebrauch kostenlos». Das bedeutet, dass Benutzer ein

Programm im privaten Umfeld – auf dem heimischen Computer – die Software unentgeltlich nutzen

können. Sofern aber in irgendeiner Form damit Geld verdient wird, ist die Nutzung nicht mehr kosten-

los und muss bezahlt werden. Es muss nicht direkt mit dem Programm Geld verdient werden, damit

eine Nutzungsgebühr fällig wird; es reicht, wenn in dem Herstellprozess das Programm eingesetzt

wird und somit mit dessen Hilfe Geld verdient wird.

Eine ganz andere Lizenzart ist _____. Hierbei darf der Benutzer der Software

nicht nur die Software unentgeltlich nutzen, sondern auch verändern (im Gegensatz zu «Closed

Source»). Dies darf er allerdings nur, wenn er danach den Quellcode öffentlich zugänglich macht und

somit andere Entwickler wieder an seiner Fassung weiterarbeiten können.

53. Um welches Hardwarekonzept/Gerätekonzept handelt es sich beim folgenden Text? (Gesucht ist das Gerät clientseitig, eine Antwort ist richtig.)

> Bei Drei-Schichten-Architekturen können anstelle von PCs auch ... zum Einsatz kommen. Es handelt sich dabei um Arbeitsplatzrechner mit eingeschränkter Peripherie. Damit versucht man die Wartungskosten tief zu halten und gleichzeitig die Sicherheitsstandards hoch. Die Server übernehmen die Verarbeitung der Applikationen und ihre Speicherung der Daten. Clientseitig wird im Prinzip nur die Darstellung und die User-Interaktion abgedeckt. Durch die zentrale Verwaltung von Anwendungssoftware und der Datenablage können viele userseitige menschliche Fehlmanipulationen verhindert werden.

a) ☐ Thin Clients
b) ☐ Check-In-Server
c) ☐ Workstation für spezielle Anwendungen
d) ☐ Personal Computer
e) ☐ Netbooks oder WLAN-Clients
f) ☐ Server-Terminal
g) ☐ Mini-Server oder Abteilungs-Rechner
h) ☐ Citrix-Server
i) ☐ Mainframe oder Grossrechner

54. In den folgenden Aussagen werden verschiedene Aufgaben von Servertypen beschrieben. Ordnen Sie auf Basis der Beschreibungen den richtigen Servertyp zu.

a) Dieser Server stellt die Datenverzeichnisse mit den Dateien zur Verfügung. Die gemeinsame Dateienverwaltung führt zu grösserer Transparenz und Datenverfügbarkeit innerhalb des Betriebs.

   _____

b) Dieser Server führt zentral die Programme aus, die clientseitig gestartet werden und mit diesem Server verbunden sind. Die Verarbeitung findet serverseitig statt. Damit können die Clients in Sachen Leistung stark entlastet werden.

   _____

c) Dieser Server beheimatet strukturierte Informationen welche in der Regel die Datenbasis eines ERP-Systems bilden, oder einer anderen betrieblich integrierten Anwendung. Diese Daten stehen in Beziehung zueinander. Sie decken sowohl aktuelle Bestandes- und Bewegungsdaten, wie auch historische Daten.

_____

d) Dieser Server kann sowohl interne wie auch öffentliche Informationen anbieten – je nach Verwendungszweck. Clientseitig wird lediglich eine einfache Applikation (z. B. Browser) benötigt. So müssen an den Clientgeräten keine weiteren Programminstallationen vorgenommen werden.

_____

e) Dieser Server stellt eine täglich genutzte Infrastruktur-Komponente für alle angeschlossenen Clients zur Verfügung. So kann diese Hardware-Ressource gemeinsam genutzt werden. Ausserdem können die Clients von dieser Output-Stapelverarbeitung entlastet werden.

_____

55. Entscheiden Sie, um welches Hardware-Konzept, um welchen Computertyp es sich beim nachfolgenden Text handelt (nur eine Antwort möglich).

Ein wesentliches Merkmal dieses Computertyps ist, dass alle Applikationen zentral verarbeitet werden. Die Bedienung erfolgt über sogenannte «Terminals». Dies bedingt, dass alle Clients direkt am Netz dieses Computers angeschlossen sind. Dieser Rechnertyp ist heute im Einsatz, wenn grosse Datenmengen oder Transaktionen zu verarbeiten sind. Es existieren Applikationen mit grossem Codeumfang die darauf laufen, deren Portierung auf andere Architekturen sehr grosse Kosten verursachen würde (Legacy-Code mit COBOL geschrieben). Es handelt sich um eine alte Hardware-Architektur aus den Anfängen der Informatik.

a) ☐ Zwei-Schicht-Server für die effiziente Auslastung von Server und Clients
b) ☐ Mainframe- oder Grossrechner mit der sogenannten Host-Architektur
c) ☐ Terminal-Server für die Verarbeitung von grossen Datenvolumen wie Check-in Daten
d) ☐ Drucker-Server für die zentrale Verarbeitung aller grossen Druckaufträge am Monatsende
e) ☐ Web-Server für die effiziente Informationsverbreitung von internen und externen Daten
f) ☐ Personal-Server für die exklusive Verarbeitung von Client-Applikationen in Echtzeit
g) ☐ Datenbank-Server für die Verarbeitung grosser Datenmengen, z. B. für eine ERP-Applikation
h) ☐ Client-Server-Rechner für die verteilte Verarbeitung von grossen Daten wie z. B. bei Google

56. Was ist ein Java-Programm?

a) ☐ Ein Antivirus-Programm der Firma Oracle welcher alle Java-Viren identifizieren kann. Das Programm kann sich automatisch bei einer zentralen Datenbank aktualisieren.
b) ☐ Ein spezielles Programm das in der Lage ist, Personen von Maschineneingaben zu unterscheiden.
c) ☐ Es ist ein ERP-System welches ursprünglich für die Datenverarbeitung von Kaffee-Import und -Export entwickelt wurde. Heute ist es ein weit verbreitetes System für betriebliche Abläufe.
d) ☐ Ein in der Programmiersprache Java geschriebenes Computerprogramm, welches auf unterschiedliche Hardware-Plattformen und Betriebssysteme funktionsfähig ist.
e) ☐ Ein Programm welches sich noch in der Entwicklungsphase befindet. Die Entwicklungsphasen heissen Alpha-Version, Beta-Version und kurz vor der Vollendung Java-Version.
f) ☐ Ein Anti-Spam-Filter der speziell für den betrieblichen Einsatz entwickelt wurde. Der Filter «lernt» täglich neue Spam-Varianten, indem er eine zentrale Spam-Datenbank online abfragt.
g) ☐ Eine Spezielle Programmiertechnik, welche ihren Ursprung in Indonesien hat. Damit lassen sich alle Funktionen einer Applikation als sogenannte «Datenobjekte» abbilden.
h) ☐ Es ist eine Programmiertechnik, welche viele Programmierer heute anwenden. Dabei werden Programmierprobleme in der Kaffee-Pause untereinander ausgetauscht – daher der Name Java.

57. Sie sehen nachfolgend eine Grafik mit Hauptkomponenten eines modernen Hardwaresystems. Ordnen Sie den Zahlen 1, 2 und 3 aus der Grafik die entsprechenden Begriffe zu.

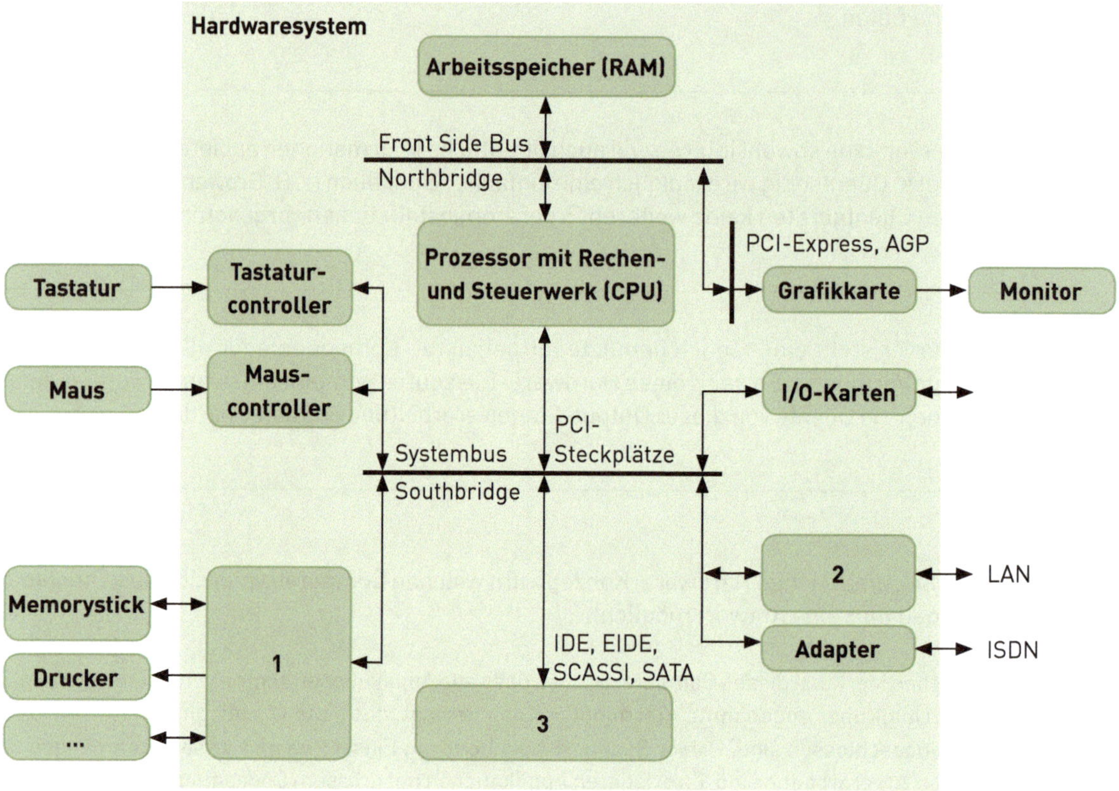

Hardwaresystem

- Arbeitsspeicher (RAM)
- Front Side Bus / Northbridge
- Prozessor mit Rechen- und Steuerwerk (CPU)
- PCI-Express, AGP
- Grafikkarte → Monitor
- Tastatur → Tastatur-controller
- Maus → Maus-controller
- I/O-Karten
- Systembus / Southbridge
- PCI-Steckplätze
- Memorystick
- Drucker
- 1
- ...
- IDE, EIDE, SCASSI, SATA
- 3
- 2 → LAN
- Adapter → ISDN

a) ☐	Netzwerk-Controler	f) ☐	Netzwerk-Controler	l) ☐	Druckertreiber
b) ☐	BIOS	g) ☐	Switch	m) ☐	Firewall
c) ☐	West Side Bus	h) ☐	Fire-Wire-Controler	n) ☐	Speichererweiterung
d) ☐	interner Cache-Speicher	i) ☐	USB-Controler		(RAM)
e) ☐	SSD-Controler	j) ☐	Internet-Controler	o) ☐	externer Speicher
		k) ☐	Port 80		

58. Sie sehen nachfolgend eine Grafik zum Thema Virtualisierung. Welche Vorteile können als richtig markiert werden (vier Antworten sind richtig)?

a) ☐ Durch die Virtualisierung lassen sich Ressourcen besser, also effizienter, nutzen, weil so die Hardware besser ausgelastet wird.

b) ☐ Die Virtualisierung macht Systeme sicherer vor Virenattacken, denn diese Viren müssen durch eine zusätzliche Softwareschicht dringen. Die meisten Hacker können das nicht.

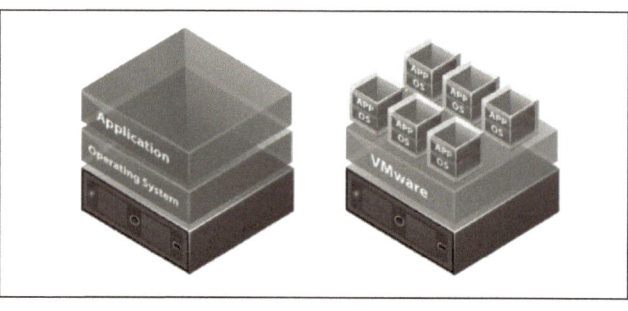

c) ☐ Bei der Servervirtualisierung besteht auch der Vorteil, dass alle Server auf einem sogenannten Host abgebildet werden. Dies spart Hardwarekosten ein und braucht weniger Platz.

d) ☐ Die Virtuellen Systeme erlauben, dass laufende Anwendungen unterbrechnungsfrei auf andere Hardwaresysteme verschoben werden. Dies ergibt eine grössere Ausfallsicherheit.

e) ☐ Durch die Virtualisierung können die Wartungs- und Energiekosten gesenkt werden und gleichzeitig steigt die Systemverfügbarkeit.

f) ☐ Durch die Trennung von Hard- und Software erhält man eine neue Softwarekategorie. Damit können Applikationen schneller ausgeführt werden.

59. Sie sehen nachfolgend den Netzwerkaufbau einer kleinen Schule mit zwei Klassenzimmern. Beschriften Sie die nummerierten Netzwerkkomponenten mit dem für Sie am besten passenden Begriff: (Hinweise: IP-Adressenvergabe dynamisch von einem Router, es existiert kein Patch-Pannel [Kabelverteiler] in der Konfiguration, die Access-Points werden an einen Router angeschlossen, wenn nicht zwingend nötig, wird ein Switch statt ein Router verwendet).
Begriffsauswahl:
Cloud-Client, DHCP-Server, Firewall, Hub, NAS, Print-Server, RAID-System, Repeater, Switch, VPN-Client, ADSL-Router, WLAN-Router

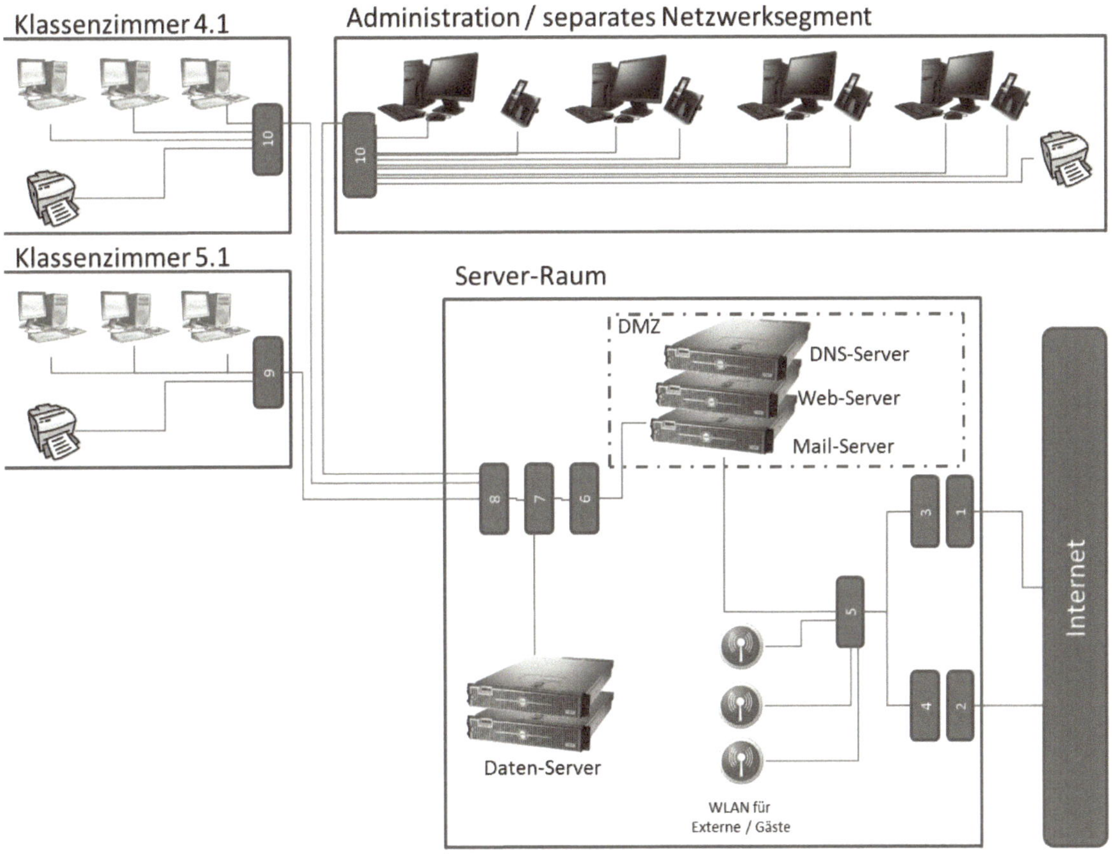

Informatik-Infrastruktur

2

Klassenzimmer 4.1

Administration / separates Netzwerksegment

Klassenzimmer 5.1

Server-Raum

DMZ
DNS-Server
Web-Server
Mail-Server

Internet

Daten-Server

WLAN für
Externe / Gäste

1: _____   6: _____

2: _____   7: _____

3: _____   8: _____

4: _____   9 & 10: _____

5: _____

60. Sie sehen nachfolgend das Bild eines Geräts, das in der Informatik oft eingesetzt wird (es ist kein Patchpannel). Kreuzen Sie zwei richtige Antwort an.

a) ☐ Patch-Channel
b) ☐ Gateway für Glasfasernetze
c) ☐ Uninterruptable Power Supply (UPS)
d) ☐ Modem-Gateway für Glasfaser-Verbindungen
e) ☐ Es ist ein Gerät zum Schutz des internen Netzes gegen Angriffe von Aussen (dank dem NAT-Prinzip).
f) ☐ Switch
g) ☐ Es ist ein Kabelverteiler, damit die angeschlossenen Server leich umgesteckt werden können.
h) ☐ Router-Gateway
i) ☐ Firewall
j) ☐ Es ist eine Art Mehrfachsteckdose für Netzwerkgeräte. Damit kann der Netzwerk-Datenverkehr reduziert werden.
k) ☐ Es ist eine Art «Portier» am Eingang des LANs und Ausgang zum WAN, welches dynamisch Routen bestimmt.

61. Sie sehen im folgenden Bild einen bestimmten Gerätetyp als Arbeitsplatzrechner, der für spezifische Zwecke gebaut worden ist. Beantworten Sie die folgenden Fragen (vier Antworten richtig).
Wie heisst dieses Gerät? Was ist das Besondere beim Einsatz dieses Gerätetyps?

a) ☐ Die Grafikauflösung ist viel besser als bei gewöhnlichen Geräten, die Grafikarbeit wird präziser.
b) ☐ Thin Client für einfachere Verwaltung
c) ☐ Das Gesamtsystem wird sicherer, weil keine unkontrollierten Datenschnittstellen existieren.
d) ☐ Diese Geräte können Transaktionen schneller verarbeiten, sie sind ideal in Banken bei vielen Zahlungen.
e) ☐ Diese Geräte haben eine höhere Lebensdauer, weil sie eine robustere Hardware besitzen.
f) ☐ Min-Client für minimale Anforderungen
g) ☐ Installation- und Wartungssaufwand sind kleiner, weil alles aus dem Server administriert werden kann.
h) ☐ Die Zugriffe der User auf die Applikationen können genau gesteuert und eingestellt werden.
i) ☐ Server-Client-System für LANs
j) ☐ FAT-Client für gehobene Ansprüche
k) ☐ Workstation für CAD-Anwendungen
l) ☐ Google-Client für schnelle Recherchen
m) ☐ Die Datensicherung wird damit einfacher, weil alle Daten direkt auf USB-Stick gespeichert sind (Dongle).
n) ☐ OSI-Gerät für Bankapplikationen
o) ☐ Virtueller Client für stabileren Betrieb
p) ☐ Es gibt weniger Speicherverluste, weil die User besser geschult werden können.
q) ☐ NTFS-Client für Datenspeicherung
r) ☐ Die Suche (z. B. in Datenbanken) ist viel schneller, weil diese Geräte auf die Suche optimiert sind.
s) ☐ Terminal-Server für einfache Appl.
t) ☐ Firewall-Arbeitsplatz für sichere Appl.
u) ☐ HDMI-Client für Grafikanwendungen

62. Auf welchem Niveau des OSI-Schichtenmodells (Open Systems Interconnection Modell) arbeiten Router hauptsächlich?

a) ☐ Session (Sitzungsschicht), Layer 5
b) ☐ Application (Anwendungsschicht), Layer 6
c) ☐ Network (Vermittlungsschicht), Layer 3
d) ☐ Data Link (Sicherungsschicht), Layer 2
e) ☐ Transport (Transportschicht), Layer 1

63. Welcher IT-Komponente entspricht folgender Beschreibung? Basierend auf der MAC-Adresse der Datenpakete filtert dieses Netzwerkelement Datenpakete auf und vermittelt diese zwischen Ports, auf der zweiten OSI-Schicht. Datenpakete werden nur an Ports weitergeleitet, welche in der Kommunikation beteiligt sind (und nicht an alle auf dem Netzwerk verfügbaren Ports).

a) ☐ NIC (Network Interface Card)
b) ☐ Hub
c) ☐ Router
d) ☐ Backbone
e) ☐ Switch

64. Unter «Open Source Software» versteht man Computeranwendungen, deren Quelltext in einer lesbaren und verständlichen Form öffentlich zugänglich ist. Die Software darf beliebig kopiert, verbreitet, genutzt und sogar verändert werden. Welche der folgenden Aussagen ist richtig (nur eine Antwort richtig)?

a) ☐ Obwohl Open Source Software gratis erhältlich ist, müssen die Betriebskosten vorsichtig abgewägt und mit denen von gleichwertiger, kommerzieller Software verglichen werden. Die Gesamtkosten (TCO, Total Costs of Ownership) einer Open Source-Anwendung stellen sich nicht immer als billiger heraus.
b) ☐ Beim Betrieb von Open Source Anwendungen auf nur einem Computer kann viel Geld eingespart werden, weil keine Kosten anfallen. Aber: Obwohl der Betrieb eines einzigen Arbeitsplatzes gratis ist, fallen jedoch bei der Vervielfältigung Lizenzkosten an.
c) ☐ Da der Einsatz und Entwicklungsprozess bei Open Source Software nie mit Kosten verbunden ist, sollte deren Einsatz unbedingt immer bevorzugt werden, wenn die Funktionalität den Anforderungen entspricht. Dies ist die Betriebswirtschaftlich sinnvollste Variante.
d) ☐ Open Source Software ist nur für private Anwendungen auf dem PC geeignet. Im professionellen Umfeld sind diese Anwendungen zu wenig zuverlässig. Ausserdem gilt die freie Verfügbarkeit nur für Privatpersonen. Die Verwendung für kommerzielle Zwecke ist nur unter Bezahlung von zusätzlichen "Royalties" oder Lizenzkosten gestattet, und daher würde es sich finanziell nur selten lohnen, Open Source Software in einer Firma einzusetzen.
e) ☐ Open Source Software-Anwendungen sind ein Sicherheitsrisiko, da man nie weiss, wer die Software entwickelt hat. Ihr Einsatz im Betrieb erfordert die persönliche Verantwortung des Vorgesetzten der Informatikabteilung, die explizite Unterschrift der Geschäftsleitung und der Eintrag in das UCR (Unsecure Company Register).

65. Was verstehen Informatiker unter dem Begriff «Legacy System» (eine Antwort)?

a) ☐ Etablierte, historisch gewachsene Systeme oder Unternehmensanwendungen, die immer noch in Gebrauch sind, obwohl neuere Technologien oder effizientere Methoden existieren würden.
b) ☐ Betriebsabläufe und Arbeitssysteme welche noch nicht automatisiert sind, beziehungsweise immer noch manuell ausgeführt werden.
c) ☐ Betriebsanwendungen die in COBOL oder BASIC programmiert wurden. In einigen Fällen werden auch Client-Server-Architekturen als Legacy Systeme genannt, obwohl diese nicht immer auf COBOL basieren und daher, streng genommen, nicht in diese Kategorie fallen würden.
d) ☐ Computer aus den 1960er-Jahren mit Magnetbänderantrieb
e) ☐ Ein Computersystem (oder Anwendung), welche nicht mit dem Internet verbunden werden kann, weil es mit einer alten Architektur entwickelt worden ist.

2

Informatik-Infrastruktur

66. Wie nennt man das Konzept oder System, das hinter folgendem Dienst steht? Ein hierarchischer Verzeichnisdienst, der den Namensraum des Internets verwaltet, ist weltweit auf tausende von Servern verteilt und abgeglichen. Es handelt sich um einen der wichtigsten Dienste im Internet. Seine Hauptaufgabe ist die Beantwortung von Anfragen zur Namensauflösung (z. B. von URLs). (Nur eine Antwort ist möglich.)

a) ☐ DNS
b) ☐ Uniform Resource Locator (URL)
c) ☐ Hypertext Transfer Protocoll (HTTP)
d) ☐ DHCP (Dynamic Host Configuration Protocol)
e) ☐ Address Converter Service (ACS)
f) ☐ Routing-Tabelle
g) ☐ IPv6

67. Sie sehen im Bild eine SSD (Solid State Drive). Kreuzen Sie die entsprechenden Vor- und Nachteile an, gegenüber einer herkömmlichen mechanischen Festplatte.

a) ☐ grösserer Platzbedarf als klassische Drives
b) ☐ höherer Preis im Vergleich zu klassischen Drives
c) ☐ widerstandsfähiger gegenüber Stössen
d) ☐ tieferer Energieverbrauch
e) ☐ etwas lauter als klassische/mechanische Drives
f) ☐ Lebensdauer von Speicherzellen ist begrenzt
g) ☐ kürzere Zugriffszeiten
h) ☐ nicht sehr leise im Vergleich zu klassischen Drives
i) ☐ nicht sehr portabel, weil ohne Strom nicht funktionsfähig
j) ☐ sehr stossanfällig, weil relativ neue Technologie
k) ☐ nicht kompatibel mit NTFS oder älteren Dateisystemen
l) ☐ Mehr Spuren und Sektoren als klassische Drives
m) ☐ etablierte, gut bekannte Technologie
n) ☐ tiefere Anschaffungskosten
o) ☐ Mechanische Robustheit (z. B. robuster gegen Schläge)
p) ☐ gelöschte Files können nicht mehr wiederhergestellt werden

68. Auf der nachfolgenden Grafik sehen Sie verschiedene Arten der Kommunikation zwischen Computern. Sie werden genannt: «Unicast», «Multicast» und «Broadcast». Selektieren Sie bei welchen Anwendungen, in welchen Fällen die entsprechenden Kommunikationsarten zum Einsatz kommen.

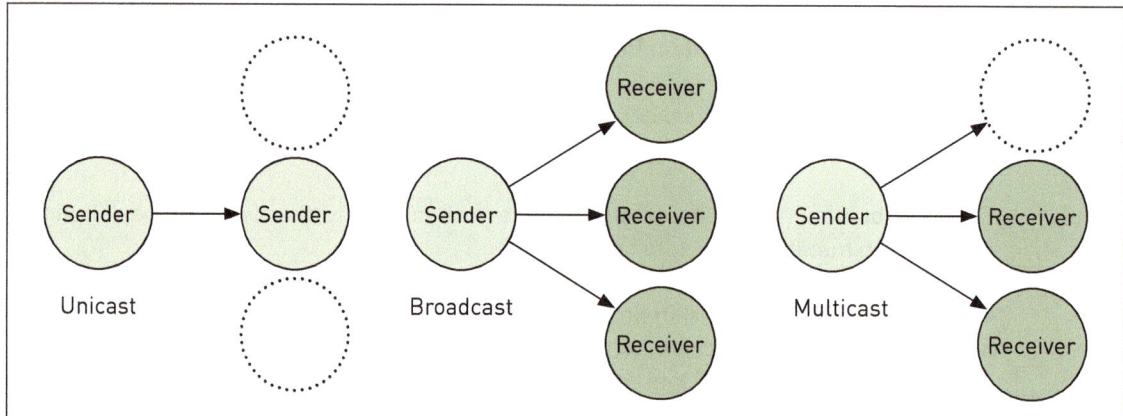

a) Einige Büroangestellte schauen gleichzeitig auf ihren Computern das momentan laufende Fuss-
    ballspiel (während der Arbeitspause).

_____

b) Anwender Huber hat gerade ein Word-Dokument erstellt. Er schickt jetzt einen Druckauftrag
    über das Netz los, um das Dokument auszudrucken.

_____

c) Jacqueline sieht momentan über Skype ihre Grossmutter aus Rio de Janeiro.

_____

d) Der Computer befindet sich im Boot-Vorgang. Er fragt nach einer gültigen, freien IP-Adresse an.

_____

e) Ein Hub kriegt ein Datenpacket zur Weiterleitung. Er hat keine grosse «Intelligenz» und das führt
    somit zu erheblichem Mehr-Traffic auf dem Netz.

_____

f) Es ist gerade eben ein Datenpaket einer empfangenden E-Mail durch die Firewall des Routers
    durchgekommen. Wir betreiben einen eigenen E-Mail-Server.

_____

69. Sie sehen nachfolgend ein Bild über die IP-Adressierung. Selektieren Sie eine Aussage, die richtig
    erklärt, weshalb private IP-Adressen existieren.

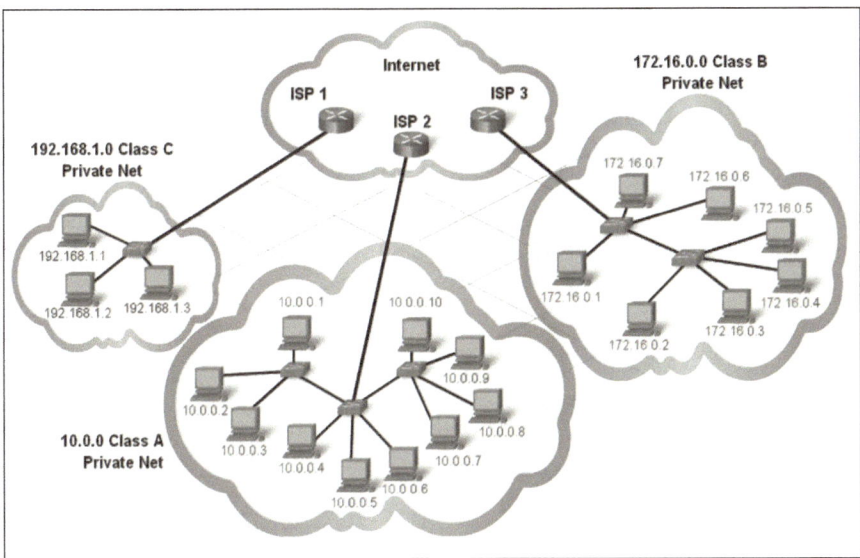

a) ☐ Grosse Firmen möchten ihr eigenes privates Internet aufbauen, wegen der grossen Da-
        tenstaus im öffentlichen Netz und weil sie so ihre Firewalls weniger streng einstellen müssen.
b) ☐ Organisationen mit einem privaten Adressraum können ein Intranet aufbauen. Dieses Netz
        kann somit völlig abgeschottet von der Öffentlichkeit laufen und dient einzig internen Zwecken.
c) ☐ IP-Adressen werden in den USA verwaltet. Das ist auch der Grund, weshalb grosse Netzwerke
        in erster Linie aus der USA stammen, sie waren die ersten welche IP-Adressen nutzen durften.
d) ☐ Private IP-Adressen zu haben ist auch eine Art Prestige, denn jetzt wo die Adressen knapp
        sind, gelten solche Adressen als chick.

2

Informatik-Infrastruktur

70. Was ist ein Compiler (nur eine Antwort möglich)?

a) ☐ Ein Gerät das zwei Netzwerke mit unterschiedlichen Protokollen miteinander verbindet.
b) ☐ Ein Umwandlungsprogramm das aus Quelltext (z. B. Java, ausführbarer Binärecode erzeugt.
c) ☐ Ein Virus der in der Lage ist, sich selber im Netz zu reproduzieren und sich so verbreitet.
d) ☐ Ein Gerät, das ein Datensignal in einem CAT5-Kabel verstärkt (z. B. nach 100 m)
e) ☐ Ein Überwachungsprogramm das Anomalien im Netz aufspürt und Alarm geben kann.
f) ☐ Ein Programm das beim Computerstart anläuft, Checks durchführt, das Betriebssystem startet.
g) ☐ Ein spezielles Programm das mehrere Computer zu einem Peer-to-Peer-Netz verbinden kann.
h) ☐ Ein Programm das automatisch Formularfelder ausfüllt (z. B. auf Internetseiten im Browser).
i) ☐ Ein spezieller Router, der in der Lage ist, eine sichere Datenverbindung aufzubauen (VPN).

71. Für welchen Zweck dient das Domänen-System im Internet (nur eine Antwort möglich)?

a) ☐ Es ist damit der Browser zwischen Darknet und Internet unterscheiden kann.
b) ☐ Die Domäne wird auf der OSI-Schicht 3 vom Router interpretiert und damit den Pfad errechnet.
c) ☐ Das Internet ist in verschiedene «Regionen» (Segmente) eingeteilt, jede mit einem Namen.
d) ☐ Damit der Browser weiss, über welchen Port er eine DNS-Anfrage starten kann.
e) ☐ Es ist veraltet und dient einzig nur noch für Peer-to-Peer-Anwendungen.
f) ☐ Das NAT-System ist der Grund (wegen den Aufrufen zum DNS-Server).
g) ☐ Weil jedes Zugangsgerät stets eine neue IP-Adresse bekommt, müssen Domänen existieren.
h) ☐ Es ist eine Art Datenbank für die Aktualisierung von Firewalls mit dem neuesten Gefahren-
muster.
i) ☐ IP-Adressen sind für Menschen nur mühsam einzuprägen, so hat man dieses System entwickelt.

72. Was ist SQL (Structured Query Language) (nur eine Antwort möglich)?

a) ☐ Eine sichere Datenverbindung zwischen Browser und Web-Server (z. B. für online-banking).
b) ☐ Eine Standardbefehlssprache für das Arbeiten mit Datenbanken.
c) ☐ Eine Verschlüsslungsart welche z. B. beim Online-Banking zum Einsatz kommt.
d) ☐ Ein neuer GSM-Standard, welches weit höhere Datenübertragungsraten erlaubt als UMTS.
e) ☐ Es ist eine spezielle Berechnungsart um die TCO (Total Costs of Ownership) zu ermitteln.
f) ☐ Es ist ein neuer Cloud-Standard für den automatischen Datenaustausch zw. Client und Server.
g) ☐ Eine Art der Datenspeicherung, die sehr sicher und zuverlässig funktioniert.
h) ☐ Ein Compiler für die Datenkompression z. B. bei VoIP-Anwendungen oder Skype.
i) ☐ Die SQL-Informationen befinden sich auf der Schicht 6 und 7 des OSI-Schichtenmodells.
j) ☐ Eine Schnittstellen-Definition für den Datenaustausch (z. B. zwischen zwei ERP-Systeme).
k) ☐ Eine Darstellungssprache die von Browsern verarbeitet werden kann.

73. Sie sehen in der nachfolgenden Abbildung zwei verschiedene Kupferkabeltypen wie sie in Computer-
netzwerken anzutreffen sind. Kreuzen Sie die richtigen Aussagen an (zwei Antworten gesucht).

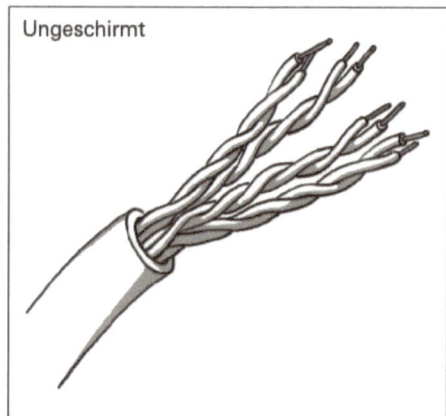

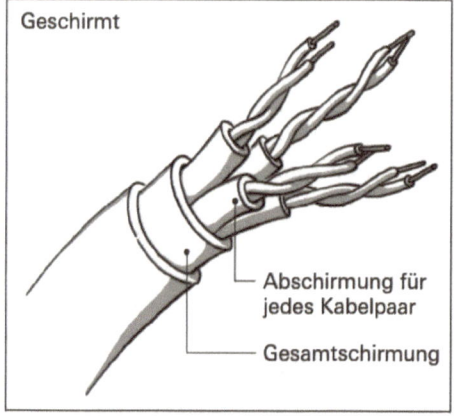

a) ☐ Nach einer bestimmten Länge verliert der Strom in einem Kupferkabel an Stärke. Deshalb muss dann das Signal nach z. B. 100 m wieder verstärkt werden. Wegen dieser Einschränkung werden oft lieber Glasfaserkabel verlegt, auch wenn sie etwas teurer sind.

b) ☐ Die oben abgebildeten Aderpaare sind ineinander verdrillt. Dies macht man, weil sonst der Stromdurchfluss die Kabel zu stark erhitzen würde. Durch diese Technik erhitzen die Kabel weniger und die Daten können ungehindert fliessen.

c) ☐ Bei Lichtwellenleiter (Glasfaserkabel) werden anstelle von elektrischen Signalen optische Impulse gesendet. Dieser Kabeltyp ist gegenüber den Kupferkabeln überlegen, weil er kaum störungsanfällig und dazu noch abhörsicherer ist.

d) ☐ Die Bauart eines Kabels (wie in der Abbildung gezeigt) hat einen wesentlichen Einfluss auf die Übertragungsqualität. Geschirmte Kabel können mehr Daten übertragen. Allerdings dürfen sie, im Unterschied zu den ungeschirmten, nicht geknickt werden.

74. Kreuzen Sie die richtige(n) Aussage(n) über Virtualisierung in der Informatik an.

Hardware-virtualisierung

Betriebssystem

Prozessor | Speicher | Prozessor | Speicher

Computer 1 | Computer 2

Betriebssystem-virtualisierung

BS 1 | BS 2 | BS 3

Hardware (Prozessor, Speicher etc.)

Computer

BS = Betriebssystem

☐ = Virtualisierung

a) ☐ Die Virtualisierung der eigenen Server lohnt sich für kleinere Firmen nicht, wenn nicht genügend Informatik-Know-How vorhanden ist. In diesem Fall wäre ein Cloud-Service geeigneter.

b) ☐ Die Virtualisierung hat auch Nachteile: Die Verarbeitung von Prozessen auf herkömmlichen Hardware konnte so besser überwacht werden. Wenn ein Server ausfiel, übernahm ein anderer die Arbeit.

c) ☐ Dank der Virtualisierung kann heute die bestehende Hardware-Infrastruktur effizienter genutzt werden und sie kann einfacher an neue Leistungsanforderungen angepasst werden.

d) ☐ Für Anbieter von Informatikdiensten wie Cloud-Services ist die Virtualisierung praktisch zwingend notwendig. Denn so können sie ihre Infrastruktur bestmöglich nutzen.

e) ☐ Die Betriebssystem-Virtualisierung ermöglicht die gleichzeitige Ausführung von Applikationen, die für verschiedene Betriebssysteme programmiert wurden. Allerdings geht dies auf Koster der Performance.

75. Unternehmen sind auf aktuelle und zuverlässige Daten bzw. Informationen für ihre Geschäfts- bzw. Entscheidungsprozesse angewiesen. Diese liegen historisch gewachsen meist in unterschiedlichen ICT-Systemen des Unternehmens vor. Aus diesem Grund ist die Verbindung der ICT-Systeme innerhalb und zwischen den Betrieben von elementarer Bedeutung. Netzwerke werden mit unterschiedlichen Zielsetzungen betrieben. Kreuzen Sie an, für welchen Zweck Computernetzwerke genutzt werden.

a) ☐ Schutzverbund
b) ☐ Energieverbund
c) ☐ Bildschirmverbund
d) ☐ Kommunikations-verbund
e) ☐ Speicherverbund

f) ☐ Funktionsverbund
g) ☐ Leistungsverbund
h) ☐ USB-Speicher-verbund
i) ☐ Mobilitätsverbund
j) ☐ Firewireverbund

k) ☐ Verfügbarkeits-verbund
l) ☐ Datenverbund
m) ☐ Lastverbund
n) ☐ Staatenverbund

76. Je nach räumlicher Ausdehnung werden Netzwerke unterschiedlich bezeichnet. Folgende Netzwerktypen können unterschieden werden. Ordnen Sie nach FAN, PAN, GAN, LAN, MAN, WAN, NAN, NAT oder SAN ein. Der innere Kreis ist das Kleinste.

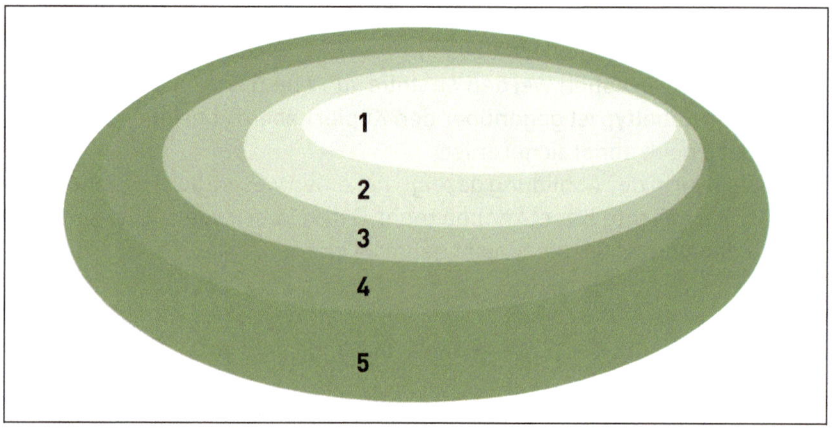

1: _____   4: _____

2: _____   5: _____

3: _____

77. Mit welcher Abkürzung wird der Arbeitsspeicher eines Computers bezeichnet (eine Antwort richtig)?

a) ☐ RAM   c) ☐ GAM   e) ☐ PAM
b) ☐ SAM   d) ☐ LAM

78. Welches Übertragungsverfahren wird bei Bluetoothverbindungen benutzt (eine Antwort)?

a) ☐ Funktechnik aus dem WLAN-Bereich (bis ca. 100 m)
b) ☐ Near Field Communication (NFC)
c) ☐ Induktionstechnik
d) ☐ Kabeltechnik (z. B. CAT5-Kabel)
e) ☐ Funktechnik für Drahtlosübertragung
f) ☐ Lichttechnik (z. B. Glasfaserleitung für sehr schnelle Verbindungen)
g) ☐ Telemetrietechnik (aus der Raumfahrttechnologie)

79. ... eine Beta-Version ist ... (nur eine Antwort richtig)
a) ☐ ... eine Version eines Computerprogramms, die nur auf mobilen Endgeräten installiert werden kann, eine sogenannte Beta-App für das Beta-Betriebssystem der Firma Beta-Carotin Ltd.
b) ☐ ... eine unfertige aber lauffähige Version eines Computerprogramms, die noch zahlreiche Fehler enthalten kann und meistens nur zu Testzwecken veröffentlicht wird.
c) ☐ ... eine beschränkte Testversion eines kostenpflichtigen HTML-Computerprogramms. Solche Programme werden auch Shareware genannt.
d) ☐ ... eine mit geheimen Funktionen ausgestattete Version eines Computerprogramms. Damit wird ohne Mitwissen der Benutzer deren Privatsphäre (z. B. das Surfverhalten im Webbrowser) ausspioniert.
e) ☐ ... eine freie Version eines Computerprogramms. Solche Programme werden auch Freeware genannt. Anders als kommerzielle Versionen sind diese mit der Programmiersprache Beta geschrieben – deshalb Beta-Version.
f) ☐ ... eine fertige Testversion eines Programms welches gerade eben auf den Markt gebracht wird und für die ersten 1000 Downloads gratis ist, aber danach kostenpflichtig wird. Die ersten 1000 sind sogenannte Beta-Verkäufer. Sie müssen zwingend auf Social Media darüber schreiben.

80. Hinter welcher Abkürzung verbirgt sich eine Display-Technologie, die heute in vielen TV-Monitoren eingebaut wird (nur eine Antwort möglich)?

a) ☐ PXL   c) ☐ XLS   e) ☐ OLED
b) ☐ DVY   d) ☐ OTG   f) ☐ LSD

81. Wie nennt sich die Technologie, die das Telefonieren über das Internet ermöglicht (nur eine Antwort möglich)?

a) ☐ TSL   c) ☐ IFON   e) ☐ LAN
b) ☐ DECT   d) ☐ VoIP

82. Über welche Schnittstelle (Steckerverbindung) werden Computer mit einem kabelgebundenen Netzwerk verbunden (nur eine Antwort möglich)?

a) ☐ SATA   c) ☐ HDMI   e) ☐ VGA
b) ☐ RJ45   d) ☐ PS/2

83. Was ist ein QR-Code (nur eine Antwort möglich)?

a) ☐ Der QR-Code ist ein verbreitetes Sicherheitsmerkmal in der IT, hinter dem sich ein Hologramm verbirgt. Solche Hologramme befinden sich beispielsweise auf Kreditkarten und Computer-Smartcards.

b) ☐ Der QR-Code ist eine Erweiterung der ASCII-Tabelle, um Sonderzeichen wie beispielsweise das At-Zeichen (@) darstellen zu können.

c) ☐ Ein QR-Code besteht aus einem zweidimensionalen Barcode aus schwarzen und weissen Punkten. Der Code lässt sich beispielsweise mit einem Smartphone einlesen und führt damit ohne mühsames Eintippen zu einer verknüpften Website, Werbeinformationen oder anderen Inhalten.

d) ☐ Der QR-Code ist ein Steuercode (Quick Response Code) bei einer Harddisk. Er ermöglicht das schnelle Ansteuern von häufig verwendeten Dateien.

e) ☐ Mit dem QR-Code (QR = Query-Request) können Daten (beispielsweise Adressdaten von Kunden) über eine standardisierte Schnittstelle zur weiteren Verwendung in Office-Programme importiert werden.

84. Was ist eine MAC-Adresse (nur eine Antwort möglich)?

a) ☐ Eine einmalige IP-Adresse eines Servers im Internet.
b) ☐ Eine IP-Adresse, die nur an Rechner in einem privaten Netzwerk vergeben werden darf (z. B. 192.168.1.0).
c) ☐ Eine einzelne Speicheradresse im RAM Speicher des Computers.
d) ☐ Eine IP-Adresse, die nur an Firmen vergeben wird.
e) ☐ Eine Hardwareadresse eines Netzwerkadapters zur eindeutigen Identifizierung des Geräts im Netzwerk.

85. Welche Funktion erlaubt den Austausch oder das Hinzufügen/Entfernen einer Komponente während des laufenden Betriebs eines Computersystems (nur eine Antwort möglich)?

a) ☐ Cold-Connecting
b) ☐ Cold-Booting
c) ☐ Hot-Swapping
d) ☐ Hot-Supporting
e) ☐ Hot-Computing

86. Ein Java-Programm wird, damit es von einem Computer ausgeführt werden kann, zuerst compiliert. Dieser Umwandlungsprozess wandelt Source-Code in Maschinen-Code um. Bei HTML ist es anders. Damit eine Webseite in einem Webbrowser dargestellt werden kann, muss vorher ebenfalls der HTML-Code in Maschinen-Code umgewandelt werden. Dieser Vorgang heisst …

a) ☐ kompilieren   d) ☐ interpretieren

b) ☐ transportieren   e) ☐ segmentieren

c) ☐ sabotieren   f) ☐ komprimieren

87. Was ist ein dedizierter Server (nur eine Antwort)?

a) ☐ Ein Server, dessen Funktionalität nur auf eine bestimmte Aufgabe beschränkt ist.

b) ☐ Ein Server der automatisch alle gespeicherten Daten in eine Suchdatenbank ablegt.

c) ☐ Ein Backup-Server, der beim Ausfall und somit fehlendem HeartbeatSignal des Hauptservers dessen Funktion sofort übernimmt.

d) ☐ Ein kostengünstiger Server mit reduzierter Leistung für Netzwerke in kleineren Unternehmen (KMU).

e) ☐ Ein mehrfach redundant betriebenes Serversystem, das auf mehreren räumlich getrennten Host-Systemen betrieben wird und dadurch besonders ausfallsicher ist.

88. Was ist ein Solution-Provider im Umfeld der Informatik (eine Antwort)?

a) ☐ Solution-Provider sind einheitliche Handelsplattformen zur Sammlung, Übermittlung und Verarbeitung von Informationen, die in Zusammenhang mit einem Kauf einer Ware oder Dienstleistung stehen.

b) ☐ Eine zentrale, neutrale Anlaufstelle vom Bund finanziert, bei der man sich wenden kann, wenn man von einem Informatikunternehmen nicht lösungsorientiert bedient wird und damit unzufrieden mit der Informatikleistung ist.

c) ☐ Bei Computerspielern sind Solution-Provider beliebt, da man bei ihnen die Lösungen für Abenteuer- und Strategiespiele kaufen kann.

d) ☐ Solution-Provider sind Informatik-Dienstleistungsunternehmen, die kundenorientierte und durchgängige Lösungen für ein bestimmtes Marktsegment oder einen Unternehmensbereich anbieten.

e) ☐ Kleinfirmen haben oft ein zu kleines Vertriebsnetz für ihre Produkte. Ein Solution-Provider kann für die Firma den weltweiten Vertrieb ihrer Produkte übernehmen.

f) ☐ Eine Software, die bei Hotlines eingesetzt wird, um automatisierte Lösungsvorschläge zu einem eingegebenen Problem anzuzeigen.

89. Bei der Konzeption von Software können verschiedene Integrationsstufen der Vernetzung realisiert werden. Es gibt unterschiedliche Güteklassen. Wählen Sie anhand der Beschreibung die richtige Güteklasse an. Folgende Möglichkeiten stehen zur Verfügung: isolierte Anwendung, integrierte Anwendung, überbetriebliche Anwendung, vernetzte innerbetriebliche Anwendung, zwischenbetriebliche Anwendung.

a) Die Anwendung unterstützt einzelne Aufgaben in einem Funktions- bzw. Fachbereich. Sie ist nicht mit anderen Anwendungen vernetzt und somit auch funktional begrenzt. Diese Anwendung erfüllt eine in sich geschlossene bestimmte Aufgabe, aber nicht mehr.

_____

b) Die Anwendung unterstützt neben der innerbetrieblichen Prozesskette zusätzlich die geschäftlichen Beziehungen zu anderen Betrieben (z. B. zu Lieferanten oder zur Tochtergesellschaft im Ausland). Sie ist zwischenbetrieblich vernetzt und tauscht Daten bzw. Informationen über die Grenzen des Unternehmens hinweg aus.

_____

c) Die Anwendung unterstützt die Abwicklung kompletter Lieferanten- und Kundenprozesse über die Grenzen des Unternehmens hinweg und ist direkt mit dem Endkunden vernetzt.

_____

d) Die Anwendung unterstützt die Aufgaben kompletter Funktion bzw. Fachbereiche. Sie ist nicht vernetzt, integriert aber eine substanzielle Anzahl inhaltlich verwandter Funktionen.

_____

90. Was versteht man unter dem Begriff Datacenter (Rechenzentrum) (eine Antwort)?

a) ☐ Bezeichnet die Technologie, wie die Daten bei optischen Datenträgern vom Zentrum her nach aussen gelesen oder geschrieben werden.

b) ☐ Mit Datacenter bezeichnet man sowohl das Gebäude als auch die Räumlichkeiten, in denen die zentrale Server- und Speichertechnik einer oder mehrerer Unternehmen bzw. Organisationen untergebracht ist.

c) ☐ Datacenter ist eine Produktbezeichnung für ein Datenbanksystem eines grossen amerikanischen Herstellers.

d) ☐ Bei Computer-Betriebssystemen wird der Datacenter-Algorithmus zur Speicheroptimierung angewendet.

e) ☐ Als Datacenter bezeichnet man einen zentralen Datenspeicher in der Cloud.

91. Es ist immer wieder vom Begriff All-IP zu lesen. Was bedeutet er (eine Antwort)?

a) ☐ Das ist ein altes Protokoll aus der Anfangszeit des Internets.

b) ☐ Wenn sich alle Geräte in einem LAN im gleichen IP-Adressen Bereich befinden, dann bezeichnet man dies als All-IP.

c) ☐ Hat eine Wohnung in allen Zimmer einen LAN-Anschluss, so spricht man von All-IP.

d) ☐ Darunter versteht man, dass alle Dienste wie Telefonie, Fernsehen, Mobilfunk und Internet über das Internet-Protokoll (IP) übertragen werden.

e) ☐ Das bezeichnet Geräte, die alle möglichen IP-Adressen adressieren können.

92. Welche der folgenden Abkürzungen bezeichnet KEIN Kommunikationsprotokoll (eine Antwort)?

a) ☐ HTML (Hypertext Markup Language)
b) ☐ TCP (Transmission Control Protocol)
c) ☐ FTP (File Transfer Protocol)
d) ☐ UDP (User Datagram Protocol)
e) ☐ HTTP (Hypertext Transfer Protocol)

93. Was bedeutet Open Source im Zusammenhang mit IT- Anwendungen (eine Antwort)?

a) ☐ Für innovative Open-Source-Anwendungen ist es dank Venture-CapitalFirmen möglich, neue Geldquellen für die Weiterentwicklung zu finden.

b) ☐ Interne Firmendaten werden anderen Firmen im Austausch gegen deren gleichwertigen Daten zugänglich gemacht. Durch diese offene Kollaboration verfügen beide Firmen über neue Informationsquellen.

c) ☐ Open-Source-Anwendungen sind Programme, die in der frei zugänglichen Programmiersprache OpenSource erstellt wurden.

d) ☐ Die Programmierer einer Open-Source-Anwendung sind üblicherweise anonym. Aus Garantiegründen müssen jedoch unter gewissen Bedingungen die Urheber des Programmcodes namentlich bekannt gemacht werden.

e) ☐ Der Source-Code einer IT-Anwendung wird vom Besitzer des Copyrights veröffentlicht und anderen Leuten unter spezieller Lizenz frei zur Verfügung gestellt, damit diese den Code studieren, ändern und verwenden können.

94. Smartcards oder Kreditkarten können auch kontaktlos Aktionen auslösen, wie einen Bezahlungsprozess anstossen. Diese Karten funktionieren mit der NFC-Technologie. Was versteht man unter der NFC (Near Field Communication)-Technik (eine Antwort)?

a) ☐ Das ist ein Datenprotokoll für Chat-Applikationen, um die Daten durch das Internet direkt zum entsprechenden Chat-Partner zu übertragen.

b) ☐ Im Behördenfunk spricht man von «Near Field Communication», wenn sich alle beteiligten Funkstellen im nahen Umkreis befinden.

c) ☐ Von NFC spricht man, wenn alle Computer die Daten austauschen am gleichen Switch angeschlossen sind.

d) ☐ NFC ist ein Funkübertragungsstandard, um Daten über kurze Distanzen von wenigen Zentimetern auszutauschen. In modernen Mobiltelefonen wird dies z. B. für bargeldlose Zahlungslösungen benutzt.

e) ☐ Beim Mobilfunkstandard 4G wird NFC für die schnelle Datenübertragung verwendet.

95. Im Zusammenhang mit Internetdomains spricht man von Registry und Registrar. Worin besteht der Unterschied (eine Antwort)?

a) ☐ Die Registry betreibt die zentrale Datenbank und die Registrare wickeln das Endkundengeschäft ab.

b) ☐ Die Registrare durchforsten das Internet und tragen alle gefundenen Domainnamen in der Registry-Datenbank ein.

c) ☐ Ein Registrar ist zuständig, um die Top-Level Domains zu definieren. Die Registry ist dann dafür zuständig, dass nur diese Top-Level Domains benutzt werden.

d) ☐ Es gibt keinen Unterschied. Registry ist nur der englische Ausdruck für Registrar.

e) ☐ Die Registrare sind die Mitarbeiter, die bei einer Registry arbeiten.

96. Sie lesen nachfolgend einige Aussagen über Merkmale von verschiedenen Softwaregattungen. Dabei steht im Vordergrund, wie stark sich eine Software an die betrieblichen Prozesse anpassen lässt. Bestimmen Sie die korrekte Lösung:

a) Die Anwendung unterstützt funktions- bzw. fachbezogene Aufgaben, die in den meisten Unternehmen aller Branchen anfallen. Sie ist grundsätzlich branchenneutral, kann aber durch eine individuelle Konfiguration an die branchen- bzw. firmenspezifischen Bedürfnisse angepasst werden.

_____

b) Die Anwendung unterstützt allgemeine betriebliche Aufgaben, die in praktisch allen Unternehmen anfallen. Sie ist im Vergleich günstig, vielfach erprobt, ihre Ergebnisse sind weltweit austauschbar dank standardisierter Formate. Das Unternehmen hat kaum Einflussmöglichkeiten auf die funktionalen Eigenschaften.

_____

c) Die Anwendung unterstützt funktions- bzw. fachbezogene Aufgaben von Unternehmen aus der selben wirtschaftlichen Gruppe oder Berufsgruppe. Ihre langfristige Weiterentwicklung der Anwendung ist unsicher; oft schlecht vernetzbar.

_____

d) Diese Kategorie bietet eine gute Abdeckung der eigenen Bedürfnisse. Somit können Wettbewerbsvorteile aufgebaut werden. Die Entwicklung und Wartung sind im Vergleich teurer und die Abhängigkeit vom Hersteller ist grösser.

_____

97. ERP-Systeme: Kreuzen Sie unten an, welche typischen, klassischen Funktionalitätsmodule in einem modernen, gut ausgebauten und etablierten ERP-System existieren (mehrere Antworten).

a) ☐ Browser-Modul (für Cloud-Lösungen)
b) ☐ Backup-/Recovery-Modul
c) ☐ Lohnbuchhaltung
d) ☐ Personalmanagement (HR)
e) ☐ Logistik (z. B. Transport und Auslieferung)
f) ☐ CAD-Zeichnungsmodul
g) ☐ Buchhaltung (Finanzbuchhaltung und Rechnungswesen)
h) ☐ Führungsinformationssystem (MIS) und Statistiken
i) ☐ Gebäudeautomations-Modul
j) ☐ Kundenbeziehungsmanagement (CRM)
k) ☐ Mind-Map-Modul (3M)
l) ☐ Tabellenkalkulation-Modul
m) ☐ Firewall-Modul
n) ☐ Lagerverwaltung (z. B. Fertigmateriallager)
o) ☐ Berechtigung- und Zugriffsteuerung für die Benutzergruppen
p) ☐ Vertrieb und Auftragsabwicklung
q) ☐ Beschaffung/Einkauf
r) ☐ Materialbewirtschaftung (z. B. Rohmateriallager)
s) ☐ Produktionsplanung und -steuerung (PPS)

98. Betriebssysteme: Kreuzen Sie die typischen Aufgaben eines Betriebssystems an, unabhängig vom welchem Softwarehersteller (mehrere Antworten).

a) ☐ Datenbanken für die Speicherung der Kontakte (z. B. E-Mail-Adressen)
b) ☐ Daten-Archivierung
c) ☐ Speicherverwaltung
d) ☐ Automatische Lösch-Funktion (z. B. für veraltete, nicht mehr gebrauchte Daten)
e) ☐ Dateiverwaltung (Speichern, Kopieren, Verschieben, Löschen von Dateien)
f) ☐ Eingebaute Entwicklungssoftware für Softwareanpassungen
g) ☐ Spracherkennung für die Befehlssteuerung
h) ☐ 3-Schicht-Architektur-Installation
i) ☐ Zugriffssteuerung der Benutzer für die Funktionen der installierten Applikationen
j) ☐ Compilierung von Source-Code (z. B. von HTML-Code im Browser)
k) ☐ Batchverarbeitung bei grossen Datenmengen (z. B. grosse Webseiten)
l) ☐ Ausfallsicherheit dank Mehrprozessoren-Systeme
m) ☐ Lizenzsteuerung bei kommerziellen und Open Source -Betriebssystemen
n) ☐ Benutzerverwaltung
o) ☐ Geräteverwaltung
p) ☐ Programm- und Prozessverwaltung

99. Von welcher Technik ist im folgenden Text die Rede: Eine Technik für den flexiblen Einsatz von IT-Hardware-Ressourcen. Diese können geteilt und anderen Hardware-Komponenten zur Verfügung gestellt oder von anderen bezogen werden. Dabei geht es darum, Rechenleistung (Prozessoren), Speicherplatz (Festplattenspeicher) oder Software (Programmausführung) möglichst flexibel verschiedenen Nutzern zur Verfügung zu stellen oder auf die unterschiedlichsten Situationen möglichst flexibel reagieren zu können (eine Antwort).

a) ☐ Pee-to-Peer-Netzwerke
b) ☐ Peer-to-Peer-Betriebssysteme
c) ☐ Datenbanken
d) ☐ Hardware-Virtualisierung
e) ☐ Thin Clients
i) ☐ Rich-Clients

f) ☐ Vernetzung von Datenbanken (Storage Area Network: SAN)
g) ☐ Drei-Schichten-Applikationen
h) ☐ Big Data

100. Allgemeines Informatikwissen: Kreuzen Sie an, welche Aussagen stimmen (mehrere Antworten möglich):

a) ☐ Der Unterschied zwischen Systemarchitektur und Netzwerkarchitektur besteht darin, dass die Netzwerkarchitektur nicht von der Firma selbst erstellt wird, sondern von einem sogenannten Netzwerkprovider.

b) ☐ Applikationssoftware sind Programme oder Programmverbunde, die für eine bestimmte Gruppe von Benutzern entwickelt worden sind. Zum Beispiel Security-Checker für Systemtechniker.

c) ☐ Der Begriff der IT-Architektur beschreibt die Bereitstellung der nötigen Informatik in den verschiedenen Geschäftsbereichen. Dabei ist die Systemarchitektur das ausschlaggebende Element vorauf alles aufbaut.

d) ☐ Aus der Strategie einer Unternehmung werden die geschäftsrelevanten Prozesse abgeleitet und daraus wird schliesslich die Informatik geformt und daran angepasst.

e) ☐ Systemsoftware ist verantwortlich für den reibungslosen Betrieb des Computers.

101. Ein moderner Mikroprozessor kann mehrere Milliarden Verarbeitungszyklen pro Sekunde durchlaufen. Das heisst, dass der Prozessor eigentlich jeder Verarbeitungsschritt nacheinander abarbeitet, also eine Stapelverarbeitung erledigt. Trotzdem spricht man von Betriebssystemen mit Multitasking. Warum ist das so? Warum Multitasking, wenn die Verarbeitung trotzdem stapelweise von sich geht? (Nur eine Antwort ist richtig.)

a) ☐ Die echte gleichzeitige Verarbeitung findet im Prinzip nur bei Multicore-Prozessoren statt. Hier kann man wirklich von gleichzeitiger Verarbeitung sprechen. Allerdings werden solche Prozessoren nur in PCs eingesetzt und sind für mobile Geräte nicht geeignet, da sie zu warm werden.

b) ☐ Die neuen Mikroprozessoren haben sehr schnelle Verarbeitungszyklen (über 3 Mia. Zyklen pro Sekunde). Trotzdem, dass die einzelnen Teilprozesse nacheinander verarbeitet werden, spricht man von gleichzeitiger Verarbeitung, weil so schnell ist wie ein Augenblick.

c) ☐ Alte Mikroprozessoren arbeiten noch immer mit Stapelverarbeitung. Aber moderne verfügen über einen internen Cache-Speicher und arbeiten in Echtzeit mit einer Umdrehungszahl von über 3 Mia. Zyklen pro Sekunde.

d) ☐ Multitasking wird heute sowieso nicht mehr eingesetzt, sondern Multi-Threading. Nur dieses Prinzip erlaubt echtes gleichzeitiges Verarbeiten von mehreren Arbeitsschritten in Echtzeit. Als Voraussetzung dafür muss allerdings ein Multicore-Prozessor ohne Cache-Speicher eingesetzt werden.

102. Das Angebot auf dem Business-Software-Markt (ERP) ist schwer zu überblicken. Bei der Befragung von kleinen mittelständischen Unternehmen aus unterschiedlichen Branchen gaben 12 % der Teilnehmer an, ganz auf die Hilfe des Computers bei der Betriebsführung zu verzichten. Kaufmännische Software nutzen lediglich 43 % der befragten Firmen. Mit einer ERP-Software könnte aber das Geschäft wesentlich reibungsloser laufen. Wieso existiert diese Zurückhaltung gegenüber ERP-Software (drei Gründe gesucht)?

a) ☐ Die Leistungsfähigkeit der modernen Computer geht an ihre Leistungsgrenze. ERP-Systeme sind aber sehr Ressourcen-hungrig. Die Computer von Kleinunternehmen schaffen das nicht.

b) ☐ Es ist schwer, die richtige ERP-Software aus dem grossen Angebot zu selektieren, weil diese Systeme sehr viel Funktionalität anbieten.

c) ☐ Der Funktionsumfang ist meist zu gross und die Implementierungs, Integrations- und Anpassungskosten sind viel höher als die Lizenzgebühren.

d) ☐ Die Schulung der Mitarbeitenden für ERP-Systeme ist sehr kostenintensiv. Bei hoher Fluktuation der Mitarbeiter werden so die Geschäftsgeheimnisse weitergegeben.

e) ☐ Es gibt zu wenige Branchenlösungen und deshalb muss die Standardsoftware stark an die betriebseigenen Gegebenheiten angepasst werden.

f) ☐ Die ERP-Systeme besitzen ein grosses Sicherheit-Risiko. Wenn ERP-Datenbanken uner-
laubt angezapft werden, können schwerwiegende Datenverluste entstehen. Das ist Papier
besser.

g) ☐ Die ERP-Systeme sind nicht kompatibel mit den neuen Medien wie Facebook oder dem IPad.
Deshalb verlieren sie mehr und mehr an Bedeutung.

h) ☐ Die Lizenzmodelle der Softwarehersteller sind für kleine Unternehmen uninteressant. Das
Geld muss gesamthaft ein Jahr im Voraus bezahlt werden.

i) ☐ Die Unternehmen bräuchten nur ca. 20 % der Funktionalität und 50 % der Kosten, um 80 %
der üblichen betrieblichen Aufgaben durchzuführen.

103. Welche ERP-Anwendungen werden am häufigsten in KMU-Betrieben eingesetzt (nur die ersten zwei
Anwendungen ankreuzen, also am häufigsten und am zweithäufigsten)?

a) ☐ Kundenbeziehungsmanagement (CRM)
b) ☐ Vertrieb und Auftragsabwicklung
c) ☐ Lohnbuchhaltung
d) ☐ Materialwirtschaft/Beschaffung/Lager
e) ☐ Personalmanagement (HR)
f) ☐ Führungsinformationssystem (MIS)
g) ☐ Buchhaltung (Fibu und ReWe)
h) ☐ Produktionsplanung/-steuerung (PPS)

104. In internen Gesprächen haben Sie bemerkt, dass fast alle Mitarbeitenden eine Vorstellung über ERP
haben, jedoch das richtige Verständnis dazu fehlt.
Anschliessend an diesen Text finden Sie den Anfang von Definitionen zu ERP, die Sie von Mitarbeitenden gehört haben. Drei davon sind falsch. Wählen Sie durch ankreuzen die korrekte Definition aus.

a) ☐ ERP ist eine Suite von integrierten Geschäfts-Anwendungen und Datenbanken, die Einsicht in
den aktuellen Stand von wichtigen Geschäftsprozessen und Betriebsmitteln geben, wie zum
Beispiel …

b) ☐ ERP ist eine Buchhaltungsanwendung ohne die es unmöglich wäre, die Geschäftsfinanzen
dem Gesetz entsprechend zu führen und die finanzielle Lage vieler Bereiche wäre an Dritte
ausgelagert wie …

c) ☐ ERP ist das Betriebssystem des Zentralen Servers einer Unternehmung und dient dazu, die
wichtigsten Anwendungen in Sachen Sicherheit zu überwachen. Zum Beispiel in den Bereichen …

d) ☐ ERP ist eine Disziplin die aus dem Bereich Datawarehause stammt. Damit lassen sich genaue Analysen aus den Geschäftsdaten erstellen. Muster und Trends werden erkannt z. B. in
den Bereichen …

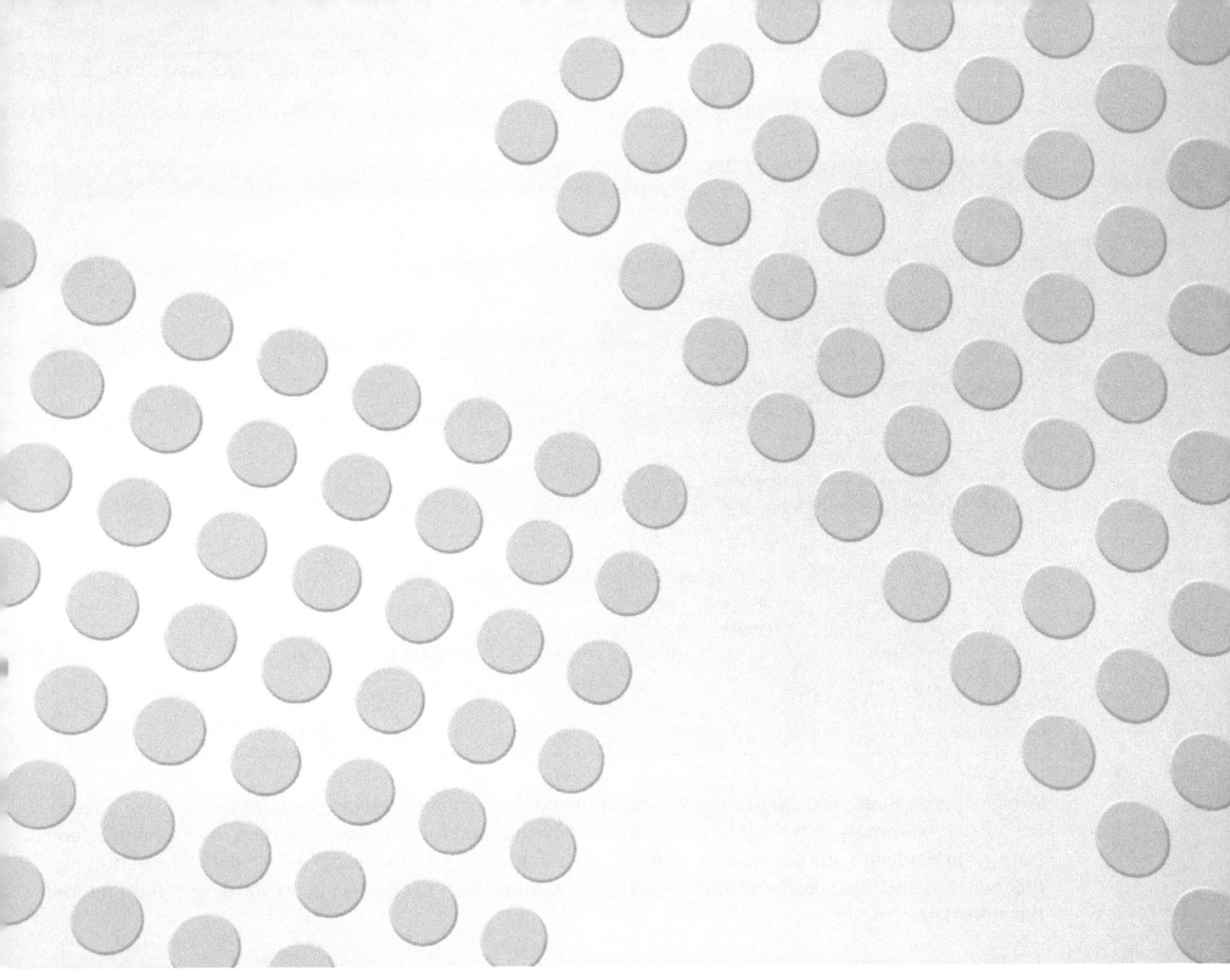

Informatik-Architektur

Kapitel 3

3 Informatik-Architektur

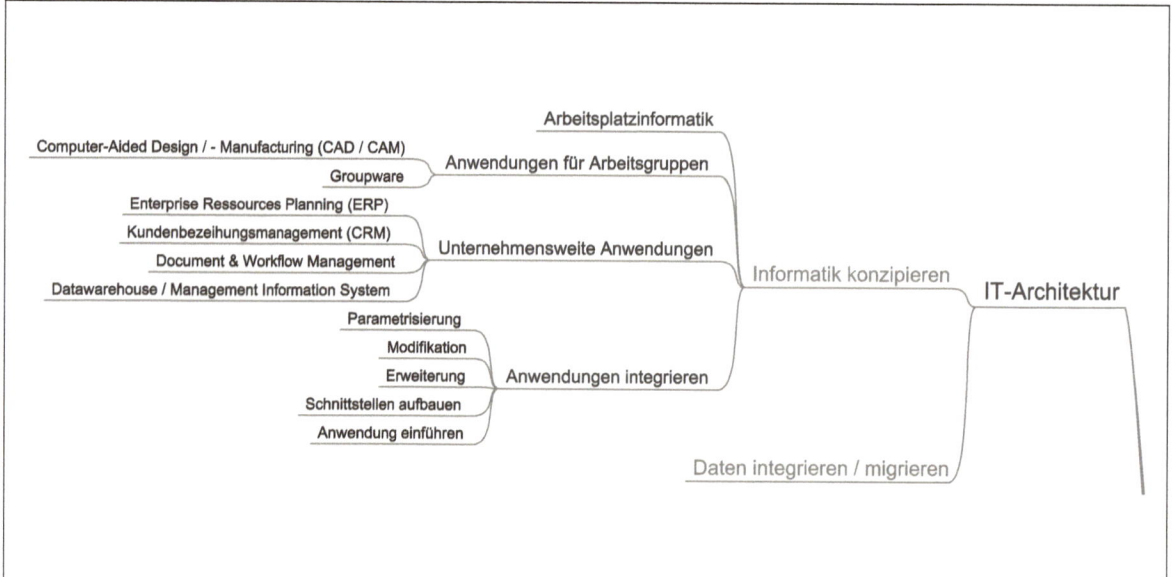

Wie bei einem Haus wird die Architektur der Informatik konzipiert, geplant und umgesetzt. Wie es der Name sagt, kümmert sich die Informatik-Architektur um den Aufbau. Dabei werden die Komponenten Netzwerk, Hardware und Software so miteinander zusammengestellt, dass die Ziele der Unternehmung möglichst optimal von der Informatik unterstützt werden. Man nennt dies auch «strategic alignment» (Strategiekonformität).

Hier ein Vergleich:

Architektur im Bauwesen

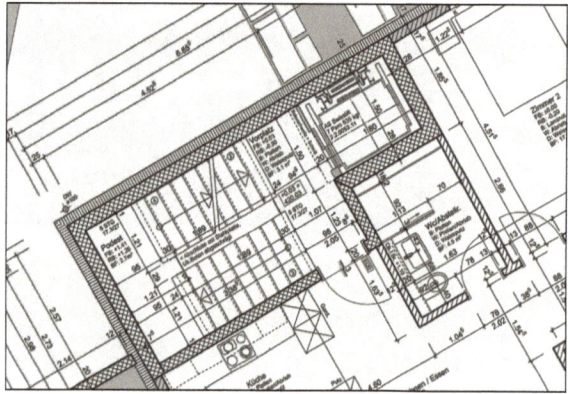

Das Bild zeigt Aufteilungen, Verbindungen zu Räumen, Komponenten und Funktionen von Räumen, Ein- und Ausgänge.

Architektur in der Informatik

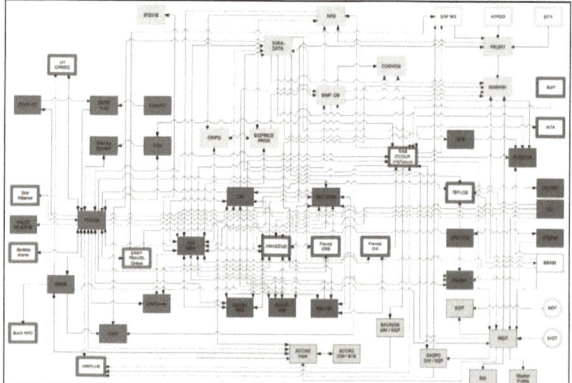

Das Bild zeigt Systeme (Hardware und Software) und wie sie mit anderen Systeme durch Schnittstellen verbunden sind.

Informatik-Architektur beschreibt das Zusammenspiel zwischen Applikationen, Datenbanken, Betriebssysteme, Hardware und Netzwerk. Das Ganze «Informatik-Orchester» soll schliesslich die Arbeitsprozesse bestmöglich abbilden, unterstützen, automatisieren.

Die Software wird heute aus mehreren Teilen programmiert, welche miteinander über Kommunikationskanäle zusammenarbeiten. Die Teile senden einander Befehle (Protokolle) und reagieren entsprechend ihren programmierten Funktionen darauf. Diese Software-Architektur hat direkte Auswirkungen auf die Informatik-Konzeption und die Gestaltungsoptionen der informatikverantwortlichen Personen.

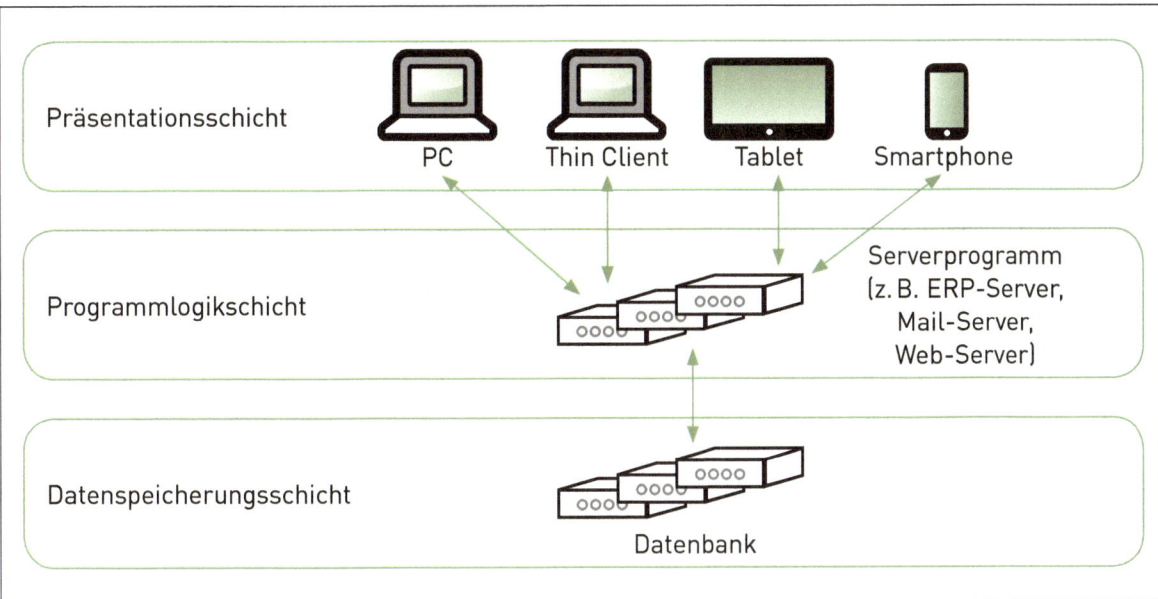

Präsentationsschicht	PC Thin Client Tablet Smartphone
Programmlogikschicht	Serverprogramm (z. B. ERP-Server, Mail-Server, Web-Server)
Datenspeicherungsschicht	Datenbank

Diese Konzeption bringt viele Vorteile:

- Die Komplexität auf der Client-Seite sinkt, weil der grösste Teil der Logik nun auf der Server-Seite liegt. Somit können einfachere, leichtere und bedienungsfreundliche Endgeräte gebaut werden.
- Es können verteilte Applikationen entwickelt werden (z. B. Präsentation auf vielen verschiedenen Geräten und Verarbeitung zentral in einem Datacenter). Das gibt den Informatikverantwortlichen mehr Flexibilität.
- Wenn neue Zugangsgeräte (Clients) auf den Markt kommen, muss nicht die ganze Software neu geschrieben werden, sondern nur die Präsentationsschicht angepasst werden.
- Die Programmierer können sich spezialisieren auf einem der Bereiche.

3.1   Informatik-Konzeption

Die Konzeption einer Informatik ist im Grunde die «Orchestrierung» also das Zusammenstellen von Informatik-Systemen entlang der Arbeitsabläufe einer Unternehmung zum Zwecke der optimalen Abdeckung/ Unterstützung oder Automatisierung der Arbeitsprozesse. Dabei kommen die unterschiedlichsten Systeme zum Einsatz die schliesslich digital miteinander über Schnittstellen gekoppelt werden. Eine solche Konzeption kann anhand eines Beispiels erklärt werden. Das nachfolgende Beispiel zeigt einige Arbeitsprozesse einer Fluggesellschaft. Für die verschiedenen Prozesse werden unterschiedliche Systeme eingesetzt, die die Daten jeweils an das nächste System «weiterreichen»:

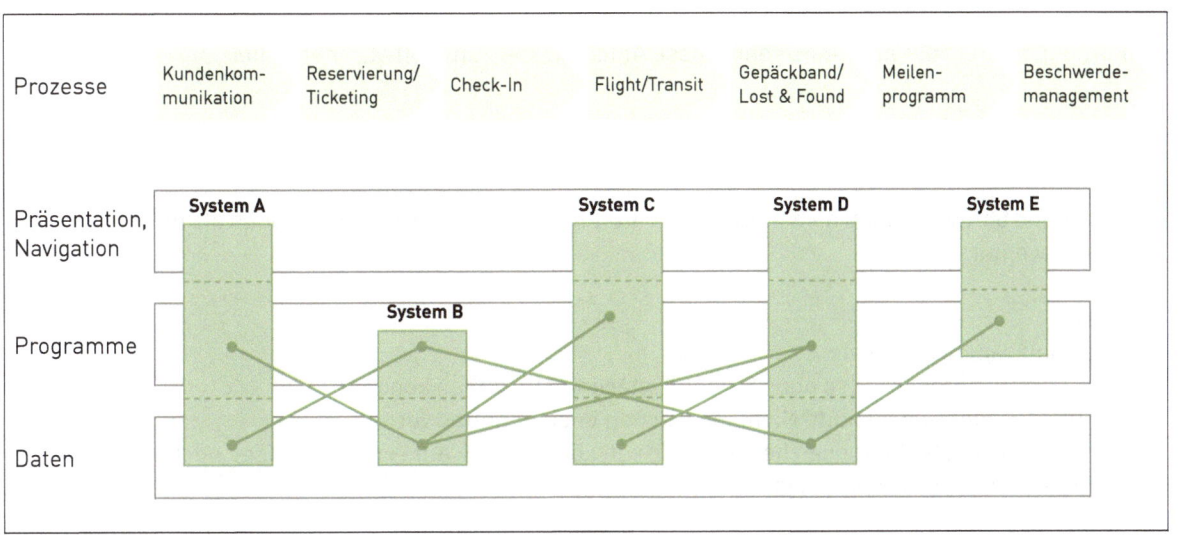

Es ist klar, dass je mehr Systeme im Einsatz sind, desto mehr Schnittstellen nötig sind. Viele Schnittstellen sind aber häufige Quellen für Fehler und Effizienzverluste:

- fehlerhafte Datenübergabe von einem System zum anderen
- Performance-Einbussen
- mehrfache Speicherung der gleichen Daten (Datenredundanz)
- mehrfach vorkommende Funktionen in verschiedene Systemen (Funktionsredundanz, Mehrfachentwicklung)
- mehrfach aufzubauende Benutzerzugriffsrecht (Redundanz der Zugriffsmechanismen)
- Quelle für Fehler in den Schnittstellen bei Software-Updates

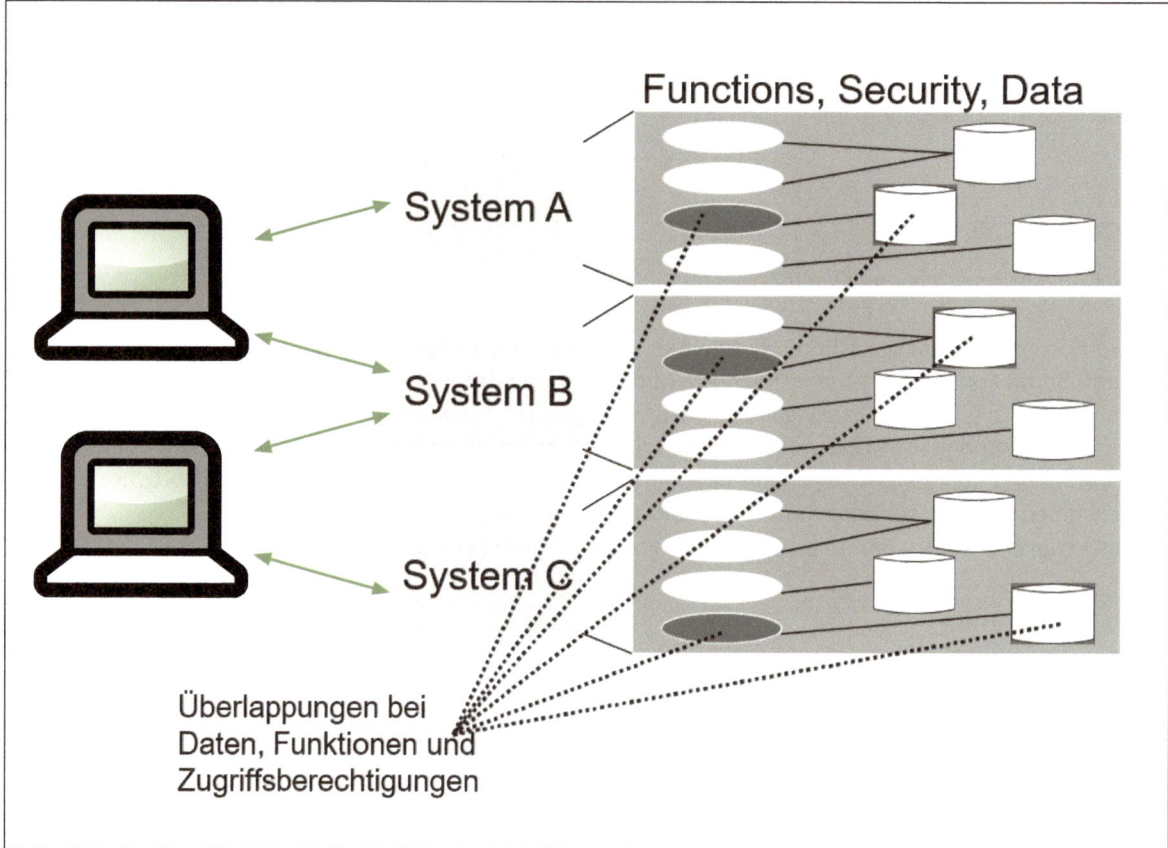

Es stellt sich somit für die meisten Informatikverantwortliche die Frage, ob es möglich ist, die Anzahl der unterschiedlichen Systeme gering zu halten oder zu reduzieren. Darauf antwortet die Informatik-Leitung mit der «Single-Source»-Strategie. Das heisst, es wird versucht, alles (möglichst alle IT-Systeme) aus einer Hand zu beziehen und überlässt die Problematik der Schnittstellen dem Softwarehersteller. Man erreicht damit eine grössere Kompatibilität (Funktionsgarantie zwischen unterschiedlichen Informatik-Komponenten), aber auch eine sehr grosse Abhängigkeit zum Softwarehersteller.

3.1.1 Arbeitsplatzinformatik

Die Hard- und Software am Arbeitsplatz muss ganz anderen Anforderungen genügen als die Informatik in einem Datacenter.

Beispiele:

Die Informatik am Arbeitsplatz ...

- ... muss auch autonom, also ohne Server (Datacenter) arbeiten können.
- ... muss auch für ungeschulte Nichtspezialisten bedienbar und verfügbar sein.
- ... muss eine lokale Datenspeicherung zulassen können (z. B. auf eigenen Fixspeicher).
- ... muss auch mobil tragbar sein.

Die üblichen Funktionen am Arbeitsplatz sind:

- Textverarbeitung
- Tabellenkalkulation
- elektronische Post
- visuelle Kommunikation
- Browser

Darüber hinaus kommen noch berufs- und betriebsspezifische Programme hinzu.

Die Ergonomie des Arbeitsplatzes muss zusätzlich berücksichtigt werden.

3.1.2 Anwendungen für Arbeitsgruppen

Sobald die Arbeit in Teams vollzogen wird, muss auch die Hard- und Software ganz anders aufgebaut sein. Normalerweise werden Daten nicht mehr individuell auf die Endgeräte gespeichert, sondern zentral, damit sie von allen berechtigten Beteiligten gelesen und bearbeitet werden können. Es handelt sich um Informatiklösungen welche nicht zwingend für die ganze Unternehmung zur Verfügung stehen (wie ERP), sondern für Arbeitsgruppen. Man spricht in diesem Zusammenhang auch von Groupware (oder kollaborative Software). Die Systeme unterstützen die Arbeit im Team mit folgenden Funktionen:

- Gruppenkommunikation (wie Forum, Chat, Gruppennachrichten, Video- und Audiokonferenz)
- gemeinsame Dateiablage, Gruppendatenbank
- Gruppenkalender
- gemeinsames, gleichzeitiges Bearbeiten von Dokumenten
- Koordination von Arbeitsprozessen im Team (Workflow-Management)
- Synchronisation von Änderungen in Dokumenten (Replikation)
- gemeinsame Konstruktion von komplexen Strukturen (CAD, CAM, Software-Entwicklungsumgebung)

Diese Software-Art ist die eigentliche Vorläuferin der heutigen Gattung der Social Media Systeme wie Facebook, Xing und anderen.

3.1.3   Unternehmensweite Anwendungen

Das sind Anwendungssysteme, die möglichst viele operative Prozesse in allen betrieblichen Funktionsbereichen abdecken. Diese Anwendungen sind so gross, dass sie in Modulen aufgebaut sind.
Hier ein Beispiel eines Einzelfertigers in der Industrie:

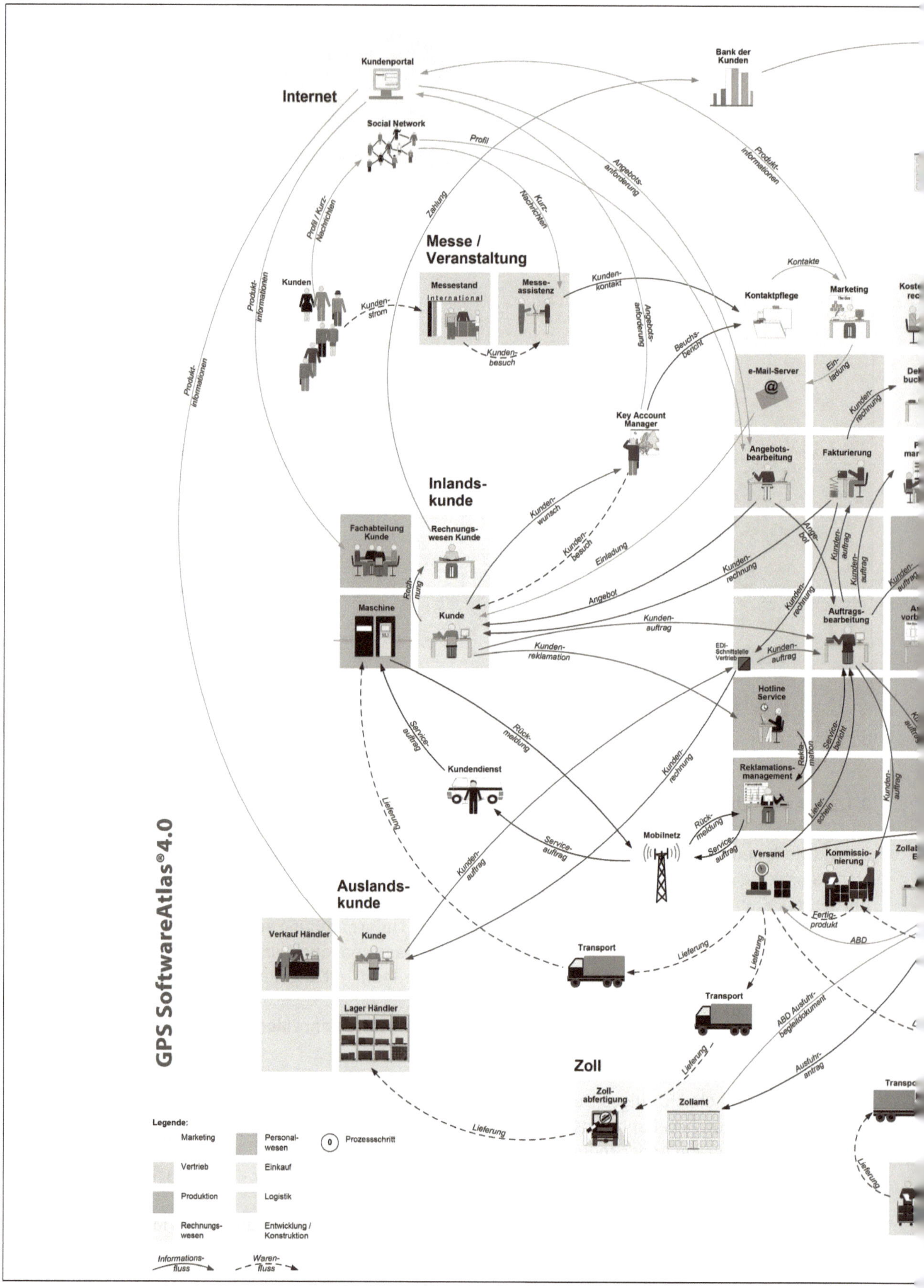

Informatik-Architektur · **3**

[Diagramm: GPS SoftwareAtlas® 4.0 – Darstellung unternehmensweiter Anwendungen mit Internet, Messe/Veranstaltung, Inlandskunde, Auslandskunde, Zoll und zahlreichen Prozessschritten]

Dies ermöglicht einerseits die Komplexität bei der Programmierung zu reduzieren und andererseits können Unternehmen frei entscheiden, welche und wie viele Module sie einsetzen wollen. Dies ist auch wichtig und nötig, wenn man sich die Prozesse in modernen Unternehmen vor Augen hält. Heute ist eine Unternehmung mit einer schier unübersichtlichen Anzahl Arbeitsschritten konfrontiert.

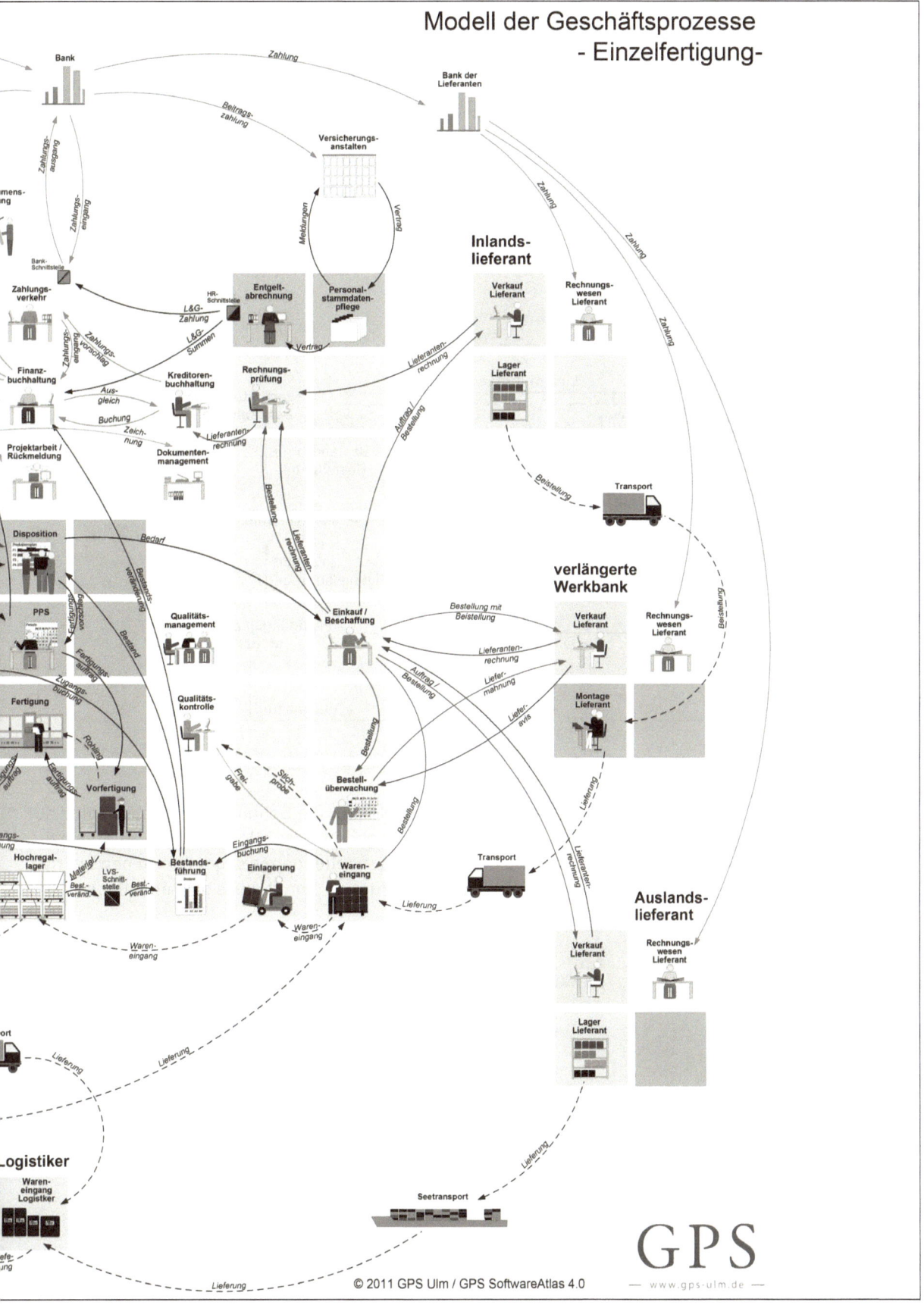

Modell der Geschäftsprozesse
- Einzelfertigung-

© 2011 GPS Ulm / GPS SoftwareAtlas 4.0

GPS
— www.gps-ulm.de —

3

Informatik-Architektur

3.1.3.1 ERP

ERP-Systeme sind die Antwort auf die heutige Komplexität der Arbeitsprozesse. Diese Systeme können Arbeitsprozesse soweit unterstützen, dass sie teilweise sogar komplett automatisch ablaufen. So kann eine Unternehmung z. B. mit nur einem Modul anfangen zu arbeiten, um dann mit der Zeit mehr und mehr Module nachzurüsten. Die Module sind:

- Finanz- und Rechnungswesen
- Personalwirtschaft
- Materialwirtschaft, Logistik
- Produktion

- Vertrieb
- Projektmanagement
- Führungsinstrumente für die Analyse, Planung und Kontrolle

Diese Module sind alle miteinander verbunden. Sie bilden zusammen eine Gesamtlösung (auch Software-Suite genannt).

Beispiel:

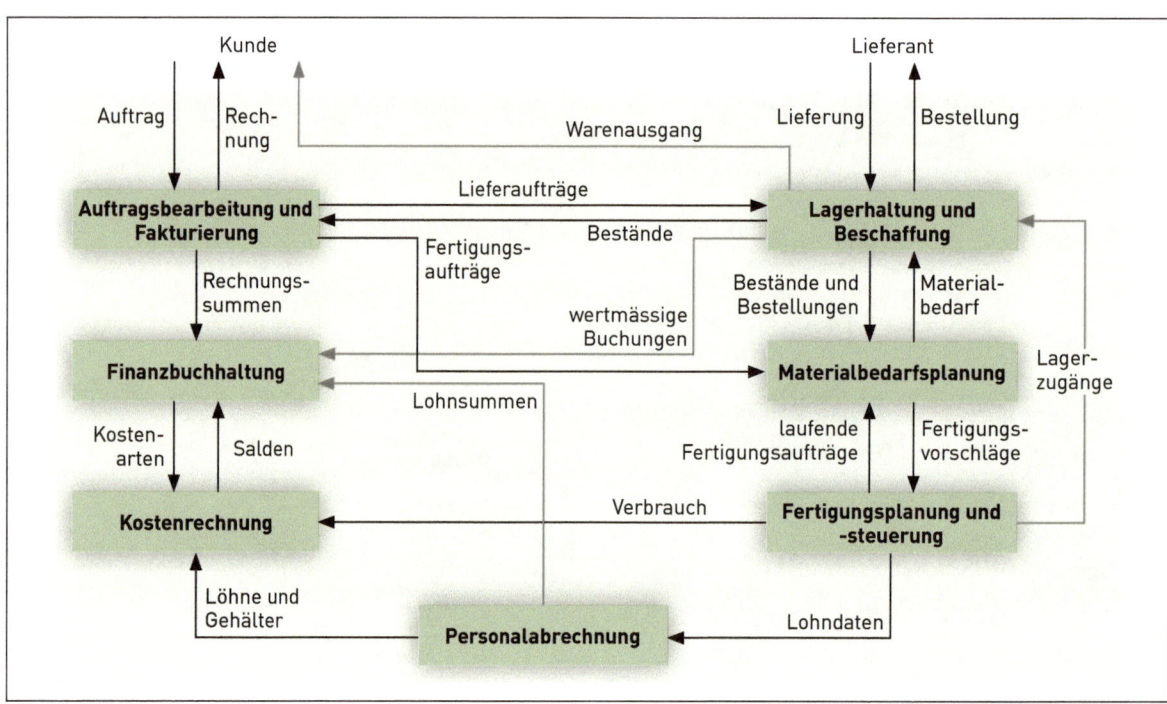

Dies hat den Vorteil, dass alle Module miteinander kompatibel sind. Die Schnittstellenproblematik ist Sache des Softwareherstellers. Der ERP-Käufer kann davon ausgehen, dass alle Module miteinander zu einem Gesamtsystem verbunden werden können. Die Softwarehersteller gehen sogar noch einen Schritt weiter. Sie stellen das ERP-System über Cloud-Dienste zur Verfügung. Somit muss sich ein Kunde nicht mehr um den Betrieb eines solchen Systems kümmern.

Beispiel:

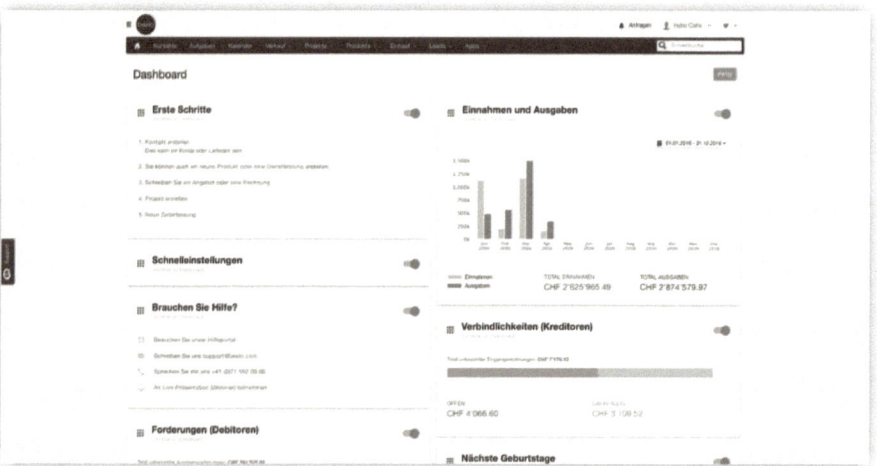

3.1.3.2 CRM (Customer Relation Management)

Wenn ein Gesamtsystem wie ein ERP-System alle Bereiche der Unternehmung abdecken soll, dann kann es vorkommen, dass nicht alle Module perfekt auf die Bedürfnisse einer Unternehmung zugeschnitten sind. Letztlich sind die Module eines ERP-Systems so programmiert, dass sie den Bedürfnissen möglichst vieler Unternehmen entsprechen. Wir erinnern uns, dass ERP-Systeme letztlich zur Gattung der Standardsoftware gehören und somit keine individuellen Wünsche darin berücksichtigt sind.

Wenn Unternehmen spezielle Wünsche haben, die mit dem ERP-System nicht abgedeckt werden, dann suchen sie nach spezialisierter Software. Eine solche Spezialsoftware sind CRM-Systeme. Diese decken vertieft und spezifisch alle Prozesse rund um die Kundenbetreuung ab. Es sind somit die Alltagswerkzeuge von Marketing und Verkauf. CRM-Systeme decken folgende Funktionen ab:

- Akquisition
    - Kundenbesuche-Verwaltung (Gesprächsnotizen, Termine)
    - Kundenkommunikation (Briefverkehr, elektronische Nachrichten, Besuche)
    - Kampagnen (Planung und Durchführung)
    - Online-Shop-Unterstützung
- Kundenbindung
    - Kundenprofil
    - Kundenhistorie
    - Service und Garantieleistungen /-Vereinbarungen
    - Call-Center-Unterstützung
    - Cross- und Upselling (sowohl stationär wie auch online)
- Marketing
    - Kundenverhaltensanalyse
    - Kundenstrukturanalyse

Selbstverständlich können die Daten in einem CRM-System nicht vom Rest der Firmendaten isoliert werden. Schliesslich handelt es sich um Kundendaten, die mit Sicherheit auch im ERP-System vorhanden sind. Deshalb müssen solche Spezialsysteme wie CRM-Systeme noch zusätzlich mit dem Rest der Informatik-Systeme angebunden werden. Was dazu führt, dass neue zusätzliche Schnittstellen gebaut werden müssen.

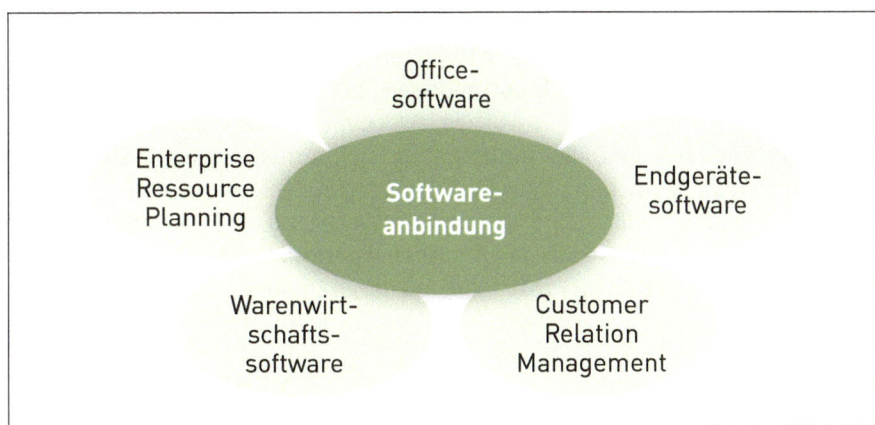

3.1.3.3 Dokumenten- & Workflow-Management

Dokumentenmanagement (auch Dokumentenverwaltungssystem) ist eine Software welche die datenbankgestützte Verwaltung elektronischer Dokumente erlaubt. Ursprünglich können solche Dokumente in Papierform existieren, welche dann ins System in elektronischer Form umgewandelt werden (Scannen). Bei dieser Umwandlung können solche Systeme automatisch oder manuell den gescannten Dokumenten zusätzliche Informationen beigeben. Diese Informationen heissen Metadaten. Es sind Informationen über die Dokumente selbst (also Informationen über die Informationen).

Beispiele:

Eine Versicherungsgesellschaft bekommt tagtäglich Schadensformulare in Papierform. Um den Schadenfall nun intern bearbeiten zu können, muss der Fall digital erfasst werden. Beim Scanvorgang wird versucht, soweit wie möglich die Handschrift automatisch zu erkennen um daraus die Daten für den Geschäftsfall zu erfassen. Dabei kommt die OCR-Technologie zum Einsatz (Optical Character Recognition). Falls dies nicht oder nicht vollständig gelingt, werden manuell die fehlenden resp. nicht automatisch erkennbaren Daten ergänzt.

Ein Krankenhaus bekommt bei der Einweisung eines Patienten seine Krankenakten. Damit diese Informationen allen beteiligten Ärzten zur Verfügung stehen, werden sie vom Krankenhaus in digitaler Form umgewandelt:

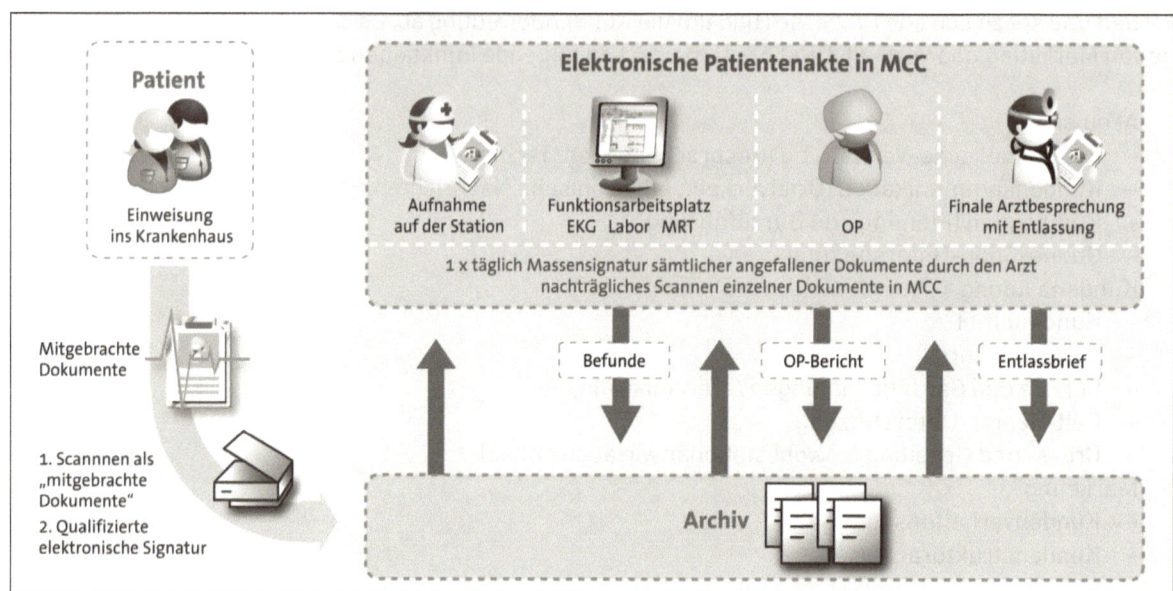

3.1.3.4 Datawarehouse & Management Information System

Ein Datawarehouse (warehouse = Lager) ist eine zentrale Datenbank mit den Inhalten anderer Datenbanken. Sie ist sozusagen die Gesamtkopie aller Datenbanken einer Unternehmung. Zusätzlich können weitere externe Datenquellen angezapft werden. Das System dient für Analysezwecke (auch Business-Intelligence genannt). Die Daten eines Datawarehouse (DW) entstehen durch Kopieren und Aufbereiten aus internen und externen Datenbanken. Dabei entstehen auch Metadaten (Informationen über die aufbereitenden Daten).

Ein DW erlabt einerseits eine globale Sicht auf die Daten (Aggregation/Zusammenfassung, z. B. Statistiken) wie auch ein «Eintauchen» in Details (Data-Mining) in mehrdimensionale Strukturen. Ein DW hat keine operativen Aufgaben, sondern rein analytische, und ist somit ein Werkzeug für Führungsaufgaben und Management-Entscheidungen. Die Erkenntnisse aus den Analysen haben aber schliesslich auch Einfluss (Rückkoppelung) auf die Arbeit in den operativen Prozessen und deren Optimierung.

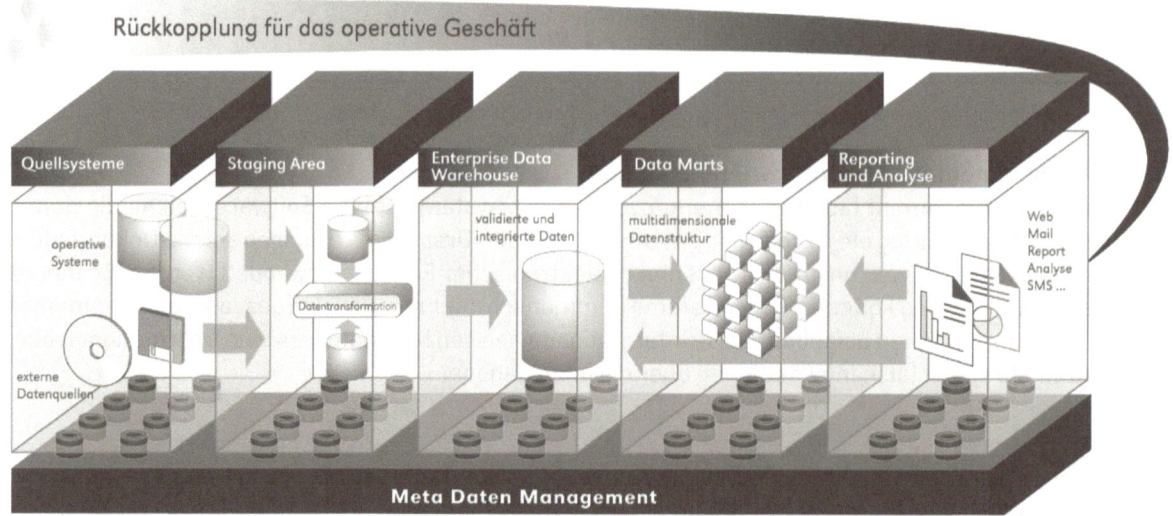

3.2 Informatik-Beschaffung

Der Beschaffungsprozess in der Informatik ist deshalb von grosser Bedeutung, weil sich eine Entscheidung für ein bestimmtes Informatik-Produkt sehr stark und lang auf den Erfolg einer Unternehmung auswirken kann. Die Rede ist hier nicht von einem Router oder einem Switch für CHF 1000.00, sondern von Softwarelösungen die unter Umständen Millionen an Installationskosten auslösen. Die Rede ist hier hauptsächlich von ERP-Systemen oder ähnlich grossen Lösungen. Solche Lösungen haben eine Lebenserwartung von 20 Jahren und mehr. Werden sie beim Kauf nicht sorgfältig geprüft, dann handelt man sich unter Umständen Wettbewerbsnachteile ein, welche über dutzende von Jahren erleidet werden müssen. Deshalb ist der Beschaffungsprozess (Evaluation) genauer zu betrachten. Das folgende Vorgehen ist empfohlen:

1. Einholen von Projektauftrag
   → Projektziele, beteiligte Personen, Budget, Zeitrahmen
2. Beschreiben der Anforderungen
   → z. B. Interviews mit Mitarbeiter, Beobachtungen, Vorgaben der Vorgesetzten, Erstellen des Pflichtenheftes, Erstellen der Musskriterien, Erstellen der Kann-Kriterien und Gewichtung der Kann-Kriterien
3. Informationsanfrage an die Lieferanten
   → Request for Information (RFI)
4. Grobevaluation
   → Anwendung der Muss-Kriterien auf die Leistungsversprechen der Lieferanten, Erstellung der Short-List (Anbieter der engeren Wahl)
5. Offertanfrage an die Lieferanten der engeren Wahl
   → Request for Proposal (RFP)
6. Detailevaluation
   → Anwendung der Kann-Kriterien anhand der Methode der Nutzwertanalyse
7. Entscheidung und Empfehlung an die Geschäftsleitung

3.2.1 Einholen von Projektauftrag

Wie bei jedem Projekt gehört der Projektauftrag an den Anfang jeder anderen Arbeit. Es ist möglich, dass vor dem eigentlichen Projekt die Machbarkeit geprüft wird (Finanzierung, technische Machbarkeit, strategische Vereinbarkeit des Projekts, konkurrierende oder gleichgeartete Projekte). Dann spricht man von einem Vorprojekt. In einem Projektantrag sollten folgende Elemente enthalten sein:

- Auftraggeber
- Projektname
- Projektleiter
- Projektteam
- Budget
- Zeitraster
- Meilensteine
- Risiken
- Review-Board (Revision oder Projektausschuss)

3.2.2 Beschreiben der Anforderungen

Wie bei jedem Kauf, gibt es nie die ideale Lösung für den gewünschten Preis. Ein Kauf ist meistens ein Akt des Kompromisses zwischen Kosten und Erfüllung aller Wünsche. Manchmal ist auch die technische Machbarkeit die einschränkende Komponente. Damit die wichtigsten Anforderungen erfüllt sind, müssen diese in die Kategorien **Muss-Kriterien** und **Kann-Kriterien** zugeordnet werden. Die Muss-Kriterien reduzieren die Anzahl der möglichen Kandidaten auf wenige Anbieter (z. B. 3–5 Anbieter) der letzten Runde (Short-List).

Informatik-Architektur 3

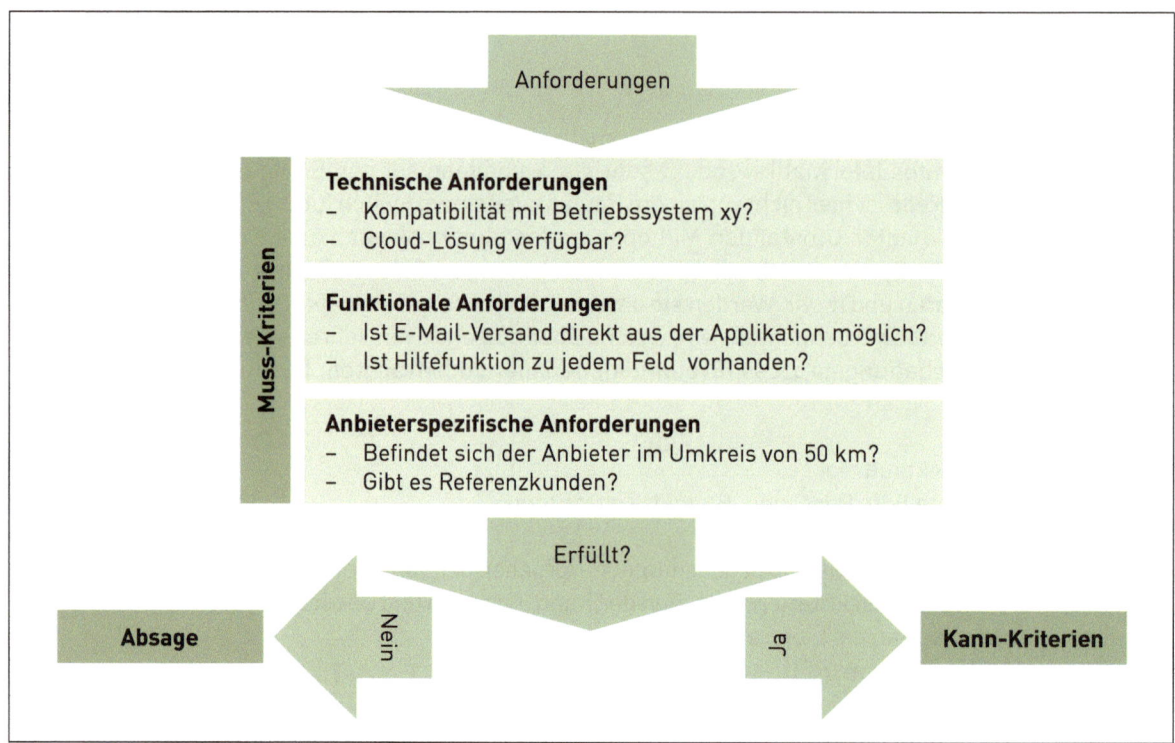

3.2.3 Informationsanfrage an die Lieferanten

Die Informationsanfrage (RFI, Request for Information) muss zwingend nach der Erstellung des Pflichtenheftes und der Erstellung der Kann-Kriterien (inkl. Gewichtung) erfolgen. Würden schon vor diesen Arbeiten potenzielle Lieferanten kontaktiert, wären die beteiligten Projektmitglieder womöglich bereits beeinflusst oder voreingenommen bezüglich möglichen Lösungen, wichtigen Kriterien oder Lieferanten. Das Team muss sich bewusst sein, dass sie mit professionellen Verkaufsleuten Kontakt haben werden. Diese Leute sind besonders geschult und haben grosse Erfahrung mit Evaluationen und möglichen Einwänden von potenziellen Kunden. Ausserdem steht schnell viel Geld im Spiel, somit werden gute Verkäufer keine Gelegenheit auslassen, die beteiligten Personen des Evaluationsteams positiv zu beeinflussen. Das oberste Ziel und der Auftrag des Evaluationsteams ist schliesslich die möglichst objektive und bestmögliche Empfehlung einer Lösung. Und dies komplett frei von individuellen Sympathien.

3.2.4 Grobevaluation

Hier werden die Muss-Kriterien angewendet. Sind zu viele oder zu «strenge» Kriterien definiert, dann kann es sein, dass gar keine Kandidaten mehr in der Short-List bleiben. Sind die Kriterien zu grosszügig, dann befinden sich zu viele Kandidaten darin. Dagegen wäre grundsätzlich nichts einzuwenden, aber wenn die Evaluation über eine komplexe Informatik-Lösung geführt wird, dann kann die genaue Prüfung von zahlreichen Kandidaten sehr zeitraubend sein. Das Projekt würde zeitlich in die Länge gezogen. Das ist wie beim Autokauf: Würden Sie eine Enge Auswahl von 100 Autos alle Probefahren? Bei einer Evaluation einer grösseren Software wie einem ERP-System sollten sich 3–5 Lieferanten noch in der engeren Wahl (Short-List) befinden.

3.2.5 Angebotsanfrage an die Lieferanten der engeren Wahl

Der sogenannte Request for Proposal (RFP), also die Offertanfrage, ist stets eine gute Nachricht für jeden Lieferanten. Nun möchte eine gute Verkaufsperson natürlich wissen, wer die anderen Kandidaten der Short-List sind. Dies ist für sie wichtig, weil sie die Stärken und Schwächen der eigenen und der Lösung der Mitbewerber bestens kennen. Auf diese Weise können sie ihre Argumentation für die Verkaufsgespräche optimal vorbereiten. Es ist aus diesen Gründen ratsam, auch in dieser Phase möglichst zurückhaltend mit Informationen an Lieferanten zu sein.

3.2.6 Detailevaluation

Die Angebote der Kandidaten der engen Wahl (Short-List) werden in dieser Phase eingereicht. Jetzt werden die Kann-Kriterien mit der Methode der Nutzwertanalyse angewendet:

1. Die Kann-Kriterien werden in die Tabelle eingetragen (diese wurden in einer früheren Projektphase bereits bestimmt). Die Kriterien können in die Kategorien «Technisch», «Funktional» und «Lieferantekriterien» eingeordnet werden.
2. Die Kriterien-Gewichtungen (100 Gewichtspunkte) werden in die Tabelle eingetragen (diese wurden in einer früheren Projektphase bereits bestimmt).
3. Die Leistungen der Kandidaten der Short-List (hier im Beispiel Produkt 1, 2 und 3) werden benotet (in diesem Beispiel Schulnotensystem 1–6).
4. Gewichtung und Note werden einzeln multipliziert und in der Tabelle eingetragen (Spalte Pkt.).
5. Die erzielten Punkte werden zusammengezählt.
6. Die Punktetotale werden in eine Rangfolge gebracht. Die beste Lösung ist bestimmt.

Die Nutzwertanalyse (Beispiel ERP-System-Evaluation):

Kriterien		Gew.	Produkt 1		Produkt 2		Produkt 3	
			Note	Pkt.	Note	Pkt.	Note	Pkt.
Technische Kriterien								
1	Mit dem Internet Explorer kompatibel	10	1	10	3	30	5	50
2	Mit Google-Kalender kompatibel	10	6	60	1	10	1	10
3	.....							
Funktionale Kriterien								
4	Kundendaten autom. auf Smartphone synch.	10	6	60	6	60	1	10
5	Autom. Erinnerung wenn Kundentermin fällig	5	1	5	1	5	6	30
6	CAD-Bilder an Produktinfo anheften	10	1	10	6	60	4	40
7	Auftrag kann als E-Mail versendet werden	20	4	80	1	20	6	120
8	...							
Lieferanten-Kriterien								
9	7/24-Stunden Hotline verfügbar ohne Aufpreis	5	1	5	6	30	1	5
10	Techniker sprechen Deutsch	10	4	40	5	50	3	30
11	Gesamteindruck bei Besuch vor Ort	20	5	100	4	80	5	100
		100		**370**		**345**		**395**
Rang				2.		3.		1.

Das Bewertungsspektrum ist grundsätzlich frei wählbar. Es kann von 1–10 sein oder auch wie die Schulnoten 1–6 oder ein anderes System. Hier im Beispiel werden Schulnoten angewendet.

3.2.7 Entscheidung und Empfehlung an die Geschäftsleitung

Zusätzlich zu den bestehenden Projektdokumenten ...

- Projektauftrag
- Pflichtenheft mit Anforderungen
- Liste der Muss-Kriterien
- Liste der Kann-Kriterien

- Gewichtung der Kann-Kriterien
- Offerten und
- Nutzwertanalyse

... wird noch eine offizielle Stellungnahme des Evaluationsteams, also eine Empfehlung an die Geschäftsleitung, erstellt. Diese prüft die Empfehlung nochmals und berücksichtigt noch weitere Kriterien wie strategische Überlegungen, die Möglichkeit von Gegengeschäften, firmenpolitische Gegebenheiten oder weitere Aspekte. Für die eigentliche Abwicklung des Geschäfts wird in der Regel die Einkaufsabteilung beauftragt, die auch noch finanzierungs- und rechtliche Aspekte berücksichtigt.

Aufgaben zu Kapitel 3

1. Unterstreichen Sie die richtigen Antworten, die zu der folgenden Grafik passen:

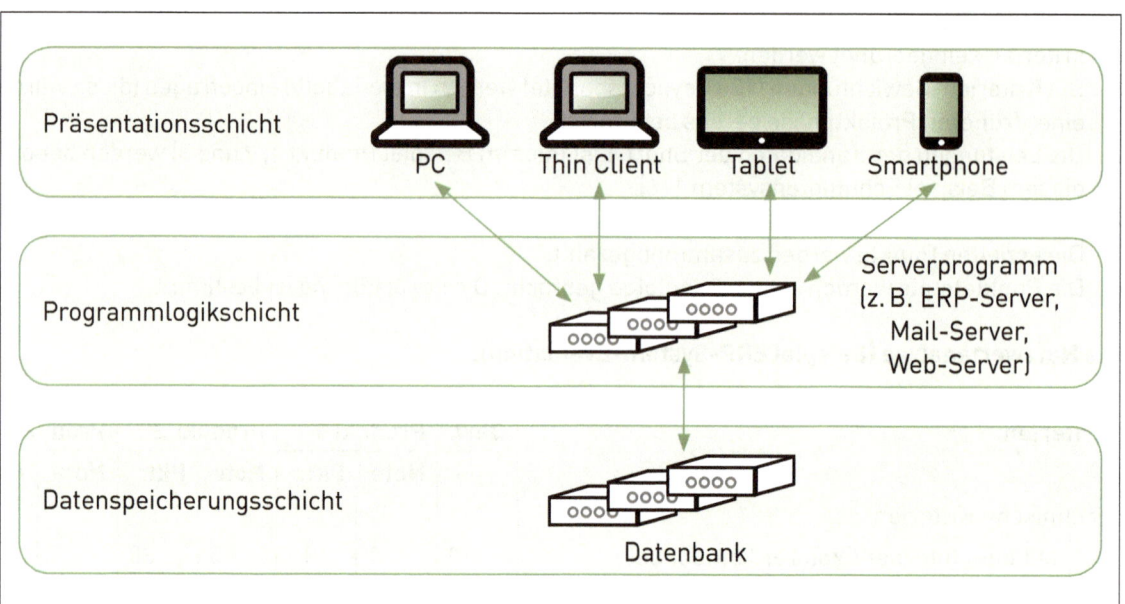

a) Eines der Vorteile der Dreischichten-Architektur ist …

… der Datenklau und -missbrauch wird schwieriger, die CPUs werden nicht mehr so heiss, sie greift immer auf Benutzerdaten zu, sie ist sicherer als ältere Architekturen, sie bietet mehr Flexibilität, sie kann schneller verarbeitet werden, sie kann weniger gut kopiert werden, sie werden mehr Benutzer gleichzeitig verarbeitet

b) Einer der Gründe für die Aufteilung der Software in drei Schichten war dass …

… die Arbeitsteilung der Software auf verschiedene Geräte, der aufkommende Einsatz der drei-Schichten-Compiler, die Erfindung der drei-Schichten-Datenbank, die IT-Kriminalität hatte stark zugenommen, die Kontrolle der Kosten dank Schichtenbetrieb, die Spezialisierung in Cloud-Services, die weltweit besten Programmierer rar waren, man in drei Arbeitsschichten eingeteilt war

c) Selektieren Sie eine weltweit bekannte Programmiersprache auf Server-Ebene:

Bali, Java, Batik, ERP, Flash, HTML, HTTP, JamSession, Nassau

d) Selektieren Sie eine bekannte Programmiersprache auf Client-Ebene mit der man Webseiten erstellen kann:

Java, Bali, Batik, ERP, Flash, HTML, HTTP, JamSession, Nassau

2. Grundlagen Applikationssoftware: Welcher dieser Aussagen ist richtig (zwei Antworten)?

a) ☐ Applikationssoftware wird in einer Programmiersprache geschrieben, welche speziell für die Erstellung von Applikationen geschrieben wurde, eine sogenannte App-Sprache der 4. Generation.

b) ☐ Applikationssoftware sind Programme oder Programmverbunde, welche Aufgaben in einem bestimmten Gebiet bearbeiten. Meistens handelt es sich um Aufgaben des betrieblichen Umfelds, also betrifft es Geschäftsprozesse.

Informatik-Architektur

3

c) ☐ Applikationssoftware muss von einer internationalen Organisation namens NIC zuerst freigegeben werden, bevor sie auf den Markt gebracht werden kann. Die Software wird so auf Sicherheitslücken geprüft und erhält dann einen Siegel namens «NIC-Tested».

d) ☐ Ein ERP-System ist auch eine Applikationssoftware, auch wenn meistens eine sehr grosse Software, bestehend aus vielen «Unterprogramme» oder Module. Diese Module sind eine Art Min-Applikationen die gemeinsam ein ERP-System bilden.

e) ☐ Applikationssoftware ist zum grossen Unterschied zur Hardware nicht an ein bestimmtes Betriebssystem gebunden. Sie kann auf allen Betriebssystemen laufen, ohne jegliche Änderung oder Neu-Compilierung.

f) ☐ Mit Applikationssoftware kann man den gesamten Computer steuern. Sie ist sozusagen das Herzstück des Computers, denn ohne sie könnte der Computer seine eigene Hardware nicht erkennen.

3. Sie wollen bei einer Evaluation sowohl quantitative, technische wie auch qualitative Kriterien gewichtet einander gegenüberstellen wollen. Wie heisst eine sehr geeignete Methode um aus den unterschiedlichsten Kriterien ein gewichtetes Gesamtbild (Bewertung der Optionen) herzustellen? Antwortmöglichkeiten: Dynamische Investitionsrechnung, Gaus'sche Kurvenanalyse, Gewichte Durchschnittsanalyse, Nutzwertanalyse, Kompatibilitätsanalyse, Kostenvergleichsrechnung, Preis-Leistungs-Verhältnis, Rentabilitätsanalyse, SWOT-Analyse

_____

4. Welche drei Kategorien von Muss-Kriterien werden bei einer IT-Evaluation immer angewendet? (Wählen Sie drei aus den folgenden Optionen aus.)

a) ☐ Segmentierungskriterien (Kriterien die der eigenen Kundenbasis passen)
b) ☐ Migrationskriterien bei Auslandprojekten
c) ☐ Service Level Kriterien
d) ☐ Menschenrechtliche Kriterien
e) ☐ Einhaltung der internationalen Standardkriterien
f) ☐ Funktionale Kriterien (Funktionen, Bedienung)
g) ☐ Betriebssystembezogene Kriterien (Kompatibilität zu bestehenden Systemen der Kunden)
h) ☐ Umsatzbezogene Kriterien (Absatzrelevanz der Lösung)
i) ☐ Technische Kriterien (Kompatibilität, Schnittstellen, Performance etc.)
j) ☐ Markenrechtliche Kriterien und Bekanntheitsgrad
k) ☐ Geopolitisch Kriterien (Steuern, Inflation, Transportwege, nationale Sicherheit)
l) ☐ Lieferanten- /Herstellerbezogene Kriterien (wie Standort, Grösse der Firma etc.)

5. Welche der folgenden Aussagen beschreiben sinnvolle, zweckmässige Gründe, weshalb der Zusammenschluss von Computern Vorteile bringen – im Gegensatz zu «Stand-alone» Computer, also ohne Vernetzung? Kreuzen Sie nur klare Vorteile aus Sicht der Unternehmen an (drei Antworten richtig).

a) ☐ Höhere Sicherheit durch den intensiven Einsatz von vernetzten Firewalls, Inspection-Systeme
b) ☐ Die Ausfallrisiken reduzieren sich, weil das Gesamtsystem stabiler wird, weil einfacher Aufbau
c) ☐ Mitarbeiter können Applikationen auf ihren Arbeitsstationen selbst installieren.
d) ☐ Einfachere Benutzerverwaltung da alle Benutzer auf betriebliche Daten zugreifen können
e) ☐ Der Schulungsaufwand für Mitarbeiter reduziert sich, da andere Teammitglieder online sind
f) ☐ Meetings werden schneller abgeschlossen duch die bessere Vorbereitung im Voraus
g) ☐ Die Computer werden schneller dank dem Speichern der Daten auf Datenservern
h) ☐ Schneller firmenweiter Zugriff auf örtlich verteilte und entfernte Informationen
i) ☐ Gemeinsame Nutzung von Ressourcen wie Netzwerkdrucker, Dateispeicher, Applikationen
j) ☐ Fehler in IT-Systeme kommen weniger vor, dank der Vernetzung
k) ☐ Real-Time-Anwendungen wie Reservationssysteme oder Videokonferenzen werden möglich
l) ☐ Isolierte Computer verbrauchen weniger Energie, da sie kleinere Datenpakete verarbeiten

6. Sie sehen nachfolgend einige Phasen aus einer IT-Evaluation. Wählen Sie aus den möglichen Aus-
wahl-Optionen die richtigen (jene die am besten zur entsprechenden Projektphase passen) Liefer-
objekte für die entsprechende Projektphase aus.
Phasenauswahl: Marketingkonzept der Lieferanten, Detailkonzept der Anforderungen, Investitionsrechnung und Budget, Projektauftrag mit Grobplanung, Bedürfnisse der Softwareanbieter an das
System, SWOT-Analyse der Betriebs- & Systemabläufe, Schwachstellen der heutigen potenziellen
IT-Systeme

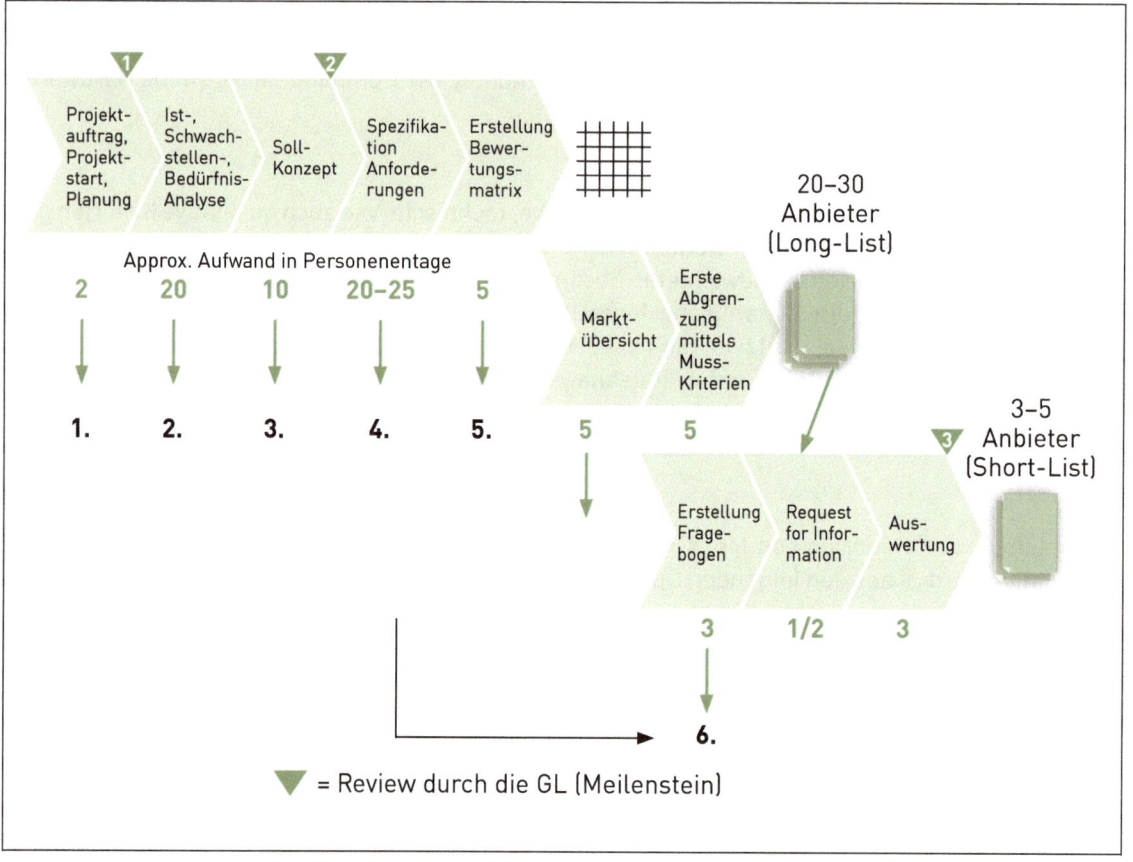

1. _____

2. _____

3. _____

7. Evaluation: Sie sind verantwortlich für die Evaluation einer neuen Produktionsplanungssoftware für
Ihren Betrieb. Aus welchem Grund sollten Sie während der Evaluationsphase den Kontakt zu potenziellen Anbietern zeitlich möglichst lange hinausschieben (nur eine Antwort richtig)?

a) ☐ Weil die Geschäftsleitung allenfalls noch Gegengeschäfte oder ihre Beziehungen ins Spiel
bringen wollen, bevor «die falschen» Lieferanten kontaktiert werden.

b) ☐ Weil die Evaluationskosten in der Regel tief gehalten werden müssen. Wenn man zu früh mit
Lieferantenbesuche startet, dann können so die Kosten für die Evaluation in die Höhe schnellen.

c) ☐ Weil die Software-Hersteller (oder Lieferanten) sehr interessiert sind, in einer frühen Phase der
Evaluation einzusteigen, damit sie die Entscheidung zu ihren Gunsten beeinflussen können.

d) ☐ Weil eine Evaluation in der Regel öffentlich ausgeschrieben wird (vor allem bei Privatunter-
nehmen) und deshalb die Chancengleichheit gewahrt werden muss.

e) ☐ Weil die Lieferanten mit vielen anderen Dingen beschäftigt sind und wir so unnötig deren Betrieb stören würden, obwohl wir die Entscheidung zur Lieferantenwahl noch gar nicht getrof-
fen haben.

8. Sie sehen in der nachfolgenden Grafik eine dargestellte, bekannte Problematik in der Welt der Informatik. Kreuzen Sie die richtige Antwort an (eine Antwort).

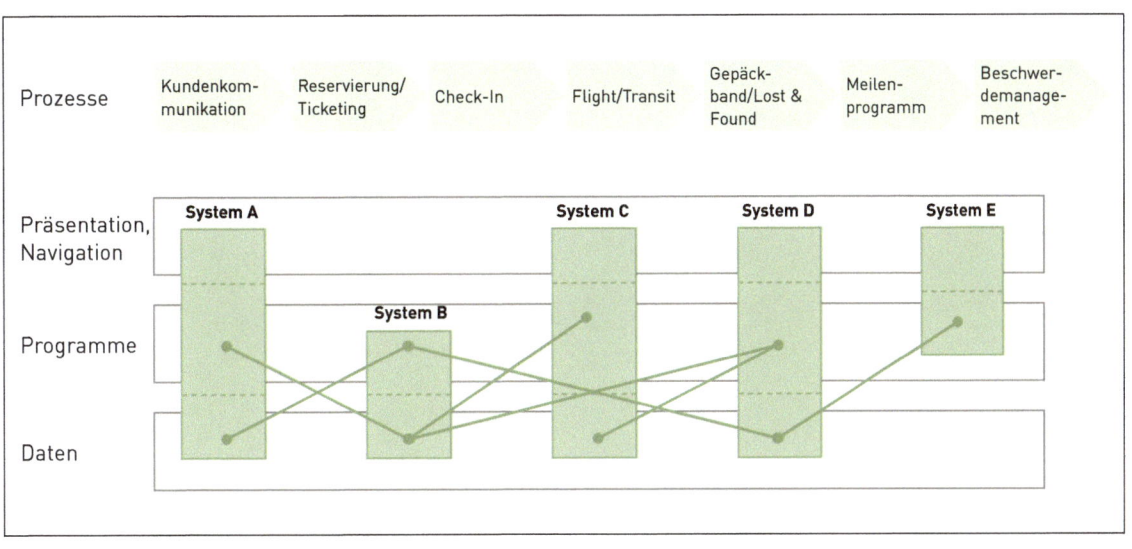

a) ☐ Die Grafik zeigt VPN-Verbindungen an, die zwischen den beteiligten IT-Systemen zwingend notwendig sind, da sie örtlich an unterschiedlichen Standorten stehen.

b) ☐ Hier werden unterschiedliche Applikationsarchitekturen der an der Prozesskette beteiligten IT-Systemen dargestellt. Dabei sind Datensicherheit und Datenschutz jedes Mal eine grosse Hürde.

c) ☐ Im Bild werden die Datenzugriffe dargestellt, während eines normalen Reisevorgangs eines Airline-Kunden. Diese müssen in Echtzeit verarbeitet werden.

d) ☐ Hier wird das Problem der Schnittstellen angedeutet. Dabei müssen Funktionen und Daten entlang der Prozesskette abgeglichen und synchronisiert werden.

9. Die bedarfsgerechte Auswahl einer Softwarelösung ist nicht einfach. Die Wahl einer ERP-Software sollte in hohem Masse von den individuellen Anforderungen des Unternehmens abhängen. Daher soll zunächst eine individuelle, interne Bedarfsermittlung erfolgen, bevor extern Softwareanbieter angefragt werden. Weshalb macht es Sinn, die Bedarfsermittlung intern durchzuführen und die Anforderungen vor der Kontaktierung der Softwareanbieter zu bestimmen (eine Antwort möglich)?

a) ☐ Schon bereits der erste Kontakt mit potenziellen Softwareanbietern würde die Neutralität einer Selektion und Lösungsbewertung infrage stellen, weil gute Kundenberater in der Lage sind, die Vorzüge ihrer eigenen Softwarelösung als wichtige Selektionskriterien darzustellen.

b) ☐ Die Auswahl einer Softwarelösung endet meistens mit einer Neuprogrammierung oder Erweiterung der bestehenden Standardlösung. Somit ist es ratsam, zuerst die genaue Abgrenzung der Bereiche welche neu- oder umprogrammiert werden müssen, bevor man den Kontakt zu den potenziellen Softwareanbietern sucht.

c) ☐ Die Softwarehersteller müssen für ihre Software-Anpassungen oder für allfällige Neuprogrammierungen genaue Kenntnisse über die Anforderungen haben. Deshalb macht es für sie Sinn, dass sie von Anfang an, in den Selektionsprozess einbezogen werden. So haben sie grössere Kontrolle über das technisch Machbare, die Kosten für das Projekt und die Entscheidungswege.

d) ☐ Für eine saubere Bedarfsanalyse sollte man zuerst intern untersuchen, wer mögliche potenzielle Softwareanbieter persönlich kennt, oder bereits schon Geschäftsbeziehungen bestehen. Damit wird verhindert, dass unnötig viele Anbieter kontaktiert werden. Insbesondere die Kontakte der Geschäftsleitung sind interessant. Sie könnten damit bessere Lösungen herbeiführen.

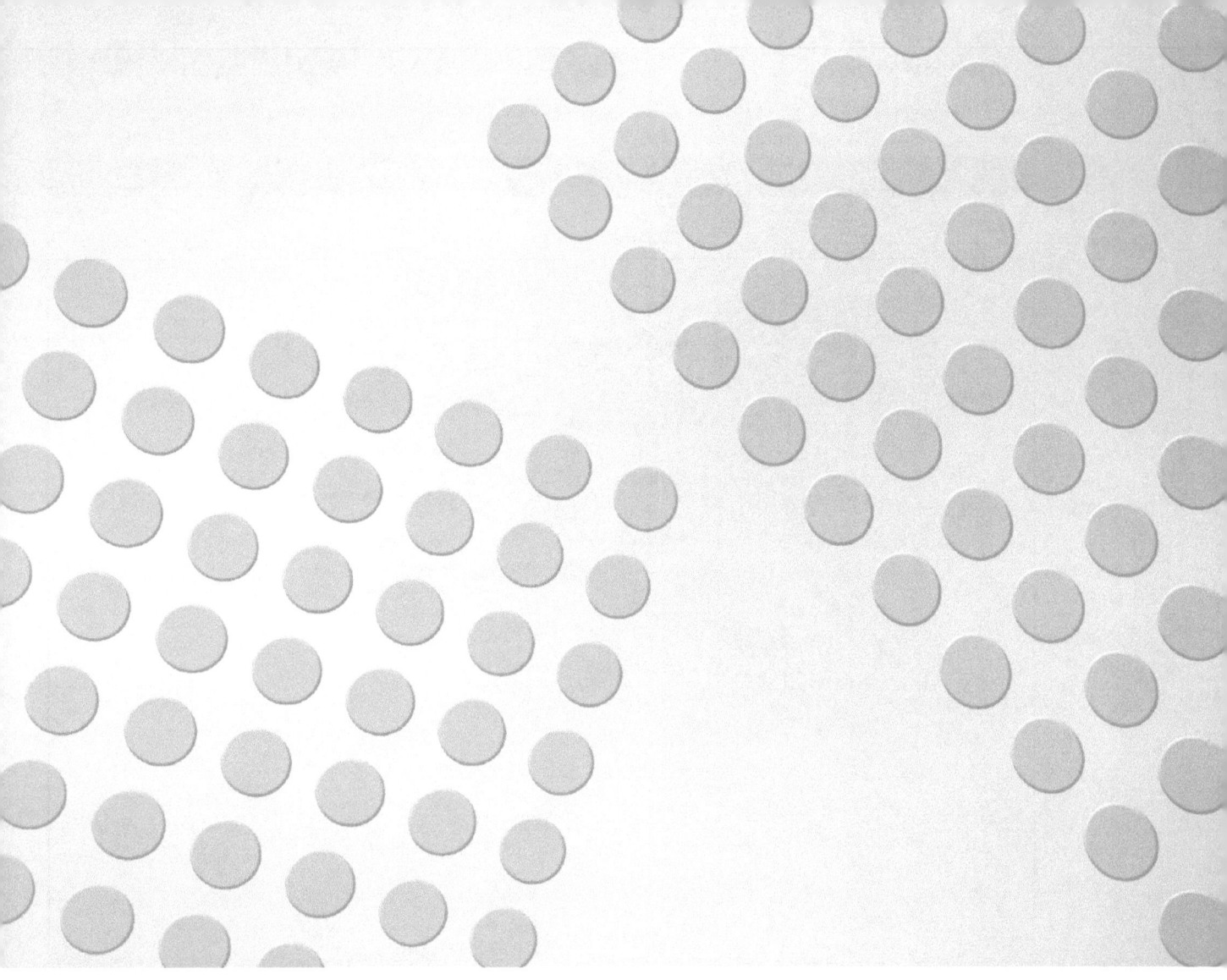

Informatik-Sicherheit

Kapitel 4

4 Informatik-Sicherheit

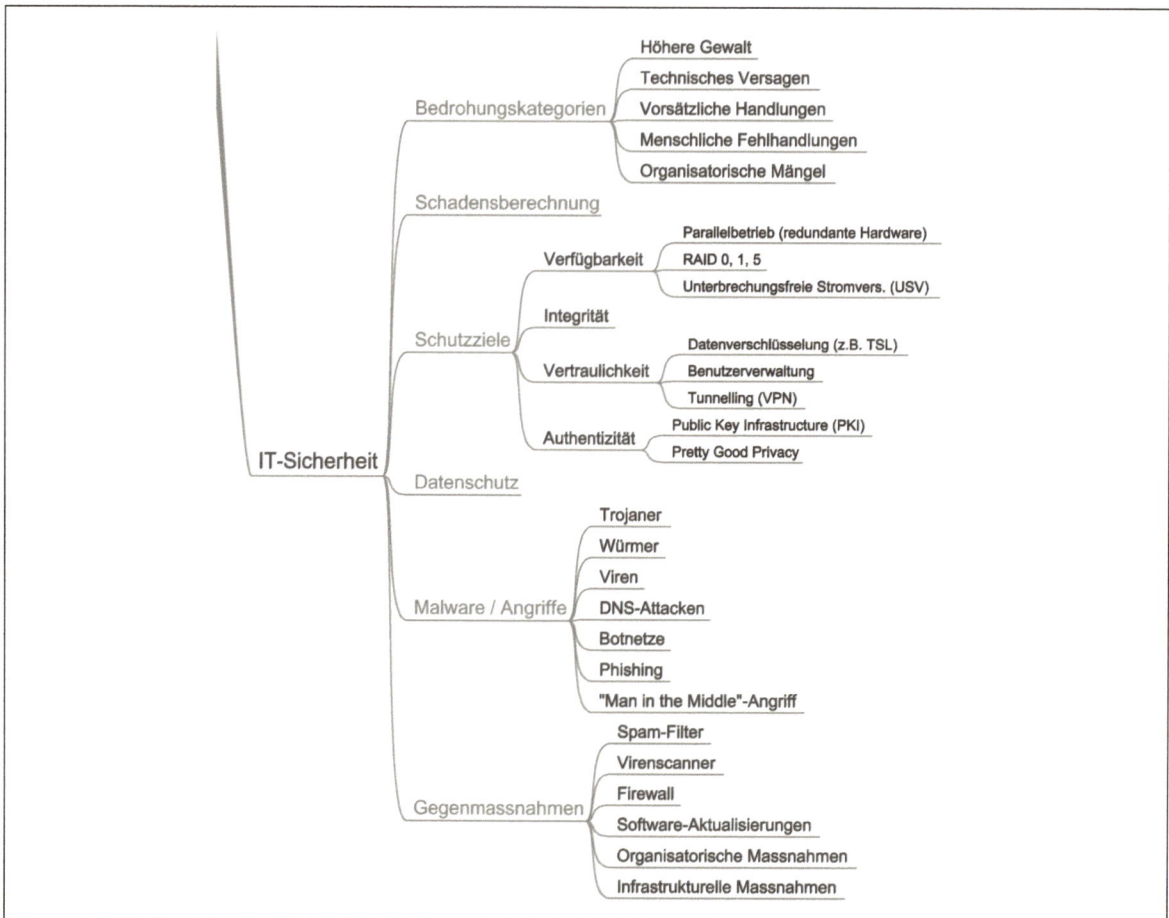

Der professionelle Umgang in der Informatik-Sicherheit erfordert ein strukturiertes Vorgehen. Der folgende Vorgehenszyklus hat sich bewährt:

1. Bedrohungen erkennen und Risikoszenarien entwickeln.
2. Schadensausmass im Eintrittsfall berechnen.
3. Schutzziele bestimmen.
4. Schutzmassnahmen evaluieren, definieren, umsetzen, überwachen.
5. Zurück zum Anfang.

4.1 Bedrohungskategorien

Es können folgende Risikokategorien definiert werden:

– **Höhere Gewalt**
  Beispiel-Szenarien:
  – Ein Erdbeben beschädigt Datenleitungen und/oder Server-Räume.
  – Ein Fluss tritt über die Ufer und überschwemmt den Informatikraum im Keller.
  – Ein Feuer bricht im Haus aus und beschädigt Leitungen und/oder Geräte .
– **Vorsätzliche Handlung**
  Beispiel-Szenarien:
  – Ein Mitarbeiter begeht Datendiebstahl.
  – Ein Mitarbeiter begeht Vandalismus.
  – Ein Hacker dringt in die Systeme ein und begeht Zerstörung und/oder Diebstahl.
  – Ein Virus zerstört Datenbestände.

- **Menschliches Versagen**
  Beispiel-Szenarien:
  - Ein Mitarbeiter schaltet aus Versehen ein System ab.
  - Ein Mitarbeiter öffnet eine elektronische Nachricht mit einer schädlichen Software im Anhang.
  - Ein Programmierer übersieht in einer Software eine Sicherheitslücke.
  - Ein Mitarbeiter lässt während einer Dienstreise sein Notebook im Zug liegen.
- **Technischer Defekt**
  Beispiel-Szenarien:
  - Eine Festplatte ist defekt und Daten gehen deshalb verloren.
  - Die Firewall des ADSL-Routers schliesst nicht alle Ports wegen einer Fehlfunktion.
  - Die Sprinkleranlage löst einen Fehlalarm aus und überschwemmt den Informatikraum.
  - Die Türe zum Informatikraum lässt sich nicht mehr schliessen.
- **Organisatorische Mängel**
  Beispiel-Szenarien:
  - Passwörter werden nie erneuert/geändert.
  - Die Mitarbeiter wissen nicht um die Gefahr von Anlagen in E-Mails.
  - Betriebssystemaktualisierungen werden nicht installiert/durchgeführt.
  - Datensicherungen werden nicht systematisch und kontinuierlich gemacht.

4.2 Schadensberechnung (Risk-Management)

Das Schadensausmass wird mittels eines Risk-Management-Vorgehens ermittelt. Dabei werden folgende Schritte durchlaufen:

1. Aus den Risikokategorien werden potenzielle konkrete Schadensszenarien entwickelt.
2. Zu jedem Szenario wird das Schadentotal bei Eintreten ermittelt. Dabei sind drei Kostenkategorien zu berücksichtigen:
   - direkte Kosten (z. B. Kosten für den Ersatz von Geräten etc.)
   - indirekte Kosten (z. B. Aufwand für die Wiederaufnahme des Betriebs etc.)
   - Folgekosten (z. B. Kosten wegen Betriebsausfall, verlorene Aufträge etc.)
3. Die prozentuale Eintrittswahrscheinlichkeit jedes einzelnen Szenarios wird ermittelt (z. B. anhand von Schadensstatistiken, durch Expertenschätzungen und Erfahrungswerten)
4. Berechnung des Schadensausmasses: Schadenshöhe im Eintrittsfall X Prozentuale Wahrscheinlichkeit des Eintretens = Schadensausmass

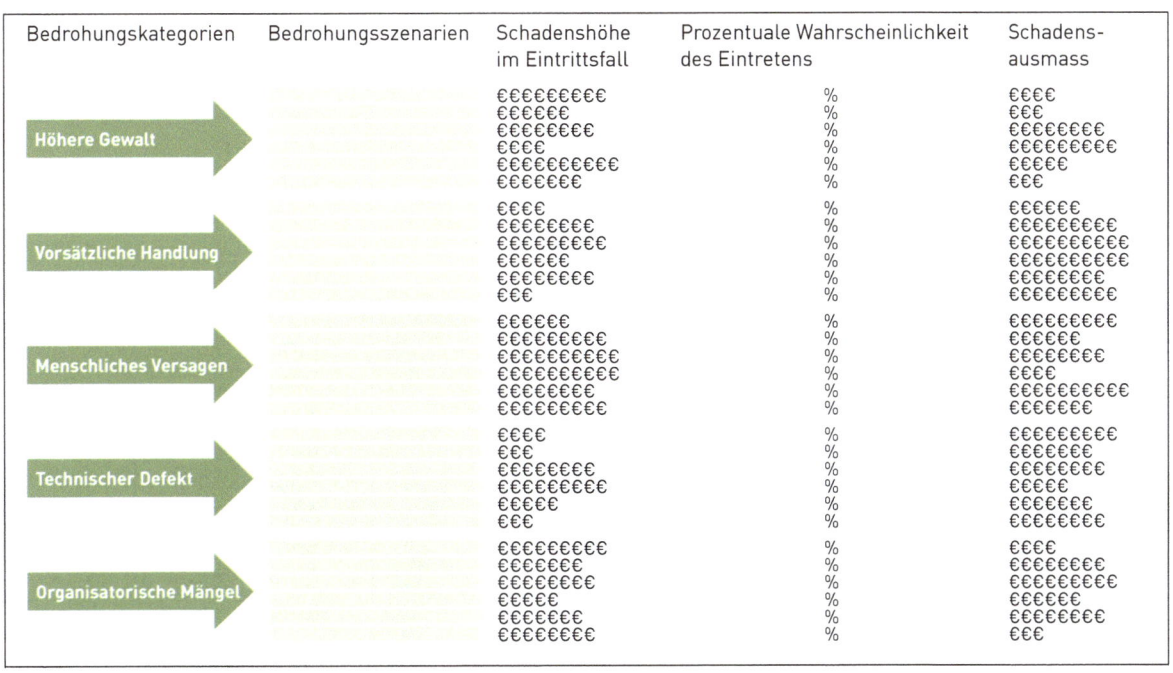

4.3 Schutzziele

Schutzziele werden zum Erreichen bzw. Einhalten der Informationssicherheit und damit zum Schutz der Daten definiert. Dabei können die Ziele verschiedene Schwerpunkte haben:

- Vertraulichkeit (Zugriff nur durch berechtigte Personen und Systeme)
- Integrität (Unversehrtheit, unbeschädigt, unverändert)
- Verfügbarkeit (Zugriffsgarantie in der gewünschten Zeit)
- Authentizität (Echtheit, Überprüfbarkeit, Vertrauenswürdigkeit)
- Verbindlichkeit (kein Abstreiten möglich)
- Zurechenbarkeit (Daten und Handlungen können eindeutig einer Person/System zugeordnet werden)

4.4 Massnahmen

Auf Basis des ermittelten Schadensausmasses für jedes Risikoszenario können anschliessend die Massnahmen evaluiert, geplant und umgesetzt werden. Dabei ist zu achten, dass die Kosten für die Umsetzung der Massnahmen zum Schutz eines bestimmten Risikos nicht höher sind als die Höhe des entsprechenden Schadensausmasses selbst. Wenn dies der Fall wäre, müsste man sich überlegen, ob es nicht sinnvoller wäre, das Risiko zu erdulden, weil die Gegenmassnahmen teurer wären als der Schadensfall selbst.

Man muss sich auch bewusst sein, dass durch Gegenmassnahmen die Risiken meistens nicht auf null Eintrittswahrscheinlichkeit gesenkt werden. Deshalb bleibt stets ein Restrisiko in jedem Szenario. Die Massnahmen können in drei Kategorien eingeteilt werden:

- informatiktechnische Massnahmen
- organisatorische Massnahmen
- räumlich-technische Massnahmen

Schutzziele	Risikokategorien	Mögliche Massnahmen	Beispiele
Vertraulich-keit	- menschliche Fehlhand-lungen - vorsätzliche Handlungen	- Passwortschutz - Besitz eines Gegenstands - Biometrischer Schutz - Verschlüsselung	- Berechtigungs-einstellungen, Benutzer-verwaltung - Smartcard - Dongle - Fingerabdruckscanner - Gesichtserkennung - TSL, VPN - Datenverschlüsselung in Fixspeicher - Verschlüsselung des WLAN (mit WPA2)
Integrität	- vorsätzliche Handlungen	Schutz vor Eindringen	- Firewall, - Raum-Zutrittssicherung - Raum-Zutritts-überwachung - Raum-Zutrittskontrolle - Anti-Viren-Software - Softwareaktualisierung - Demilitarisierte Zone im LAN

Schutzziele	Risikokategorien	Mögliche Massnahmen	Beispiele
Verfüg-barkeit	– höhere Gewalt – technisches Versagen	– Datensicherung (Vollständig mit Generationenprinzip, Differentielle Datensiche-rung, Inkrementelle Daten-sicherung – Unterbrechungsfreie Strom-versorgung – Mehrfach redundante Infra-struktur – Ausfallsichere Server	– Einsatz von Back-up-Soft-ware – RAID-System – USV-System – Stromgenerator – Reservesystem(e) – Mirrored Sites oder Warm Site – Fail-over-System – Load-Balancing – Server-Virtualisierung
Authenti-zität	– vorsätzliche Handlungen	Digitale Signatur	PKI
Verbind-lichkeit Zurechen-barkeit	– vorsätzliche Handlungen	Protokollierung	– Speicherprotokoll – Webzugriffprotokoll – Protokollierung des Datenverkehrs – Archivierung von E-Mails

4.4.1 Unterschiedliche Schutzzonen im Netzwerk

Es gibt in der eigenen Informatik-Konzeption manchmal unterschiedliche Schutzzonen. Zum Beispiel wird eine Bank, die das Online-Banking anbietet, nicht alle ihre Informatikzonen gleichwertig schützen können, weil sie eine halböffentliche Zone in ihrem Netzwerk besitzt (oder z. B. ein Hotel mit einem halb-öffentlichen WLAN-Zugang für die Gäste). Diese Zonen müssen vom restlichen Netzwerk abgeschottet werden. Dies geschieht mit zwei hintereinander geschalteten Firewalls, wobei die erste (vom Internet herkommend, also Firewall A im Bild) nicht so restriktiv eingestellt ist:[1]

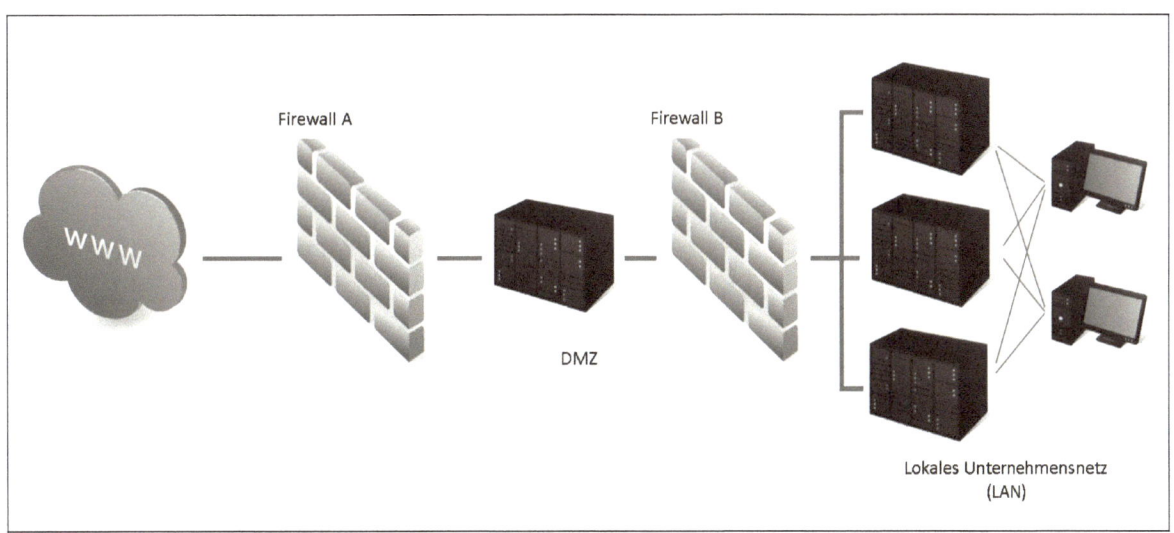

---

1   Das heisst, dass z. B. nicht alle Ports gegen aussen blockiert sind.

Informatik-Sicherheit 4

4.4.2 Erhöhung der Datensicherheit

Mit Datensicherheit sind die Gefahren und die entsprechenden Gegenmassnahmen gemeint, die den Verlust, die Verfügbarkeit oder die Beschädigung von Daten betreffen. Dies als Abgrenzung zum Datenschutz welches sich mit den korrekten Zugriffen und Sichtbarkeit der Daten befasst.

Die Datensicherheit kann durch technische wie auch durch organisatorische Massnahmen erhöht werden.

4.4.2.1 Technische Massnahmen

Digitale Daten werden hauptsächlich auf Massenspeicher gelagert. Mehrheitlich sind es Festplattenspeicher. Solche Festplatten sind anfällig, weil sie eine mechanische Schreib- und Lesemethode verwenden (schwebender Schreib- und Lesekopf über eine magnetisierte Scheibe). Die gebräuchlichste Sicherungsmassnahme ist der Einsatz von RAID-Systemen. Diese Systeme haben verschiedene Sicherheitsstufen:

	Funktion	**Schutzwirkung**
RAID 0	Aufteilung der zu speichernden Daten in gleich grosse Datenblöcke. Gleichzeitiges Speichern der verschiedenen Datenblöcke auf zwei oder mehreren Massenspeichern.	Keine eigentliche Schutzwirkung, aber eine wesentliche Geschwindigkeitssteigerung durch die Parallelverarbeitung der Datenblöcke.
RAID 1	Doppelte Speicherung der Datenblöcke in je zwei oder mehreren Massenspeicher (Datenspiegelung)	Durch die automatische Erstellung einer exakten Kopie jedes Datenblocks, werden die Daten automatisch gespiegelt (Mirroring). Beim Ausfall eines Massenspeichers existiert noch eine Kopie.
RAID 5	Verteilung der Datenblöcke auf mindestens drei Massenspeicher. Ein weiterer Massenspeicher enthält die Gesamtheit der verteilten Datenblöcke. Bei jedem Speichervorgang wird die Anordnung gewechselt sodass alle Massenspeicher sowohl Gesamtheit einer Datei wie auch Datenfragmente enthalten.	Durch die abwechslungsweise Speicherung der Datenblöcke von Dateien auf mehrere Massenspeicher können die Daten bei einem Ausfall komplett wieder rekonstruiert werden. Diese Selbstheilungsmethode nimmt allerdings viel Zeit in Anspruch. Deshalb kann man RAID 5 auch mit RAID 1 kombinieren, was dann RAID 51 entspricht.

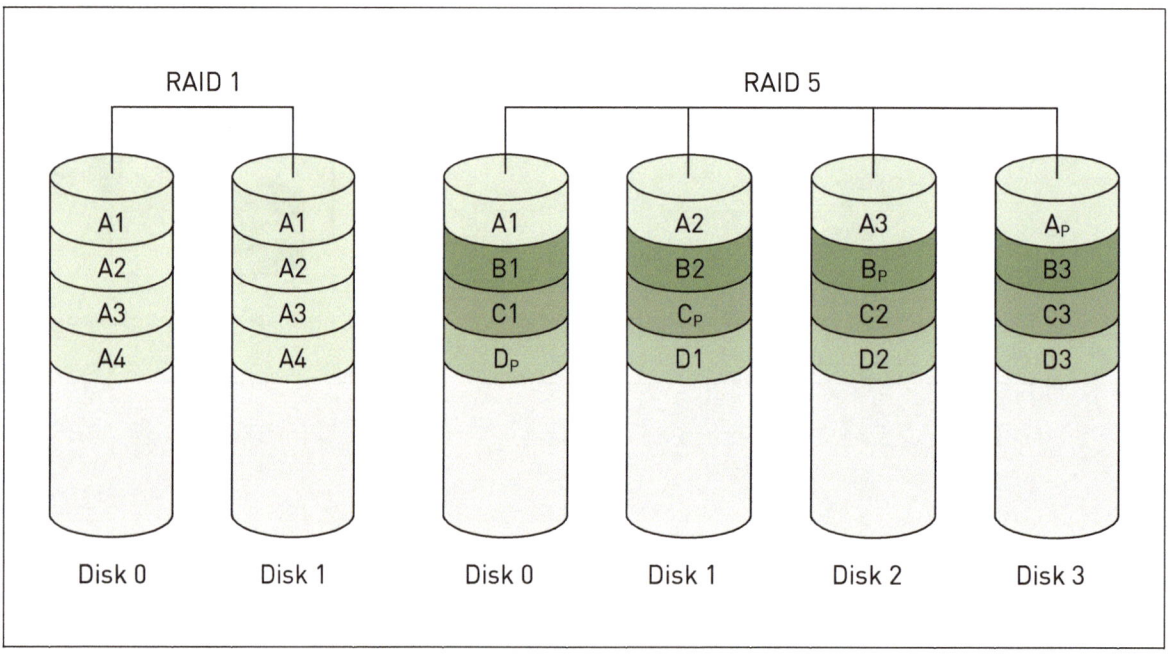

4.4.2.2 Organisatorische Massnahmen

Die üblichste Massnahme gegen Datenverlust oder Beschädigung ist die Datensicherung. Die einfachste Methode ist, regelmässig alle Daten auf ein separater (meistens mobiler) Massenspeicher zu speichern und diesen örtlich entfernt vom Original aufzubewahren (Komplett- oder Vollsicherung). Wenn die Daten immer auf demselben Massenspeicher überschrieben werden, kann die Wiederherstellung eines bestimmten Zustandes nicht gewährleistet sein. Deshalb empfiehlt sich die Datensicherung mit Generationenprinzip:

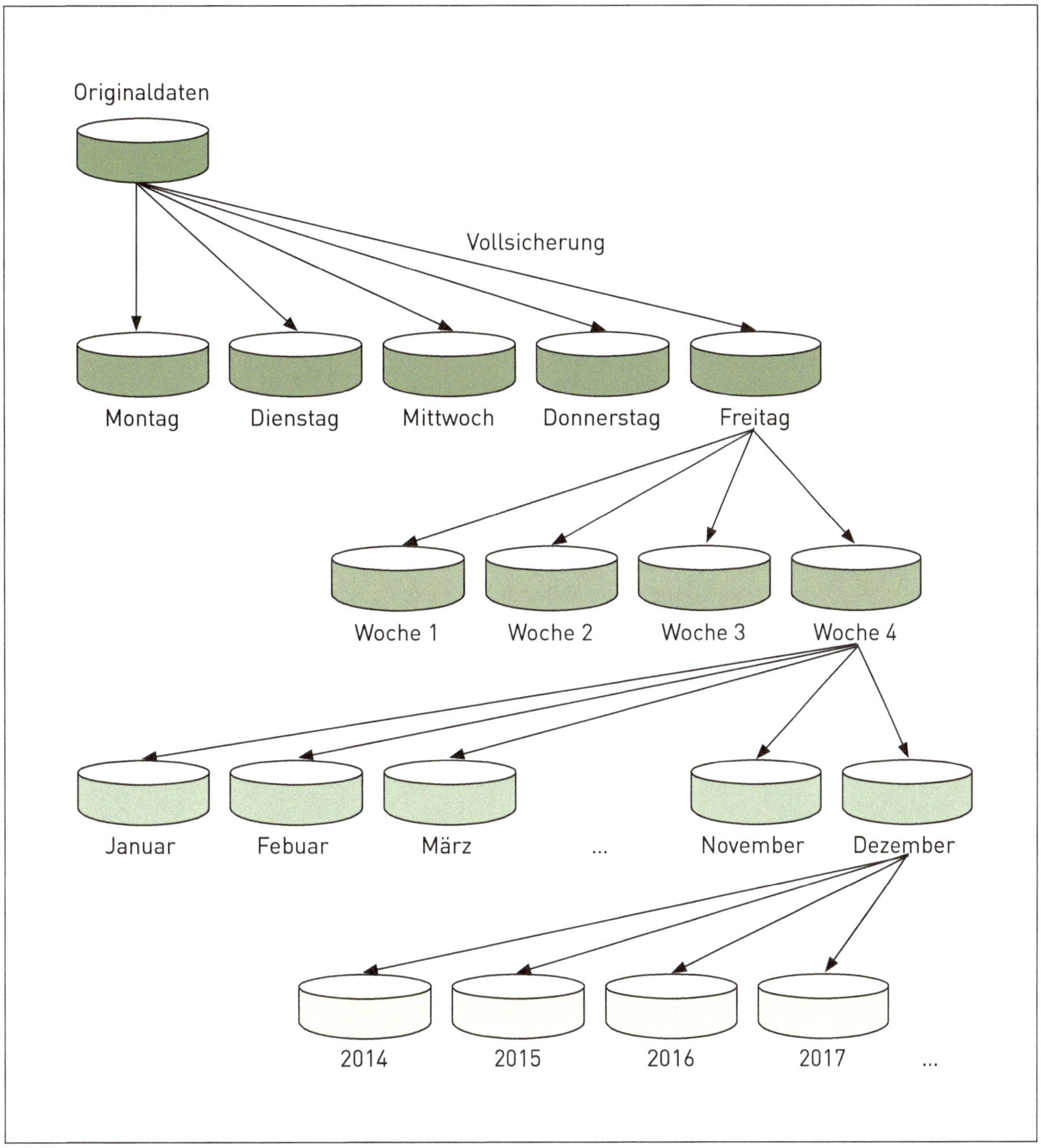

Originaldaten

Vollsicherung

Montag   Dienstag   Mittwoch   Donnerstag   Freitag

Woche 1   Woche 2   Woche 3   Woche 4

Januar   Febuar   März   ...   November   Dezember

2014   2015   2016   2017   ...

Diese Methode setzt relativ viel Speicherplatz voraus. Effizientere Methoden sind die:

– Inkrementelle Sicherung: Es werden immer nur die Dateien gespeichert, die seit der letzten inkrementellen Sicherung oder (zu Beginn) der letzten Komplettsicherung geändert wurden oder neu hinzugekommen sind. Es wird also immer auf der letzten inkrementellen Sicherung aufgesetzt. Bei einer Wiederherstellung müssen die die Daten aus mehreren Sicherungen wieder zusammengesucht werden.
– Differenzielle Sicherung: Alle Daten, die seit der letzten Komplettsicherung geändert wurden oder neu hinzugekommen sind, werden gespeichert. Es wird stets auf der letzten Komplettsicherung aufgesetzt, wobei gegenüber einer neuen Vollsicherung Speicherplatz und Zeit gespart werden kann.

4.4.3 Erhöhung der Ausfallsicherheit

Bei einem Ausfall ist immer die Frage zentral, wie lange es geht, bis der Normalbetrieb der Systeme wiederaufgenommen werden kann. Dabei gibt es verschiedene Stufen:

Ausfallzeit	Methode	Besondere Merkmale
Stunden bis mehrere Tage	Ersatzteile der wichtigsten Komponenten auf Lager, auch Cold Site genannt	Günstig, aber die Komponenten müssen installiert, konfiguriert und getestet werden
1–5 Stunden	Ein vollständiges Reservesystem ist vorhanden und wird vom Notfallpersonal gestartet. Allenfalls müssen aktuelle Daten noch überspielt werden (z. B. laufende Aufträge der Firma, Buchhaltungsdaten etc.). Die Methode wird auch Warm Site genannt. System muss getestet werden.	Wesentlich teurer als Cold Site.
Wenige Minuten	Ein vollständiges Reservesystem ist vorhanden und wird rund um die Uhr startbereit gehalten. Aktuelle Daten werden noch überspielt. Die Methode wird auch Hot Site genannt. Es sind nur minime Tests nötig.	Sehr teure Variante.
Keine Ausfallzeit	Ein vollständig gespiegeltes Reservesystem ist vorhanden und läuft rund um die Uhr. Alle Daten sind aktuell. Die Methode wird auch Mirrored Site genannt. Es sind keine Tests nötig.	Teuerste Variante

Darüber hinaus können auch die einzelnen Server mit Sicherungsmethoden ausfallsicherer gemacht werden:

Failover System	Die Server werden so miteinander gekoppelt, dass beim Ausfall eines dieser Server, die Arbeit (die laufenden Prozesse des ausgefallenen Servers) sofort vom restlichen Serververbund übernommen wird.	Dieser Mechanismus wird durch Virtualisierung erzielt.
Load Balancing System	Die Server werden so miteinander gekoppelt, dass die Arbeit (die laufenden Prozesse aller Server) gleichmässig auf alle lauffähigen Server im Serververbund aufgeteilt werden.	Dieser Mechanismus wird durch Virtualisierung erzielt.
Unterbrechnungsfreie Stromversorgung (USV)	Nicht nur Stromunterbrüche können damit überbrückt werden, sondern auch Spannungsspitzen oder –einbrüche.	Dieser Schutz wird durch eine Strombatterie erzielt, welche bei Bedarf Strom dem Netz entzieht oder beigibt.

4.4.4 Erhöhung der Vertraulichkeit

Hier sind etablierte Massnahmen erwähnt, welche sicherstellen sollen, dass Daten/Informationen nicht ungewollt an Dritte gelangen. Dabei können interne und externe Massnahmen eingesetzt werden.

4.4.4.1 Interne Massnahmen

Es sind unterschiedliche Massnahmen möglich, welche miteinander kombiniert werden können. Jedes Element, das hinzukommt, erhöht das Sicherheitsniveau:

Am Computer			Am Gebäude	
Organisatorische Massnahme	Hardware-massnahme	Biometrische Massnahme	Infrastrukturelle Massnahme	Beschreibung, Bemerkung
Passwort, Login-Name				Günstig und schnell zu realisieren, mittelmässige Sicherheit
	Sicherheitselement wie Smartcard, Dongle			Gute Sicherheit allerdings komplexer in der Organistion
		Fingerabdruck, Iris-Scan, Stimmerkennung, Gesichtserkennung, Venen-Scan oder eine Kombination aus dieser Aufzählung		Sehr grosse Sicherheit weil guter Fälschungsschutz allerdings sehr teuer
			Zutrittssysteme am Gebäude (Geheimzahl, Schlüssel/Smartcard oder Biometrisch)	Sehr grosse Sicherheit aber sehr teuer und in Mietobjekten nicht immer realisierbar

4.4.4.2 Externe Massnahmen

Diese Massnahmen zielen darauf, dass Daten/Informationen ausserhalb der eigenen Wände nicht ungewollt an Dritte gelangen. Das heisst, es betrifft Daten, die auf Datenträger oder über Netzwerke die eigenen Wände verlassen.

Die wichtigste Massnahme ist die Verschlüsselung. Diese Forschungsdisziplin wird auch Kryptographie genannt. Im Wesentlichen wird eine Originalinformation vor dem Absenden oder beim Speichervorgang so verändert (verschlüsselt), dass eine dritte unbefugte Person zwar an die Daten gelangen kann, diese aber nicht entziffern kann, weil der Verschlüsselungsmechanismus unbekannt ist. Im Grunde genommen ist es wie beim Aktenvernichter (Schräder): Man kann sehr leicht an die vernichteten Akten gelangen, aber es ist extrem aufwändig, die tausenden von Einzelteilen wieder zu einem Ganzen Dokument zusammenzusetzen. Nach diesem Prinzip funktioniert die Verschlüsselung. Das heisst, es ist nicht unmöglich eine Verschlüsselung zu knacken, aber man kann es sehr aufwändig gestalten, sodass sich eine Entschlüsselung nicht mehr lohnt, weil es (für die meisten Leute) zu viel Zeit und Geld kostet.

Die bekanntesten Verschlüsselungsarten sind:

- TSL (z. B. beim Online-Banking, E-Mail)
- IPsec (z. B. für VPN)

4.5 Malware/Angriffe

Nebst den physischen Angriffen durch Menschen wie Einbruch, Sabotage, Vandalismus oder Diebstahl, gibt es eine grosse Anzahl digitaler Angriffe, die durch schädliche Software (Malware) oder/und Netzwerk-Angriffen oder durch Täuschung stattfinden. Dies sind:

– Computerviren, Trojaner und Würmer, (Malware)
– Spoofing, Phishing, Pharming oder Vishing, bei dem eine falsche Identität vorgetäuscht wird
– Denial of Service-Angriffe
– Man-in-the-middle-Angriffe oder Snarfing
– Social Engineering

Bedrohung/ Angriffsart	Merkmale, Mechanismen	Angriffspunkt/Verbreitung	Gegenmassnahme
Computervirus	Schädliche Software mit Verbreitungs- und Infektionsfunktion	Verbreitung durch Kopieren einer infizierten Wirtsdatei auf ein neues System durch Anwender.	Anti-Viren-Schutz
Wurm	Schädliche Software mit Verbreitungs- und Infektionsfunktion	Kann sich selbstständig verbreiten ohne Anwender	Anti-Viren-Schutz
Trojaner	Schädliches Computerprogramm, das als nützliche Anwendung getarnt ist	Verbreitung durch Downloads oder Kopieren auf neue Systeme	Anti-Viren-Schutz
Phishing	Gefälschte Webseiten, E-Mails oder SMS um an persönliche Daten zu gelangen, um damit Identitätsdiebstahl oder Kontoplünderung zu begehen	Phisher geben sich als vertrauenswürdige Personen aus. Durch Fälschung gelangen sie an Daten wie Benutzernamen und Passwörter für Online-Banking, Kreditkarteninformationen etc.	Aufmerksamkeit, Schulung der Mitarbeiter
Spoofing	Authentifizierungs- und Identifikationsverfahren werden untergraben um einen Empfänger-Server zu täuschen.	Datenpakete so fälschen, dass sie die Absenderadresse eines vertrauenswürdigen Servers tragen um damit gefälschte Transaktionen (wie Börsenaufträge, Reservierungen etc.) auslösen.	Für Anwender nicht möglich.
Pharming	Betrugsmethode basierend auf eine Manipulation der DNS-Anfragen von Webbrowsern um den Benutzer auf gefälschte Webseiten umzuleiten	Lokale Manipulation der Host-Datei	Für Anwender nicht möglich. Technische Massnahme: Mehrere DNS-Server aus unterschiedlichen Netzen befragen.
Vishing	Per automatisierten Telefonanrufen den Empfänger irreführen um die Herausgabe von Zugangsdaten, Passwörtern, Kreditkartendaten usw. zu erwirken.	Telefonanrufe	Aufmerksamkeit, Schulung der Mitarbeiter

Bedrohung/ Angriffsart	Merkmale, Mechanismen	Angriffspunkt/Verbreitung	Gegenmassnahme
Denial of Service-An-griffe	Überlastung von Infrastruktursystemen durch mutwilligen Angriff auf einen Server	Anfragen auf Internetdienste	Firewall
Man-in-the-midd-le-Angriffe, Snarfing	Der Angreifer steht physika-lisch oder digital zwischen den Kommunikationspartnern und hat die vollständige Kont-rolle über den Datenverkehr, er kann die Informationen nach Belieben einsehen und manipulieren.	Netzwerk-Einbruch	Verschlüsselung
Social Engineering	Menschliche Beeinflussung mit dem Ziel, zum Beispiel zur Preisgabe von vertrauli-chen Informationen wie Pass-wörter	Mitarbeiter	Aufmerksamkeit, Schulung der Mit-arbeiter

4.6 IT-Compliance und Datenschutz

4.6.1 IT-Compliance

Unternehmen unterliegen zahlreichen rechtlichen Verpflichtungen, auch im Informatikbereich. IT-Com-pliance ist eine Disziplin der Unternehmensführung. Es geht um die Einhaltung der gesetzlichen, unter-nehmensinternen und vertraglichen Regelungen im Bereich der Informatik. Compliance-Anforderungen sind Informationssicherheit, Datenaufbewahrung und Datenschutz.

Die Nichteinhaltung führt zu hohen Geldstrafen und Haftungsverpflichtungen. Aktiengesellschaften (AG) und GmbHs sind besonders betroffen, weil die Geschäftsführer und Verwaltungsräte persönlich für die Einhaltung der gesetzlichen Regelungen haftbar sind. Bei Missachtung drohen zivilrechtliche und/oder strafrechtliche Sanktionen.

4.6.2 Datenschutz

Es geht um Schutz der Privatsphäre. Der Datenschutz steht für Recht, selbst zu bestimmen, wem wann welche persönlichen Daten zugänglich sein sollen. In der Schweiz existieren die Auskunftspflicht und die Informationspflicht. Werden Personendaten von Bundesorganen bearbeitet, dann müssen die betroffe-nen Personen aktiv durch den Betreiber der Datensammlung informiert werden.

Besonders schützenswerte Personendaten:

1. die religiösen, weltanschaulichen, politischen oder gewerkschaftlichen Ansichten oder Tätigkeiten
2. die Gesundheit, die Intimsphäre oder die Rassenzugehörigkeit
3. Massnahmen der sozialen Hilfe
4. administrative oder strafrechtliche Verfolgungen und Sanktionen;

Informationen über Personen, die auf Social Media oder anderen Medien bereits gespeichert, verbreitet und öffentlich gemacht wurden, gelten nicht mehr als privat. Die Überwachung von Mitarbeitern (E-Mail, Surf-Verhalten etc.) muss vorher schriftliche angekündigt werden, verhältnismässig sein (z. B. nur im Verdachtsfall) und wann immer möglich anonym ausgewertet werden.

Aufgaben zu Kapitel 4

1. DMZ (Demilitarisierte Zone): Welcher dieser Aussagen ist richtig (mehrere Antworten möglich)?

   a) ☐ Meistens befinden sich Web-Server und Mail-Server in der DMZ.
   b) ☐ Die DMZ ist eher von Angriffen betroffen als andere Zonen im internen Netz (LAN).
   c) ☐ Die Demilitarisierte Zone (DMZ) ist die sicherste geschützte Zone im Netzwerk (LAN).
   d) ☐ Die Demilitarisierte Zone wird räumlich und physikalisch vom Rest der Geräte getrennt installiert.

2. Ordnen Sie den folgenden Aussagen die vier Grundwerte der Datensicherheit zu.

   a) Der sorgfältige Umgang mit Daten und Informationen muss gewährleistet sein. Weitergabe und Einsicht von Informationen muss definiert und kontrolliert werden und möglicherweise verhindert werden.

   _____

   b) Die inhaltliche Konsistenz der Daten und Informationen muss gewährleistet sein. Somit stellt sich der Anspruch an die Richtigkeit und Verlässlichkeit der Daten. Fragmentierte Datenbestände müssen vermieden werden und müssen auf Vollständigkeit geprüft werden.

   _____

   c) Die Daten müssen zum jedem entsprechenden Zeitpunkt zugänglich sein.

   _____

   d) Es muss sichergestellt werden, dass die Daten auch vom demjenigen Absender stammen, als der er sich ausgibt. Wird eine Bestellung in einem Internet-Shop ausgeführt, so muss gewährleistet sein, dass nicht jemand anders als der angegebene Besteller am Werk war.

   _____

3. Die richtige Schulung der eigenen Mitarbeiter ist noch immer das grösste Problem in Sachen Informatik-Sicherheit. Hackerangriffe bleiben eine konstante Bedrohung. Und schliesslich ist eine gute Benutzerverwaltung nach wie vor ein wichtiger Schutz. Schreiben Sie die Nummer der drei jeweilig angesprochenen Gefahrenbereiche in die Tabelle, in der gleichen Reihenfolge wie sie in diesem Text erwähnt werden.

Rangfolge	Bedrohungskategorie
1.	
2.	
3.	

[1] Manipulation zum Zwecke der Bereicherung (Kriminelle Mitarbeiter)
[2] Höhere Gewalt, Erdbeben
[3] Unbeabsichtigte Fehler von Externe Personen (Berater)
[4] Frekking (Vandalismus, Probing, Missbrauch)
[5] Softwaremängel & -defekte von Gratis-Software
[6] Malware (Viren, Würmer, trojanische Pferde etc.)
[7] Irrtum und Nachlässigkeit eigener Mitarbeiter
[8] Unbefugte Kenntnisnahme, Informationsdiebstahl, Wirtschaftsspionage

4 Informatik-Sicherheit

4. Welche sind die fünf meistbekannten Bedrohungskategorien?

a) ☐ Organisatorische Mängel
b) ☐ Finanzelle Budgetkürzungen
c) ☐ Höhere Gewalt
d) ☐ Technisches Versagen
e) ☐ Vorsätzliche Handlungen
f) ☐ Kriminelle Organisationen
g) ☐ Falsche Einschätzung der Risiken
h) ☐ Phishing
i) ☐ Passwortdiebstahl aus Social Media Plattformen (z. B. Facebook)
j) ☐ Menschliche Fehlhandlungen
k) ☐ Missbrauch geschäftlicher Software für private Zwecke

5. Welche der folgenden Ausdrücke auf der folgenden Liste stellen klassische und oft erleidete Bedrohungen- bzw. Bedrohungskategorien dar? Kreuzen Sie alle richtigen an (drei Antworten gesucht).

a) ☐ Shit-Storm über Social-Media-Kanäle
b) ☐ Streik von Mitarbeitern
c) ☐ Vorsätzliche Handlungen
d) ☐ Organisatorische Mängel
e) ☐ Technische Ausfälle
f) ☐ Fehlendes Risk Management
g) ☐ Naturkatastrophen wie Überschwemmungen
h) ☐ Menschliche Fehlhandlungen
i) ☐ Terroristische Angriffe aus dem Ausland

6. Massnahmen zur Datensicherheit können grundsätzlich technischer oder organisatorischer Art sein. Nachfolgend werden für jede Kategorie typische Massnahmen aufgeführt. Ordnen Sie die Massnahmen mit einem grossen «T» für die technische oder «O» für organisatorische Kategorie zu. Es sind Massnahmen enthalten, die nicht viel mit Datensicherheit zu tun haben. Diese müssen mit «X» gekennzeichnet sein.

Massnahmen	T	O	X
Regelmässige Information über aktuelle Gefahren			
Automatische Protokollierung der Datenbearbeitung			
Regelmässige, automatisierte Datensicherung auf Backup-Server			
Regelmässige Schulung der Mitarbeiter über mögliche Gefahren			
Regelmässige Mitarbeiterqualifikationsgespräche führen und Lohnverhandlungen führen			
Festlegung der Berechtigung für den Datenzugriff			
Überprüfung des Strafregisters vor einer Anstellung eines(r) neuen Mitarbeiters(in)			
Bonuszahlungen an Mitarbeiter mit ausgezeichnetem elektronischen Leistungsausweis			
Servervirtualisierung und Datenspiegelung auf Hot-Site			
Auf allen Smartphones wird ein funktionierenden Antivirenschutzprogramm installiert			

7. Das Datenschutzgesetzt regelt den Umgang mit Daten über Personen. Als besonders schützenswerte Daten gelten persönliche Daten. Ausschlaggebend ist dabei Artikel 3 des Datenschutzgesetzes. Markieren Sie die falschen Aussagen.

   a) Die religiösen, weltanschaulichen, politischen, sportlichen oder gewerkschaftlichen Ansichten oder Tätigkeiten
   b) Die Gesundheit, Hobbies, die Intimsphäre oder die Rassenzugehörigkeit
   c) Massnahmen der politischen Hilfe
   d) Administrative oder sprachrechtliche Verfolgung
   e) Die Beteiligung an öffentlichen Events wie Public Viewing

8. Die Personen-Authentisierung in der Informatik kann grundsätzlich auf folgende Arten erfolgen. Kreuzen Sie die richtigen Antworten an (mehrere Antworten möglich).

   a) ☐ Zutritt oder Zugriff durch Wissen über Geschäftsgeheimnisse wie Umsatz, Gewinn oder Strategie
   b) ☐ Zutritt durch Bekanntheit mittels eines Mitarbeiters wie z. B. eines Portiers (Wachposten)
   c) ☐ Besitz eines Gegenstands wie eine Visitenkarte oder ein Notebook der Firma
   d) ☐ Zutritt oder Zugriff durch lösen komplexer mathematischer Aufgaben
   e) ☐ Besitz eines Gegenstandes wie einem Personalausweis in Form einer SmartCard
   f) ☐ Zutritt oder Zugriff durch Körperliche Merkmale

9. VPN und Tunelling: Einige Passagen sind falsch im folgenden Text. Schreiben Sie neben der entsprechenden Zeilennummer links die Textpassage oder das Wort, das fachlich falsch ist. Wenn eine Zeile keine Fehler hat, dann fügen Sie auf dieser Zeile das Zeichen @ ein.

Fehler		Text
	1.	Tunneling ist ein Verfahren, um Bilddateien sicher über ein öffentliches Netzwerk
	2.	(z. B. das Internet) zu übertragen. Es wird quasi ein Kommunikationskanal ausgebaut,
	3.	der einen sicheren Tunnel für die Datenübertragung gleicht. Zu diesem Zweck
	4.	werden die Bilder mit einem Netzwerkprotokoll übertragen, das in einem anderen
	5.	Schlüssel eingebettet ist.
	6.	Ein virtuelles Privates Netzwerk (VPN) besteht aus Netzwerkknoten im Internet,
	7.	die sicher miteinander kommunizieren. Mithilfe von Verschlüsselungstechnologien
	8.	und Web-Servern wird erreicht, dass die übertragenen Daten nicht gelesen werden können.
	9.	Ein VPN verhält sich also wie ein abgesichertes öffentliches Netzwerk,
	10.	das sich in einem privaten Netzwerk befindet.

Informatik-Sicherheit **4**

10. RAID (Redundand Array of Indipendend Disks): Die folgenden Abbildungen stellen verschiedene Prinzipien der unterschiedlichen RAID-Levels dar. Benennen Sie die zwei RAID-Prinzipien gleich unterhalb der Grafiken.

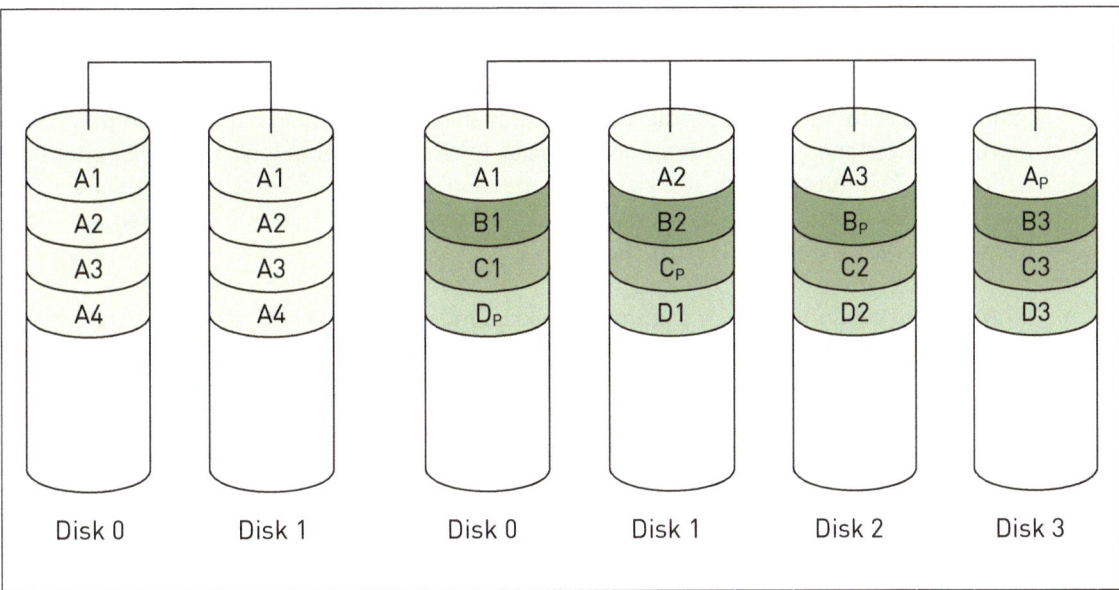

a) _____

b) _____

11. Systemverfügbarkeit: Um die Betriebsqualität (Zuverlässigkeit) eines Serversystems sicherzustellen, wird die Serverleistung oft redundant zur Verfügung gestellt, oder es bestehen andere Mechanismen, wie eine IT-Infrastruktur möglichst robust und eine hohe Verfügbarkeit gewährleistet werden kann. Ordnen Sie die folgenden Begriffe nach Ihrer Beschreibung zu. Begriffauswahl: Warm Site, Cold Site, Failover System, Hot Site, Load Balancing, Mirrored Site, Single Server, Mobile Site

a) Hohe Verfügbarkeit für hohe Ansprüche. Solche Anforderungen sind meistens von Unternehmen gestellt, welche eine Informatik rund um die Uhr einsetzen müssen/wollen. Die Systeme übernehmen die Gesamtlast und verteilen sie automatisch auf die verfügbaren Server des Gesamtsystems (Serververbund).

_____

b) Das Gesamtsystem verfügt über ein Reserve-System, welches gespiegelte Daten verfügt und jederzeit und sofort betriebsbereit zur Verfügung steht.

_____

c) Grosse Robustheit des Systems kann erzielt werden, in dem man zwei oder mehrere Server parallel arbeiten lässt. Fällt eines der Systeme aus, dann können die anderen automatisch die Arbeit des ausgefallenen Servers übernehmen.

_____

d) Dieses Reservesystem ist mit allen Systemkomponenten ausgestattet, ist fortlaufend gewartet und kann im Notfall in Betrieb genommen werden. Die Daten aus dem operativen Geschäft müssen allenfalls noch übernommen werden.

_____

Informatik-Sicherheit

4

12. Nachfolgend lesen Sie einige Aussagen über Malware. Welche Bedrohungsform ist gesucht?

a) Trojaner sind Programme, die gezielt auf fremde Computer eingeschleust werden, aber auch zufällig dorthin gelangen können, und dem Anwender nicht genannte Funktionen ausführen. Sie sind als nützliche Programme getarnt, indem sie beispielsweise den Dateinamen einer nützlichen Datei benutzen, und neben ihrer versteckten Funktion tatsächlich eine nützliche Funktionalität aufweisen. Viele Trojaner installieren während ihrer Ausführung auf dem Computer heimlich ein Schadprogramm. Diese Schadprogramme laufen dann eigenständig auf dem Computer. So können u. a. eigenständige Spionageprogramme auf den Rechner gelangen (z. B. Sniffer oder Komponenten, die Tastatureingaben aufzeichnen, sogenannte Keylogger). Auch die heimliche Installation eines Backdoorprogramms ist möglich, die es gestattet, den Computer unbemerkt über ein Netzwerk (z. B. das Internet) fernzusteuern.

b) Ein Wurm ist ein Computerprogramm oder Skript mit der Eigenschaft, sich selbst zu vervielfältigen, nachdem es einmal ausgeführt wurde. In Abgrenzung zum Virus verbreitet sich der Wurm, ohne fremde Dateien oder Bootsektoren mit seinem Code.

13. Welche Bedrohungsform ist gesucht?

a) Unter Distributed Denial of Service-Attacke versteht man einen Angriff auf einen Computer mit dem erklärten Ziel, die Verfügbarkeit ausser Kraft zu setzen. Im Gegensatz zur einfachen ...-Attacke erfolgt der Angriff von vielen verteilten Rechnern aus. Das Opfer wird hierzu beispielsweise mit einer Vielzahl von fehlerhaften IP-Paketen bombardiert und stellt seinen Dienst wegen Überlastung ein.

b) Unter Phishing-Attacke versteht man Versuche, über gefälschte World Wide Webseiten, E-Mail oder Kurznachrichten an Daten eines Internetbenutzers zu gelangen und damit Identitätsdiebstahl zu begehen. Ziel des Betrugs ist es, mit den erhaltenen Daten beispielsweise Kontoplünderung zu begehen und den entsprechenden Personen zu schaden.

c) Die Denial-of-Service-Attacke ist ein ...-Angriff, bei dem unter Missbrauch des Domain Name Systems extrem grosse Datenströme auf den .... des Opfers gelenkt werden. Ziel ist es, diesen Server zu überlasten, sodass dieser nicht verwendet werden kann, eventuell mit der Absicht damit einen wirtschaftlichen Schaden zu verursachen.

14. Wie könnte ich ein Virus, der «Trojaner» heisst, verbreiten (zwei Antworten gültig)?

a) ☐ Ein Computerprogramm, das weitgehend automatisch sich wiederholende Aufgaben abarbeitet, in diesem Fall sucht (fischt) es nach offenen Ports bei einer IP-Adresse und «schlüpft» so rein.

b) ☐ Ich sende ein Bild über Whatsapp in eine Gruppe. Dieses Bild ist in Wahrheit ein Programm und wenn man es öffnet, dann wird dieses Programm gestartet und der Virus kann sich installieren.

c) ☐ Ein Programm (z. B. Computerspiel) als Gratisdownload anbieten. Ist mein Programm einmal drin, dann kann es über die Sicherheit des Computers versuchen auszuhebeln.

d) ☐ Über gefälschte WWW-Adressen, E-Mail oder Kurznachrichten an Daten eines Internetbenutzers zu gelangen

e) ☐ Einen mutwilligen Angriff auf einen ungeschützten Server starten, bis er stoppt und dann rein.

f) ☐ Ein getarntes E-Mail versenden mit einer angelegten Datei, die beim Öffnen ein Virus startet

15. Um welches Malware-Element handelt es sich beim folgenden Text?

••• gehören inzwischen zu den raffiniertesten und gängigsten Formen von Crimeware. Hacker können mithilfe von ••• die gleichzeitige Kontrolle über eine grosse Anzahl von Computern übernehmen und sie in so genannte «Zombie-Computer» verwandeln. Diese agieren als Teil eines leistungsstarken « •••-Netzes» und werden eingesetzt, um Viren zu verbreiten, Spam zu versenden und andere Arten von Online-Delikten und -Betrug zu begehen. Ein «•••» ist eine Form von Schadprogramm, das es Angreifern ermöglicht, die Kontrolle über einen infizierten Computer zu übernehmen. Sie sind in der Regel Bestandteil eines Netzwerks aus infizierten Computern, das als « ••• net» bezeichnet wird. Ein •••-Netz besteht typischerweise aus infizierten Computern in der ganzen Welt. Da ein mit einem ••• infizierter Computer den Befehlen seines Meisters gehorcht, werden diese befallenen Computer häufig als «Zombies» bezeichnet. Die Cyberkriminellen, die diese ••• kontrollieren, nennt man « •••-master». Einige •••-Netze enthalten mehrere hundert oder tausend Computer, andere hingegen kontrollieren zehn- oder sogar hunderttausende von Zombies. Viele dieser Computer sind infiziert, ohne dass der Computernutzer davon Kenntnis hat. Gibt es Warnsignale? Ein Bot kann Ihren Computer verlangsamen, rätselhafte Meldungen anzeigen oder zum Absturz bringen.

16. Welche Angriffsart beschreibt dieser Text?

Als ••• wird in der digitalen Datenverarbeitung die Nichtverfügbarkeit eines Dienstes bezeichnet, der eigentlich verfügbar sein sollte. Obwohl es verschiedene Gründe für die Nichtverfügbarkeit geben kann, spricht man von ••• in der Regel als die Folge einer Überlastung von Infrastruktursystemen. Dies kann durch unbeabsichtigte Überlastungen verursacht werden oder durch einen mutwilligen Angriff auf einen Server, einen Rechner oder sonstige Komponenten in einem Datennetz. Wird die Überlastung von einer grösseren Anzahl anderer Systeme verursacht, so wird auch von einer Verteilten Dienstblockade gesprochen.

17. Mit Kryptographie werden unter anderem Daten verschlüsselt, zum Beispiel, um sie bei unbefugtem Zugriff unlesbar zu machen. Anhand eines Schlüssels können die Daten dann mit geeigneter Software wieder lesbar gemacht werden. Welche der folgenden Aussagen ist richtig (nur eine Antwort möglich)?

a) ☐ Es ist mathematisch erwiesen, dass 128-bit-Schlüssel am wirkungsvollsten sind, und sie zum Beispiel doppelt so schwierig zu knacken sind, wie 56-bit-Schlüssel. Längere oder kürzere Schlüssel bieten weniger Sicherheit.

b) ☐ Bei einem Public Key-Verschlüsselungsverfahren ist der Schlüssel, mit dem verschlüsselt und entschlüsselt wird, allen Beteiligten bekannt. Dieses Verfahren eignet sich deshalb nicht für sehr sensible Daten.

c) ☐ Die Algorithmen der Verschlüsselung und Entschlüsselung müssen identisch sein. Dasselbe gilt für die Schlüssel, welche ausgetauscht werden.

d) ☐ Auch die stärksten Verschlüsselungen können mit genügend starker Rechenkapazität und Zeit theoretisch immer geknackt werden. Mit starken Schlüsseln und Algorithmen versucht man daher den besten Kompromiss zu finden, um allfällige Knackversuche aufwendiger, teurer und so zeitintensiv zu machen, dass sich ein solcher Versuch wirtschaftlich nicht lohnt.

e) ☐ Datenverschlüsselung ist nur sinnvoll, wenn Daten über das öffentliche Internet übertragen werden. Ansonsten genügt eine Punkt-zu-Punkt Verbindung. Den so kann niemand von Aussen die Daten einsehen.

Informatik-Sicherheit

4

18. Welches der folgenden Elemente, Konzepte oder Technologien dient nicht in erster Linie der Sicherheit. Indirekt vielleicht auch, aber nicht in erster Linie, also hauptsächlich (sowohl Datenschutz wie auch Datensicherheit und Ausfallsicherheit) ? (Sieben Antworten sind richtig.)

a) ☐ Virtual Machine (WM)
b) ☐ VPN
c) ☐ Password (Authentifizierung)
d) ☐ SSL
e) ☐ DHCP (unter dem Aspekt des einfacheren Adressen-Managements)
f) ☐ RAID
g) ☐ Compilation (von Source-Code)
h) ☐ USV
i) ☐ Inspection-Funktion
j) ☐ Modulation/Demodulation von Signalen (Analog-/Digitalumwandlung)
k) ☐ DNS
l) ☐ NAT (unter dem Aspekt der Einsparung von IP-Adressen)
m) ☐ Universal Serial Bus
n) ☐ Firewall

19. Was versteht man unter «Phishing» (nur eine Antwort richtig)?

a) ☐ Phishing steht für einen Suchalgorithmus, der besonders bei grossen Datenmengen das schnelle Auffinden der gesuchten Dateien ermöglicht.
b) ☐ Dabei handelt es sich um eine kriminelle Handlung, bei welcher beispielsweise über gefälschte E-Mails versucht wird, an vertrauliche Daten des Internetnutzers zu gelangen.
c) ☐ Phishing steht für einen Zeitvertreib, der besonders unter Informatikern beliebt ist. Dabei wird versucht, mit dem Mauszeiger sich auf dem Bildschirm bewegende Fische einzufangen.
d) ☐ Beim Phishing geht es darum, möglichst viele Kontakte über Social Media innerhalb einer kurzen Zeit zu akquirieren, um damit seine Bekanntheit im Internet zu steigern.
e) ☐ Durch die Phishing-Technologie sichern vor allem Banken ihre Online-Banking-Plattformen gegen Attacken aus dem Internet.

20. Bei einem inkrementellen (= schrittweise, wachsend) Backup werden ... (nur eine Antwort möglich)

a) ☐ ... werden die Daten vor der Sicherung jeweils zusätzlich gespiegelt, um die Zuverlässigkeit der Datensicherung zu erhöhen.
b) ☐ ... jeweils nur die Daten gesichert, die seit dem letzten Vollbackup geändert wurden. Für die Datenwiederherstellung wird nur das letzte inkrementelle Backup benötigt.
c) ☐ ... bei jedem Sicherungsvorgang alle vorhanden Daten gesichert. Für die Datenwiederherstellung wird nur das letzte Vollbackup benötigt.
d) ☐ ... die Daten jeweils defragmentiert, bevor diese gesichert werden.
e) ☐ ... jeweils nur die Daten gesichert, die seit dem letzten Backup geändert wurden. Für die Datenwiederherstellung wird das letzte Vollbackup mit allen darauffolgenden inkrementellen Backups benötigt.

21. Welche Abkürzung steht für eine verbreitete Verschlüsselungsmethode in der Informatik (nur eine Antwort möglich)?

a) ☐ ZIP
b) ☐ JPG
c) ☐ TLS
d) ☐ TXT
e) ☐ EXE

22. Wie nennt sich die Technik für gespiegelte Festplatten? Oder anders: Mit welcher Technikeinstellung kann ich Datenspeicher spiegeln (nur eine Antwort möglich)?

a) ☐ RAID Plus
b) ☐ RAID 5 – Striping
c) ☐ RAID 2 + 2

d) ☐ RAID Double Save
e) ☐ RAID 1 – Mirroring

23. Wie heissen die zwei Elemente oder (Beurteilungs- oder Bewertungselemente) aus dem Risiko-management, anhand der man die Risiken einschätzen und bewerten kann? Die beiden Elemente werden zusammen multipliziert, damit man berechnen kann, welchem Risiko (in Geldwerten) eine bestimmte Sache ausgesetzt ist.

a) _____

b) _____

24. Sie möchten die Daten auf der Festplatte Ihres PCs vor einem möglichen Datenverlust sichern. Welche der folgenden Massnahmen bietet am meisten Sicherheit (eine Antwort)?

a) ☐ Die Daten werden zusätzlich auf einem NAS (Network Attached Storage) gespeichert.
b) ☐ Sie speichern die gleiche Datei in je zwei unterschiedlichen Verzeichnissen, damit sie immer doppelt vorhanden sind.
c) ☐ Auf einer separaten Partition auf der Festplatte wird ein Backup-Verzeichnis angelegt, in dem die Daten redundant gespeichert werden.
d) ☐ Installation aktueller Sicherheitsprogramme wie Antivirussoftware und Firewall.
e) ☐ Die Daten mit Hilfe eines Komprimierungsprogramms in einem speziellen Verzeichnis auf der Festplatte komprimiert, verschlüsselt und passwortgeschützt speichern.

25. IT-Sicherheit: Sie möchten einen Richtwert für die maximalen Kosten ermitteln, welche eine gewisse Schutzmassnahme kosten darf (betriebswirtschaftlich betrachtet). Das betrachtete Risiko-Szenario kommt statistisch gesehen alle 50 Jahre einmal vor. Bei Eintreten dieses Risikos werden verschiedene Kosten verursacht:

- direkte Materialkosten von CHF 30 000.00
- Mehrkosten durch höhere Versicherungsprämie (kein Bonusschutz) CHF 1 000.00.00/Jahr während den nächsten fünf Jahre
- Wiederherstellungskosten (Installation, Inbetriebnahme) von CHF 50 000.00
- Schulungskosten der Mitarbeiter auf dem neuen System von CHF 20 000.00
- drei verlorene Aufträge (entgangener Umsatz)
- Negative Presse in den Tagesnachrichten: Die Firma stellt Tankstellen für Elektromobile her. Sie macht einen durchschnittlichen Gesamtumsatz von CHF 16 Mio./Jahr. Die 50 Mitarbeiter sind zu 100 % ausgelastet. Sie bearbeiten durchschnittlich pro Jahr 350 Kunden. Jeder Kunde macht durchschnittlich CHF 45 700.00 Umsatz. Die fünf Mitarbeiter in der Verkaufsabteilung betreuen 320 Aufträge im Jahr, wobei 20 % der Kunden 80 % des Umsatzes generieren. Berechnen Sie anhand dieser Angaben den maximalen Richtwert einer Schutzmassnahme für dieses Risiko (Eingabe ohne Währung oder andere Zeichen, nur die Zahl).

Richtwert oder Schadensausmass in CHF:

_____

_____

_____

Informatik-Sicherheit — 4

26. Im Zusammenhang mit der Netzwerksicherheit existieren verschiedene Schutzziele oder Aspekte/ Bereiche. Nachfolgend lesen Sie vier Texte über dieses Thema. Entscheiden Sie zu welchem Aspekt der Netzwerksicherheit der entsprechende Textblock gehört. Begriffsauswahl: Compilierung, Authentizität, Autorisierung, Plausibilität, Vertraulichkeit, Komplexität, Kontinuität

a) Beinhaltet Technologien, um die Echtheit von Daten zu prüfen. Dabei muss sichergestellt werden, dass die Daten während dem Transport nicht modifiziert/manipuliert wurden oder ob Übertragungsfehler bestehen.

_____

b) Schutz der Datenkommunikation gegen unerwünschtes Mitlesen. Dies wird häufig mittels Verschlüsselungsverfahren sichergestellt.

_____

c) Verfahren um festzustellen, ob der Kommunikationspartner auch tatsächlich der ist, für den er sich ausgibt (Identitätsprüfung).

_____

d) Wurde ein Kommunikationspartner erfolgreich erkannt, wird durch diesen Vorgang gewährleistet, dass auf dem Zielsystem nur Aktionen ausgeführt werden, die der entsprechenden Berechtigungsstufe entsprechen.

_____

27. Benutzerverwaltung: Es ist allgemein ratsam, die Berechtigungseinstellungen in einem Informatik-System besser auf Gruppenebene (Benutzergruppen) einzurichten, statt auf Ebene jedes einzelnen Benutzerkontos. Weshalb ist das so? Was steckt dahinter (eine Antwort)?

a) ☐ Die Benutzergruppen haben immer mehr Rechte als einzelne Benutzerkonten. Wenn man die Sicherheit hoch halten will, dann sollten Benutzergruppen immer Administratorenrechte haben. Das Prinzip ist bekannt als «zusammen ist man stärker».

b) ☐ ERP-Systeme kennen nur Benutzergruppen, denn sie sind für die Arbeit im Team konzipiert. Deshalb sollten beim Einsatz von ERP-Systeme immer Benutzergruppen erstellt werden, statt einzelne Benutzerkonten.

c) ☐ Weil Firewalls in der Gruppe besser funktionieren. Falls eine Firewall ein Virus nicht richtig erkennt, dann kann eventuell eine andere Firewall das Virus erkennen. So sinkt die Eintretenswahrscheinlichkeit.

d) ☐ Damit kann der Administrationsaufwand geringer gehalten werden. Die einzelnen Personen werden als Mitglieder der Benutzergruppen zugeordnet.

e) ☐ Einzelne Benutzerkonten haben feste IP-Adressen. Benutzergruppen haben hingegen dynamische IP-Adressen (DHCP). Dieser Mechanismus macht die Gruppen sicherer als einzelne Benutzerkonten.

28. Wie nennt man dieses elektronische Zutrittssystemverfahren (eine Antwort)?

a) ☐ Siegel-Zutritt
b) ☐ Biometrischer Zutritt
c) ☐ Kryptografischer Zutritt
d) ☐ Interaktiver Zutritt
e) ☐ Biologischer Zutritt
f) ☐ Authentischer Zutritt
g) ☐ Exzentrischer Zutritt

29. Wie nennt man diesen Angriff (eine Antwort)?

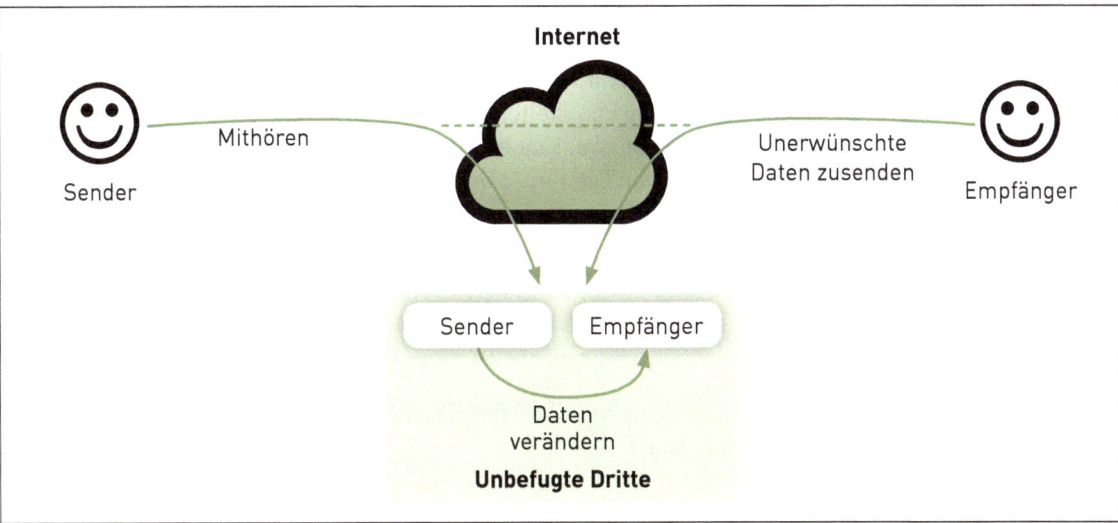

a) ☐ Denial of Service-Angriff
b) ☐ Wurm-Angriff
c) ☐ Middle-East-Angriff
d) ☐ Third-Level-Support-Angriff
e) ☐ Man in the Middle-Angriff
f) ☐ Bot-Angriff
g) ☐ NAT-Angriff

30. VPN: Kreuzen Sie die richtigen Aussagen.

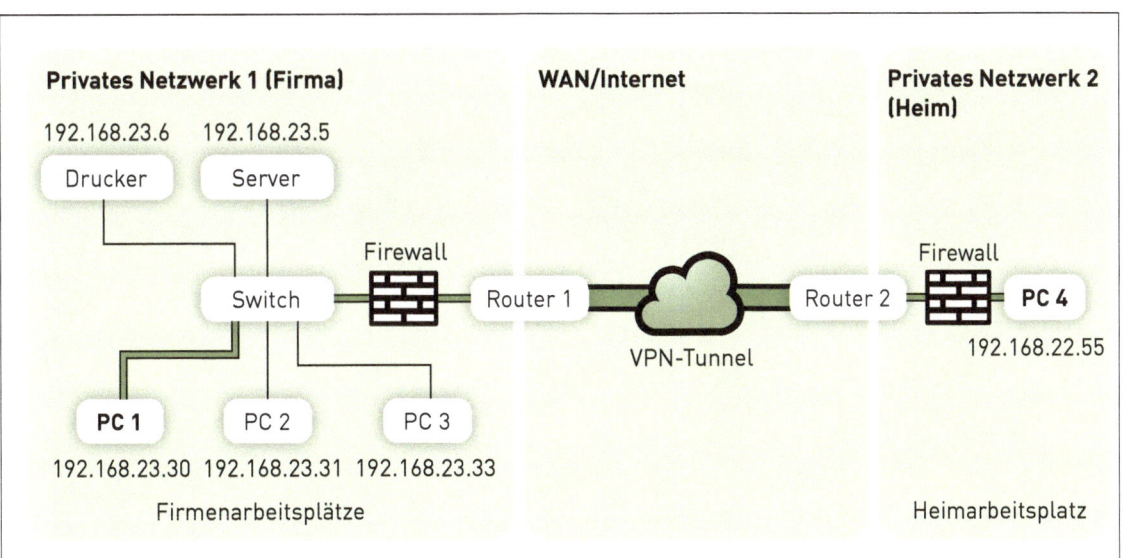

a) ☐ Dieses Verfahren eignet sich vor allem, um Daten wie Bilder oder Töne (wie bei VoIP) sicher zu übertragen.
b) ☐ PN kann nur mit den neusten Betriebssystemen von Microsoft realisiert werden. Dafür ist ein spezieller Router auf beiden Seiten nötig.
c) ☐ Bei VPN wird ein Kommunikationskanal aufgebaut, der die Applikationsdaten zusammen mit den IP-Adressen verschlüsselt und mit neuen IP-Adressen versehen.
d) ☐ VPN bildet einen sicheren «Tunnel» im Internet und verbindet private Netzwerke zu einem einzigen gesicherten Netzwerk (wie ein einziges LAN).
e) ☐ Wenn eine Person aus einem Hotelzimmer auf ihre Unternehmensdaten über VPN zugreifen möchte, dann muss sie sicherstellen, dass das Hotel über einen VPN-Router verfügt.

31. Sie sind vor Ihrer Industriefirma beauftragt, die Möglichkeiten von Thin Clients zu eruieren und den entsprechenden Einsatz in der Firma zu konzipieren. Die Firma besteht aus 30 Mitarbeiter/innen. Davon arbeiten zehn in der Administration und 20 in der Produktion. Die Produktion wird von einem Werkstattleiter geführt. Die Administration besteht aus einem Sekretariat, einer GL-Assistentin, einem Einkäufer, einer Buchhalterin (Teilzeit von Zuhause), einem Grafiker (Teilzeit von seinem Geschäft), einem Geschäftsleiter, einem Verkaufsleiter der auch Marketing leitet und drei Verkäufer die viel unterwegs sind. Das Geschäft ist auf zwei Etagen eingemietet. Alle nötigen Programme sind auf App.-Server und Daten-Server verfügbar. Die Firma betreibt Mail- und Web-Server selbst. Für Gäste steht das verschlüsselte WLAN zur Verfügung.

a) Mit welchem Schutzverfahren würden Sie das Gäste-WLAN einstellen?

    _____

b) Der Buchhalter möchte von Zuhause auf die Daten Buchhaltungsdaten zugreifen. Welches Verfahren eignet sich für diesen Zweck?

    _____

c) Sie möchten die eingesetzten Thin Clients besonders gut vor Datenverlust schützen. Wie viele Festplatten oder SSD-Speicher würden Sie in die Thin Clients einbauen?

    _____

d) Wie viele Thin Clients würden Sie in dieser Firma installieren lassen?

    _____

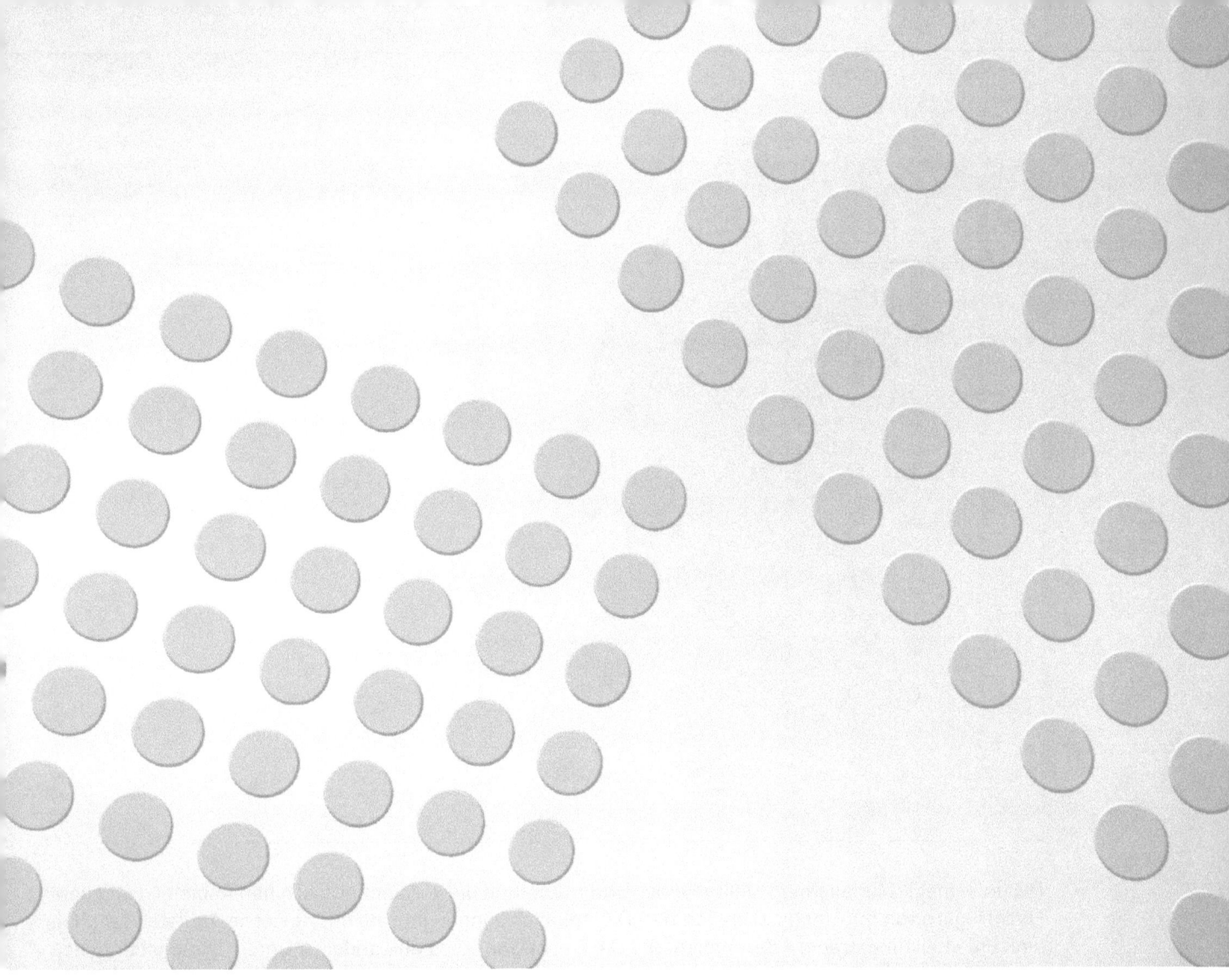

Informatik-Management

Kapitel 5

5 Informatik-Management

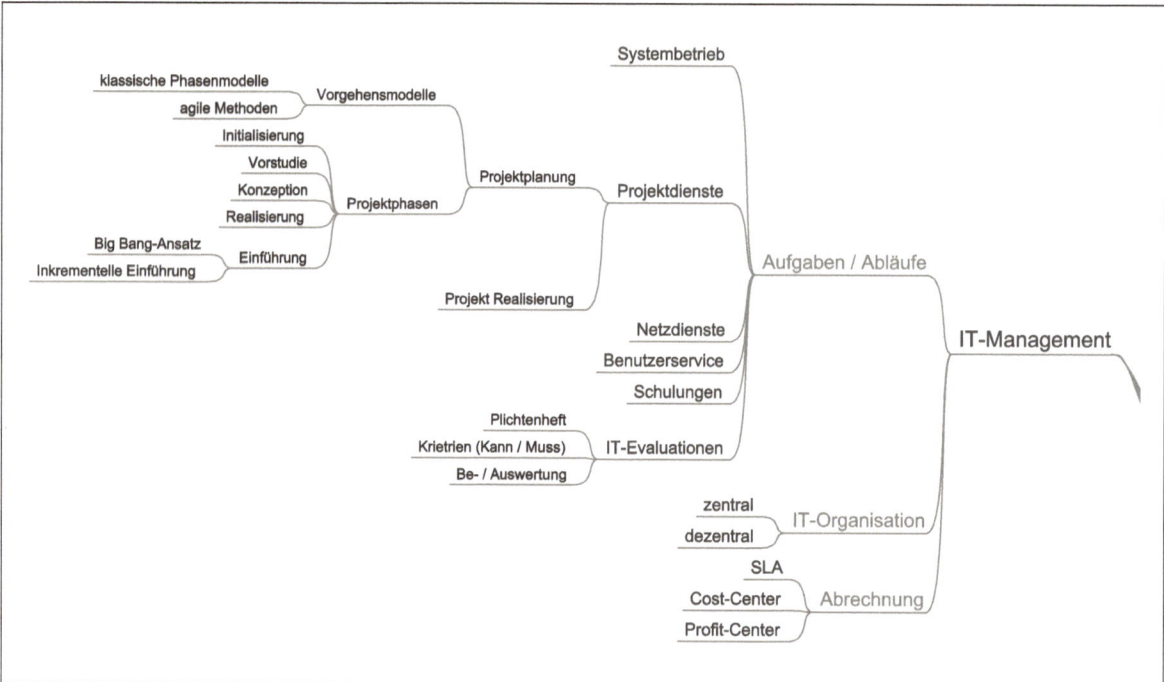

Das Informatik-Management stellt in einer Unternehmung die Verbindung zwischen Anbietern und den Nachfragern von Informatik-Diensten her. Die Anbieter können interne oder externe Anbieter sein. Es sind die «Leistungsträger» der Informatik. Die Nachfrager sind alle anderen Unternehmensbereiche, welche Informatik-Dienste für ihre betrieblichen Zwecke und Zielerfüllung brauchen. Es sind im Prinzip «Kunden» der Informatikabteilung.

Dabei muss sich die Informatik selbst auch zielkonform verhalten. Sie muss die strategischen Unternehmensziele in ihren Handlungen und Entscheidungen berücksichtigen. Man spricht hier auch von «strategic alignment». Deshalb formuliert das Informatik-Management auch eine Informatik-Strategie

Auf operativer Ebene kümmert sich das Informatik-Management um:

- Aufgaben und Arbeitsabläufe (Prozesse)
- Aufbauorganisation
- Beschaffung von Informatikmitteln (Infrastruktur, Software, Lizenzen etc.)
- Leistungsabrechnung der Informatikdienste

Die Informatikleitung muss für diese grosse Aufgabe das Rad nicht neu erfinden. Es gibt einige etablierte, international bekannte Referenzmodelle, die genau beschreiben, wie eine Informatik organisiert werden kann.

Ein solches Referenzmodell heisst ITIL. Es sind vordefinierte, standardisierte Prozesse, Funktionen und Rollen, wie sie in mittleren und grossen Unternehmen zahlreich vorkommen. Das geht soweit, dass sich die Unternehmung damit sogar ISO-zertifizieren lassen kann (ISO/IEC 20 000). Bei diesem Modell wird konsequent die Informatik als «Dienstleister» definiert, welche ihre Dienste permanent verbessern soll und die Leistungen transparent den «Kunden» (den anderen Bereichen der Unternehmung) abrechnet.

5.1 Informatik-Aufgaben/-Abläufe

Die Informatikabteilung (extern oder intern) hat folgende Aufgaben:

– Aufrechterhaltung des Informatikbetriebs
– Aufrechterhaltung und Sicherung des Netzwerks oder der Netzwerke
– Verwaltung der Benutzer
– Planung, Organisation und Durchführung von Schulungen
– Planung, Organisation und Durchführung von Ergänzungs- bzw. Erneuerungsprojekten

5.1.1 Systembetrieb

Damit ist gemeint, die Wartung, den Betrieb und den Support von IT-Systemen, dank Fernwartung und/ oder Vor-Ort-Einsätzen. Dieser Bereich ist sozusagen die «Hauswartung» der Informatik (Hard-, Software, Netzwerke). Klassische Tätigkeiten sind:

– Softwareaktualisierungen einspielen, installieren
– Datensicherungen durchführen, sicherstellen
– defekte Geräte reparieren, ersetzen
– Stabilitäts- und Performance-Überwachung durchführen
– Pikett-Dienste sicherstellen

5.1.2 Netzdienste

Dieser Bereich befasst sich mit der Hard- und Software von Computer-Netzwerken. Es umfasst nicht nur die Wartung, sondern auch die Planung von Computer-Netzwerke. Die Netzdienste erstrecken sich von Router über Switches bis zu den am Netzwerk angeschlossene Computern, aber nicht die Computer selbst.

Meistens sind die Netzwerktechniker auch für die IT-Security (IT-Sicherheit) zuständig. Bei grösseren Unternehmen gibt es dafür ein separates spezialisiertes Team.

5.1.3 Benutzerservice

Die Benutzerdienste sind die Schnittstelle zwischen Benutzer und der Informatik. Sie sind erste Anlaufstelle bei IT-Problemen. Sie bieten Support auf verschiedenen Ebenen und bestimmen das Dienstleistungsangebot mit:

– Service Desk und Beratung
– Pflege der Benutzerzugriffsverwaltung, des Identity Managements, des Benutzerverzeichnisses
– technische Wartung der Webserver
– Mithilfe bei Informatikmittel-Beschaffungen
– Überwachung der Nutzung der Unternehmensspeicher und Datenpflege, Archivierung, Sicherung
– Pflege und Verwaltung der elektronischen Nachrichtendienste
– Pflege und Verwaltung von Kollaboration-Plattformen

Der Support wird in der Regel in einem dreistufigen Konzept realisiert:

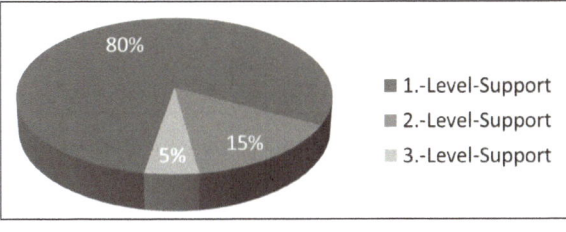

Alle Betriebsstörungen, Fehlermeldungen, Änderungswünsche und Problemfälle werden zentral an einen Kontaktpunkt entgegengenommen. Diese Stelle heisst der Service Desk. Die Person(en) am Service Desk bildet(n) erste Anlaufstelle und zugleich auch den 1.-Level-Support. An dieser Stelle werden die meisten Fälle gelöst (80/20-Regel). Falls das Problem nicht einfach zu lösen ist, wird der Fall «eskaliert». Es wird die zweite Instanz mit dem Fall betreut. Hier kommen meistens Spezialisten ins Spiel.

Sollte ein Fall dennoch nicht gelöst werden können, dann wird der Hersteller mit dem Fall konfrontiert (3.-Level-Support). In einem solchen Fall kann es Garantieansprüche geben oder es handelt sich um ein äusserst selten vorkommendes Problem.

5.1.4 Schulungen

Bei den meisten Änderungen von Software (Aktualisierungen, Neuanschaffungen) sind neue Funktionen und/oder eine andere Benutzerführung mit im Spiel. Dies zieht meistens auch die Schulung der Mitarbeiter nach sich. Schulungen sind auch für neu angestellte Mitarbeiter wichtig. Dieser Unternehmensbereich der Informatik legt das Kursangebot fest und koordiniert die Schulungen. Er entscheidet, ob das Angebot mit eigenen Kursleitern und Kursräumen durchgeführt wird, oder externe Unternehmen beigezogen werden, oder ob sogar E-Learning-Angebote geschaffen werden sollen.

5.1.5 Projektdienste

Alle Projekte eines Unternehmens werden auch als Projektportfolio bezeichnet. Sie werden nach einem einheitlichen Vorgehensmodell abgewickelt. Das Arbeiten in Projekten ist heute ein fester Bestandteil der Erneuerungs- und Optimierungsprozesse aller Unternehmen. Die Leute, welche nicht einzelne Projekte leiten, sondern alle Informatik-Projekt koordinieren, heissen Programm Manager oder Portfolio Manager. Sie stellen die optimalen Rahmenbedingen für die einzelnen Projekte sicher. Dabei achten Sie auf die Einhaltung von Methoden und Führungsprinzipien, damit die Qualität und die Ergebnisse der Projekte ständig verbessert werden können.

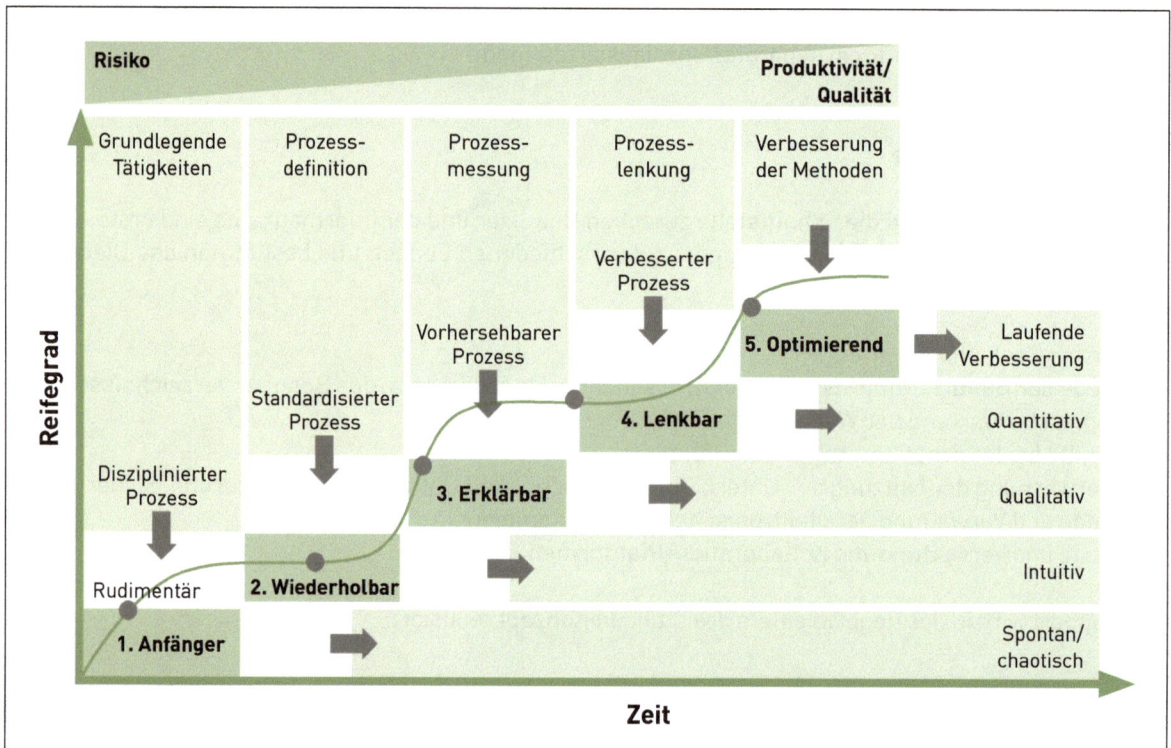

Die Organisation mehrerer Informatikprojekte, die manchmal sogar gleichzeitig realisiert werden, benötigt eine durchdachte Struktur.

Beispiel:

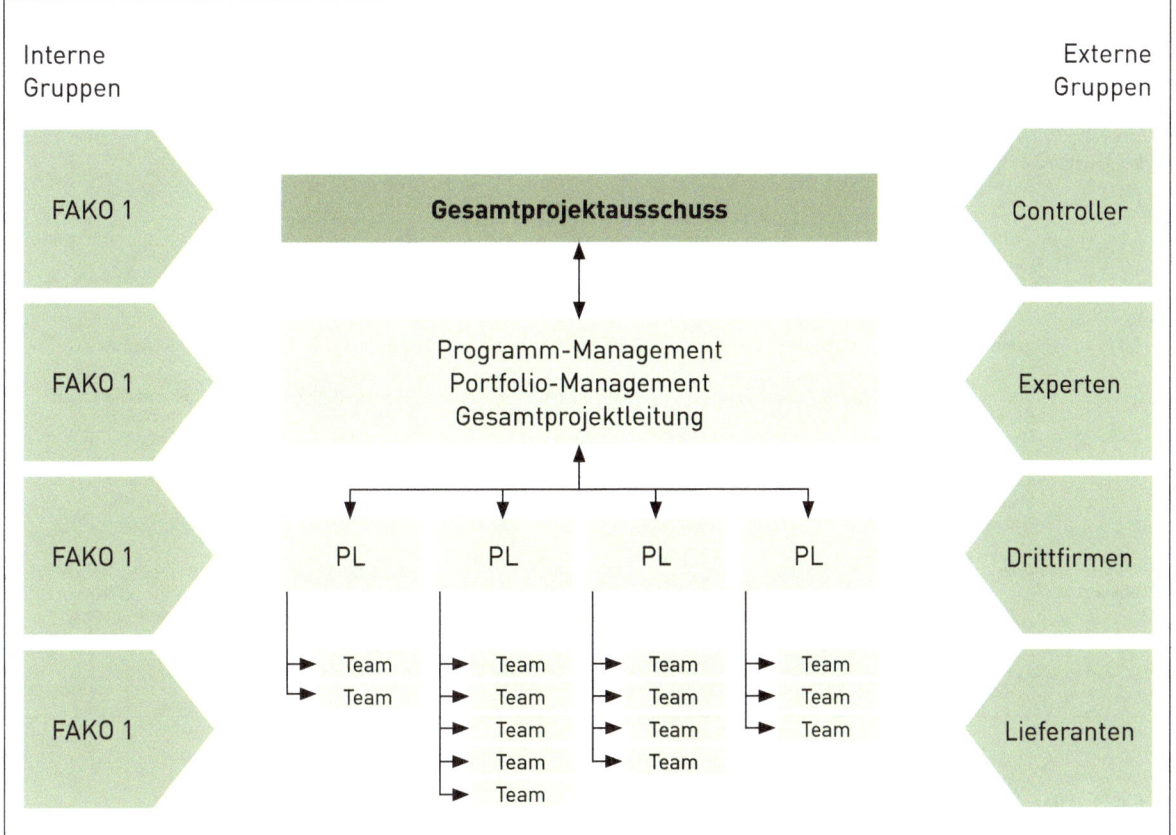

Der Gesamt-Projektausschuss

Dieses Organ besteht aus Vertretern der Geschäftsleitung und/oder des Verwaltungsrats. Ausserdem kann ein unabhängiger Experte oder Controller mit dabei sein. Die Informatikleitung ist natürlich ebenfalls vertreten. Und schliesslich sind Benutzervertreter auch in diesem «Board» (Ausschuss). Der Gesamtprojektausschuss entscheidet über Projektanträge, setzt Projektprioritäten, nimmt Projekte ab und erteilt die Freigabe neuer Projekte.

Die Gesamtprojektleitung

Die zentrale Stelle kümmert sich um die Planung, Überwachung und Steuerung/Koordination der Abwicklung aller Projekte gesamthaft. Sie überlässt aber die Projektleitung der einzelnen Projekte an den Projektleitern. Diese Stelle übernimmt auch interne und externe Informationsaufgaben. Der Gesamtprojektleiter stellt somit die Verbindung zwischen dem Projektausschuss und den Leitern der einzelnen Projekte sicher. Er koordiniert zwischen den Beteiligten in der Linienorganisation sowie den externen Beteiligten.

Die Projektleiter

Sie bilden die Brücke zwischen den Ansprüchen der Fachkommissionen, den Projektteams und den externen Lieferanten. Die Hauptaufgabe des Projektleiters besteht in der Planung, Überwachung und Steuerung/Koordination «seines» Projekts. Es ist die Führungsperson für alle beteiligten Teams und ist verantwortlich für den Erfolg seines Projekts.

Die Fachkommissionen (FAKO) stellen sich aus den betroffenen Fachbereichen der Unternehmung zusammen. Sie werden eng in die Entwicklung einer Lösung einbezogen. Sie können Evaluationen mitgestalten. Sie vertreten die Bedürfnisse der Mitarbeiter, die das System später nutzen werden.

5.1.5.1 Projektplanung

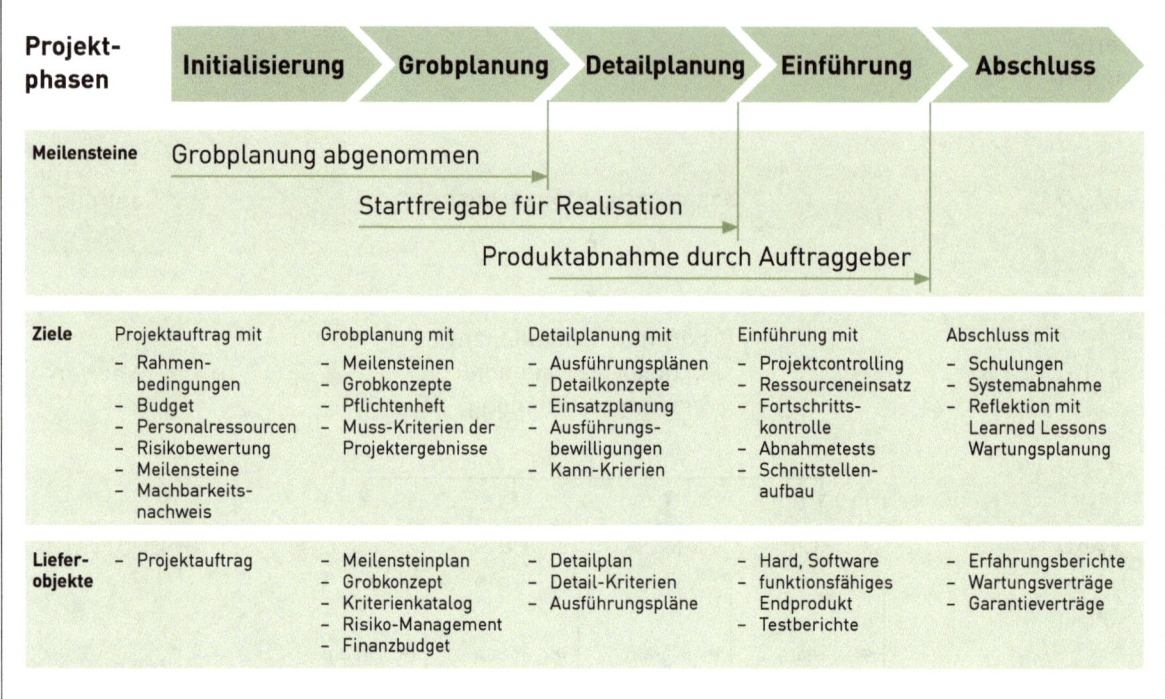

5.1.5.2 Projektrealisierung

Eine Systemeinführung in der Informatik ist meistens mit zwei typischen Problembereichen konfrontiert. Es sind die Fragen:

1. Mit welchem Ansatz soll die neue Lösung, das neue System eingeführt werden? Dabei gibt es zwei denkbare Ansätze. Entweder man führt eine Lösung, ein neues Programm, eine neue Technologie mit dem «Big Bang»-Ansatz ein. Das heisst, das alte System wird abgestellt und zu einem Zeitpunkt stellt das ganze System auf das neue um. Die andere Variante wäre eine Schritt-für-Schritt-Einführung (inkrementelle Einführung). Das heisst, dass das neue System «modulweise» eingeführt wird, während das alte parallel noch weiter betrieben wird.

	Vorteile	Nachteile
Big Bang Einführung	– günstigere Einführung – Der Betrieb ist nur kurze Zeit beeinträchtigt.	– grosse Risiken, weil es oft kein Zurück gibt – Technik ist nicht immer erprobt
Inkrementelle Einführung	– längere Angewöhnungsphase – Mitarbeiter können sich besser vorbereiten – Technik kann nach und nach reifen	– Teurere Variante, weil eine Zeit lang beide Systeme am Laufen gehalten werden. – Mitarbeiter könnten sich gegen die neue Lösung wehren.

2. Wie stellt die Projektleitung sicher, dass die neue Lösung von den Anwendern akzeptiert wird und sinnvoll genutzt wird? Diese Problematik wird auch «Change Management» genannt. Es sind schon manche teuren Informatiklösungen wieder abgeschafft worden, weil die Anwenderakzeptanz so niedrig war, dass das neue System keinen betrieblichen Nutzen erzielte. Folgende Aspekte sollten rechtzeitig einbezogen werden:
   – Einbezug der Anwendervertreter bereits zum Anfang des Projekts
   – Permanente und transparente Informationen an die Belegschaft über Projektziele, Zwischenschritte, Änderungen in Arbeitsabläufen und/oder Kompetenzen, Projektfortschritt und allfällig unerwartete Schwierigkeiten

- Schulung der Mitarbeiter
- Intensive Begleitung der Anwender in der Anfangsphase nach der Einführung (z. B. spezielle Hotline, regelmässige Feedback-Meetings)

In beiden Fällen müssen die Daten auf den Altsystemen in das neue System übertragen werden. Dieses Problem kennen auch Privatleute, wenn sie die Kontaktdaten aus einem alten Mobiltelefon in das neu gekaufte Smartphone überführen wollen. Diese Arbeit heisst Migration – Datenmigration um genauer zu sein.

5.2   Informatik-Aufbauorganisation

Immer wiederkehrende Arbeitsabläufe nennt man Arbeitsprozesse. Dies sind Elemente der Ablauforganisation. Die Aufbauorganisation regelt hingegen die Zuständigkeiten bzw. Verantwortlichkeiten der an den Prozessen beteiligten Personen. Diese Struktur wird in Form eines Organigramms dargestellt.

Veränderungen in der Ablauforganisation haben meistens auch Anpassungen in der Aufbauorganisation zur Folge. Dies war in den letzten Jahren stark der Fall, weil die Informatikabteilung in vielen Firmen mehr und mehr als «Dienstleiter mit Kundenorientierung» angesehen wurde. Die Mitarbeiter möchten detailliert wissen, was die (interne oder externe) Informatik für ihr Geld bietet. Das hat zu zahlreichen Umstellungen der Arbeitsprozesse in der Informatikorganisation geführt. Während also die Informatik jahrzehntelang den Rest der Unternehmung auf Effizienz und Automation getrimmt hat, wird sie heute selbst von solchen Bestrebungen erfasst.

Zusätzlich ist der Grad an Organisation auch abhängig von der Grösse einer Unternehmung. Grundsätzlich kann festgehalten werden: Je grösser die Unternehmung desto grösser auch der Organisationsgrad. Bei grossen Unternehmen werden im Laufe des Wachstums nach und nach Strukturen und Regeln geschaffen, Aufgaben, Kompetenzen und Verantwortlichkeiten immer klarer geregelt. In kleineren Unternehmen ist der Organisationsgrad tief. Umso mehr hat es hier Platz für Improvisation und Ad-hoc-Entscheidungen.

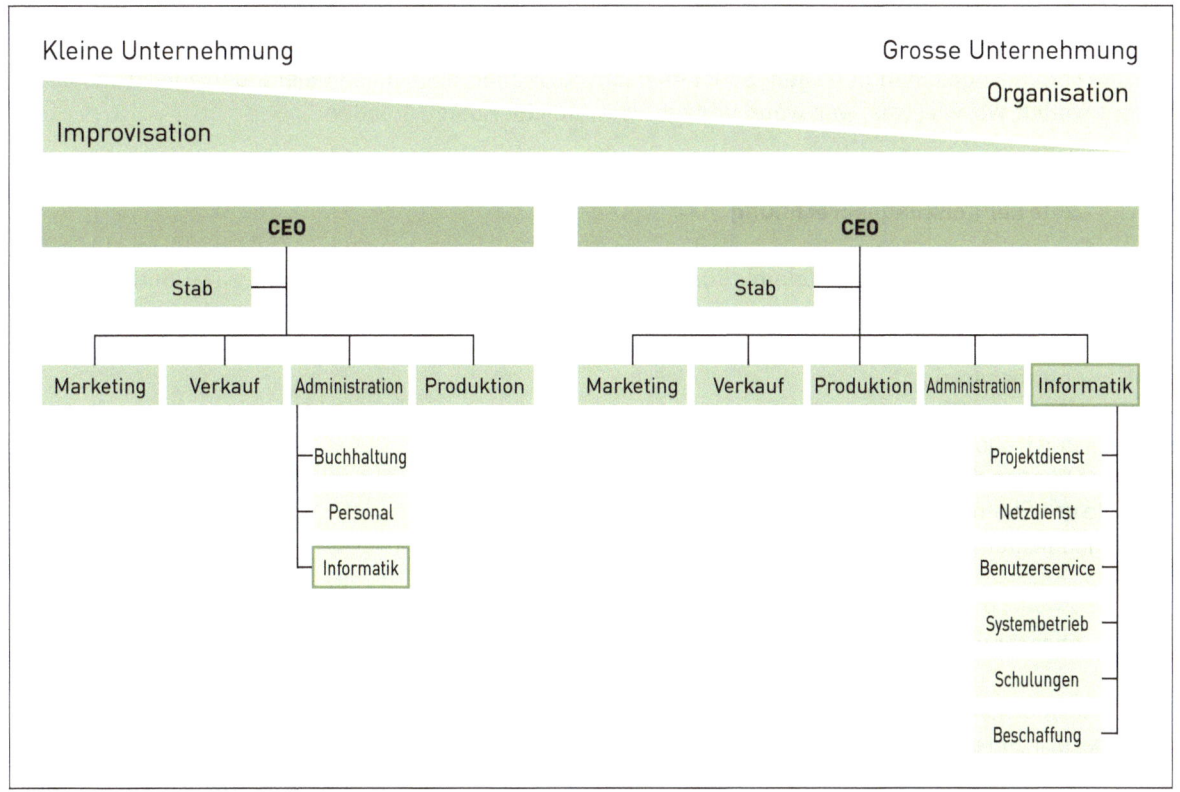

Eine weitere übliche organisatorische Fragestellung ist die Frage nach der optimalen geografischen Stationierung der Informatikabteilung. Grundsätzlich gibt es drei Gestaltungsvarianten:

– zentrale Informatik an einem geografischen Ort als einzige Anlaufstelle für die ganze Unternehmung (auch für Konzerne)
– die dezentrale Platzierung von Informatikdiensten, d. h. mehrere Unternehmensstandorte besitzen eine Informatikabteilung
– eine Mischform zwischen zentraler und dezentraler Informatik-Aufbauorganisation

	Vorteile	**Nachteile**
Zentrale Informatik	– effizient weil keine Mehrfachbelegung von Personal – Informationsfluss unter den IT-Mitarbeiter ist besser	– IT-Mitarbeiter sind geografisch weit weg von ihren «Kunden» – Zeitzonen – kulturelle Distanz
Dezentrale Informatik	– nahe am Geschehen – schneller Eingriff möglich – IT-Mitarbeiter kennen die Sorgen vor Ort – sehr guter Kundensupport	– teuer, weil Mehrfachbelegung von IT-Stellen – Koordination und Durchsetzung der IT-Strategie ist schwieriger – dezentrale IT-Stellen machen sich «selbstständig», sie verhalten sich weniger Linienkonform

Der Trend geht heute in Richtung hybride Organisationsformen: Dort wo der Kundensupport und der schnelle Eingriff direkt auf den Unternehmenserfolg sichtbar sind, werden tendenziell dezentrale Formen gewählt. Dort wo Effizienz und Kosten im Vordergrund stehen wird tendenziell zentralisiert.

5.3 Informatik-Leistungsabrechnung

Unter dem Begriff IT-Controlling wurde es immer notwendiger, deutlich zu machen, wieso, bei wem und wofür Kosten in der IT entstehen. Man möchte die Leistung und Effizienz der IT-Abteilung messen und verbessern. Die IT-Abteilungen sind meistens unterstützende Dienste der Unternehmung. Die Kosten werden vom Kerngeschäft getragen. So ist es nachvollziehbar, dass diese Leistungsträger transparent wissen wollen, wo, wie, was, wer, wann und bei wem, welche Kosten anfallen.

5.3.1 Ziele der Leistungsabrechnung

Aus den Gründen die in der Kapiteleinleitung erwähnt sind, können nun die Ziele des IT-Controllings abgeleitet werden:

– Kostentransparenz
– Erstellung und Pflege eines Leistungskatalogs
– faire und transparente Kostenverrechnung
– Identifikation der Möglichkeiten der Kostenbeeinflussung (Kostentreiber)
– Güte der Planungsqualität
– Möglichkeiten des Performance Managements

5.3.2 Abrechnungsinstrumente

Bevor die Informatikabteilung ihre Kosten möglichst fair und übersichtlich auf die Leistungsbezüger (Verursacherprinzip) abrechnen kann, muss sie zuerst wissen, wie ihre Kosten zusammengesetzt sind. Dazu verwendet sie die Prinzipien der Kostenrechnung. Sie identifiziert alle ihre Kostenarten und verteilt anschliessend diese Kosten auf die Leistungsbezüger.

Beispiel Kostenarten:

IT-Aufgaben	Kostenarten
Aufrechterhaltung des Informatik-betriebs	– Einkauf Ersatzteile – Löhne Systemadministratoren – Strom-, Raum-Klima-Kosten – Service-Abos – etc.
Aufrechterhaltung und Sicherung des Netzwerks oder der Netzwerke	– Lizenzen für Firewalls – Einkauf Ersatzteile – Löhne Netzwerkadministratoren – Löhne externe Berater/Spezialisten – etc.
Verwaltung und Betreuung der Benutzer	– Löhne Hotline (First-/Second-Level-Support) – Lizenz für Ticketsystem – Erstellung Zutrittselemente (z. B. Dongle) – etc.
Planung, Organisation und Durchführung von Schulungen	– Kosten Schulungsräume – Kosten Schulungsmaterial – Löhne Dozenten – etc.
Planung, Organisation und Durchführung von Ergänzungs- bzw. Erneuerungsprojekten	– Löhne Projektleiter – Projektvorfinanzierung (z. B. für Machbarkeitsstudien) – Räume und Infrastruktur für Projektleiter

Als zweiter Schritt muss die Informatikleitung nun die «Kostentreiber» identifizieren. Sie geht der Frage nach: Welche Messgrösse/-einheit oder Kennzahl bestimmt direkt den grössten Einflussfaktor auf eine bestimmte Kostenart?

Beispiele:

– Anzahl Benutzer
– Anzahl Arbeitsstationen
– Anzahl Anrufe oder Vor-Ort-Einsätze

– Anzahl Mbytes pro Person/pro Sekunde
– Anzahl eingesetzte Server
– Anzahl Anwendungen

5.3.3 Service Level Agreement (SLA)

Das SLA ist ein Dokument, im Prinzip ein Vertrag, welches die Leistungen aus Sicht des Leistungserbringers und jene Gegenleistung des Leistungsbezügers beschreibt. In dieser Servicebeschreibung verschmelzen Kostenarten und Kostentreiber zu einer Leistungs- und Gegenleistungsübersicht. Das Ziel ist es, dass alle Parteien genau wissen, was sie jeweils von der anderen Partei bekommen. Bei internen SLAs fliesst nicht reales Geld, sondern die nominalen Geldwerte werden intern verbucht aber nicht ausbezahlt. Die Inhalte eines SLA sind:

– Vertragsparteien, Kontakte
– Servicebeschreibung mit Eckdaten (Parameter, Leistungswerte)
– Reaktionszeiten
– Ausschluss von Leistungen
– Mitwirkungs- und Informationspflichten
– Ausstiegsklauseln
– Eskalationsmöglichkeiten
– Dauer der Verpflichtung
– Kosten/Preis

5.3.4 Abrechnungsarten

Informatikkosten werden je nach Unternehmenspolitik unterschiedlich verrechnet. Es steht meistens die Frage im Mittelpunkt: «Wie fair, oder verursachergerecht, werden die IT-Kosten auf die Leistungsbezüger verrechnet?» In der folgenden Übersicht werden die unterschiedlichen Ansätze beschrieben.

	Vorteile	Nachteile
Die IT-Gesamtkosten werden direkt vom Unternehmenserfolg abgezogen. Die Fachabteilungen sind nicht davon betroffen.	– einfache Abrechnung ohne komplizierte Kostenverteilschlüssel – weniger Diskussion über Informatikkosten in den Fachbereichen	– nicht verursachergerecht – wenig Transparenz und Kontrolle – wenig Kostenbewusstsein in der Firma und in der IT
Die IT-Gesamtkosten werden nach Verteilungsregeln abgewälzt. Die Informatikabteilung ist ein Cost Center.	– verursachergerechte Abwälzung der IT-Kosten – Transparenz der IT-Kosten	– aufwendiges Verrechnungsprinzip – Diskussionen um den Verteilschlüssel – wenig Kostenbewusstsein in der IT-Abteilung
Die IT-Gesamtkosten werden an externe Marktpreise angelehnt. Die Informatikabteilung ist ein Profit Center.	– Die Informatikabteilung ist gezwungen, sich an Marktpreise zu orientieren und profitabel zu sein (oder wenigstens selbsttragend). – Effizienz der IT wird sichtbar	– Qualität der IT-Leistungen könnte sinken – Wettbewerbsvorteile durch Informatik könnten sinken.
Die IT-Gesamtkosten werden mit den Einnahmen in eine selbstständige Gesellschaft überführt. Die Informatikabteilung ist eine eigenständige Firma (evtl. Tochtergesellschaft).	– Maximum an Effizienz – Unternehmerisches Handeln wird unter den IT-Mitarbeiter gefördert. – absolute Kostentransparenz	– IT-Abteilung geht nur noch den finanziell interessanten Bereichen nach – IT-Abteilung nimmt auch «Fremdaufträge» war

Aufgaben zu Kapitel 5

1. Kreuzen Sie in der nachfolgenden Liste alle typischen Aufgabenbereiche der IT-Organisation an (dies unabhängig, ob der Dienst intern erbracht wird, oder ausgelagert ist [Outsourcing], mehrere Antworten möglich).

   a) ☐ Erstellung/Konzeption der Prozesse der Logistiksteuerung in Sachen Automatisierung
   b) ☐ Projekte durchführen oder Serviceleistungen für Projekte anderer Abteilungen erbringen
   c) ☐ Sicherstellen der technischen Kommunikation und der dazu eingesetzten Systeme
   d) ☐ Marktübersicht aller Konkurrenten aus Sicht eines Informatikunternehmens erstellen
   e) ☐ Beratung und Ausführen von Aufträgen im technischen/organisatorischen IT-Bereich
   f) ☐ Schulungen der Kunden für ihren Einsatz ihrer Infrastruktur für die Prozessautomation durchführen
   g) ☐ Konzeption der 5-Jahrespläne für die Unternehmensstrategie eines Informatikunternehmens

2. Die IT-Organisation kann je nach Art der Kostenverrechnung in verschiedene Organisationsformen eingeteilt werden. Welche der folgenden Aussagen zu den Organisationsformen sind richtig (eine Antwort richtig)?

   a) ☐ Die Dienstleistungsstelle ist für die restlichen Abteilungsleiter eine sehr attraktive Form der Organisation. Für die Geschäftsleitung birgt sie allerdings die Gefahr überzogener Ansprüche aus eben diesen Abteilungen. Dieser Gefahr kann man mit geeigneten SLAs entgegenwirken.
   b) ☐ Das Profitcenter basiert auf einer zentralisierte IT-Organisation (deshalb der Name «center»). Es verrechnet die Leistungen der Dienstleistungen intern. Damit sind die Materialkosten gemeint, denn die Mitarbeiter sind von der Firma eingestellt und somit bereits bezahlt.
   c) ☐ Die Organisationform der Dienstleistungsstelle erbringt sowohl intern, wie auch für externe «Kunden» Leistungen, eben Dienste, die sie zu Marktpreisen intern oder an externe Kunden weiterverrechnet.
   d) ☐ Das Cost Center kommt in allen Unternehmen vor, welche die Informatik als Kostenfaktor ansehen und entsprechend einsetzen. Es ist eine Organisationform für tendenziell kleinere Betriebe.

3. Was verstehen Sie unter dem Begriff Migration? Kreuzen Sie jene Aussage an, die dem Begriff am nächsten kommt (nur eine Option ist richtig).

   a) ☐ Ein System wird leistungsmässig «aufgepeppt» damit es den modernen Anforderungen gerecht werden kann.
   b) ☐ Ein Informatiksystem wird nach abgelaufener Betriebszeit komplett überholt und somit auf den neusten Stand der Technik gebracht, damit es wieder über eine längere Zeit störungsfrei läuft.
   c) ☐ Der Begriff der Migration kann sowohl die Umstellung insgesamt den Anpassungsprozess einzelner Bestandteile des Systems bezeichnen. Beispielsweise kennt man die Migration von einem Betriebssystem auf ein anderes, oder die Migration von Anwendungssoftware und Daten.
   d) ☐ Das Umarbeiten einer bereits vorhandenen Software zur Verwendung in einem anderen Betriebssystem oder das Umstellen des Entwicklungsprozesses einer Software auf eine andere Programmiersprache.

Informatik-Management 5

4. Welcher Zusammenhang besteht zwischen den Bildern «a» und «b»? (Eine Antwort ist richtig, kreuzen Sie an.)

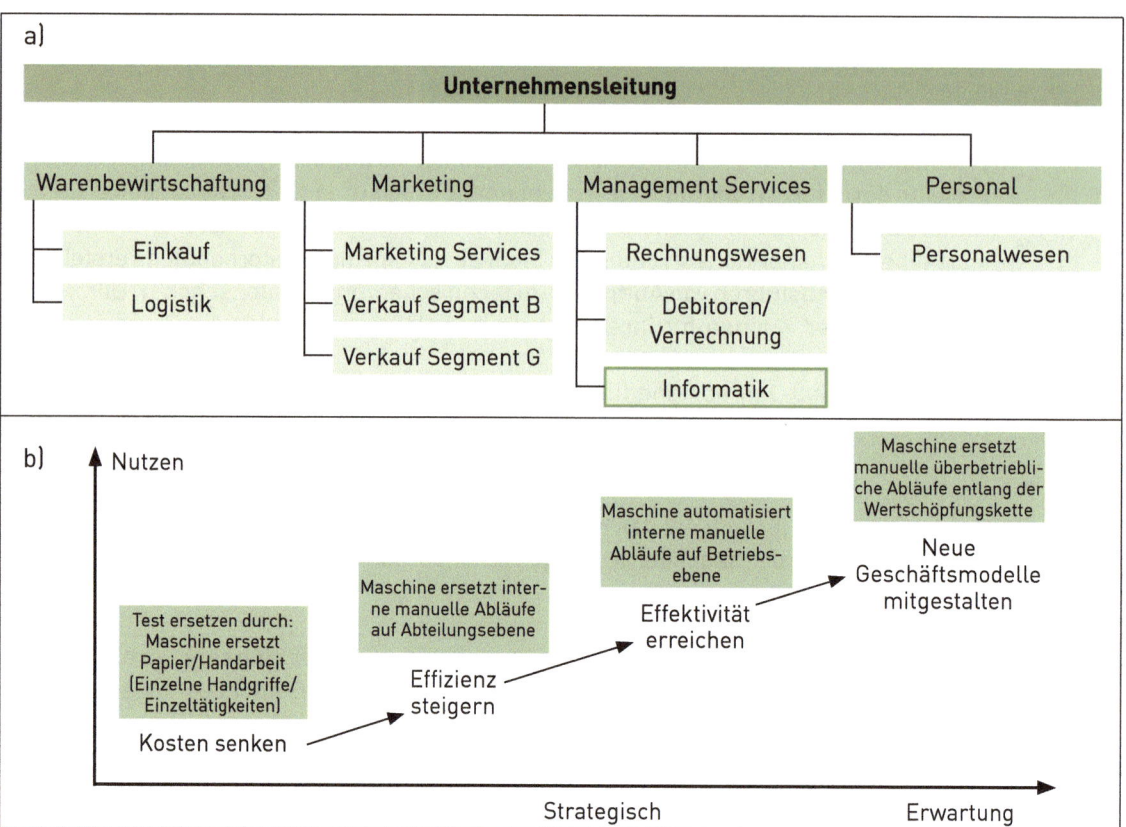

a) ☐ Es besteht überhaupt kein Zusammenhang. Diese zwei Grafiken zeigen komplett unterschiedliche Dinge und können nicht in Zusammenhang gebracht werden.

b) ☐ Durch die Organisation wie sie oben gezeigt wird, kann die Komplexität der Informatik stark reduziert werden, somit steht die Informatik als Vermögenswert im Mittelpunkt.

c) ☐ Die beiden Grafiken stehen besonders im Bereich der Personalplanung in Zusammenhang. Je wichtiger die Informatik (also z. B. Informatik als Enabler) umso zentraler ist die IT-Organisation.

d) ☐ Die Firma wie Sie im Organigramm oben gezeigt wird, setzt Informatik tendenziell als Kostenfaktor ein.

5. In der nachfolgenden Grafik sehen Sie ein Organigramm einer Informatikabteilung in einem grösseren Betrieb. Selektieren Sie mögliche/denkbare Organisationsbereiche, die auf der mittleren Kaderstufe im Organigramm fehlen (siehe leere Rechtecke in der Grafik). Die IT-Abteilung wird als Dienstleistungsstelle im Unternehmen geführt (fünf Antworten gesucht).

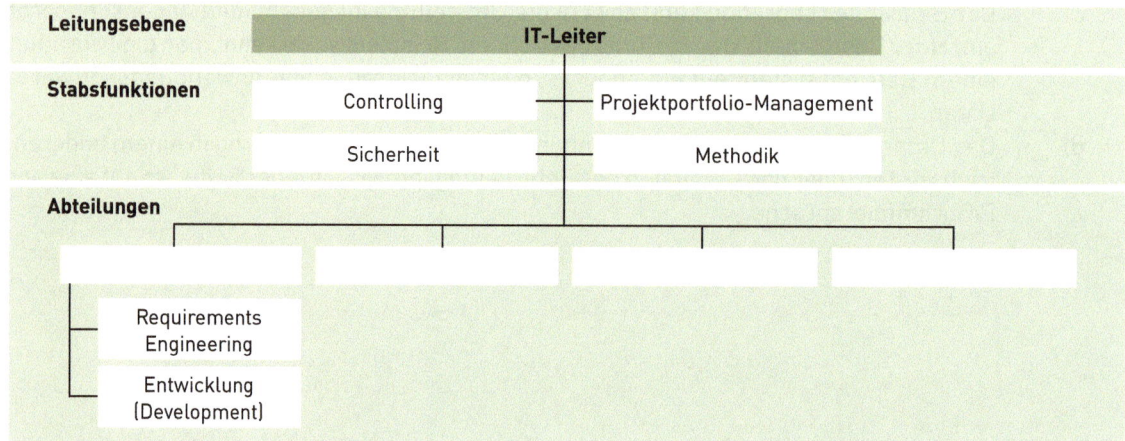

a) ☐ Supply Chain Mgmt.
b) ☐ Stabstelle IT-Leiter
c) ☐ Benutzerservice
d) ☐ Einkauf
e) ☐ Interner Verkauf
f) ☐ Betrieb und Systeme
g) ☐ Marketing
h) ☐ Event-Management
i) ☐ Anwendungsentwicklung
j) ☐ Customer Relation Management
k) ☐ Rechtsabteilung
l) ☐ Facility-Management
m) ☐ Externe IT-Berater
n) ☐ Projektdienst

6. Selektieren Sie vier wesentliche, zentrale, wichtige Vertragselemente eines Service Level Agreements.

a) ☐ Servicebeschreibung aus Sicht des Kunden (was erhält der Kunde?)
b) ☐ Rechtslage bei Streitigkeiten ausserhalb der Bürozeiten
c) ☐ Serviceparameter wie Reaktionszeiten, geografischer Rahmen etc.
d) ☐ Auflistung aller Zertifizierungen, welche der Service-Anbieter bereits erzielt hat (Normen)
e) ☐ Mitwirkungspflichten des Kunden
f) ☐ Servicegrenzen und somit die Definition: Welche Aktivitäten sind nicht Teil des Service?
g) ☐ Mindestumsatz über das ganze Jahr und in 4-Jahresplänen zur besseren Planung der Services
h) ☐ Red-Line für spezielle Anfragen, welche über den Betriebsferien anfallen
i) ☐ Name und Vorname der zuständigen Mitarbeiter-Coaches für den Anwender-Support
j) ☐ Bescheinigung anderer Kunden, für die Art, Qualität und Zuverlässigkeit der Ausfälle.
k) ☐ Anzahl der maximalen Server-Ausfälle Inhouse ohne Betreuung.
l) ☐ Definition der Personal-Trainer für die Computer-Bedienung und den Alltags-Support
m) ☐ Contacting, also welche Kontaktperson ist für die Bezahlung des SLA im Unternehmen zuständig?
n) ☐ Browsing: Welche URL (www-Adressen) werden innerhalb des Service unterstützt/gesichert?
o) ☐ Anzahl Schulungstage die der Service-Anbieter jeweils im kommenden Jahr absolvieren wird

7. Welche der folgenden Aussagen entsprechen grundsätzlichen, typischen Aufgabenbereiche des IT-Managements (drei Antworten sind richtig)?

a) ☐ Der Unternehmung die nötigen IT-Architekturen und Informationstechnologien zur Verfügung stellen, damit ihre Unternehmensprozesse zweckmässig unterstützt werden können.
b) ☐ Unterstützung anbieten, bei der Entscheidungsfindung für Investitionen in neue Märkte, z. B. bei der Erstellung von dynamischen Investitionsrechnungen.
c) ☐ Die verlangte Verfügbarkeit der IT-Systeme und des gesamten IT-Betriebs planen und sicherstellen.
d) ☐ Ein systematisches IT-Management trägt zum Unternehmenserfolg bei, indem es die Bedeutung der Informationen festlegt, interpretiert und mit der Buchhaltung verknüpft.
e) ☐ Zeichen, Daten und Informationen als Fakten oder Informationselemente so zu verarbeiten, dass dabei das bestmögliche Marketing entsteht.
f) ☐ Die Anforderungen an die Informatik bezüglich Sicherheit, Qualität, Kosten und der Einhaltung gesetzlicher Rahmenbedingungen als Dienstvereinbarung festzulegen.
g) ☐ Die Informatik als Vermögenswert in der Bilanz auszuweisen und auszubauen, damit die Potenziale der Informationstechnologie auf ein Maximum ausgeschöpft werden können.

8. Was Bedeutet der Begriff ITIL? Gesucht ist nicht die Abkürzung, sondern was ITIL ist.

a) ☐ Das ist ein Rahmenwerk für anerkannte Verfahrensweisen, wie Informatik-Dienstleistungen (IT-Services), unabhängig von der Unternehmensart und -grösse, konzipiert, geplant, erbracht, kontrolliert und verbessert werden können. Das Rahmenwerk ist international anerkannt und bildet einen Standard in der Informatikbranche.

b) ☐ ITIL kommt aus der Welt des Service-Managements. Es setzt eine unabdingbare Bereitschaft des Managements und der Mitarbeiter zum Wandel in Richtung Kunden- und Serviceorientierung der Informatik voraus. ITIL kann als Applikation neben dem ERP-System laufen und bildet so eine optimale Prozessunterstützung im Tagesgeschäft einer Organisation.

c) ☐ ITIL geht immer von einer zentralen IT-Organisation aus. Es ist ein Rahmenwerk für grosse, internationale Unternehmen, die alle ihre IT-Services von einer Stelle aus anbieten wollen. Diese Zentrale kann mit der ITIL-Software alle IT-Prozesse überwachen, steuern und wenn nötig verbessern.

d) ☐ IT-Dienstleistungen werden entwickelt, eingeführt, betrieben, weiterentwickelt und unterhalten von einem internen oder externen der IT-Dienstleister. ITIL ist dabei ein Rahmenwerk, welches als Referenz und Orientierung dient. Es kann auch sicherstellen, dass IT-Dienste standardisiert erbracht und abgerechnet werden können.

e) ☐ ITIL ist eine Disziplin des IT-Managements. Sie wird in jene Firmen angewendet, in denen die Informatik eine strategische Bedeutung hat (IT als Enabler). Die Installation von ITIL ist Voraussetzung für e-Business-Geschäftsmodelle. Es wird sichergestellt, dass die Anforderungen bezüglich Sicherheit, Qualität und gesetzliche Rahmenbedingungen eingehalten werden.

f) ☐ ITIL ist ein spezielles Internet-Protokoll und heisst International Technology Internet Infrastructure Layer. Es bildet sozusagen die Grenze zwischen Applikationen und Technologie-Ebene, bzw. Infrastruktur. Das ITIL-Protokoll befindet sich auf der Schicht 5 des OSI-Schichtenmodell.

9. Sie haben soeben eine neue Softwarelösung für Ihren Betrieb evaluiert. Bevor Sie die neue Software in die bestehende Systemlandschaft integrieren können, müssen noch wichtige, konzeptionelle Überlegungen oder Vorarbeiten geleistet werden. Kreuzen Sie alle davon an.

a) ☐ Das Gesamtbudget für die Evaluation muss vorgängig vom Team definiert und von der Geschäftsleitung genehmigt sein.

b) ☐ Es werden im Voraus alle nötigen Testroutinen definiert, damit das System mittels Abnahmeprotokoll nach der Migration in Betrieb genommen werden kann.

c) ☐ Es werden allfällige Restwert-Schätzungen der neuen Anlage an die Buchhaltung übermittelt, damit sie von Anfang an die korrekten Abschreibungen vornehmen kann.

d) ☐ Der Projektauftrag für die Migrations-Phase (Migration ist eigenes Projekt) muss das Gesamtbudget und die Meilensteine der Evaluation enthalten.

e) ☐ Alle Vertretungen der betroffenen Abteilungen werden eingeladen, das System zu bewerten. Dies wird dann zusammen mit anderen Kriterien in die Gesamtbewertung eingetragen.

f) ☐ Das Service Level Agreement (SLA) zwischen Internet-Provider und uns muss garantierte, fest definierte Mindestens-Kapazitäten der Internet-Verbindung enthalten (+ evtl. Konventionalstrafen).

g) ☐ Als Teil der Migration muss definiert werden, wer, wie, wann und wo für das neue System geschult wird.

h) ☐ Das Datenmapping (Übereinstimmung der alten zu den neuen Datenfeldern der Datenbanken) muss erstellt werden – als Teil der Planung der Datenmigration.

i) ☐ Um den sauberen Pilotbetrieb sicherzustellen, müssen im Voraus fest formulierte und gegenseitig abgemachte Testroutinen definiert werden.

10. Sie lesen nachfolgend verschiedene Szenarien aus dem betrieblichen Alltag. Entscheiden Sie, welcher IT-Aufgabenbereich jeweils am stärksten betroffen ist oder aktiv wird. Begriffauswahl: Netzdienst, Projektdienst, Schulungen, Betrieb und Betreuung der Systeme

a) Renato Richiusa kann in der Unternehmung einen Karriereschritt aufsteigen und wird Einkaufsdirektor. Er hat jetzt auch Personalverantwortung und Einsicht in die Personaldaten.

_____

b) Eine Filiale wechselt zu einem neuen lokalen Provider für ihren Internet-Anschluss. Der neue Provider hat auch eine Cloud-Lösung im Angebot.

_____

c) Die Marketing-Abteilung hat sich bei der Geschäftsleitung durchgesetzt, dass ein neues CRM-System installiert wird. Nun geht es an die Evaluation des Systems.

_____

d) Ein Legacy-System (Alt-System) ist ersetzt worden. Die Migration ist erfolgreich durchlaufen am Wochenende. Die User sind erfasst. Mit der Bedienung gibt es aber noch Probleme.

_____

e) Sie haben versehentlich ein E-Mail gelöscht und können es nicht mehr widerherstellen. Sie wissen aber, dass die E-Mail-Daten täglich gesichert werden. Wer ist zuständig?

_____

f) Ein neues Betriebssystem ist evaluiert worden und es wurde entschieden, dass die Firma auf dieses neue System migriert. Nun muss geplant werden.

_____

g) Sie haben ständig lange Antwortzeiten bei Anfragen auf Google oder generell aufs Internet. Ihr PC ist neu. Alle Berechtigungen sind gegeben. Wer ist zuständig für dieses Problem?

_____

11. Die steigende Komplexität der Informatik zur Unterstützung der Prozesse eines Unternehmens kann nicht künstlich vereinfacht werden. Daher ist auch ein mehrstufiges Vorgehen notwendig, um die Fülle von unterschiedlichsten Tätigkeiten der internen IT in Prozesse zu überführen. Damit können die vereinbarten internen Dienstleistungen transparent und effizient erfüllt werden. Dabei muss das Rad nicht neu erfunden werden, da diese Arbeit schon durch viele Organisationen und Unternehmen bereits durchgeführt worden ist. Was haben diese Unternehmen unternommen (eine Antwort)?

a) ☐ Sie haben die IT stark redimensioniert und möglichst viele IT-Services von Outsourcing-Partner bezogen.

b) ☐ Sie haben für jeden IT-Prozess einen externen Partner identifiziert, damit im Bedarfsfall (Notfall) die Leistung jederzeit auch von extern bezogen werden kann (Risk Management).

c) ☐ Sie haben starke IT-Partner ins Boot geholt, um eine starke und dauerhafte Partnerschaft mit dem Unternehmen aufzubauen.

d) ☐ Sie haben ihre IT-Prozesse grösstenteils durch Cloud-Services ersetzt.

e) ☐ Sie haben die IT-Prozesse nach ITIL strukturiert und neu organisiert, damit Service-Prozesse transparent angeboten werden können.

12. Was ist ein «Process Owner» in der internen IT-Organisation? (eine Antwort richtig)

a) ☐ Ein spezieller Anwalt der darauf spezialisiert ist, IT-Prozessfälle vor Gericht zur vertreten.
b) ☐ Die verantwortliche Person, welche die Risiken der internen IT-Prozesse identifiziert/bewertet.
c) ☐ Die verantwortliche Person für die Art und das Funktionieren von internen IT-Prozessen.
d) ☐ Der Auftraggeber eines Arbeitsprozesses in der internen Informatikabteilung.
e) ☐ Ein Prozesslogbuch, damit man alle getätigten IT-Prozesse nachvollziehen kann.

13. Service Design entwickelt neue oder verbesserte IT-Services aufgrund von Kundenanfragen oder geänderten Kundenbedürfnissen und baut auf einem guten Zusammenwirken der 4 P auf. Diese finden sich dann in den SLAs wieder. Wie heissen die 4 Ps in diesem Zusammenhang (eine Antwort möglich)?

a) ☐ Pensen – Preise – Publikationen – Potenziale
b) ☐ Präsenz – Pakete – Push-Dienste – Potenzielle Risiken
c) ☐ Preise – Pauschalen – Personen – Pakete
d) ☐ Prozess – Produkte – Positionen (der Organisation) – Post (elektronisch)
e) ☐ Personen – Prozesse – Produkte – Partner

14. Welche der nachfolgend aufgeführten Vorteile ergeben sich bei einer zentralen IT-Organisation (drei Antworten gesucht)?

a) ☐ Einsatz von Spezialisten ist wirtschaftlich.
b) ☐ Ressourcenengpässe und Wartezeiten der zentralen IT-Stelle können vermieden werden.
c) ☐ Support vor Ort wird von der Fachabteilung wahrgenommen, folglich keine Absorbierung der Fachabteilung von ihrem eigentlichen Kerngeschäft.
d) ☐ Leichtere Durchsetzung von ICT-Strategien und -Standards.
e) ☐ Vermeidung von bereichsweiten Überkapazitäten.
f) ☐ Verbesserung des Antwortverhaltens und der Zugriffszeiten.
g) ☐ Deckung des Bedarfs an benutzerorientierten IT-Leistungen vor Ort ist garantiert, weil lokale Probleme besser betreut werden und vertraut sind.

15. Nachfolgend lesen Sie einige typische Risiken, wie sie in IT-Projekten meistens/oft vorkommen. Ordnen Sie die richtige Massnahme zur Risikominimierung, die am besten zum entsprechenden Risiko passt. Massnahmemöglichkeiten sind:

– Anwendung von durchdachten Meilensteinen, enge Kontrolle der Termine, Abhängigkeiten erkennen/antizipieren
– vorgängige Pilotinstallationen durchführen, ausgedehnte Systemtests fahren, Fehlerprotokolle führen
– Die Arbeitszeit der Projektmitarbeiter kurzfristig auf ein Maximum steigern um sie dann vor Projektende wieder zu entlasten.
– Die Geschäftsleitung dazu bringen, dass Sie klare Regelungen und Sanktionen definiert.
– Regelmässiges Projektcontrolling und Abweichungsanalyse. (Rechnungs- und Leistungskontrolle)
– Bei $\frac{2}{3}$ des Projekts, das Projekt der internen Buchhaltung zur Fertigstellung übergeben zur Überwachung
– Die allerneuste Version einer Software einsetzen und alle Sicherheits-Patches einspielen.
– Einbindung der Mitarbeiter von Beginn des Projekts an. Fach- und sozialkompetenten Projektleiter einsetzen.
– In Datenbanken nach doppelten Datensätzen suchen und diese löschen.
– Rollbackszenario vorbereiten, falls es unüberwindbare Probleme gibt
– Saubere Anforderungsanalyse und neutrale Evaluation durchführen.

a) Risiko: Budgetüberschreitung

_____

_____

b) Risiko: Datenverlust bei der Migration

_____

_____

c) Risiko: Widerstand bei den zukünftigen Anwendern einer IT-Lösung

_____

_____

d) Risiko: Terminüberschreitung

_____

_____

e) Risiko: Technische Inkompatibilitäten

_____

_____

f) Risiko: Fehlende Funktionalität

_____

_____

16. Was bedeutet der Ausdruck ITIL (eine Antwort)?

a) ☐ Die «Internal Transient Inherited Leveling»-Technik wird bei Festplatten der neusten Generation verwendet, um die Speicherdichte der Daten zu vergrössern.

b) ☐ ITIL ist die zusammengesetzte Abkürzung von Informatik (IT) und Information Logik (IL). Dies
ist ein Gebiet in der IT, die sich mit der Verarbeitung von Daten mittels logischer Verknüpfung
beschäftigt.

c) ☐ In modernen Prozessoren gibt es die «Integrated Transistor Integer Logic», um Rechenopera-
tionen mit ganzen Zahlen zu beschleunigen.

d) ☐ Die «IT Infrastructure Library» ist ein Regel- und Definitionswerk, dass die für den Betrieb
einer IT-Infrastruktur und IT-Organisation notwendigen Prozesse beschreibt.

e) ☐ Die «Internationale Technik und Informatik Lobby» ist eine Organisation, die sich für Belange
der Technik/Informatik stark macht.

17. Im Bereich Marketing und Verkauf werden für die Prozesskette Abwicklung von Kundenbestellungen
alle Kundenverträge bis anhin manuell erstellt in einem Textverarbeitungssystem erfasst. Einzelne
Paragraphen werden zum Teil aus bestehenden Verträgen mit «Copy & Paste» übernommen und
zum Teil komplett neu erarbeitet. Jede Abteilung und mehrere Mitarbeitende haben hierfür ein eigenes System etabliert. Kundenverträge enthalten zum Teil sehr unterschiedliche Bedingungen und
sind untereinander nicht immer konsistent. Dieser Umstand trifft häufig auch auf Verträge gleicher

Kundensegmente oder vergleichbarer Produkte zu. Eine Datenbank für den schnellen Zugriff auf häufig verwendeten Klauseln besteht nicht. Sie stehen vor der Herausforderung, die Abläufe der Vertragserstellung und Verwaltung auf ihr Automatisierungspotenzial durch eine neue IT-Anwendung zu prüfen. Sie erwarten, dass mit der Einführung geeigneter Informatiksysteme die Erarbeitung und Autorisierung der Verträge von heute 20–30 Tagen auf nunmehr 4–8 Tage gekürzt werden kann. Es gilt nun, die Herausforderungen einer solchen Automatisierung eines Prozesses aufzuzeigen. Sie stehen am Anfang eines solchen Projekts. Welche Tätigkeiten fallen zuerst an? Kreuzen Sie zwei Antworten an.

a) ☐ Wir müssen mögliche Informatik-Anbieter kontaktieren, damit sie uns bei der Konzeption von Anfang an helfen können.

b) ☐ Ziele für das Projekt müssen klar und messbar (überprüfbar) definiert werden.

c) ☐ Es müssen Daten aus Big-Data gewonnen werden, damit wir die nötigen Entscheidungsgrundlagen haben für die späteren Investitionen.

d) ☐ Wir müssen unsere Kunden über das Vorhaben informieren, dass zeitweise allenfalls Verzögerungen in den Abläufen entstehen können und fragen gleich auch was sie vom Projekt halten.

e) ☐ Die Mitarbeiter müssen zuerst über das Vorhaben informiert werden, damit wir ihr Einverständnis für das Projekt gewinnen können.

f) ☐ Eine gründliche Analyse der Prozessschritte ist nötig, damit man das Automatisierungspotenzial richtig einschätzen kann.

Informatik-Management

5

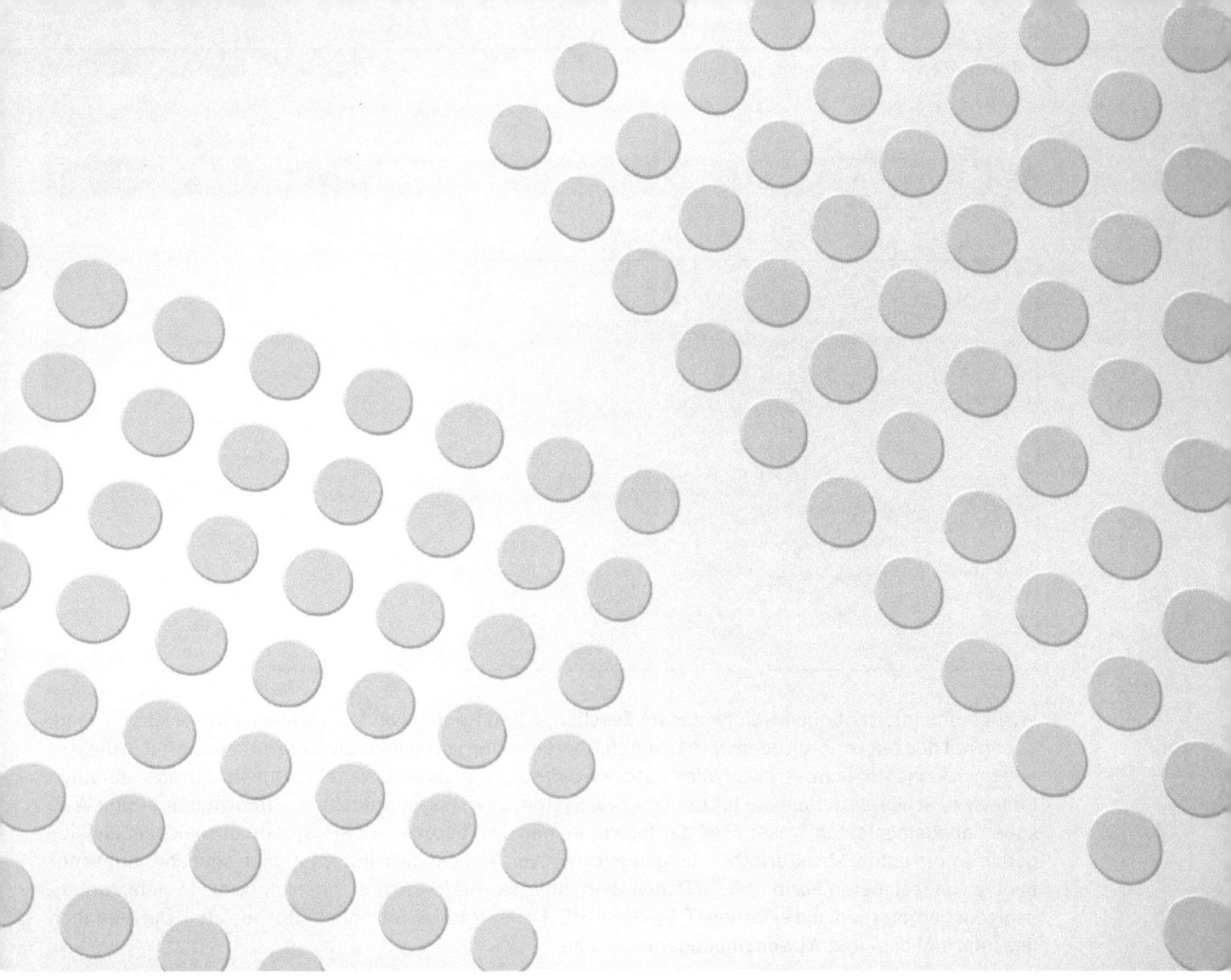

Informations-& Wissensmanagement

Kapitel 6

6 Informations- & Wissensmanagement

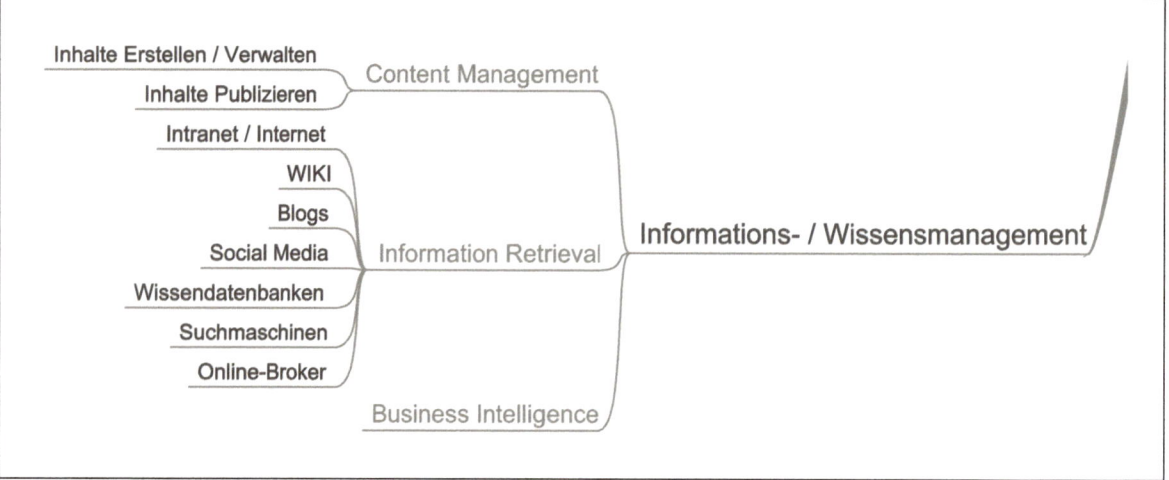

Wissen und Informationen welche ausschliesslich in den Köpfen von Mitarbeitern «gespeichert» sind, gehen mit der Zeit verloren oder werden durch Überlieferung verfälscht. Die Unternehmung hat in diesem Fall auch keine Möglichkeit, diese Informationen sinnvoll zu ergänzen, weiter zu entwickeln oder allfällige Lücken zu schliessen. Deshalb braucht es eine Systematik. Das ist Aufgabe des Informations- und Wissensmanagements. Ein grosser Teil der Informationen sind bereits im ERP-System gespeichert und liegen in einem guten, strukturierten Ausgangsformat vor. Viele andere Informationen sind aber entweder in einer ungeeigneten Form (z. B. in Papierform) oder sie sind verstreut, unstrukturiert in vielen unterschiedlichen internen und externen IT-Systemen (E-Mails, Memos, Sitzungsprotokolle etc.). Die Aufgaben des Informations- und Wissensmanagements sind:

– Betrieblich relevante Informationen aus den unterschiedlichen (externen und internen Quellen) aufspüren, einordnen, strukturieren.
– Diese Informationen Nutzergerecht (Adressatengerecht) aufbereiten (auch auf verschiedene Kanäle oder Medien).
– Die Informationen in ihrem Lebenszyklus begleiten (Erstellung, Kontrolle, Freigabe, Publikation, Archivierung, Löschung).
– Schliesslich werden die publizierten Informationen wiederum von Menschen durchsucht zum Zweck ihrer Unterstützung in ihren betrieblichen Aufgaben.

Diese Aufgaben können als Prozess dargestellt werden:

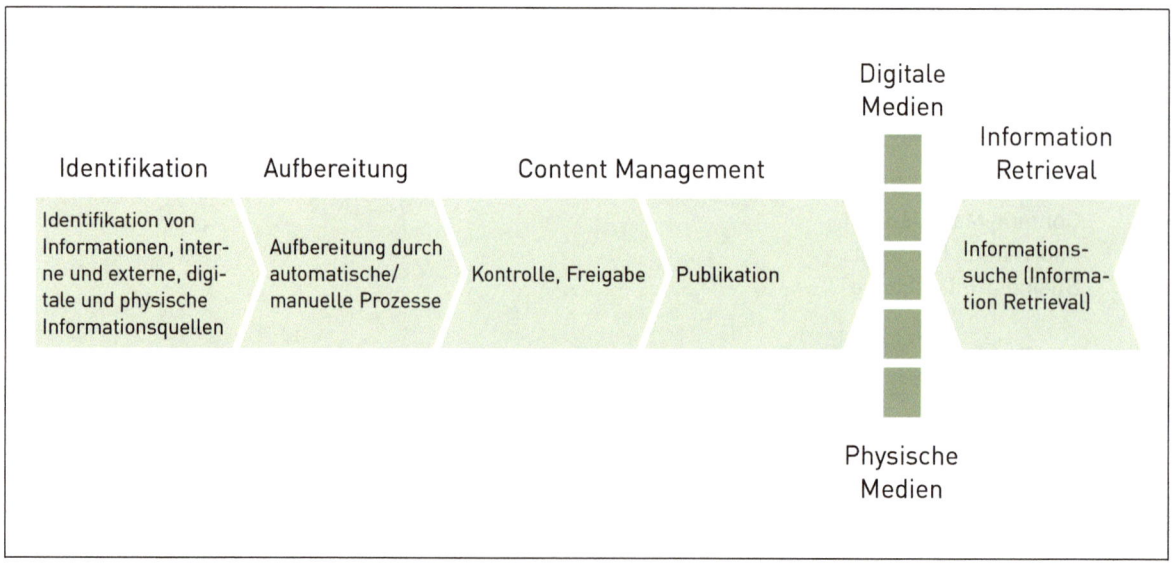

6.1 Entstehung von Wissen und Information

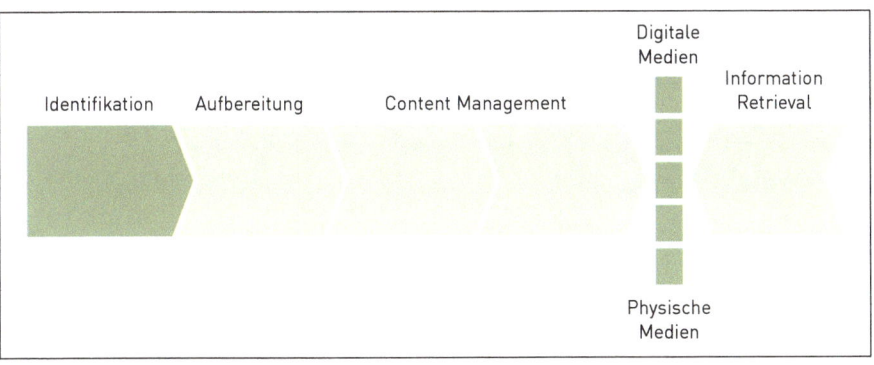

Die Strukturierung von Wissen und Information zur Aufbereitung und Verteilung zu betrieblichen Zwecken beginnt mit der Identifikation der Quellen. Dabei sind sowohl externe wie auch interne Quellen gleichbedeutend.

6.1.1 Interne und externe Quellen

Die externen Quellen finden sich entlang der Wertschöpfungsketten des Unternehmens, in diesen beteiligten Unternehmen selbst, in internen Datenquellen und in öffentlich zugänglichen Informationsdiensten (in der Regel das Internet):

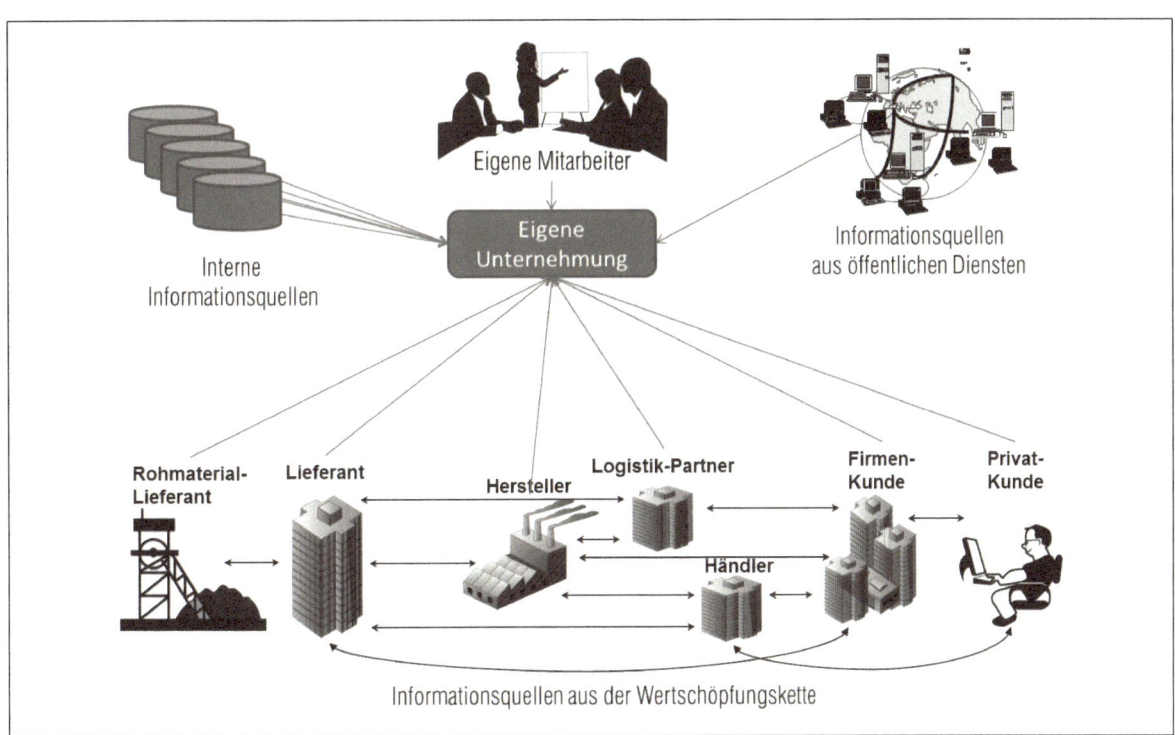

Das ERP-System ist eine wichtige Informationsquelle, aber viele Informationen sind eben ausserhalb des Systems gespeichert wie:

Interne Informationsquellen	Externe Informationsquellen
– E-Mails	– Papierformulare
– Tabellen-, Textdokumente	– Produktkataloge
– Besprechungsprotokolle	– Bilder (Elektronische und aus Papier)
– Präsentationen	– Echtzeitinformationen (z. B. Kurse)
– Memos	– Webseiten
– Grafiken, Bilder, Fotos	– Wetterdaten
– Zeichnungen	– Daten über Verkehrsaufkommen (Luftfahrt, Strasse)
– persönliche Checklisten	– etc.

Informations- & Wissensmanagement

6

6.1.2 Digitale und physische Quellen

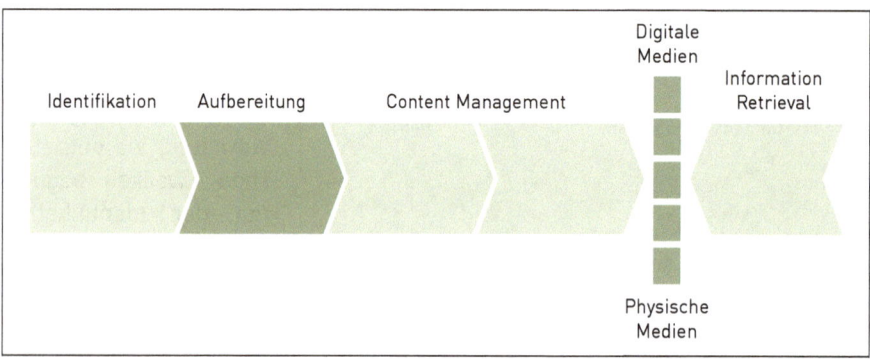

Beim Zusammenzug verschiedener Informationsquellen beachtet man neben der Herkunft (intern/extern) auch den Zustand, die Form, das Format der Information. Dabei wird unterschieden zwischen digitalen und physischen Informationsquellen.

Bei den digitalen Quellen müssen Schnittstellen zu den Quellsystemen aufgebaut werden. Je nach Wichtigkeit der Informationsquelle gibt es verschiedene Güteklassen von Schnittstellen:

– manuelle Schnittstelle (Daten werden von Hand von einem System ins andere übertragen/kopiert)
– asynchrone Schnittstelle (Daten werden als «Nachricht» an das andere System gesendet, die in Zeitabständen automatisch, halbautomatisch oder manuell eingelesen werden)
– Echtzeit-Schnittstelle für höchste Ansprüche (Daten werden in Echtzeit automatisch eingelesen)

Die Informationen aus den physischen Informationsquellen müssen digitalisiert werden. Dabei werden sie gescannt und die Informationen aufbereitet (Nachbearbeitung):

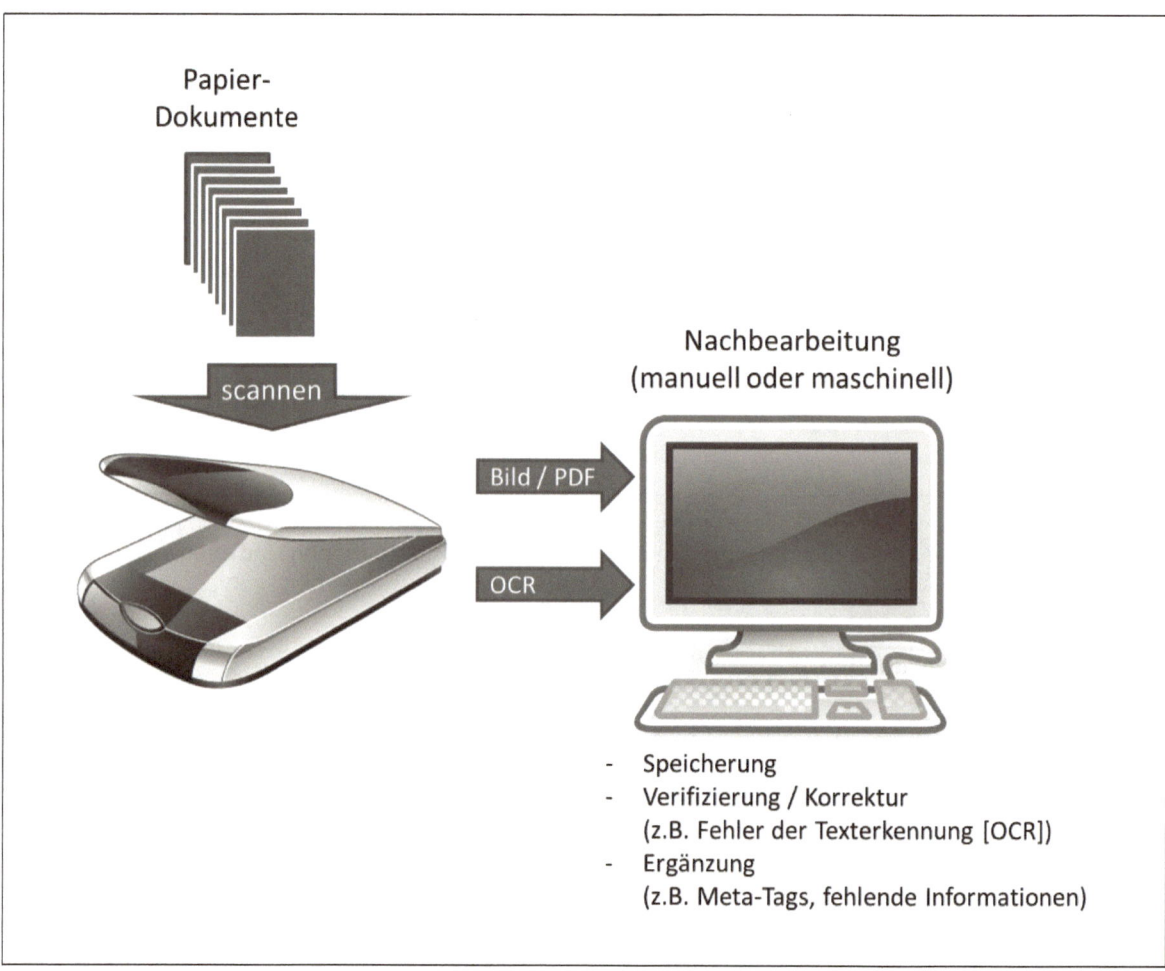

Informations- & Wissensmanagement

6

6.2   Content-Management

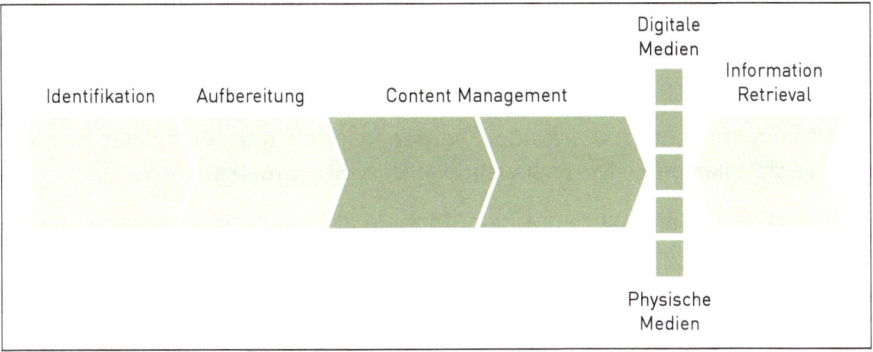

Nachdem die Informationen in der richtigen Form, Struktur und Aktualität von den verschiedenen Informationsquellen zusammengezogen und aufbereitet sind, können sie nun in den eigentlichen Verwaltungsprozess der Kontrolle, Publikation, Verteilung und Archivierung/Löschung eingespeist werden. Dies ist die Aufgabe des Content Management Systems. Dabei durchlaufen die Informationen fest vordefinierte Abläufe wie:

– Kontroll- und Korrekturprozesse
– Freigabeprozesse
– Publikationsfreigaben
– Umformatierungen in geeignete Ausgabeformate
– Archivierungs- und Löschanweisungen

Content Management Systeme (CMS) haben sich zu einer eigenen Softwaregattung etabliert. Verbreitet sind nicht nur kommerzielle Lösungen, sondern auch frei erhältliche Open-Source-Lösungen wie Joomla, Drupal, TYPO3, oder Wordpress. Sie erlauben nebst dem Verwalten von Informationen auch die Änderung von Webseiteninhalte, ohne technische Kenntnisse von HTML, HTTP oder Java.

6.3   Information Retrieval

Die aufbereiteten, digitalen Informationen werden nach der Freigabe zur Nutzung in ihre Bestimmungsorte gespeichert. Berechtigte Personen oder Maschinen können nun diese «Informationslager» auf Basis ihrer Bedürfnisse durchsuchen. Auch hier können solche «Datenlager» extern oder betriebsintern abgespeichert sein. Weil die Menge an Informationen so riesig und die Art der Informationen so vielfältig ist (z. B. Zeichnungen, Filme, Office-Dokumente etc.), können nicht einfache relationale Datenbanken eingesetzt werden. Somit funktionieren hier die klassischen Datenbankabfragen (z. B. zeig mir alle Aufträge von Kunde XYZ) nicht. Es müssen andere Such-Strategien und Suchtechnologien ins Spiel kommen. Weil ...

– ... die Suchanfrage nicht klar strukturiert und formuliert werden kann (im Gegensatz zu einer strukturierten Anfrage in einer relationalen Datenbank: «Gib mir alle Aufträge im Jahr 2016 von Kunde XYZ»).
– ... in den Datenquellen oft mehrdeutige Angaben über die Informationen (Metadaten) gespeichert sind, sodass Anfragen meistens nicht nur ein Resultat liefern, sondern eine Auswahl an möglichen Resultaten (Bsp.: Java = die Insel, Java = der Kaffee oder Java = die Programmiersprache; im Gegensatz dazu gibt es im oberen Beispiel nur genau ein Kunde mit der Kennung XYZ).

6.3.1   Such-Technologien

Weil die Suchanfrage nicht strukturiert formuliert werden kann (wie z. B. bei SQL-Abfragen), müssen frei formulierbare Formen zulässig sein. Anfragen müssen so formuliert werden, wie wir einen Menschen fragen würden: Umgangssprachlich und mit Stichworten. Denn für eine präzise Suchanfrage müsste man wissen, was man nicht weiss – sonst würde man ja nicht fragen. Deshalb wird die Suchanfrage mit Stichworten umschrieben.

Die Technologie die dahinter steht, ist die Indexierung. Sie ist sozusagen die «Verstichwortung» einer Information. Dieser Vorgang kann manuell oder automatisch erfolgen.

Informations- & Wissensmanagement   6

Manuelle Indexierung	Hier vergibt ein Mensch, meistens beim Einlesen oder Eingeben der Information, zusätzlich zur Information selbst auch Stichworte über deren Inhalt (Metadaten). Zum Beispiel wird beim Einscannen eines Schadenfallformulars zur erzeugten Datei zusätzlich noch Stichworte wie Police-Nummer, Kundenname und Stichworte zum Ereignis eingegeben. Oder eine Bibliothekarin gibt beim Erfassen/Einlesen eines neuen Buches nebst den üblichen Informationen wie ISBN, Autor, Titel etc. auch noch Stichworte zum Inhalt und Thema des Buches. Die zu vergebenden Stichworte können entweder frei erfunden werden, oder sie müssen bei der Eingabe aus einer vordefinierten Liste ausgewählt werden (Stichwortkatalog).
Automatische Indexierung	Hier wird ein Text, Bild, Film oder eine Tonaufnahme automatisch nach Regelmässigkeiten und Muster abgesucht, um damit eine Bedeutung, eine Kategorisierung – eben Stichworte zu vergeben. Die bekannteste Art ist die Volltextindexierung. Dabei wird der gesamte Text nach Worthäufigkeiten abgesucht. Die Häufigkeit eines Begriffs in einem Dokument, zusammen mit vielen anderen Merkmalen bekommt eine Gewichtung und somit eine Signifikanz. Diese Metainformation ist schliesslich verantwortlich dafür, ob ein bestimmtes Dokument bei einer Suchanfrage im Resultat angezeigt wird, und an welcher Stelle. Anbieter von Webseiten kennen diese Mechanismen von Suchmaschinen. Sie versuchen ihre Webseiten mit einer möglichst grossen Signifikanz darzustellen. Sie optimieren permanent ihre Inhalte um eine möglichst gute Position bei Suchresultaten zu erzielen. Diese Bemühungen heissen «Search Engine Optimization» (SEO).

6.3.2 Suchstrategien

Eine Suchanfrage kann grob in vier Phasen eingeteilt werden:

- Ermittlung der geeigneten Quellen
- Anfrageformulierung
- Bestimmung der Auslieferungsart der Suchresultate
- Auswertung der Suchresultate

6.3.2.1 Suchquellen
Die Informationsbeschaffung wird in unternehmensinterne und unternehmensexterne Quellen umgesetzt. Man spricht in diesem Zusammenhang auch von primären und sekundären Informationsquellen. Primär deshalb, weil im ersten Schritt die unternehmensinternen Informationsquellen genutzt werden, da ihr Zugang problemloser, schneller und billiger ist. Hier ein Überblick:

Interne Informationsquellen		Externe Informationsquellen	
Intranet	Zugang über einfachen Browser möglich, viele unterschiedliche Medien können gespeichert werden (Bilder, Texte, Filme, Zeichnungen, Tonaufnahmen etc.)	Internet	Einfacher Zugang über Browser, alle möglichen Medien verfügbar, allerdings ist die Informationsherkunft und -qualität nicht immer überprüft
Relationale Datenbank	Gute Quelle für stark strukturierte Anfragen über Informationen zu betrieblichen Arbeitsprozessen.	Statistische Datenbanken	Gute Quelle, personalisierte, strukturierte Abfragen möglich
Groupware Datenbank	Gemischte Anfragearten möglich (strukturiert oder frei), Vielfalt von Medien möglich, teambezogene Informationsräume möglich	Team-Plattformen	Einfacher Zugang über Browser, grosse Ortsunabhängigkeit, einfach zu erstellen aber Daten sind bei Drittfirmen gespeichert (z. B. Social Media wie Facebook, Xing, LinkedIn, Google+)

Interne Informationsquellen		Externe Informationsquellen	
Internes Wiki	Diese Quellen kombinieren die Vorteile von freien Suchanfragen wie in Suchmaschinen mit den Möglichkeiten einer Datenbank.	Wikipedia	Freie Suchanfragen und Suchen nach Begriffskataloge möglich, sehr umfangreich, allerdings ist die Informationsherkunft und -qualität nicht gleichmässig gut
Datei-ablage	Alle Formate können gespeichert werden, allerdings ist die Suche schwierig, weil keine Metadaten möglich	Cloud-Daten-speicher	Einfacher Zugang über Browser, alle Formate möglich, ortsunab-hängig, Suche schwierig, weil kei-ne Metadaten möglich (z. B. Goog-le Drive, One Drive, Dropbox)
FAQs	Strukturiert nach Themen und über Browser zugänglich	FAQs	Strukturiert nach Themen und über Browser zugänglich, Qualität der Informationen stark unter-schiedlich
E-Mails	Wenig strukturiert aber Informa-tionen können mit Stichworten gesucht werden, Nachrichten sind nach zeitlichem Ablauf gespeichert	Information Broker	Strukturierte Abfragen möglich, grosse themengebündelte Infor-mationssammlungen, Push-Dienste möglich (Such-Abo)

6.3.2.2 Anfrageformulierung

Standardmässig arbeiten Suchmaschinen alle abgefragten Begriffe ab. Die Anfrage «information retrie-val» beispielsweise liefert nur Ergebnisse aus, die beide Begriffe («information» UND «retrieval») bein-halten. Für die Verfeinerung der Abfrage, müssten zusätzliche «Befehle» an die Suchmaschine gegeben werden:

Boole'sche Operatoren (UND-Kombination)	Suche nach Synonymen (bedeutungsgleiche Begriffe) oder bedeutungs-ähnliche Begriffe
	Suchanfrage-Bsp.: «Technische Kaufleute» OR «Ausbildung» OR «Schule» OR «Luzern»
Phrasensuche	Suchanfragen in Anführungszeichen (z. B. «Vorname Nachname») erge-ben Resultate in denen alle Begriffe vorkommen, aber nicht unabhängig, also getrennt voneinander, auftauchen.
	Suchanfrage-Bsp.: «sein oder nicht sein»
Wildcards	Mit dem Wildcard-Operator * kann man unbekannte Wörter oder Wort-teile ersetzen (z. B. bei weiblicher und männlicher Schreibweise)
	Suchanfrage-Bsp.: Technisch* Kaufm*
Dokumenttypsuche	Suchanfragen auf spezielle Dateitypen einschränken (.pdf, .xls, .ppt, .doc etc.)
	Suchanfrage-Bsp.: Technischer Kaufmann filetype:ppt
Wertebereiche	Suchanfragen mit Wertebereichen zu verfeinern.
	Suchanfrage-Bsp.: laptops CHF400..600 Abschlussprüfungen 2010 2016

6

Informations- & Wissensmanagement

6.3.2.3 Auslieferungsart der Suchresultate

In der Regel werden Suchanfragen über denselben Kanal und im selben Format ausgeliefert wie die Anfrage selbst. Es können aber bei Bedarf andere Formate generiert werden. Folgende Ausgabeformate sind gängig:

- PDF
- Grafik
- E-Mail
- SMS

6.3.2.4 Auswertung der Suchresultate

Die Präsentation der Suchergebnisse wird in den meisten Fällen nach Signifikanz absteigend sortiert. Deshalb ist die optimale Suche direkt an der Qualität der Resultate beteiligt. Die Qualität kann nach weiteren Kriterien bewertet werden:

- Glaubwürdigkeit (Quelle, Verfasser, Tonalität)
- Aktualität (wie aktuell sind die Informationen?)
- Ausgewogenheit (haben Verfasser einseitig informieren wollen, verfolgen sie eigene Interessen?)
- Breit abgestützt (finden sich auch andere Beiträge von anderen Quellen, die die Aussagen bestätigen?)

6.4 Business Intelligence

Dies ist ein Verfahren für die systematische Analyse (Sammlung, Auswertung und Darstellung) von digitalen Informationen für die Gewinnung von Erkenntnissen. Im Vordergrund steht die Unterstützung der Entscheidungsträger für bessere operative oder strategische Entscheidungen. Dabei kommt spezialisierte Software zum Einsatz. Anders als die Informationen auf Intranet- oder Internetseiten, befinden sich solche Informationen in strukturierten Datenbanken in aggregierter Form. So werden auch andere Suchmechanismen erforderlich. Mit dem «Data Mining» können, auch ad-hoc, diese Datenbanken nach den unterschiedlichsten Dimensionen, Kriterien durchforstet werden. Dabei werden auch Elemente der Künstlichen Intelligenz zwecks Mustererkennung eingesetzt.

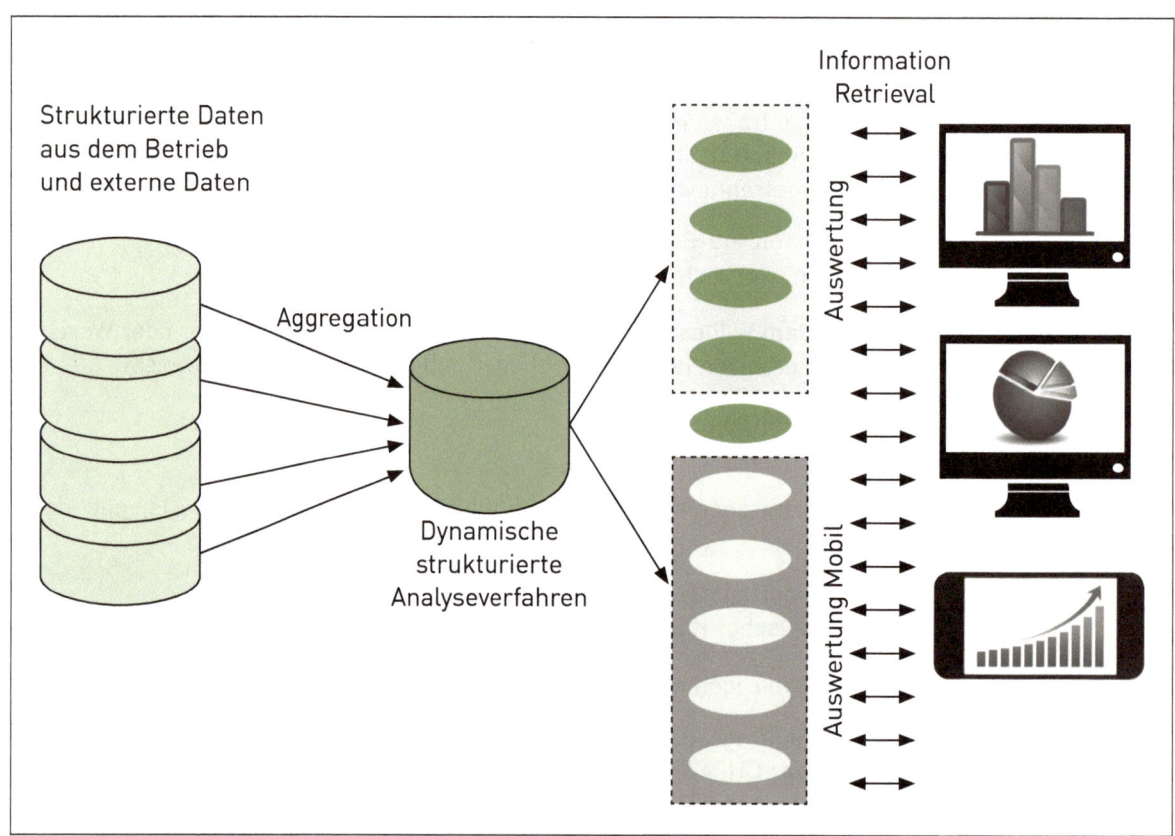

Informations- & Wissensmanagement

6

Aufgaben zu Kapitel 6

1. Sie sind beauftragt worden, eine interne Wissensmanagement-Plattform aufzubauen. Sie haben verschiedene Möglichkeiten so etwas erstellen. Welche Aussage ist richtig (eine Antwort)?

a) ☐ Die eigentliche Wissensplattform ist heute Social Media wie Facebook. Deshalb kann eine Firma auch eine eigene Facebook-Seite betreiben und hat genau denselben Effekt als würde sie eine teure Intranet-Software-Lösung einsetzen.

b) ☐ Wissensmanagement steht für alle strategischen bzw. operativen Tätigkeiten und Managementaufgaben, die auf den bestmöglichen Umgang mit Wissen abzielen. Diese Disziplin hat in erster Linie mit Betriebswirtschaftslehre zu tun und ist deshalb Aufgabe des Marketings.

c) ☐ Das Extranet ist Ausgangspunkt für jede Wissensplattform. Aus der Zusammenarbeit mit externen Partnern kann auf diese Weise die Erfahrung und die Expertise von zahlreichen Menschen zusammengezogen werden.

d) ☐ Ein internes Wiki dient ebenso gut als Wissensplattform statt eine teure Datenbank-Lösung einzusetzen. Beim Wiki müssen einfach die Verhaltensregeln beachtet werden, wie ein Artikel erstellt wird und wer für die Redaktion zuständig ist.

2. Im inneren Teil der untenstehenden Grafik über CMS befindet sich der Bereich «Verwaltung». Darin ist ein Zyklus von vier Elementen sichtbar. Um welche Elemente (Vorgänge) handelt es sich?

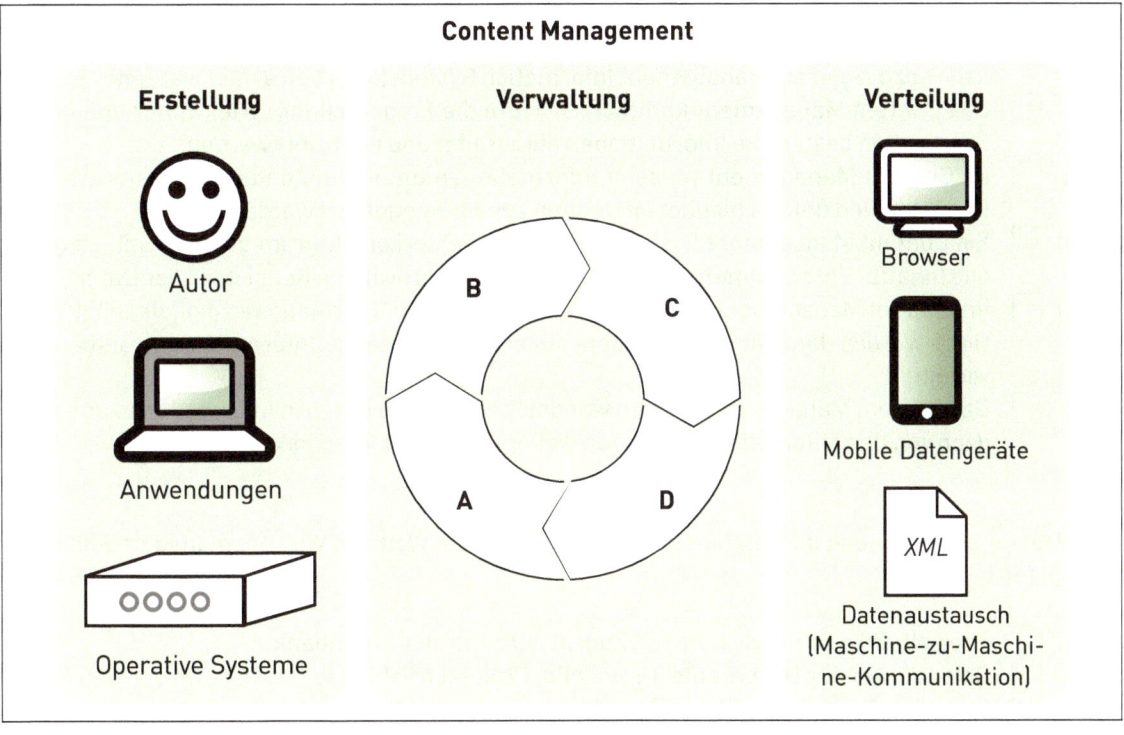

A: _____

B: _____

C: _____

D: _____

Im rechten unteren Teil der Grafik sehen Sie XML. Was steht hinter dieser Abkürzung? Für welchen Zweck wird es gebraucht?

_____

3. Welche Aussage über CMS (Content Management Systeme) ist richtig (eine Antwort möglich)?

a) ☐ Joomla, Drupal, TYPO3 und WordPress zählen derzeit zu den bekanntesten Open-Source-CMS. Von zahlreichen Firmen werden diese Systeme zur Pflege ihrer Onlineauftritte eingesetzt.

b) ☐ Ein CMS ist vor allem für Firmen wichtig, welche tagtäglich ihr Internet auf den neustens Stand bringen müssen. Für monatliche Updates reicht ein guter HTML-Editor.

c) ☐ Ein CMS ist eine Software zur gemeinschaftlichen Erstellung, Bearbeitung und Organisation von Inhalten (Content) zumeist in Webseiten. Ein Autor mit Zugriffsrechten kann ein solches System mittels HTML programmieren.

d) ☐ Die Hauptaufgabe eines CMS ist die zielgruppengerechte sowie barrierefreie Darstellung von Text- oder Multimediainhalten in XML für Webbrowser.

4. Welche Aussagen zu Content Management stimmen (zwei Antworten)?

a) ☐ Content Management ist eine Disziplin welche im Marketing eingesetzt wird. Dabei werden Kundendaten zusammengefasst. Damit kann das Kundenverhalten besser verstanden werden.

b) ☐ Das Content Management kümmert sich vorwiegend um die Darstellung der Daten am Computer. Die binären Daten werden in HTML umgewandelt und so visuell zugänglich gemacht.

c) ☐ Das Content Management ist eine Disziplin welche in Verlagen oder Redaktionen von Medien vorkommt. Die anderen Unternehmen benützen stattdessen Management Informationssysteme.

d) ☐ Das Content Management liefert Zahlen und Fakten zum momentanen Geschäftsverlauf und kann sozusagen als Management Information System (MIS) betrachtet werden.

e) ☐ Das Content Management kümmert sich um die Fragestellung: Wie, woher und in welcher Form sollen bestimmte Informationen aufbereitet und publiziert werden.

f) ☐ Im Content Management müssen Informationen unter Umständen aus unterschiedlichen Formaten und unterschiedlichen Quellen zusammengeführt werden.

g) ☐ Ein Content Management System ist eine Art Fehlerkorrektur im grossen Stil. Es geht über alle Inhalte (Unternehmensinformationen) und überprüft die Konsistenz der Daten.

h) ☐ Im Content Management werden aus papierbasierten Informationen digitale Inhalte erstellt. Diese werden dann für die Zielgruppe «Management einer Unternehmung» aufbereitet und verteilt.

i) ☐ Das Content Management System wandelt Zeichen und Daten in Informationen um, damit sie dann von den Mitarbeitern zu Wissen weiterverarbeitet werden können.

5. Welcher der folgenden Informatik-Begriffe gehören in die Welt des Wissensmanagements (vier Antworten gesucht)?

a) ☐ Firewall-Erkennungssystem mit Zugriff auf zentraler Datenbank
b) ☐ Datenbanken für Dokumente, Protokolle, Projektberichte etc.
c) ☐ Compiler-Systeme für Flash-Programme in Lernumgebungen
d) ☐ Tages-Endverarbeitung der Monatsrechnungen für die Kunden
e) ☐ Online-Verkaufssystem für Airline-Tickets
f) ☐ Groupware-Systeme (Intranet-Systeme)
g) ☐ Entwicklungsumgebungen für Java oder andere Programmiersprachen
h) ☐ Risk-Management für die Ausarbeitung von Ausfall-Szenarien
i) ☐ Reservationssystem für die Buchung von Klassenzimmern einer Schule
j) ☐ Social Bookmarking, Twitter, Social Media
k) ☐ Wikis, Weblogs, Blogs
l) ☐ ITIL-Massnahme-Pläne

6. Kreuzen Sie an, welche zwei Begriffe (XXX und YYY) im Text gemeint sind.

Das Netzwerk eines Unternehmens mit beschränktem, internen Benutzerkreis nennt man XXX. Teile davon können zu einem YYY erweitert werden. Das XXX eines Unternehmens ist das nicht öffentliche und innerbetriebliche Datennetz für die Mitarbeiter und Mitarbeiterinnen. Befinden sich die Lokalitäten der Firma an einem Ort, so genügt eine einfache Infrastruktur für die Realisierung des XXX. Bei verteilten Teilen muss das Problem einer sicheren Verbindung zwischen den Teilnetzen gelöst werden. Als YYY werden Firmennetze bezeichnet, bei denen auch ausgewählte externe Benutzer Zugang haben. Dieser erfolgt normalerweise passwortgeschützt über ein GAN.

a) ☐ Browser-Netz
b) ☐ Internet
c) ☐ Astranet
d) ☐ Intranet
e) ☐ Peer-to-Peer-Netz
f) ☐ Datenbank-Netz
g) ☐ Content Management
h) ☐ Ultranet

i) ☐ Ethernet
j) ☐ NAT-Netz
k) ☐ Online-Banking-Netz
l) ☐ Backbone
m) ☐ Arpa-Net
n) ☐ Extranet
o) ☐ SCM (Supply-Chain-Management)

7. Ordnen Sie die richtigen Begriffe zu (beachten Sie die Stellen mit «___» im Text).
Begriffauswahl: Data Governance, Data Mining, Policy, Single Sign ON, Business Intelligence

a) In welche Richtung soll sich das eigene Unternehmen weiterentwickeln?
Konzentriert man sich besser auf den lokalen Markt oder investiert man verstärkt international? Sind mehr Produktvarianten gefragt oder soll man sich auf ein Standardprodukt konzentrieren? Strategische oder operative Entscheidungen sollten Unternehmer nicht aus dem Bauch heraus treffen. Mit der strukturierten Analyse von Unternehmensdaten befasst sich die

_____.

b) Wie wichtig sind welche Daten für das Unternehmen und was sind sie wert?
_____ sorgt dafür, dass Sie für die Analyse ihrer Unternehmensdaten, eine stimmige Basis haben. Selten sind sich Marktforscher auf einem Gebiet so einig. Vorhandene Studien zum Thema Datenqualität lassen sich auf einen Nenner bringen: Schlechte Datenqualität in Unternehmen verursacht unnötige Kosten in immenser Höhe.

c) Die anfallenden Datenberge in Unternehmen wachsen immer weiter in den Himmel. Umso wichtiger wird die Auswertung dieser Daten. Das ist die Hauptaufgabe von Experten. Sie wenden statistische Verfahren an, um Auffälligkeiten in den Daten aufzuspüren. Ändert sich das Kaufverhalten der Kunden? Dann kann man mittels _____ prüfen, ob es so eine Veränderung schon einmal gab und wie sich das entwickelt hat.

d) «Das geht nicht, das verstösst gegen unsere Security-_____» Wer auf diese Art vom Administrator darauf hingewiesen wird, sein Smartphone nicht mit dem Arbeitsplatz-PC zu synchronisieren, fühlt sich unter Umständen eingeschränkt. Doch die Richtlinien sind sehr wichtig für die Security-Strategie, denn die Unternehmensdaten haben einen immensen Wert und müssen geschützt werden.

e) Ein Kennwort für den Rechner, ein weiteres fürs Netzwerk, für den Zugang zum ERP-System noch eins und Outlook will dann nochmal ein Passwort haben. Das ist nicht nur nervig, sondern auch unsicher, denn wer sich mehr Passwörter merken muss, der nimmt dann meist einfache Begriffe wie «123abc». Beim _____ muss sich ein Nutzer nur einmal anmelden und kann dann alle für ihn relevanten Systeme nutzen.

8. Beim Scannen von Dokumenten wird das gescannte Bild in Information (Zeichen, engl. Character) umgewandelt (z. B. in eine Textdatei), damit sie für die späteren Arbeitsprozesse weiter verarbeitet werden kann. Dabei kommt die sogenannte OCR-Technik ins Spiel. Was steckt hinter der Abkürzung OCR (eine Antwort)?

   a) ☐ OCR («Optimal Circuit Response») ist ein Verfahren, welches einem Signal den kürzesten Weg durch einen elektronischen Schaltkreis ermöglicht. Es wird damit in einem CAT5-Kabel das Licht gebrochen und verstärkt.

   b) ☐ OCR («Optical Character Recognition») bezeichnet die automatische Texterkennung innerhalb einer Bilddatei. Dieser Text kann damit weiter verarbeitet werden.

   c) ☐ OCR («Open Character Repository») repräsentiert den erweiterten Zeichensatz der ASCII-Tabelle, den man für Japanische Dokumente anwendet.

   d) ☐ OCR («Official CPU Reference») definiert den standardisierten Befehlssatz moderner 64-Bit-Prozessoren. Diese Prozessoren dürfen nur in Scanner eingebaut werden. Diese Prozessoren sind nach der Drei-Schicht-Architektur gebaut (Client/App/Datenbank).

   e) ☐ OCR ist ein offenes Dateiformat für Textverarbeitungsprogramme wie PDF, TXT oder DOC. Es wird vor allem bei chinesischen Schriften angewendet.

9. Was ist ein Hashtag (eine Antwort)?

   a) ☐ Hashtags ermöglichen es Netzwerkgeräten wie Switches und Routern den Anfang und das Ende einer laufenden Datenübertragung zu erkennen.

   b) ☐ Jede Computerdatei beinhaltet einen versteckten Hashtag. Damit weiss das Betriebssystem, mit welchem Programm die Datei geöffnet werden muss.

   c) ☐ Man verwendet einen Hashtag, um zu kontrollieren, ob eine Datei fehlerfrei auf die Festplatte geschrieben wurde.

   d) ☐ Um Passwörter bei Web-Anwendungen sicherer zu speichern, wird vom Passwort ein Hashtag angelegt.

   e) ☐ Eine Zeichenkette mit vorangestelltem Doppelkreuz, die man als Bemerkung in einer Social Media-Plattform einfügen kann.

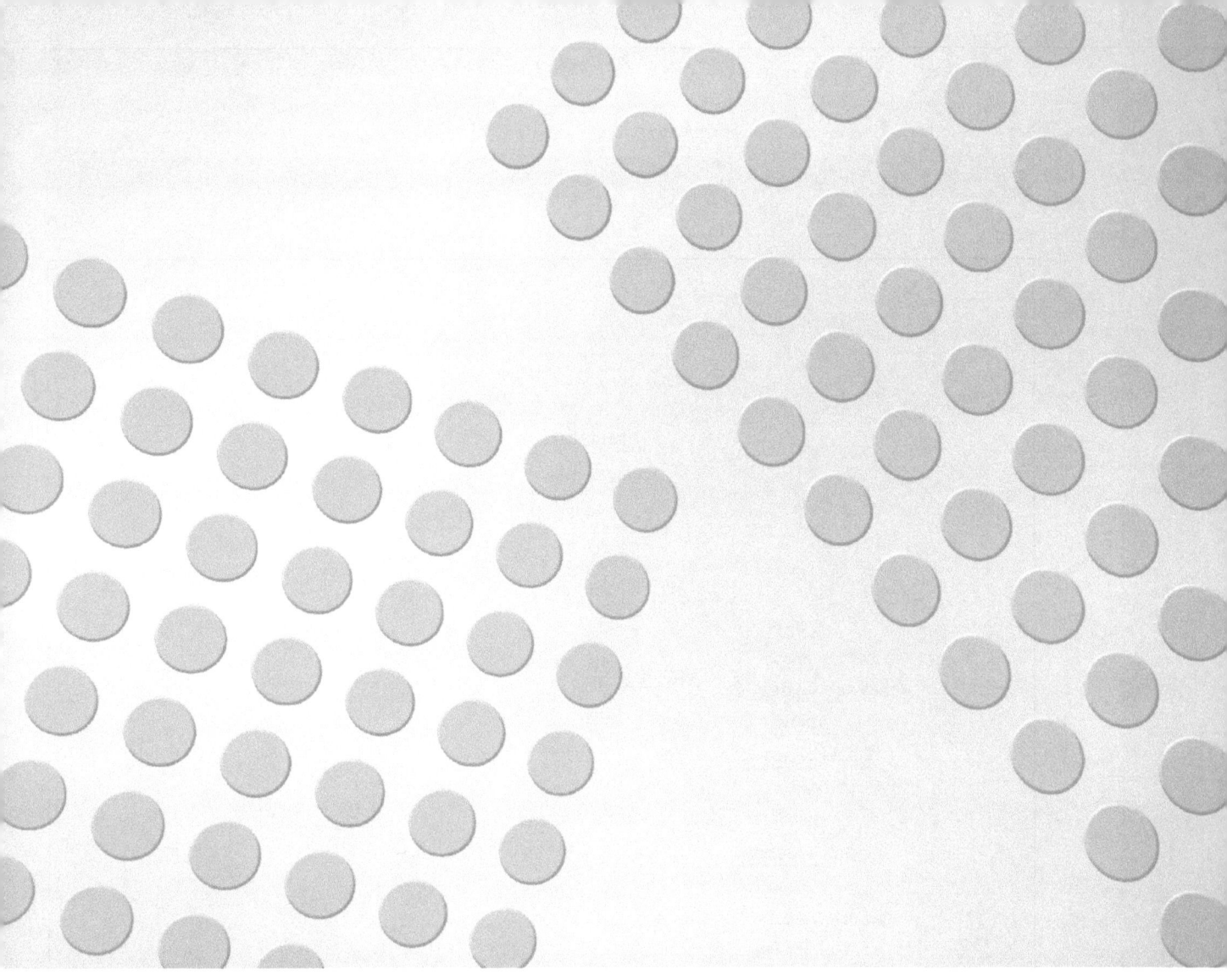

E-Business

Kapitel 7

7 E-Business

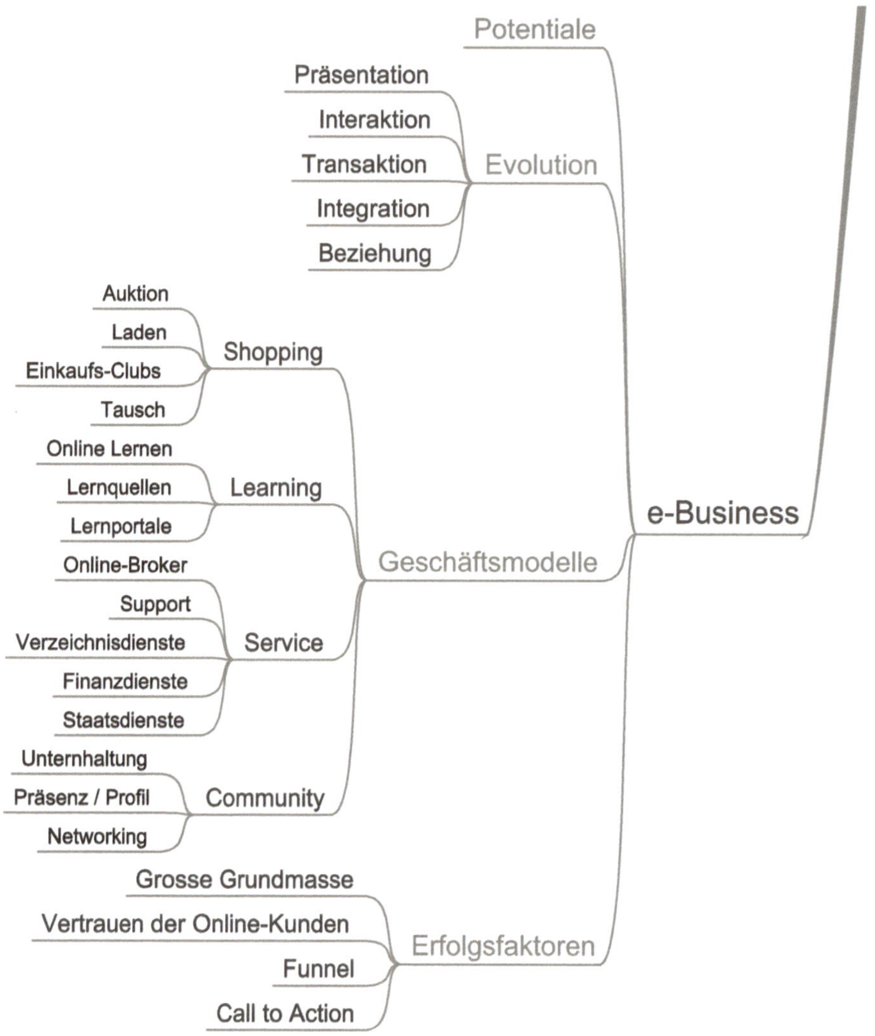

Mindmap: e-Business

- Potentiale
  - Präsentation
  - Interaktion
  - Transaktion — Evolution
  - Integration
  - Beziehung
- Geschäftsmodelle
  - Shopping
    - Auktion
    - Laden
    - Einkaufs-Clubs
    - Tausch
  - Learning
    - Online Lernen
    - Lernquellen
    - Lernportale
  - Service
    - Online-Broker
    - Support
    - Verzeichnisdienste
    - Finanzdienste
    - Staatsdienste
  - Community
    - Unternhaltung
    - Präsenz / Profil
    - Networking
- Erfolgsfaktoren
  - Grosse Grundmasse
  - Vertrauen der Online-Kunden
  - Funnel
  - Call to Action

Dieses Thema könnte genauso gut «Internet-Business» heissen, weil bei E-Business das Internet ein zentrales Element darstellt. Es ist die digitale Abbildung von unternehmensinternen und unternehmens-übergreifenden Arbeitsabläufen entlang der Wertschöpfungskette von mehreren Unternehmen. Das Ziel ist, möglichst viel Automation, Transparenz, Echtzeitverarbeitung und eine hohe Datenqualität.

In dieser Wertschöpfungskette können Privatpersonen, Unternehmen oder der Staat beteiligt sein:

- Privatpersonen (**C**onsumer)
- Unternehmen (**B**usiness)
- Staat (**A**uthorities oder **A**dministration)

Dabei entstehen verschiedenartige Geschäftsmodelle, die man nach den genannten Akteuren beschrie-ben werden können.

Beispiele:

Business-to-Business (B2B)	Ein Handwerker kauft für sein Unternehmen eine Bohrmaschine über den Web-Shop eines Baumaschinenherstellers.	E-Shop für Handwerker
Business-to-Consumer (B2C)	Ein Augenoptikergeschäft verkauft Kontaktlinsen online an Privatkunden.	E-Shop für private Kontaktlinsenkunden
Administration-to-Consumer (A2C)	Das Grundbuchamt bietet online Grundbuchauszüge gegen Entgelt an.	Digitaler Schalter des Grundbuchamtes

7.1 Potenziale

Die Vorteile von E-Business sind je nach Akteure unterschiedlich. Hier eine Übersicht:

Unternehmen (Business)	Privatkunden (Consumer)	Staat (Administration)
– Zeitgewinn – Aktualität des Geschäfts der Daten zum Angebot – günstiger als physische Verkaufskanäle – keine Limitierung auf Schalteröffnungszeiten	– Zeitgewinn, Komfort von zu Hause – flexibel in Bezug auf Ort und Zeitpunkt – Übersicht und Transparenz des Gesamtangebots – Preisvorteile	– Kostenreduktion – keine Limitierung auf Schalteröffnungszeiten – Transparenz über Nachfrage nach Dienstleistungen

7.2 Evolution

Eine Unternehmung befindet sich auch im Bereich der Digitalisierung ihres Geschäftsmodells im ständigen Wandel. Man spricht in diesem Zusammenhang von «Digitaler Transformation». So ist es wichtig, die einzelnen Evolutionsschritte zu kennen:

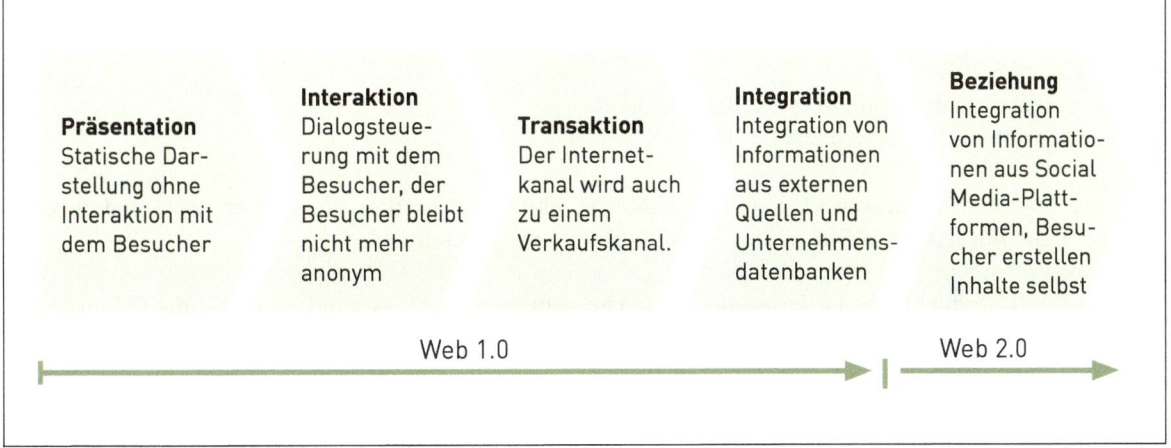

Wie man an den Evolutionsschritten entnehmen kann, werden die Besucher, die Kunden immer stärker in die Prozesse der Unternehmen miteinbezogen. Die Unternehmen lernen von ihren Kunden, ihren Netzwerken und ihren generierten Inhalten. Sie analysieren ihr Verhalten auf Webseiten. Sie «digitalisieren» die Beziehung zu ihren Kunden.

7.3 Geschäftsmodelle

Ein Geschäftsmodell umfasst nicht nur den Teil des Verkaufsabschlusses, sondern den gesamten Zyklus einer geschäftlichen Abwicklung, also auch den Abschlussteil, das sogenannte «Fulfilment». In der Übersicht werden die klassischen, etablierten Geschäftsmodelle vorgestellt.

Shopping	Learning	Service	Community
Auktion	E-Learning	Broker	Entertainment
Shop	Lernqullen	Support	Profilierung
Einkaufsklub	Lernangebote	Verzeichnisse	Networking
Tausch		Finance	
		Staat	

Viele Unternehmen mischen die oben gezeigten Geschäftsmodelle zu einem Gesamtauftritt im Internet. Auch viele Kooperationsformen sind zu beobachten mit Online-Schnittstellen zu Partnerfirmen. Auf diese Weise können Cross-Selling und Up-Selling-Angebote erschaffen werden.

7.4 Erfolgsfaktoren

Grundsätzlich kann jeder Kunde aus dem Internet mit nur wenigen Klicks zum Mitbewerber gelangen. Bequem von zu Hause oder am Arbeitsplatz kann ein Kunde ohne grossen Aufwand das Gesamtangebot eines bestimmten Produkts überblicken. Das heisst, es braucht relativ viele interessierte Kunden um ein Online-Geschäft zu betreiben, weil viele potenzielle Kunden eben nicht abschliessen. Man spricht in diesem Zusammenhang von der «Conversion Rate». Also der Anteil von Kunden die auf einer Webseite eine gewünschte Aktion auslösen im Verhältnis zu allen Besuchern dieser Webseite. Die Hürden können wie folgt zusammengefasst werden:

– relativ hohe Absprungrate von potenziellen Kunden (Conversion Rate) wegen der hohen Transparenz der Angebote
– Sprachbarrieren
– weniger Spontankäufe, weil man die Produkte nicht berühren kann
– kulturelle Barrieren
– rechtliche Barrieren beim Grenzüberschreitenden Handel
– technische Hürden
– Kanibalisierung der eigenen Verkaufskanälen
– vielmals unterschätzte Logistik (Fulfilment)

Aus diesen Ausführungen können die Erfolgsfaktoren abgeleitet werden. Wir können hier von den sechs Geboten beim Aufbau von E-Business-Geschäftsmodellen sprechen:

1. Benutzerfreundlichkeit: Die Anwender verlieren sehr schnell die Geduld und/oder die Orientierung und verlassen die Webseite. Deshalb muss der «Usability» grossen Wert gelegt werden. Es werden die unterschiedlichsten Zugangsgeräte verwendet. Das Bedeutet die Webseiten müssen auf allen möglichen Endgeräten gut aussehen (Responsive Design).
2. Zielgruppengenauigkeit: Eine Webseite kann nicht optimal auf viele unterschiedliche Zielgruppen abgestimmt werden. Deshalb kann es sein, dass für mehrere Zielgruppen auch mehrere Webseiten nötig sind.
3. Call-to-Action: Die Besucher sollten nicht anonym bleiben, denn sonst gibt es wenige Möglichkeiten diese Besucher zu reaktivieren. Einmal gegangen, kommen sie eventuell nie mehr zurück. Deshalb sollten sie zu einer Handlung motiviert werden, bei der sie ihre Identität hinterlegen. So wie ein potenzieller Kunde seine Visitenkarte hinterlässt.

4. Suchmaschinen-Marketing: Die Position der eigenen Webseiten auf Suchmaschinen hat einen direkten Einfluss auf den Erfolg einer Website.
5. Aktuelle und relevante Inhalte: Diese Anforderung hat auch stark mit den technischen Möglichkeiten des Content Managements zu tun und der Güte der digitalen Schnittstellen in und aus der Website.
6. Permanente Analyse der Besucher (Traffic Analyse): Die Erkenntnisse aus diesen Analysen ermöglichen eine permanente Optimierung der Webseiten in Sachen Suchresultate, Orientierung der Besucher und Relevanz der Informationen.

7.5 Aufbau und Betrieb einer Website

Ob eine neue Internetsite oder eine neue Software für die Unterstützung von Arbeitsabläufen, am Anfang einer neuen Lösung steht immer die Frage: Was brauchen die Anwender wirklich? Im Fall einer Website sind die Anwender die Besucher aus dem Internet. Aus diesem Grund muss jede Planung von dieser Zielgruppe ausgehen. Hier die einzelnen Schritte:

1. Projektauftrag mit der groben Beschreibung von Zielen, Budget, Meilensteinen, Team und Risiken.
2. Zielgruppe bestimmen (falls mehrere Zielgruppen identifiziert werden, lohnt sich die Frage, ob es nicht intelligent sein könnte, für jede Zielgruppe eine eigene Website aufzubauen).
3. Inspirationsphase: Konkurrenz analysieren, Auflistung von «guten» Websites, Auflistung von Wünschen.
4. Domain Namen Reservation.
5. Inhalte, Funktionen, Sprachen.
6. Inhaltsstruktur definieren (Site-Map).
7. Briefing an potenzielle Agenturen, Auftragserteilung, SLA.
8. Seitenlayout bestimmen und mit Corporate Identity/Design abgleichen.
9. Erstellung der Web-Inhalte (mittels Content Management System [CMS]).
10. Verknüpfung der Web-Inhalte mit den betrieblichen Systemen und/oder mit externen Quellen.
11. Ganze Website inkl. alle Funktionen testen.
12. Website ins DNS-Verzeichnis einfügen.

Betrieb:

13. Inhalte mit CMS permanent aktualisieren.
14. Traffic-Analyse und Erkenntnisse für die Optimierung ermitteln.
15. Analyse der Position in Suchmaschinen und Erkenntnisse für die Optimierung ermitteln.
16. Website schrittweise mehr mit den betrieblichen Abläufen verzahnen.
17. Traffic-Zubringer auf- und ausbauen.

7

E-Business

Aufgaben zu Kapitel 7

1. Sie lesen nachfolgend einige Beschreibungen von E-Business-Geschäftsmodellen. Geben Sie den Modellen die richtige Bezeichnung aus der Auswahl jeweils rechts neben jeder Beschreibung.

> Ein ehemaliger Gärtner bietet in seiner Nachbarschaft freundschaftliche Gartendiens-te an (z. B. Bäume und Sträucher schneiden, Bewässern, Düngen, Pestizide spritzen etc.). Dafür bekommt er ein freiwilliges Entgelt. Er kommuniziert und bewirbt diesen Service auf seiner privaten Website.

> Eine Zulieferfirma für Büromaterial bietet allen Bundesämter eine einheitliche Online-Bestell-Lösung an. Die bestellten Artikel werden direkt in die entsprechenden Büros geliefert und die Rechnung geht automatisch an die zentrale Einkaufsstelle des Bundes mit einer Kopie an den entsprechenden Chefbeamten.

> Die Einwohnerkontrolle aller Schweizer Gemeinden haben Online-Zugriff auf das elek-tronische zentrale Strafregister des Bundes.

> Eine ehemalige Profiübersetzerin bietet als Privatperson über das Internet Überset-zungsdienste für Firmen an. Sie rundet damit ihr Haushaltsgeld auf und ist in ihrem Beruf noch aktiv. Allerdings tritt sie nicht als Firma auf, sondern als Privatperson.

> Die Firma Schindel, welche Aufzüge für Privathäuser produziert, kauft die benötigten Kugellager online bei der Firma SGF ein.

> Die Steuerbehörde der Stadt Luzern bietet die Möglichkeit an, die eigene, private Steu-ererklärung über ein Online-Tool einzugeben. Dabei kann sofort den mutmasslichen Steuerbetrag errechnet werden.

2. Sie lesen unten verschiedene Merkmale von Webseiten. Jeder Aussageblock kann zu einer Entwick-lungsstufe von Internetseiten zugeordnet werden. Ordnen Sie die richtige Kategorie zu. Begriffaus-wahl: Präsentation, Beziehung, Transaktion, Interaktion, Integration

a) Diese Art von Webseite verlangt vom Programmierer dieser Webseite eine Dialog-Steuerung. Die Seite passt sich je nach Eingabe des Besuchers an.

_____

b) Solche Webseiten sind sehr einfach und schnell hergestellt. Sie haben den Nachteil, dass die Be-sucher anonym bleiben.

_____

c) Das persönliche, digitale Bekannten-Netzwerk eines Besuchers kann auch für geschäftliche Zwecke genutzt werden, auch für eine Webseite.

_____

d) Der Internet-Kanal wird mit dieser Stufe auch ein Umsatz- und Verkaufskanal. Es ist eine Basis-technologie für E-Commerce und wird vom Handel gern benutzt.

_____

e) Die Artikelverfügbarkeit und tagesaktuellen Preise sind in vielen Geschäftsmodellen unerläss-lich. Deshalb ist diese Stufe immer dort interessant, wo sich solche Daten schnell ändern können.

_____

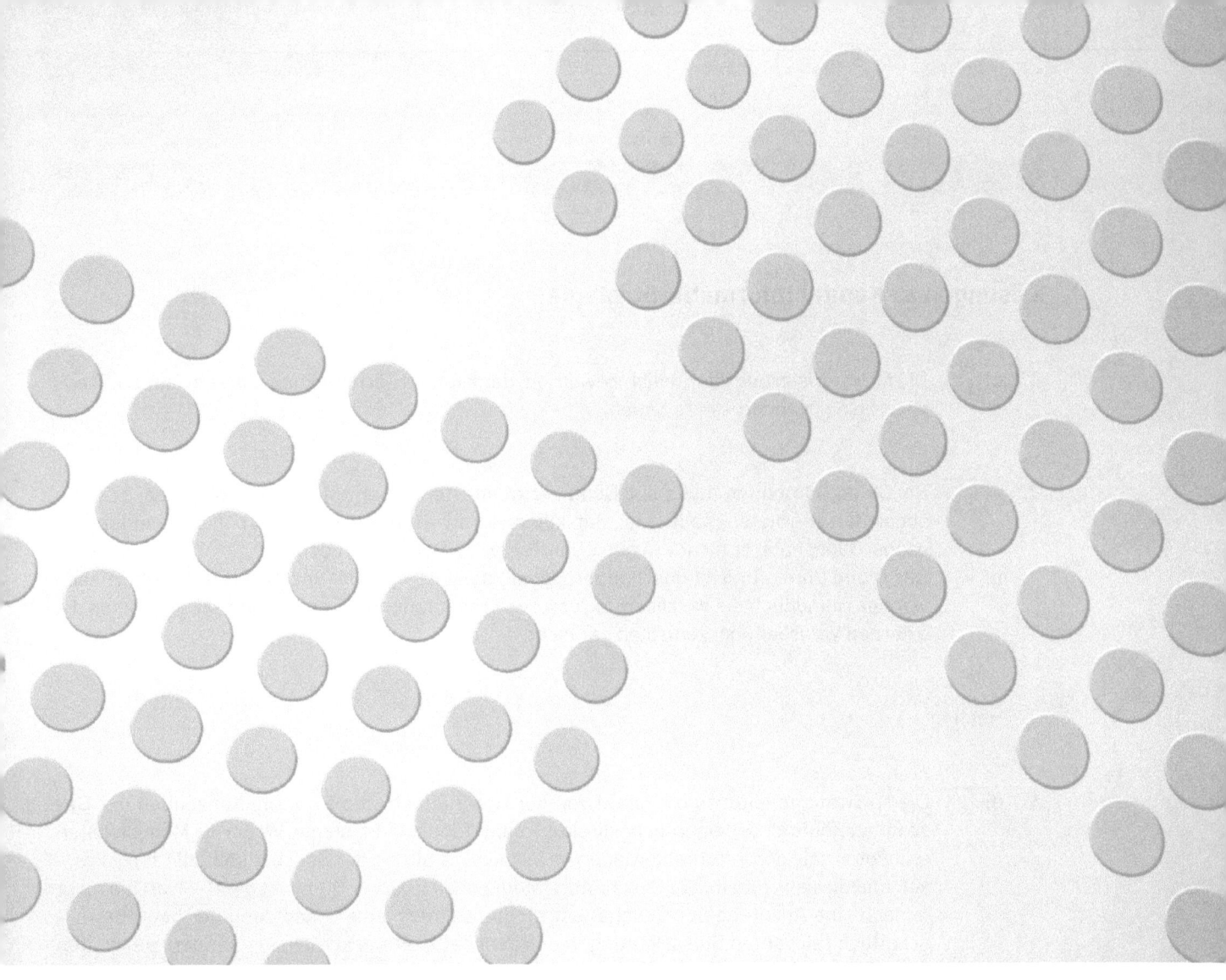

Lösungen Informatik

Kapitel 8

8 Lösungen Informatik

Lösungen zu Kapitel Informatik-Strategie

1. a) [X] Die Miniaturisierung ist möglich geworden, dank neuen Technologien die es erlauben, Transistoren auf Nanogrösse zu bauen.

2. a) [X] Bei Cloud Computing muss der Benutzer mindestens über einen Client verfügen. Er kann sogar diesen mieten, sodass er gar keine Hardware mehr besitzt. Aber ohne einen Zugangs-Client kann er nicht von den Cloud-Services Gebrauch machen.

   b) [X] Das Cloud Computing ist überhaupt möglich, dank dem Client-Server-Prinzip. Ohne dieses wäre es unmöglich die Verarbeitung von der Präsentation zu trennen und somit gäbe es die externen Verarbeitungszentralen gar nicht.

3. Hosting

4. d) [X] Die IT-Strategie leitet sich indirekt von der Geschäftsstrategie ab. Die Konzeption der Geschäftsabläufe ist der eigentliche direkte Treiber für die IT-Strategie. Wobei die Möglichkeiten und Potenziale der Informatik wiederum auf die Gestaltung der Geschäftsabläufe zurückwirken und diese ihrerseits die Geschäftsstrategie beeinflussen. Somit ist die IT-Strategie nicht einfach eine Ableitung der Geschäftsstrategie, sondern eine Umsetzung der betriebswirtschaftlich relevanten Stossrichtungen der Geschäftsleitung kombiniert mit dem gewählten Ausschöpfungsgrad der Möglichkeiten der Informationstechnologie.

5. c) [X] Dateiablage
   i) [X] E-Mail

6. a) Infrastructure as a Service (IaaS)

   b) Platform as a Service (PaaS)

   c) Software as a Service (SaaS)

7. a) [X] Die Übertragungskapazität der Internet-Anbindung muss durch ein SLA mit dem Internet-Provider definiert werden und durch ihn garantiert werden.
   e) [X] Die eigene Internet-Verbindung muss eine garantierte Verfügbarkeit/Performance während einer vorgängig definierten und gewünschten Betriebszeit aufweisen.

8. g) [X] die Merkmale von Cloud Computing

9. a) [X] Die Kosten für den Betrieb und die Wartung der Informatiksysteme ist tendenziell konstant, aber das Transaktionsvolumen nimmt stetig zu, sodass die Stückkosten sinken.
   b) [X] Die Informatik kann heute ausgelagert werden – auch in fremde Länder (z. B. dank Cloud Computing). Deshalb konnten die Informatikkosten permanent gesenkt werden.

10. b) [X] Big Data hat auch positive Aspekte für Endkonsumenten, weil dank den genaueren Daten-Auswertungen können bessere und massgeschneiderte Produkte entwickelt werden, welche näher an die Bedürfnisse der Endkonsumenten stehen.

   c) [X] Der Wunsch der Industrie und bestimmter Behörden, möglichst umfassenden Zugriff auf diese Daten zu erhalten, sie besser analysieren zu können und die gewonnenen Erkenntnisse zu nutzen, gerät dabei zunehmend in Konflikt mit Persönlichkeitsrechten des Einzelnen.

11. d) [X] Moderne Datacenter sind so gross, dass sie gleich viel Strom wie eine Kleinstadt brauchen und so grosse Hitze entwickeln, dass sie ein ganzes Quartiert damit beheizen könnten. Solche Datencenter können irgendwo stehen, sie haben keine geografischen Einschränkungen

   e) [X] Grosse Datenmengen werden zu gross, um sie mit klassischen Methoden der Datenverarbeitung auszuwerten. Neue Ansätze werden gesucht. Das weltweite Datenvolumen verdoppelt sich alle zwei Jahre, vor allem die Mengen an maschinell erzeugte Daten nehmen rasant zu.

   f) [X] Die lokale Datenhaltung und Verarbeitung verliert an Bedeutung, weil die User aus einer grossen Vielfalt an Zugangsgeräten auf die gleichen Daten- und Verarbeitungselemente zugreifen wollen. Diese verlagern sich in das Internet und können als Dienst aboniert werden.

   g) [X] Es werden immer mehr Datentypen von Computern verarbeitet. Während es noch vor ein paar wenigen Jahren nur Zeichen waren, sind es heute schon bewegte Bilder und sogar künstlich hergestellte Bilder. Dieser Trend nennt man Multimedia.

12. e) [X] Senkung des Energieverbrauchs
   j) [X] örtliche Flexibilität
   k) [X] Platzgewinn

13. c) [X] Durch die Vernetzung der Unternehmensnetzwerke mit dem Internet.
   g) [X] Die Technik der Virtualisierung ermöglicht neue Formen von Architekturen und robuste Gesamtsysteme mit einer hohen Verfügbarkeit.

14. a) [X] Als Big Data bezeichnet man üblicherweise Datensätze, deren Grösse und Umfang es schwierig machen, diese mit traditionellen Computer-Systemen und Anwendungen innerhalb nützlicher Zeit zu erfassen und zu bearbeiten.

15. c) [X] Effizienterer Einsatz der Unternehmensressourcen.
   e) [X] Die Prozesskosten werden durch Automatisierung gesenkt (vor allem bei grossem Volumen).
   f) [X] Bessere Übersicht/Kontrolle der Arbeitsabläufe.
   g) [X] Schneller und zuverlässigerer Datenaustausch.

16. b) [X] Nicht alle Prozesse eignen sich gleich gut für eine Automatisierung. Deshalb ist eine gründliche Analyse der Potenziale notwendig.

   f) [X] Falls vom Automatisierungsprojekt auch Kundenabläufe betroffen sind, dann gilt es vor der Realisierung herauszufinden, ob unbewusst oder versehentlich Alleinstellungsmerkmale mit dem Projekt aufgelöst werden und wie gut die Kunden die neuen Prozesse aufnehmen werden.

17. a) [X] Kosteneinsparungen bei Personalkosten und Administration.
   f) [X] Schnellerer und zuverlässigerer Datenaustausch von einem Prozessschritt zum anderen.
   g) [X] Bessere internationale Wettbewerbsfähigkeit gegenüber Herstellern von Billiglohnländern.
   i) [X] Übersicht und Transparenz innerhalb eines Ablaufs und über alle Prozesse hinweg.

18. a) ☒ Konzentration auf das Kerngeschäft (z. B. Entlastung des Managements)
    c) ☒ Flexibilität (z. B. zusätzliche Kapazitätsanforderungen ausgehen einer Geschäftsexpansion können realisiert werden)
    g) ☒ Kosteneinsparungen (z. B. Personalaufwand)

19. a) Housing outhouse

    b) Housing outhouse

    d) Hosting

20. Big Data

Lösungen zu Kapitel Informatik-Infrastruktur

1.

Problembeschreibung	Problembereich
E-Mail-Nachrichten werden manchmal in Klartext verschickt und können somit von jedem an der Übermittlung beteiligten Rechner gelesen werden.	4
E-Mail lassen sich von überall her praktisch kostenlos an eine uneingeschränkte Zielgruppe weltweit versenden. Der Empfänger kann sich nur schlecht dagegen wehren.	9
E-Mail können nicht nachweisbar einer Person zugeordnet werden. Man kann nur das Gerät nachweisen, nicht aber die Absender-/oder Empfängerperson.	6
E-Mails lassen sich unter einer beliebigen Absenderadresse verschicken.	1
E-Mail ist ein asynchroner Kommunikationsdienst. Der Absender weiss nicht mit Sicherheit, ob die Nachricht geöffnet und gelesen wurde.	8

2. a) ☒ Das OSI-Schichtenmodell ist ein international verbindlicher Rahmen für den elektronischen Datenaustausch

3. a) ☒ Einfache Switches arbeiten auf der Schicht 2 (Layer-2) des OSI-Modells.

4. d) ☒ Eine bestimmte LAN-interne IP-Adresse kann an mehreren Standorten mehrfach vergeben werden, weil sie gegen aussen (also zum öffentlichen Netz) abgeschirmt wird (maskiert). Dies hat den Vorteil, dass so öffentliche IP-Adressen eingespart werden können.

5. f) ☒ NAS (Network Attached Storage)

6. c) ☒ In der Regel besitzen ADSL-Router mehrere integrierte Funktionen wie unter anderen auch einen DHCP-Server. Dieser dient dazu, die am Router angeschlossenen Geräte mit einer eindeutigen IP-Adresse zu versorgen.
   d) ☒ Ein Vorteil von DHCP ist, dass sich der Systemadministrator, bzw. der Netzwerkadministrator nicht darum kümmern muss, welches Gerät welche IP-Adresse nutzt. Die Zuteilung erfolgt automatisch innerhalb einer vorgängig festgelegten Bandbreite an IP-Adressen.

7. d) ☒ Der Browser ist so eingestellt, dass er zunächst einen DNS-Server anfragt, damit die URL in eine IP-Adresse umgewandelt wird. Danach wird die eigentliche Anfrage an den Web-Serber mit der aufgeschlüsselten IP-Adresse durchgeführt.

8. Elektronische Nachrichten: Eine E-Mail-Adresse bezieht sich auf ein bestimmtes Postfach auf einem bestimmten Mailserver. Für das Versenden von E-Mail wird ein sogenanntes SMTP-Protokoll verwendet. Dieses befindet sich auf der Anwendungsschicht des OSI-Schichtenmodell. Für die Übertragung der Nachrichten zwischen einem Mailserver und einem Arbeitsplatzrechner kann POP verwendet werden, sofern die Nachricht schliesslich auf dem Arbeitsplatzrechner gespeichert werden soll. Der Vorteil dieser Art der Übertragung liegt darin, dass die Nachrichten später auch im offline-Zustand gelesen werden können. Anders sieht es aus bei der Verwendung von IMAP. Hier kann dafür die Nachricht aus mehreren Geräten gelesen werden. E-Mail lassen sich prinzipiell unter einer beliebigen Absenderadresse verschicken. Dies ist ein Problem in Bezug auf die Authentizität des Absenders. Deshalb haben auch keine, oder nur eine geringe Beweiskraft in rechtlichen Fällen. Erst mit der Einführung der digitalen Signatur könnte dieses Problem entschärft werden. E-Mail lassen sich praktisch kostenlos an eine grosse Zielgruppe versenden. Dies führt zu einer grossen Anzahl Spam-Mail, was das Internet unnötig belastet. Wenn sich die beteiligten Mailserver nicht einigen können, dann wird eine Nachricht unverschlüsselt verschickt, was einem versenden einer Postkarte gleich ist.

9. c) ☒ Es wird verwendet, um eine Alternative zum herkömmlichen Telefonnetz anzubieten. Der Vorteil ist, dass eine bestehende Internet-Leitung genügt. Ausserdem verliert das Telefonieren somit seine geografische Bedeutung und ein internationales Telefongespräch kann zum lokalen Tarif getätigt werden.
    d) ☒ Es ist ein Internetdienst, welches analoge Sprache als digitale Pakete über das Internet versenden kann. Damit können Telefongespräche über das Internet realisiert werden.

10. a) ☒ Der ADSL-Router ist schneller im Daten runterladen als im Daten hochladen
    c) ☒ Ein ADSL-Modem wandelt analoge Signale in digitale um und umgekehrt
    d) ☒ Ein ADSL-Modem erlaubt die gleichzeitige Internet-Verbindung während eines Telefonegesprächs auf der selben Leitung
    f) ☒ Die ADSL-Router haben einen integrierten Gateway eingebaut. Die Gateway-Funktion erlaubt die Übersetzung des IP-Protokolls in das PPP-Protokoll (welches für die Analoge Übertragung nötig ist).

11. b) ☒ Das OSI-Schichtenmodell ist ein internationales Rahmenwerk für den elektronischen Datenaustausch.

12. a) ☒ Man kann mit zwei PCs und einem Switch bereits ein Peer-to-Peer-Netz aufbauen. Diese Einfachheit ist auch gleich das Problem von Peer-to-Peer. Die zentrale Kontrolle fehlt.

c) ☒ Diese Architektur würde sich vor allem für kleine Netzwerke mit wenigen vernetzten Rechnern eigenen, da der Aufbau des Netzwerks schnell und kostengünstig zu bewerkstelligen ist.

13. c) ☒ Diese Grafik ist konzeptionell. Es fehlt der Netzwerk-Aufbau, also wie die Geräte verkabelt werden.

f) ☒ Der Netzwerkdrucker müsste zwingend an einem Switch oder Router angeschlossen sein, denn sonst ist er für die Clients im Netz nicht sichtbar, wenn er am Fileserver hängt und dieser abgeschaltet ist.

14. a) ☒ Ein Switch genügt bereits um ein Peer-to-Peer-Netz aufzubauen.

c) ☒ Ein Switch könnte auch dynamisch IP-Adressen vergeben, sofern diese Funktion eingeschaltet ist. Es ist aber nicht sehr sinnvoll. Besser ist, wenn der Router eines LANs diese Funktion übernimmt.

g) ☒ Ein Switch ist wie eine Mehrfachsteckdose. Er kann selbstständig entscheiden, welche Datenpakete an welchen anderen angeschlossenen Geräten versendet werden (ähnlich wie ein Filter), sofern diese Geräte an demselben Switch angeschlossen sind. Ansonsten werden die Pakete einfach weiter geschickt.

15. 1. Switch

2. Router

3. Router

4. Wide Area Network (WAN)

5. Local Area Network (LAN)

16. a) ☒ Das Glasfaserkabel hat den Nachteil, dass man damit nicht scharfe Ecken durchlaufen kann, weil die Gefahr besteht, dass das Kabel geknickt wird und damit beschädigt wird.

e) ☒ Normalerweise dürfen sich Netzwerkkabel nicht zusammen mit Stromkabeln im selben Kabelkanal befinden. Bei Glasfaserkabel ist das gestattet. Bei Kupferkabeln ab abgeschirmten CAT5-Kabeln oder solche höhere Kategorie wird das in der Praxis aber oft trotzdem gemacht.

f) ☒ Je länger ein Twisted-Pair-Kabel ist, desto schwächer wird das Datensignal. Deshalb gibt es CAT-Kabel mit einer maximalen Länge von 100 m. Mit dieser Limitierung wird die Qualität der Datenübertragung garantiert.

17. b) ☒ IEEE 802.11ac

18. b) ☒ Mit einem Klasse-A-Netzwerk können sehr viele (genau sind es 16 774 214) Netzwerk-Geräte angeschlossen werden. Somit ist ein Klasse-A-Netzwerk für grosse Unternehmen geeignet.

c) ☒ Ein privates Klasse-A-Netzwerk ist ein privates Netzwerk, das nicht über das öffentliche Netz, also das Internet, geroutet wird. Es wird für private oder firmeninterne Netzwerke verwendet (z. B. Intranet).

19. Während des Downloadvorgangs löst sich das Netzwerkkabel. Der Transfer wird sofort angehalten. Das gesendete Datenpaket ist somit unvollständig. ☐1

Einige Pakete gehen bei der Datenübertragung verloren. Der Empfänger meldet keine Empfangsbestätigung. Der Sender muss die fehlenden Daten erneut senden. ☐4

Die MAC-Adresse ist die weltweit eindeutige «Seriennummer» einer Netzwerkkarte bzw. eines Netzwerkgerätes. Auf welcher Ebene wird diese Adresse übertragen? [2]

Der Router findet anhand der IP-Adresse immer eine Ausweichroute, falls eine Standard-Route überlastet sein sollte. [3]

Die «Programmiersprache der Webseiten heisst HTML. Auf welcher OSI-Ebene wird sie übertragen? [6]

20. c) [X] Die Robustheit des Routings verdanken wir auch der Tatsache, dass sich die Router untereinander verständigen können, und so immer die beste «Reise-Route» für die Datenpakete ermitteln werden können.

21. ja

22. c) [X] Weil so Firmen und Organisationen ihre eigenen Netze aufbauen können. Die können beispielsweise für ihr Intranet eine komplette interne Welt mit Web-Servern und Mail-Servern etc. schaffen, also eine Art privates Internet.

23. b) [X] Weltweites Netz von Webseiten (WWW)
    c) [X] Internet-Telefonie (VoIP)
    e) [X] Elektronische Post

24. www.google

25. DNS

26. HTML

27. d) [X] Das NAT-Prinzip ist nötig, weil die meisten LAN einen privaten IP-Adressraum nutzen. Die Pakete welche aber über das Internet transportiert werden müssen, können mit einer privaten IP-Adresse nichts anfangen. Deshalb muss man diese privaten in öffentliche Adresse umwandeln.
    e) [X] Der IP-Adressraum wurde im Laufe der Jahre immer knapper. So stellte sich schnell heraus, dass die zu Verfügung stehenden IP-Adressen nicht reichen würden. So hat man den Adressraum in einem privaten und einen öffentlichen Teil gespalten. NAT verbindet nun diese beiden Welten.

28. c) [X] Um E-Mails zu versenden

29. f) [X] Die Frequenzen für Daten und Sprache in das selbe Kabel zusammenzuführen (mischen) auf einer Seite und wieder auf zu spalten (filtrieren) auf der anderen Seite des Kabels.

30. a) Firewall
    b) kann Datenpakete nur durch eine Seite durchlassen
    c) Port

8

Lösungen

31. a) ☒ Eine Plattform, gelegentlich auch Schicht oder Ebene genannt, bezeichnet in der Informatik eine einheitliche Basis, auf der Anwendungsprogramme ausgeführt und entwickelt werden können. Bei Plattformen kann zwischen Soft- und Hardwareplattformen unterschieden werden.

  d) ☒ Für die Werbung werden oft Markennamen in vereinfachender Weise, als technisch betrachtet eigentlich zu differenzierende Plattformen, zusammenfasst. Ein bekanntes Beispiel dafür ist die «Macintosh-Plattform», deren technische Plattformen sich je nach Generation grundlegend unterscheiden können. Diese vereinfachende Sicht ist teilweise in den Sprachgebrauch und die öffentliche Wahrnehmung übergegangen.

  e) ☒ Eine Softwareplattform wie ein Betriebssystem ermöglicht es Softwareentwicklern, Anwendungen zu schreiben, die auf variierender Hardware, wie Prozessoren unterschiedlicher Hersteller, verschiedenen Grafikkarten, verschiedenen Peripheriegeräten etc. funktionsfähig sind.

32. b) ☒ Keine der Antworten ist richtig.

33. b) ☒ Die neue IP-Adresse V6 ist von blossem Auge schwierig einzuordnen. Das ist ein Nachteil. Sie ist aber die Adresse der Zukunft, denn nach und nach werden alle netzwerkfähigen Geräte auf diese neue Version setzen.

34. d) ☒ Die Verschlüsselung eines WLANs mit WPA2 ist heute ein guter Schutz. Zusätzlich mit dem DHCP-Prinzip kombiniert, ist der Schutz noch besser. Das WLAN für Gäste gehört in die DMZ.

35. d) ☒ Der einfache Switch hat gegenüber dem Router einen wesentlichen Unterschied: Er kann keine Netzwerksegmente herstellen und arbeitet auf der OSI-Schicht 2 statt wie der Router auf 3.

36. f) ☒ Open Source Software

37. einfaches Nutzungsrecht

38. a) nein

  b) ja

  c) nein

39. e) ☒ Dateisystem mit Verknüpfungen: Referenzpunkte zu anderen Dokumenten (auch auf fremden Rechnern)

  f) ☒ Mit Hypertexte können komplexe Informationen redundanzarm vermitteln werden.

40. c) ☒ URL (Uniform Resource Locator)
  g) ☒ HTTP (Hypertext Transfer Protocol)
  h) ☒ Port 80 (Teil einer Netzwerk-Adresse)
  j) ☒ TCP/IP (Transmission Control Protocol/Internet Protocol)
  m) ☒ DNS (Domain Name Service)

41. g) ☒ Prozesse (laufende Apps) die Prozessorzeit brauchen
  h) ☒ Die Zeiteinheiten welche der Prozessor abarbeitet

42. c) ☒ Die Datenträger werden ermitteln, welche ein Betriebssystem enthalten. Nach einer vordefinierten Reihenfolge, wird das Betriebssystem gestartet und somit in den Arbeitsspeicher geladen.
    f) ☒ Die eingebauten Selbsttestroutinen der Hardwarekomponenten und der Peripheriegeräte werden aufgerufen und der Initialzustand wird hergestellt. Falls eine Testroutine auf Fehler stösst, wird entweder das System angehalten, oder/und es wird eine entsprechende Meldung am Bildschirm ausgegeben.

43. A1: Analoger Videoanschluss (Cinchstecker)

    A2: S-Video

    A3: Analoger Videoanschluss (VGA)

    B1: HDMI-Stecker für Audio und Bilddaten (+Netzwerk)

    B2: DVI-Anschluss für Bilddatenübertragung

    C1: Serielle Schnittstelle (RS232)

    C2: RJ45-Stecker für Netzwerk (LAN)

    C3: USB Typ B

    D1: Analoger Audioanschluss (Klinkenstecker/Jack)

    E1: USB Typ A

44. f) ☒ Firewire-Schnittstelle
    h) ☒ Anschluss für Geräte aus der Videotechnik

45. e) ☒ PS/2-Schnittstelle, oft im Einsatz für Tastaturen und Mäuse
    g) ☒ Serielle Schnittstelle, oft im Einsatz bei industriellen Anwendungen
    r) ☒ Parallel-Schnittstelle, oft im Einsatz für Drucker

46. b) ☒ Vorteile von SSD sind mechanische Robustheit, kurze Zugriffszeiten und keine Geräuschentwicklung aufgrund beweglicher Bauteile, da solche nicht vorhanden sind.
    c) ☒ SSD sind feste Speicher mit unbeweglichen Teilen für Computer. Sie sind schneller als Festplattenspeicher mit mechanischen Teilen.
    d) ☒ Die SSD-Speicher verlieren ihre Daten auch bei Unterbruch der Spannungsversorgung nicht. Sie sind weniger empfindlich als Festplatten. Sie sind eben «Solid».

47. c) ☒ Auf Windows XP oder bei höheren Versionen empfiehlt es sich, eine Festplatte mit dem Dateisystem «NTFS» zu formatieren.
    d) ☒ Partitionen einer Festplatte sind voneinander unabhängige Abschnitte und können als einzelne Laufwerke innerhalb der gleichen Festplatte definiert werden.

48. b) ☒ Zwischen dem RAM und der CPU befindet sich noch der Cache-Speicher. Dieser Speicher könnte man als Ultra-Kurzzeit-Gedächtnis der CPU bezeichnen. Dank dem Cache-Speicher werden die Zugriffe der CPU auf das RAM beschleunigt.
    d) ☒ Die Grösse des Arbeitsspeichers eines Computers steht im direkten Zusammenhang mit seiner Leistungsfähigkeit. Bei fehlendem Platz im RAM muss des Betriebssystem evtl. Teile des RAMs auf die Festplatte auslagern (Auslagerungsdatei), was die Verarbeitung verlangsamt. →

8

Lösungen

e) ☒ Der RAM-Speicher ist der Zentraleinheit eines Computers zugeordnet. Aus dem RAM liest die CPU die Instruktionen und Daten. Dort kann die CPU ihre Daten zwischenspeichern, bis sie definitiv auf der Festplatte oder SSD abgelegt werden können (z. B. am Ende eines Verarbeitungszyklus).

49. 1: Peripherie-Anschlüsse (Hardware-Schnittstellen)

2: BIOS-Batterie für die Speicherung von Datum, Zeit etc.

3: PCI-Steckplätze für Hardware-Erweiterungen des Computers

4: AGP-Steckplatz für Grafikkarte

5: Standardisierter CPU-Sockel ohne Kühlung

6: RAM-Steckplätze für RAM-Speicher(-erweiterung)

50. m) ☒ Virtualisierung

51. a) Open-Source Lizenz (mit GPL)

b) Shareware-Lizenz

c) Freeware-Lizenz

52. Beim Kauf einer Software wird immer lediglich eine Lizenz erworben, dies bedeutet: Es wurde das eingeschränkte Recht zur Nutzung der Software erworben, die es dem User erlaubt, die Software auf einem (ggf. auch mehreren) Computern zu installieren und entsprechend den Lizenzbedingungen zu verwenden. Eine Einzellizenz darf nur auf einem Arbeitsplatzrechner installiert werden. Soll die Software auf mehreren Rechnern laufen, müssen auch mehrere Lizenzen erworben werden. Dies bedeutet, dass wenn beispielsweise ein Microsoft Office-Paket auf 2 oder mehr Rechnern gleichzeitig eingesetzt werden soll, muss man auch die entsprechende Anzahl von Lizenzen erwerben. Eine Campus-Lizenz entspricht der Educational Version (Schüler-/Lehrer-Lizenz) und bezeichnet eine Lizenz für alle Systeme der Schule und für beliebig viele gleichzeitige Nutzer auf jedem System. Bei dieser Lizenz handelt es sich um Software, welche der Hersteller speziell für Schulen, Universitäten, Bildungseinrichtungen, Lehrer, Studenten und Schüler anbietet. Bei der Schüler-/Lehrerlizenz handelt es sich zumeist um Versionen der Software, die gegen Nachweis der Berechtigung zu einem günstigeren Preis abgegeben wird. Eine Lizenz ist Freeware. Damit berechtigt der Entwickler den Nutzer, die Software unentgeltlich nutzen zu können. Meist darf in Verbindung mit dieser Lizenzform die Software über andere Kanäle weiterverbreitet werden.

Eine weitere, bekannte Lizenz ist «Für privaten Gebrauch kostenlos». Das bedeutet, dass Benutzer ein

Programm im privaten Umfeld – auf dem heimischen Computer – die Software unentgeltlich nutzen

können. Sofern aber in irgendeiner Form damit Geld verdient wird, ist die Nutzung nicht mehr kosten-

los und muss bezahlt werden. Es muss nicht direkt mit dem Programm Geld verdient werden, damit

eine Nutzungsgebühr fällig wird; es reicht, wenn in dem Herstellprozess das Programm eingesetzt

wird und somit mit dessen Hilfe Geld verdient wird.

Eine ganz andere Lizenzart ist Open Source. Hierbei darf der Benutzer der Software nicht nur die Soft-

ware unentgeltlich nutzen, sondern auch verändern (im Gegensatz zu «Closed Source»). Dies darf er

allerdings nur, wenn er danach den Quellcode öffentlich zugänglich macht und somit andere Entwick-

ler wieder an seiner Fassung weiterarbeiten können.

53. a) ☒ Thin Clients

54. a) File-Server   d) Web-Server

    b) Applikations-Server   e) Print-Server

    c) Datenbank-Server

55. b) ☒ Mainframe- oder Grossrechner mit der sogenannten Host-Architektur

56. d) ☒ Ein in der Programmiersprache Java geschriebenes Computerprogramm, welches auf unterschiedliche Hardware-Plattformen und Betriebssysteme funktionsfähig ist.

57. f) ☒ Netzwerk-Controler
    i) ☒ USB-Controler
    o) ☒ externer Speicher

58. a) ☒ Durch die Virtualisierung lassen sich Ressourcen besser, also effizienter, nutzen, weil so die
Hardware besser ausgelastet wird.
    c) ☒ Bei der Servervirtualisierung besteht auch der Vorteil, dass alle Server auf einem sogenann-
ten Host abgebildet werden. Dies spart Hardwarekosten ein und braucht weniger Platz.
    d) ☒ Die Virtuellen Systeme erlauben, dass laufende Anwendungen unterbrechungsfrei auf an-
dere Hardwaresysteme verschoben werden. Dies ergibt eine grössere Ausfallsicherheit.
    e) ☒ Durch die Virtualisierung können die Wartungs- und Energiekosten gesenkt werden und
gleichzeitig steigt die Systemverfügbarkeit.

59. 1: ADSL-Router   4: Firewall

    2: ADSL-Router   5: Router

    3: Firewall   6: Firewall →

8

Lösungen

7: Router

9 & 10: Router

8: Switch

60. f) ☒ Switch
    j) ☒ Es ist eine Art Mehrfachsteckdose für Netzwerkgeräte. Damit kann der Netzwerk-Datenverkehr reduziert werden.

61. b) ☒ Thin Client für einfachere Verwaltung
    c) ☒ Das Gesamtsystem wird sicherer, weil keine unkontrollierten Datenschnittstellen existieren.
    g) ☒ Installation- und Wartungssaufwand sind kleiner, weil alles aus dem Server administriert werden kann.
    h) ☒ Die Zugriffe der User auf die Applikationen können genau gesteuert und eingestellt werden.

62. c) ☒ Network (Vermittlungsschicht), Layer 3

63. e) ☒ Switch

64. a) ☒ Obwohl Open Source Software gratis erhältlich ist, müssen die Betriebskosten vorsichtig abgewägt und mit denen von gleichwertiger, kommerzieller Software verglichen werden. Die Gesamtkosten (TCO, Total Costs of Ownership) einer Open Source-Anwendung stellen sich nicht immer als billiger heraus.

65. a) ☒ Etablierte, historisch gewachsene Systeme oder Unternehmensanwendungen, die immer noch in Gebrauch sind, obwohl neuere Technologien oder effizientere Methoden existieren würden.

66. a) ☒ DNS

67. b) ☒ höherer Preis im Vergleich zu klassischen Drives
    c) ☒ widerstandsfähiger gegenüber Stössen
    d) ☒ tieferer Energieverbrauch
    f) ☒ Lebensdauer von Speicherzellen ist begrenzt
    g) ☒ kürzere Zugriffszeiten
    o) ☒ Mechanische Robustheit (z. B. robuster gegen Schläge)

68. a) Multicast

    b) Unicast

    c) Unicast

    d) Broadcast

    e) Broadcast

    f) Unicast

69. b) ☒ Organisationen mit einem privaten Adressraum können ein Intranet aufbauen. Dieses Netz kann somit völlig abgeschottet von der Öffentlichkeit laufen und dient einzig internen Zwecken.

70. b) ☒ Ein Umwandlungsprogramm das aus Quelltext (z. B. Java, ausführbarer Binärecode erzeugt.

71. i) ☒ IP-Adressen sind für Menschen nur mühsam einzuprägen, so hat man dieses System entwickelt.

72. b) ☒ Eine Standardbefehlssprache für das Arbeiten mit Datenbanken.

73. a) ☒ Nach einer bestimmten Länge verliert der Strom in einem Kupferkabel an Stärke. Deshalb muss dann das Signal nach z. B. 100 m wieder verstärkt werden. Wegen dieser Einschränkung werden oft lieber Glasfaserkabel verlegt, auch wenn sie etwas teurer sind.
    c) ☒ Bei Lichtwellenleiter (Glasfaserkabel) werden anstelle von elektrischen Signalen optische Impulse gesendet. Dieser Kabeltyp ist gegenüber den Kupferkabeln überlegen, weil er kaum störungsanfällig und dazu noch abhörsicherer ist.

74. a) ☒ Die Virtualisierung der eigenen Server lohnt sich für kleinere Firmen nicht, wenn nicht genügend Informatik-Know-How vorhanden ist. In diesem Fall wäre ein Cloud-Service geeigneter.
    c) ☒ Dank der Virtualisierung kann heute die bestehende Hardware-Infrastruktur effizienter genutzt werden und sie kann einfacher an neue Leistungsanforderungen angepasst werden.
    d) ☒ Für Anbieter von Informatikdiensten wie Cloud-Services ist die Virtualisierung praktisch zwingend notwendig. Denn so können sie ihre Infrastruktur bestmöglich nutzen.
    e) ☒ Die Betriebssystem-Virtualisierung ermöglicht die gleichzeitige Ausführung von Applikationen, die für verschiedene Betriebssysteme programmiert wurden. Allerdings geht dies auf Koster der Performance.

75. d) ☒ Kommunikationsverbund   k) ☒ Verfügbarkeitsverbund
    e) ☒ Speicherverbund   l) ☒ Datenverbund
    f) ☒ Funktionsverbund   m) ☒ Lastverbund
    g) ☒ Leistungsverbund

76. 1: PAN   4: WAN

    2: LAN   5: GAN

    3: MAN

77. a) ☒ RAM

78. e) ☒ Funktechnik für Drahtlosübertragung

79. b) ☒ ... eine unfertige aber lauffähige Version eines Computerprogramms, die noch zahlreiche Fehler enthalten kann und meistens nur zu Testzwecken veröffentlicht wird.

80. e) ☒ OLED

81. d) ☒ VoIP

82. b) ☒ RJ45

83. c) ☒ Ein QR-Code besteht aus einem zweidimensionalen Barcode aus schwarzen und weissen Punkten. Der Code lässt sich beispielsweise mit einem Smartphone einlesen und führt damit ohne mühsames Eintippen zu einer verknüpften Website, Werbeinformationen oder anderen Inhalten.

84. e) ☒ Eine Hardwareadresse eines Netzwerkadapters zur eindeutigen Identifizierung des Geräts im Netzwerk.

85. c) ☒ Hot-Swapping

86. d) ☒ interpretieren

87. a) ☒ Ein Server, dessen Funktionalität nur auf eine bestimmte Aufgabe beschränkt ist.

88. d) ☒ Solution-Provider sind Informatik-Dienstleistungsunternehmen, die kundenorientierte und durchgängige Lösungen für ein bestimmtes Marktsegment oder einen Unternehmensbereich anbieten.

89. a) isolierte Anwendung

    b) zwischenbetriebliche Anwendung

    c) überbetriebliche Anwendung

    d) integrierte Anwendung

90. b) ☒ Mit Datacenter bezeichnet man sowohl das Gebäude als auch die Räumlichkeiten, in denen die zentrale Server- und Speichertechnik einer oder mehrerer Unternehmen bzw. Organisationen untergebracht ist.

91. d) ☒ Darunter versteht man, dass alle Dienste wie Telefonie, Fernsehen, Mobilfunk und Internet über das Internet-Protokoll (IP) übertragen werden.

92. a) ☒ HTML (Hypertext Markup Language)

93. e) ☒ Der Source-Code einer IT-Anwendung wird vom Besitzer des Copyrights veröffentlicht und anderen Leuten unter spezieller Lizenz frei zur Verfügung gestellt, damit diese den Code studieren, ändern und verwenden können.

94. d) ☒ NFC ist ein Funkübertragungsstandard, um Daten über kurze Distanzen von wenigen Zentimetern auszutauschen. In modernen Mobiltelefonen wird dies z. B. für bargeldlose Zahlungslösungen benutzt.

95. a) ☒ Die Registry betreibt die zentrale Datenbank und die Registrare wickeln das Endkunden-geschäft ab.

96. a) Angepasste Standardlösung

b) Standardlösung

c) Branchenlösung

d) Individuelle Lösung

97. c) ☒ Lohnbuchhaltung
    d) ☒ Personalmanagement (HR)
    e) ☒ Logistik (z. B. Transport und Auslieferung)
    g) ☒ Buchhaltung (Finanzbuchhaltung und Rechnungswesen)
    h) ☒ Führungsinformationssystem (MIS) und Statistiken
    j) ☒ Kundenbeziehungsmanagement (CRM)
    n) ☒ Lagerverwaltung (z. B. Fertigmateriallager)
    o) ☒ Berechtigung- und Zugriffsteuerung für die Benutzergruppen
    p) ☒ Vertrieb und Auftragsabwicklung
    q) ☒ Beschaffung/Einkauf
    r) ☒ Materialbewirtschaftung (z. B. Rohmateriallager)
    s) ☒ Produktionsplanung und -steuerung (PPS)

98. c) ☒ Speicherverwaltung
    e) ☒ Dateiverwaltung (Speichern, Kopieren, Verschieben, Löschen von Dateien)
    n) ☒ Benutzerverwaltung
    o) ☒ Geräteverwaltung
    p) ☒ Programm- und Prozessverwaltung

99. d) ☒ Hardware-Virtualisierung

100. b) ☒ Applikationssoftware sind Programme oder Programmverbunde, die für eine bestimmte Gruppe von Benutzern entwickelt worden sind. Zum Beispiel Security-Checker für System-techniker.
    d) ☒ Aus der Strategie einer Unternehmung werden die geschäftsrelevanten Prozesse abgeleitet und daraus wird schliesslich die Informatik geformt und daran angepasst.
    e) ☒ Systemsoftware ist verantwortlich für den reibungslosten Betrieb des Computers.

101. b) ☒ Die neuen Mikroprozessoren haben sehr schnelle Verarbeitungszyklen (über 3 Mia. Zyklen pro Sekunde). Trotzdem, dass die einzelnen Teilprozesse nacheinander verarbeitet werden, spricht man von gleichzeitiger Verarbeitung, weil so schnell ist wie ein Augenblick.

102. b) ☒ Es ist schwer, die richtige ERP-Software aus dem grossen Angebot zu selektieren, weil diese Systeme sehr viel Funktionalität anbieten.
    c) ☒ Der Funktionsumfang ist meist zu gross und die Implementierungs, Integrations- und An-passungskosten sind viel höher als die Lizenzgebühren.
    i) ☒ Die Unternehmen bräuchten nur ca. 20 % der Funktionalität und 50 % der Kosten, um 80 % der üblichen betrieblichen Aufgaben durchzuführen.

103. b) [X] Vertrieb und Auftragsabwicklung
     g) [X] Buchhaltung (Fibu und ReWe)

104. a) [X] ERP ist eine Suite von integrierten Geschäfts-Anwendungen und Datenbanken, die Einsicht in den aktuellen Stand von wichtigen Geschäftsprozessen und Betriebsmitteln geben, wie zum Beispiel ...

Lösungen zu Kapitel Informatik-Architektur

1. a) Eines der Vorteile der Dreischichten-Architektur ist ...
    ... sie bietet mehr Flexibilität,

    b) Einer der Gründe für die Aufteilung der Software in drei Schichten war dass ...
    ... die Arbeitsteilung der Software auf verschiedene Geräter

    c) Selektieren Sie eine weltweit bekannte Programmiersprache auf Server-Ebene:
    Java

    d) Selektieren Sie eine bekannte Programmiersprache auf Client-Ebene mit der man Webseiten erstellen kann:
    HTML

2. b) [X] Applikationssoftware sind Programme oder Programmverbunde, welche Aufgaben in einem bestimmten Gebiet bearbeiten. Meistens handelt es sich um Aufgaben des betrieblichen Umfelds, also betrifft es Geschäftsprozesse.
    →
    d) [X] Ein ERP-System ist auch eine Applikationssoftware, auch wenn meistens eine sehr grosse Software, bestehend aus vielen «Unterprogramme» oder Module. Diese Module sind eine Art Min-Applikationen die gemeinsam ein ERP-System bilden.

3. Nutzwert-Analyse

4. f) [X] Funktionale Kriterien (Funktionen, Bedienung)
    i) [X] Technische Kriterien (Kompatibilität, Schnittstellen, Performance etc.)
    l) [X] Lieferanten- /Herstellerbezogene Kriterien (wie Standort, Grösse der Firma etc.)

5. h) [X] Schneller firmenweiter Zugriff auf örtlich verteilte und entfernte Informationen
    i) [X] Gemeinsame Nutzung von Ressourcen wie Netzwerkdrucker, Dateispeicher, Applikationen
    k) [X] Real-Time-Anwendungen wie Reservationssysteme oder Videokonferenzen werden möglich

6. 1. Projektauftrag mit Grobplanung

    2. SWOT-Analyse der Betriebs- & Systemabläufe

    3. Detailkonzept der Anforderungen

7. c) [X] Weil die Software-Hersteller (oder Lieferanten) sehr interessiert sind, in einer frühen Phase der Evaluation einzusteigen, damit sie die Entscheidung zu ihren Gunsten beeinflussen können.

8. d) ☒ Hier wird das Problem der Schnittstellen angedeutet. Dabei müssen Funktionen und Daten entlang der Prozesskette abgeglichen und synchronisiert werden.

9. a) ☒ Schon bereits der erste Kontakt mit potenziellen Softwareanbietern würde die Neutralität einer Selektion und Lösungsbewertung infrage stellen, weil gute Kundenberater in der Lage sind, die Vorzüge ihrer eigenen Softwarelösung als wichtige Selektionskriterien darzustellen.

Lösungen zu Kapitel Informatik-Sicherheit

1. a) ☒ Meistens befinden sich Web-Server und Mail-Server in der DMZ.

2. a) Vertraulichkeit

   b) Integrität

   c) Verfügbarkeit

   d) Authentizität

3.

Rangfolge	Bedrohungskategorie
1.	Irrtum und Nachlässigkeit eigener Mitarbeiter
2.	Malware (Viren, Würmer, trojanische Pferde etc.)
3.	Unbefugte Kenntnisnahme, Informationsdiebstahl, Wirtschaftsspionage

4. a) ☒ Organisatorische Mängel   e) ☒ Vorsätzliche Handlungen
   c) ☒ Höhere Gewalt   j) ☒ Menschliche Fehlhandlungen
   d) ☒ Technisches Versagen

5. c) ☒ Vorsätzliche Handlungen
   d) ☒ Organisatorische Mängel
   h) ☒ Menschliche Fehlhandlungen

6.

Massnahmen	T	O	X
Regelmässige Information über aktuelle Gefahren		X	
Automatische Protokollierung der Datenbearbeitung	X		
Regelmässige, automatisierte Datensicherung auf Backup-Server	X		
Regelmässige Schulung der Mitarbeiter über mögliche Gefahren		X	
Regelmässige Mitarbeiterqualifikationsgespräche führen und Lohnverhandlungen führen			X
Festlegung der Berechtigung für den Datenzugriff		X	
Überprüfung des Strafregisters vor einer Anstellung eines(r) neuen Mitarbeiters(in)		X	

→

8

Lösungen

Massnahmen	T	O	X
Bonuszahlungen an Mitarbeiter mit ausgezeichnetem elektronischen Leistungsausweis			X
Servervirtualisierung und Datenspiegelung auf Hot-Site	X		
Auf allen Smartphones wird ein funktionierenden Antivirenschutzprogramm installiert	X		

7. a) Die sportlichen Ansichten oder Tätigkeiten

    b) Die Hobbies

    c) Massnahmen der politischen Hilfe

    d) sprachrechtliche Verfolgung

    e) Die Beteiligung an öffentlichen Events wie Public Viewing

8. b) ☒ Zutritt durch Bekanntheit mittels eines Mitarbeiters wie z. B. eines Portiers (Wachposten)
    e) ☒ Besitz eines Gegenstandes wie einem Personalausweis in Form einer SmartCard
    f) ☒ Zutritt oder Zugriff durch Körperliche Merkmale

9.

Fehler		Text
Bilddateien	1.	Tunneling ist ein Verfahren, um Bilddateien sicher über ein öffentliches Netzwerk
@	2.	(z. B. das Internet) zu übertragen. Es wird quasi ein Kommunikationskanal ausgebaut,
@	3.	der einen sicheren Tunnel für die Datenübertragung gleicht. Zu diesem Zweck
Bilder	4.	werden die Bilder mit einem Netzwerkprotokoll übertragen, das in einem anderen
Schlüssel	5.	Schlüssel eingebettet ist.
@	6.	Ein virtuelles Privates Netzwerk (VPN) besteht aus Netzwerkknoten im Internet,
@	7.	die sicher miteinander kommunizieren. Mithilfe von Verschlüsselungstechnologien
Web-Servern	8.	und Web-Servern wird erreicht, dass die übertragenen Daten nicht gelesen werden können.
öffentliches	9.	Ein VPN verhält sich also wie ein abgesichertes öffentliches Netzwerk,
privaten	10.	das sich in einem privaten Netzwerk befindet.

10. a) RAID1

     b) RAID5

11. a) Load Balancing

    b) Mirrored Site

    c) Failover System

    d) Warm Site

12. a) **Trojaner** sind Programme, die gezielt auf fremde Computer eingeschleust werden, aber auch zufällig dorthin gelangen können, und dem Anwender nicht genannte Funktionen ausführen. Sie sind als nützliche Programme getarnt, indem sie beispielsweise den Dateinamen einer nützlichen Datei benutzen, und neben ihrer versteckten Funktion tatsächlich eine nützliche Funktionalität aufweisen. Viele **Trojaner** installieren während ihrer Ausführung auf dem Computer heimlich ein Schadprogramm. Diese Schadprogramme laufen dann eigenständig auf dem Computer. So können u. a. eigenständige Spionageprogramme auf den Rechner gelangen (z. B. Sniffer oder Komponenten, die Tastatureingaben aufzeichnen, sogenannte Keylogger). Auch die heimliche Installation eines Backdoorprogramms ist möglich, die es gestattet, den Computer unbemerkt über ein Netzwerk (z. B. das Internet) fernzusteuern.

    b) Ein **Wurm** ist ein Computerprogramm oder Skript mit der Eigenschaft, sich selbst zu vervielfältigen, nachdem es einmal ausgeführt wurde. In Abgrenzung zum **Virus** verbreitet sich der **Wurm**, ohne fremde Dateien oder Bootsektoren mit seinem Code.

13. a) **Distributed Denial of Service-Attacke**
    b) **Phishing-Attacke**
    c) **Denial-of-Service-Attacke**

14. c) ☒ Ein Programm (z. B. Computerspiel) als Gratisdownload anbieten. Ist mein Programm einmal drin, dann kann es über die Sicherheit des Computers versuchen auszuhebeln.
    f) ☒ Ein getarntes E-Mail versenden mit einer angelegten Datei, die beim Öffnen ein Virus startet

15. Bot

16. Denial-of-Service-Attacke

17. d) ☒ Auch die stärksten Verschlüsselungen können mit genügend starker Rechenkapazität und Zeit theoretisch immer geknackt werden. Mit starken Schlüsseln und Algorithmen versucht man daher den besten Kompromiss zu finden, um allfällige Knackversuche aufwendiger, teurer und so zeitintensiv zu machen, dass sich ein solcher Versuch wirtschaftlich nicht lohnt.

18. a) ☒ Virtual Machine (WM)
    e) ☒ DHCP (unter dem Aspekt des einfacheren Adressen-Managements)
    g) ☒ Compilation (von Source-Code)
    j) ☒ Modulation/Demodulation von Signalen (Analog-/Digitalumwandlung)
    k) ☒ DNS
    l) ☒ NAT (unter dem Aspekt der Einsparung von IP-Adressen)
    m) ☒ Universal Serial Bus

8

Lösungen

19. b) ☒ Dabei handelt es sich um eine kriminelle Handlung, bei welcher beispielsweise über gefälschte E-Mails versucht wird, an vertrauliche Daten des Internetnutzers zu gelangen.

20. e) ☒ ... jeweils nur die Daten gesichert, die seit dem letzten Backup geändert wurden. Für die Datenwiederherstellung wird das letzte Vollbackup mit allen darauffolgenden inkrementellen Backups benötigt.

21. c) ☒ TLS

22. e) ☒ RAID 1 – Mirroring

23. a) Eintrittswahrscheinlichkeit

    b) Schadensausmass

24. a) ☒ Die Daten werden zusätzlich auf einem NAS (Network Attached Storage) gespeichert.

25. 5100

26. a) Integrität   c) Authentizität

    b) Vertraulichkeit   d) Autorisierung

27. d) ☒ Damit kann der Administrationsaufwand geringer gehalten werden. Die einzelnen Personen werden als Mitglieder der Benutzergruppen zugeordnet.

28. b) ☒ Biometrischer Zutritt

29. e) ☒ Man in the Middle-Angriff

30. c) ☒ Bei VPN wird ein Kommunikationskanal aufgebaut, der die Applikationsdaten zusammen mit den IP-Adressen verschlüsselt und mit neuen IP-Adressen versehen.
    d) ☒ VPN bildet einen sicheren «Tunnel» im Internet und verbindet private Netzwerke zu einem einzigen gesicherten Netzwerk (wie ein einziges LAN).

31. a) WPA2-Verschlüsselung

    b) VPN-Verbindung

    c) 0

    d) 3–20

Lösungen zu Kapitel Informatik-Management

1. b) ☒ Projekte durchführen oder Serviceleistungen für Projekte anderer Abteilungen erbringen
   c) ☒ Sicherstellen der technischen Kommunikation und der dazu eingesetzten Systeme
   e) ☒ Beratung und Ausführen von Aufträgen im technischen/organisatorischen IT-Bereich

2. a) ☒ Die Dienstleistungsstelle ist für die restlichen Abteilungsleiter eine sehr attraktive Form der Organisation. Für die Geschäftsleitung birgt sie allerdings die Gefahr überzogener Ansprüche aus eben diesen Abteilungen. Dieser Gefahr kann man mit geeigneten SLAs entgegenwirken.

3. c) ☒ Der Begriff der Migration kann sowohl die Umstellung insgesamt den Anpassungsprozess einzelner Bestandteile des Systems bezeichnen. Beispielsweise kennt man die Migration von einem Betriebssystem auf ein anderes, oder die Migration von Anwendungssoftware und Daten.

4. d) ☒ Die Firma wie Sie im Organigramm links gezeigt wird, setzt Informatik tendenziell als Kostenfaktor ein.

5. c) ☒ Benutzerservice   i) ☒ Anwendungsentwicklung
   d) ☒ Einkauf   n) ☒ Projektdienst
   f) ☒ Betrieb und Systeme

6. a) ☒ Servicebeschreibung aus Sicht des Kunden (was erhält der Kunde?)
   c) ☒ Serviceparameter wie Reaktionszeiten, geografischer Rahmen etc.
   e) ☒ Mitwirkungspflichten des Kunden
   f) ☒ Servicegrenzen und somit die Definition: Welche Aktivitäten sind nicht Teil des Service?

7. a) ☒ Der Unternehmung die nötigen IT-Architekturen und Informationstechnologien zur Verfügung stellen, damit ihre Unternehmensprozesse zweckmässig unterstützt werden können.
   c) ☒ Die verlangte Verfügbarkeit der IT-Systeme und des gesamten IT-Betriebs planen und sicherstellen.
   f) ☒ Die Anforderungen an die Informatik bezüglich Sicherheit, Qualität, Kosten und der Einhaltung gesetzlicher Rahmenbedingungen als Dienstvereinbarung festzulegen.

8. a) ☒ Das ist ein Rahmenwerk für anerkannte Verfahrensweisen, wie Informatik-Dienstleistungen (IT-Services), unabhängig von der Unternehmensart und -grösse, konzipiert, geplant, erbracht, kontrolliert und verbessert werden können. Das Rahmenwerk ist international anerkannt und bildet einen Standard in der Informatikbranche.
   d) ☒ IT-Dienstleistungen werden entwickelt, eingeführt, betrieben, weiterentwickelt und unterhalten von einem internen oder externen der IT-Dienstleister. ITIL ist dabei ein Rahmenwerk, welches als Referenz und Orientierung dient. Es kann auch sicherstellen, dass IT-Dienste standardisiert erbracht und abgerechnet werden können.

9. b) ☒ Es werden im Voraus alle nötigen Testroutinen definiert, damit das System mittels Abnahmeprotokoll nach der Migration in Betrieb genommen werden kann.
   g) ☒ Als Teil der Migration muss definiert werden, wer, wie, wann und wo für das neue System geschult wird.
   h) ☒ Das Datenmapping (Übereinstimmung der alten zu den neuen Datenfeldern der Datenbanken) muss erstellt werden – als Teil der Planung der Datenmigration.

10. a) Betrieb und Betreuung der Systeme

b) Netzdienst

c) Projektdienst

d) Schulungen

e) Betrieb und Betreuung der Systeme

f) Projektdienst

g) Netzdienst

11. e) ☒ Sie haben die IT-Prozesse nach ITIL strukturiert und neu organisiert, damit Service-Prozesse transparent angeboten werden können.

12. c) ☒ Die verantwortliche Person für die Art und das Funktionieren von internen IT-Prozessen.

13. e) ☒ Personen – Prozesse – Produkte – Partner

14. a) ☒ Einsatz von Spezialisten ist wirtschaftlich.
d) ☒ Leichtere Durchsetzung von ICT-Strategien und -Standards.
e) ☒ Vermeidung von bereichsweiten Überkapazitäten.

15. a) Regelmässiges Projektcontrolling und Abweichungsanalyse. (Rechnungs- und Leistungskontrolle)

b) Rollbackszenario vorbereiten, falls es unüberwindbare Probleme gibt

c) Einbindung der Mitarbeiter von Beginn des Projekts an. Fach- und sozialkompetenter Projektleiter einsetzen

d) Anwendung von durchdachten Meilensteinen, enge Kontrolle der Termine, Abhängigkeiten erkennen/antizipieren

e) vorgängige Pilotinstallationen durchführen, ausgedehnte Systemtests fahren, Fehlerprotokolle führen

f) Saubere Anforderungsanalyse und neutrale Evaluation durchführen

16. d) ☒ Die «IT Infrastructure Library» ist ein Regel- und Definitionswerk, dass die für den Betrieb einer IT-Infrastruktur und IT-Organisation notwendigen Prozesse beschreibt.

17. b) ☒ Ziele für das Projekt müssen klar und messbar (überprüfbar) definiert werden.
f) ☒ Eine gründliche Analyse der Prozessschritte ist nötig, damit man das Automatisierungspotenzial richtig einschätzen kann.

Lösungen

8

Lösungen zu Kapitel Informations- & Wissensmanagement

1. d) ☒ Ein internes Wiki dient ebenso gut als Wissensplattform statt eine teure Datenbank-Lösung einzusetzen. Beim Wiki müssen einfach die Verhaltensregeln beachtet werden, wie ein Artikel erstellt wird und wer für die Redaktion zuständig ist.

2. A: Kontrollieren

   B: Freigeben

   C: Archivieren

   D: Löschen

   standardisierte Datenaustauschsprache

3. a) ☒ Joomla, Drupal, TYPO3 und WordPress zählen derzeit zu den bekanntesten Open-Source-CMS. Von zahlreichen Firmen werden diese Systeme zur Pflege ihrer Onlineauftritte eingesetzt.

4. e) ☒ Das Content Management kümmert sich um die Fragestellung: Wie, woher und in welcher Form sollen bestimmte Informationen aufbereitet und publiziert werden.
   f) ☒ Im Content Management müssen Informationen unter Umständen aus unterschiedlichen Formaten und unterschiedlichen Quellen zusammengeführt werden.

5. b) ☒ Datenbanken für Dokumente, Protokolle, Projektberichte etc.
   f) ☒ Groupware-Systeme (Intranet-Systeme)
   j) ☒ Social Bookmarking, Twitter, Social Media
   k) ☒ Wikis, Weblogs, Blogs

6. d) ☒ Intranet
   n) ☒ Extranet

7. a) Business Intelligence

   b) Data Governance

   c) Data Mining

   d) Policy

   e) Single Sign ON

8. b) ☒ OCR («Optical Character Recognition») bezeichnet die automatische Texterkennung innerhalb einer Bilddatei. Dieser Text kann damit weiter verarbeitet werden.

9. e) ☒ Eine Zeichenkette mit vorangestelltem Doppelkreuz, die man als Bemerkung in einer Social Media-Plattform einfügen kann.

Lösungen zu Kapitel E-Business

1.	C2C	Ein ehemaliger Gärtner bietet in seiner Nachbarschaft freundschaftliche Gartendienste an (z. B. Bäume und Sträucher schneiden, Bewässern, Düngen, Pestizide spritzen etc.). Dafür bekommt er ein freiwilliges Entgelt. Er kommuniziert und bewirbt diesen Service auf seiner privaten Website.
	B2A	Eine Zulieferfirma für Büromaterial bietet allen Bundesämter eine einheitliche Online-Bestell-Lösung an. Die bestellten Artikel werden direkt in die entsprechenden Büros geliefert und die Rechnung geht automatisch an die zentrale Einkaufsstelle des Bundes mit einer Kopie an den entsprechenden Chefbeamten.
	A2A	Die Einwohnerkontrolle aller Schweizer Gemeinden haben Online-Zugriff auf das elektronische zentrale Strafregister des Bundes.
	C2B	Eine ehemalige Profiübersetzerin bietet als Privatperson über das Internet Übersetzungsdienste für Firmen an. Sie rundet damit ihr Haushaltsgeld auf und ist in ihrem Beruf noch aktiv. Allerdings tritt sie nicht als Firma auf, sondern als Privatperson.
	B2B	Die Firma Schindel, welche Aufzüge für Privathäuser produziert, kauft die benötigten Kugellager online bei der Firma SGF ein.
	A2C	Die Steuerbehörde der Stadt Luzern bietet die Möglichkeit an, die eigene, private Steuererklärung über ein Online-Tool einzugeben. Dabei kann sofort den mutmasslichen Steuerbetrag errechnet werden.

2. a) Interaktion

    b) Präsentation

    c) Beziehung

    d) Transaktion

    e) Integration

BPL

Theorie, Aufgaben & Lösungen

Werner Latal

Inhaltsverzeichnis

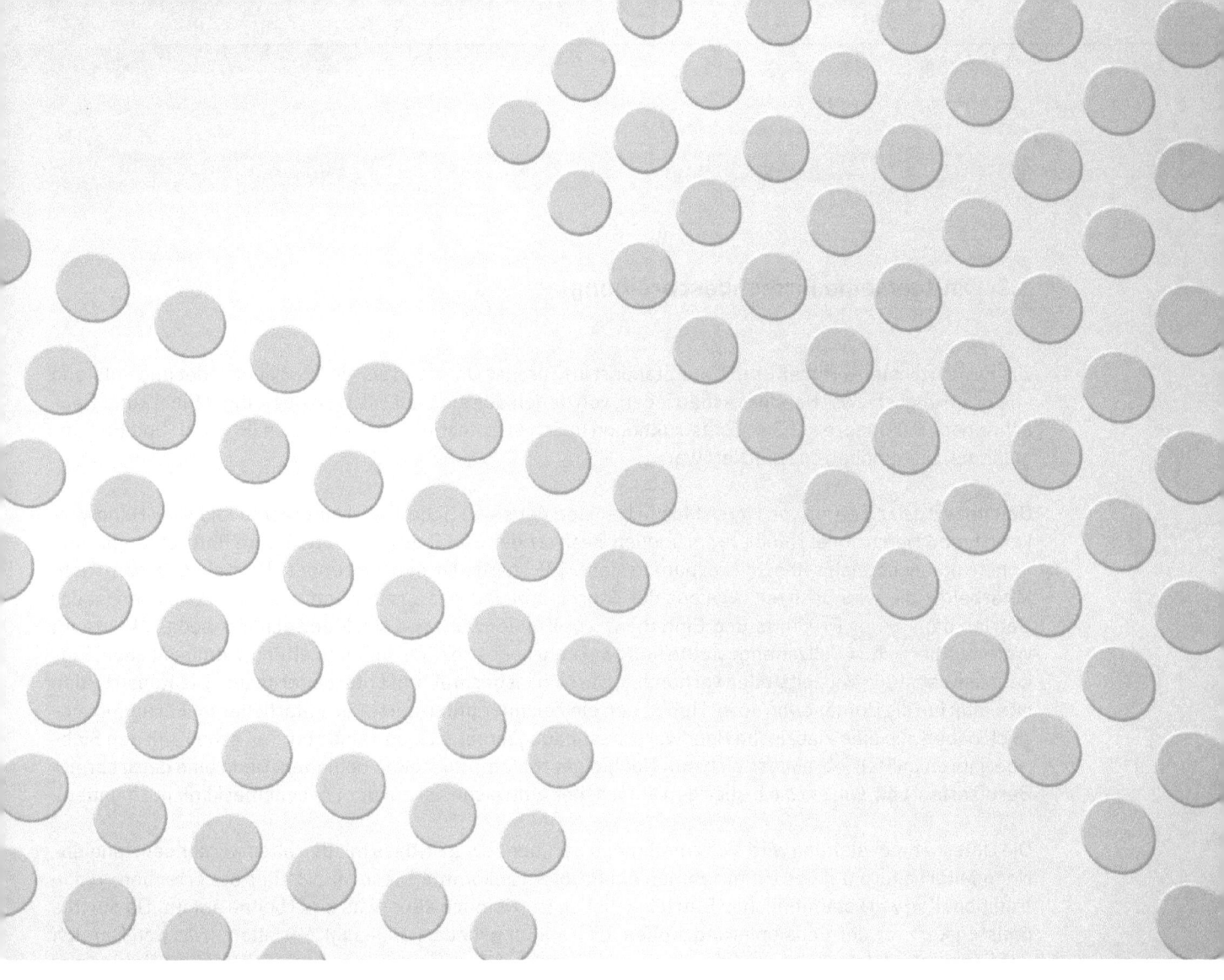

Minifall

Kapitel 1

1 Minifall

1.1 Allgemeine Firmenbeschreibung

Die Firma Häusler & Huber GmbH mit Standort im Zürcher Oberland wurde 1968 gegründet und entstand aus ursprünglich zwei Handwerksbetrieben, von denen der eine auf Holzverarbeitung (Möbel- und Bauschreiner), der andere auf Stahlkonstruktionen in Schweisstechnik im Baubereich (Stiegen- und Balkongeländer, Stahlmöbel) spezialisiert war.

Geleitet wird der Betrieb von Herrn Martin Häusler, der seine Schreinerei einbrachte und eher Handwerker ist, und Herrn Josef Huber, ursprünglich Besitzer der Stahlbauwerkstatt, der im Entwicklungs- und Konstruktionsbereich seine Schwerpunkte sieht. 1968 hatte der neu gegründete Betrieb insgesamt acht Mitarbeiter, die zwei Besitzer, zwei aus der Schreinerei und vier aus der Schlosserei. Inzwischen ist der Betrieb dank guter Produkte und Eingehens auf Kundenwünsche stark gewachsen, sodass heute im Werkstattbereich 14 Vollzeitangestellte und zwei Lehrlinge arbeiten. In Buchhaltung, Administration, Einkauf usw. sind 3 ½ Vollzeitstellen vorhanden, die sich insgesamt fünf Mitarbeiter teilen. Die Konstruktion ist weiterhin die Domäne von Josef Huber, den ein Zeichner unterstützt. Die Mitarbeiter im Fertigungsbereich haben alle eine klassische Handwerksausbildung hinter sich und sind zum Teil schon seit den Siebzigerjahren im Betrieb, sodass sich nun Nachfolgeprobleme zu stellen beginnen. Denn eine derart breite Berufserfahrung, wie sie die bisherigen Mitarbeiter aufweisen, ist auf dem Arbeitsmarkt nicht zu finden.

Die Unternehmensleitung wird sich zunehmend darüber bewusst, dass mit den älter werdenden, langjährigen Mitarbeitern auf das Unternehmen ein Problem zukommt. Diese Mitarbeiter beherrschen, wie in traditionellen werkstattähnlichen Betrieben üblich, so ziemlich alles, was an Arbeiten anfällt. Da nun die meisten kurz vor der Pensionierung stehen, ist Handlungsbedarf angesagt. Vor allem, was den Bereich der Fertigungsdokumentation (Operationspläne, nachgeführte Zeichnungen und Stücklisten, Daten über die Werkzeugmaschinen und Montageplätze) betrifft, müssen demnächst Projekte aufgegleist werden. In diesem Zusammenhang ist auch die schon länger überfällige Einführung eines IT-gestützten PPS-Systems anzugehen.

Der Betrieb weist eine relativ grosse Fertigungstiefe auf, weil ausser Hölzern und Stahlrohren (vierkant und rund) nur noch Verbrauchsmaterial (Kleinteile, wie Verbindungselemente, ferner Schweissdraht, Farben und Lacke, Schweissschutzgas, Kunststoffteile für die Möbel und Ähnliches) eingekauft wird.

Der Kundenkreis ist traditionell sehr vielfältig. An erster Stelle standen bis vor wenigen Jahren Einzelaufträge von Kunden, die meist individuelle Gestaltungswünsche umsetzen wollten. Dies ist die Domäne von Josef Huber. In den letzten Jahren kamen aber Grosshändler in den Verkaufsfokus, nachdem sich herausgestellt hatte, dass einige der individuell entworfenen und gefertigten Möbel (Kombination Holz und Stahl) auch über diesen Vertriebskanal erfolgreich sind. Dies führte dazu, dass nun ausgewählte Modelle in Kleinserien gefertigt werden konnten – bisher allerdings immer auf Auftrag, aber die Unternehmensleitung beginnt zu überlegen, ob eine Vorratsfertigung Kostenvorteile bringen könnte.

Der Betrieb zählt zu jenem Bereich der Schweizer Unternehmensstatistik, der zwischen zehn und 49 Mitarbeiter aufweist und ca. 7% der 572 000 Betriebe (2012) ausmacht.

1.2 Beschreibung der logistischen Bereiche

1.2.1 Beschaffung, Einkauf

Die zwei wichtigsten Materialien, Hölzer und Stahlrohre, werden seit Jahrzehnten bei zwei Grosshändlern in der Region bezogen, die bisher immer rasch auch auf kurzfristige Einkaufsbestellungen reagierten. Allerdings stellte Herr Häusler kürzlich fest, dass es mit der Flexibilität und Liefertreue – subjektiv betrachtet – bei den Hölzern nicht mehr so toll steht wie in früheren Jahren. Er beginnt sich auf Messen und bei anderen Lieferanten umzuschauen. Auch die Preise scheinen in den letzten Jahren allzu «stabil» gewesen zu sein. Bei den Stahlrohren scheint sich im Moment kein Handlungsbedarf zu ergeben.

Das übrige Verbrauchsmaterial liefert ein breit assortierter Grossist, mit dem mehrjährige Lieferverträge bestehen, die jährlich überprüft und nach Marktlage angepasst werden. Farben, Lacke und Imprägniermittel, die nur in geringen Mengen zu beschaffen sind, liefert ein Farbenhändler aus der Region.

Das gesamte Büromaterial wird bei einem Bürofachgeschäft in Zürich bezogen, das auch Kleinmengen innert 24 Stunden liefern kann, ohne Preisaufschläge zu fordern. Nur die Transporte verrechnet es bei Expresslieferungen.

Alles eingekaufte Material, auch Büromaterial, wird in einem eigenen, mässig klimatisierten Lager mit nach Materialien getrennten Bereichen gelagert. Verantwortlich für die Lagerbewirtschaftung aller Fertigungsmaterialien ist ein Mitarbeiter im Fertigungsbereich, der diese Aufgabe in ungefähr 20% seiner Arbeitszeit zu erfüllen hat. Dazu verwendet er eine Excel-Tabelle, in der alle Materialien aufgelistet sind. Diese Tabelle enthält auch Mindestmengen, die nicht unterschritten werden dürfen. Ist die jeweilige Mindestmenge erreicht, löst er bei der kaufmännischen Administration eine standardisierte Bestellung aus (Vorteil der guten Beziehungen zu den Lieferanten).

Für die Bestandskontrolle der Büromaterialien ist aber nicht dieser Mitarbeiter verantwortlich, denn diese Aufgabe erledigt die kaufmännische Administration selbst. Dazu wird bei jeder Materialentnahme geprüft, ob nachbestellt werden soll. Das klappt recht gut bisher, weil im Bürobereich kaum Bedarfsschwankungen zu beobachten sind.

1.2.2 Materialwirtschaft im Fertigungsbereich

Bedingt durch den bisherigen Fertigungsprozess, nämlich nur Einzelanfertigungen, höchstens gelegentlich Kleinserien, abzuwickeln, erfolgt der Rohmaterialbezug auftragsbezogen. Restbestände des Rohmaterials, das nicht für den aktuellen Auftrag benötigt wird, gehen an das Rohmateriallager zurück, wo der für die Lagerbewirtschaftung zuständige Mitarbeiter entscheidet, ob die Reste ins Lager oder zum Abfall gehen. Mit diesem Materialprozess wird erreicht, dass kaum Materialien im Fertigungsbereich herumliegen.

Der gesamte Fertigungsbereich ist in zwei Zonen unterteilt: einerseits die Teilefertigung mit allen erforderlichen Werkzeugmaschinen und andererseits der Montagebereich, in dem ein besonders gesicherter und entlüfteter Bereich für die Schweiss- und Schleifarbeiten abgetrennt ist. Vollständig abgesondert ist jener Bereich, in dem die Einzelteile (Holzteile, Stahlkonstruktionen) imprägniert und/oder lackiert werden.

Die Schreinerei für die Bearbeitung der Tischplatten ist in einem eigenen Gebäude untergebracht. Das Holzlager ist davon getrennt in einem halbklimatisierten Gebäudeteil.

Im Montagebereich stehen alle Verbrauchsmaterialien (Schrauben, Muttern, Gummipuffer usw.) in Kistchen bereit, die in ein Kanban-System eingebunden sind. Turnusgemäss ist ein Mitarbeiter pro Woche dafür zuständig, dass die Kistchen gefüllt werden.

1.2.3 Spedition, Vertriebslogistik

In einem vom Montagebereich getrennten, aber mit ihm direkt verbundenen Raum werden die gefertigten und geprüften Möbel, die der Speditionsmitarbeiter nach der Fertigmeldung im Montagebereich geholt hat, nach Kundenspezifikation verpackt. Wenn keine Kundenspezifikation vorliegt, erfolgt die Verpackung für den Transportschutz nach internen Vorgaben.

Bisher wurde der Grossteil der Fertigwaren durch den eigenen Lkw zu den Kunden gebracht. Dabei wurde in der ersten Hälfte der Arbeitswoche ein vorbereiteter Tourenplan abgefahren, in der zweiten Wochenhälfte wurden eher einzelne Lieferungen abgewickelt.

Die für die Lieferungen erforderlichen Lieferscheine werden im Normalfall in der Vorwoche erstellt und stehen den Speditionsmitarbeitern in der Buchhaltung in einem eigenen Fach zur Verfügung, wo sie bei Bedarf geholt werden.

Eine eigentliche Ersatzteillogistik gibt es nicht. Wenn ein Kunde ein Kleinteil verloren haben sollte, wird es ihm auf Anfrage gratis geliefert. Allerdings werden defekte Möbel auf Kundenanfrage hin zur Reparatur entgegengenommen, die Kosten danach abgeschätzt und im Falle eines Auftrages kostendeckend instand gestellt. Das war aber in der Vergangenheit eher selten der Fall, weshalb die Firmenleitung diesem Unternehmensbereich keine Priorität beimisst, da erst nach längerer Gebrauchsdauer mit reparaturwürdigen Schäden zu rechnen ist.

1.2.4 Entsorgung, Umweltschutz

Da Herr Martin Häusler besonderen Wert auf den Umweltschutz legt und die Umweltzertifizierung anstrebt, besitzt die Firma ein durchdachtes, aber nicht besonders aufwendiges Entsorgungskonzept. Zum Beispiel stehen im Fertigungs-, aber auch im Bürobereich verschiedene Sammelbehälter für die jeweils auftretenden Abfälle bereit, die nach einem fixen Turnus zu einem Sammelplatz in der Nähe der Spedition gebracht und dort entleert werden. Mit einem lokalen Dienstleister besteht ein Vertrag für einen regelmässigen Abtransport.

In den Bereichen mit Stäuben (Holzbearbeitung), Dämpfen (Lackieren und Imprägnieren) oder Rauch (Schweisserei) sind leistungsfähige Absauganlagen installiert. Die Abluft, die in vorgeschriebenen Filteranlagen gereinigt wird, geht über einen Abluftkamin ins Freie.

1.2.5 Personensicherheit

Auch die Massnahmen für die Personensicherheit sind auf dem neuesten Stand. Bereits vor einigen Jahren hat die Firmenleitung die SUVA für die Ausarbeitung eines umfassenden Konzeptes zurate gezogen. Die Überprüfung der Massnahmen und deren Wirksamkeit wird in regelmässigen, von der SUVA vorgeschriebenen Abständen durchgeführt.

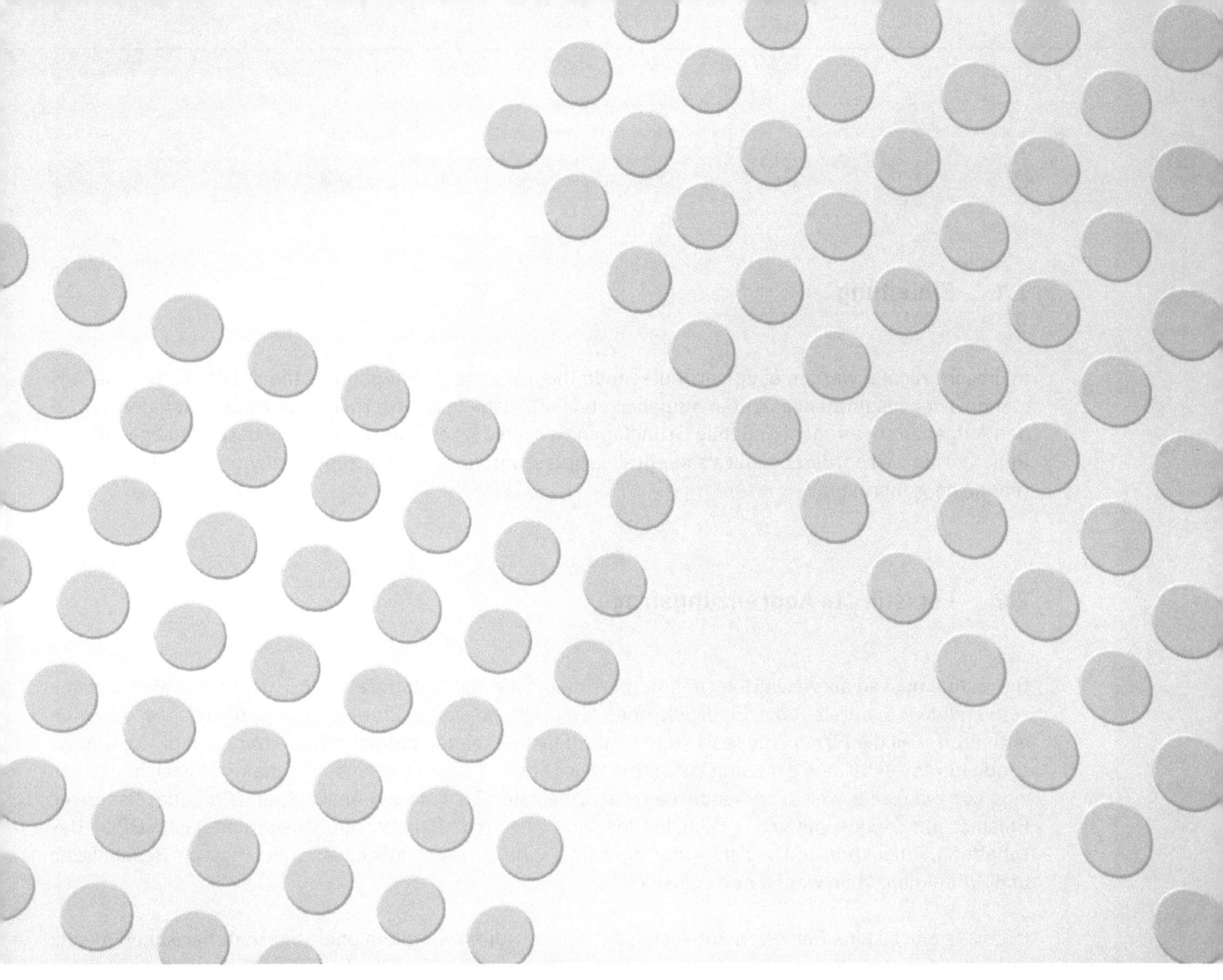

Einleitende Theorie

Kapitel 2

2 Einleitende Theorie

2.1 Einleitung

In diesem Kapitel werden einige grundlegende theoretische Überlegungen angestellt, die für das Verständnis der zusammengestellten Aufgaben und Fallbeispiele erforderlich sind. Weitere, mit den einzelnen Aufgaben zusammenhängende Grundlagen werden dort erläutert. Ein besonderes Anliegen dieses Repetitoriums ist es, die Logistik als integrales, prozessorientiertes Konzept darzulegen und dem Studierenden nahezubringen.

2.2 Logistik als Abgrenzungsfrage

Betrachtet man all die vielen Unternehmen, Werbeblöcke und Zeitungsartikel, in denen das Wort Logistik verwendet wird, entsteht der Eindruck eines Allerweltsbegriffes. Einmal ist Logistik im Firmennamen enthalten, weil die Firma Transport- und Lagerdienste anbietet, einmal werden mit Logistik die umfassende Infrastruktur und die damit zusammenhängenden Tätigkeiten eines Flughafens bezeichnet. Dies sind nur zwei, eher weit auseinanderliegende Beispiele. Der Verband Anavant, um ein näher liegendes Beispiel aufzuzeigen, nennt das Fach, für das das vorliegende Repetitorium ausgerichtet ist, «BPL – Beschaffung, Produktion und Logistik» und legt damit nahe, dass Logistik etwas anderes ist als Beschaffung und Produktion. Aber, was ist nun Logistik?

In Lexika gibt es eine Reihe von Antworten dazu. Hier wollen wir einen eher unternehmerischen Ansatz wählen, der auf der Prozessorientierung aller unternehmerischen Aufgaben basiert. In einem bekannten Prozessmodell auf oberster Prozessebene wird der übergeordnete, integrale Unternehmensprozess – vom Kunden zum Kunden – in drei Prozessgruppen unterteilt:

- Führungsprozesse mit allen Strategie- und Planungsprozessen
- Ausführungsprozesse, in denen die Marktleistung erstellt und die Wertschöpfung des Unternehmens erbracht wird und die die Kernprozesse (Kernkompetenz) des Unternehmens beinhalten
- Unterstützungsprozesse, die erst die Ausführungsprozesse ermöglichen, die aber selbst keine Wertschöpfung darstellen

Diese Unterteilung mag in der Theorie einleuchten, in der Praxis bestehen aber gewisse Abgrenzungsschwierigkeiten.

Beispiele:

- Obst reift im Kühllager: Das Lager selbst zählt zu den Unterstützungsprozessen, aber die Reifung ist Wertschöpfung für den Kunden.
- Ein Unternehmen kauft bestimmte Teile von einem Lieferanten, der als «verlängerte Werkbank» fungiert – ist das Beschaffung, also Logistik, oder Wertschöpfung, also Ausführungsprozess?

In den meisten Fällen allerdings ist klar, was zu den Unterstützungsprozessen und damit letztlich zur Logistik zählt und was zur Wertschöpfung. Daher werden derartige Grenzfälle, die strategisch entschieden werden müssen, hier nicht weiter berücksichtigt.

Entscheidend in der hier vorzunehmenden Definition von Logistik ist, dass in ihr keine Wertschöpfung stattfindet, sondern dass sie, abgesehen von einem gewissen Anteil an den Führungsprozessen, rein unterstützende Funktionen ausübt. Das heisst, Logistik sorgt dafür, dass alle in der Wertschöpfung oder Marktleistungserstellung benötigten Materialien, Dienstleistungen, Güter und letztlich Finanzmittel, Daten, Informationen und Energie verfügbar sind.

Die übergeordneten Ziele einer derart abgegrenzten und definierten Unternehmenslogistik lassen sich auf die Formel der «6R» zusammenfassen:

- das richtige Produkt – im weitesten Sinn des Wortes, also auch immaterielle Güter
- in der richtigen Menge
- zur richtigen Zeit
- in der richtigen Qualität
- zu den richtigen Kosten
- am richtigen Ort

Dabei deutet der Begriff «richtig» darauf hin, dass es sich immer um Optimierungsansätze handelt und nie um Maximierungs- oder Minimierungsvorgänge.

2.3 Unternehmenslogistik und ihre wesentlichen Bereiche

Für detailliertere Betrachtungen ist es erforderlich, die integrale Unternehmenslogistik in sinnvoll abgrenzbare Bereiche zu unterteilen. Dazu geht man am besten von der Situation aus, dass ein Kundenauftrag im Hause eingetroffen ist und er nach Prüfung und Bestätigung zur Fertigung freigegeben wurde.

In einem ersten Schritt muss festgestellt werden, welche Materialien, Güter, Komponenten, Dienstleistungen usw. für die Herstellung des Auftrages erforderlich sind. Danach ist zu prüfen, welche dieser Materialien sich bereits im Unternehmen befinden, also ab Lager bezogen werden können, und welche von aussen beschafft werden müssen – dies ist eine der wichtigsten Aufgaben der …

2.3.1 Beschaffungslogistik

In ihr wird nicht nur «eingekauft», sondern es werden auch alle Aufgaben und Tätigkeiten durchgeführt, die kurz-, mittel- und langfristig die Versorgung des Unternehmens mit allen erforderlichen Gütern sicherstellen. Mittels Beschaffungsmarketing legt die Beschaffungslogistik nicht nur die geeignetsten Lieferanten fest, sondern unterstützt die Leitungsinstanzen des Unternehmens mit Informationen über Trends in Technologien, Marktverschiebungen, mögliche Beschaffungsrisiken, Preis- und Währungsentwicklungen. Mittels geeigneter Einkaufs-/Beschaffungspolitik werden erkannte Risiken minimiert und Chancen ausgenützt, womit ein wesentlicher Beitrag zur langfristigen Rentabilität des Unternehmens geleistet wird.

Ferner ist sie besorgt dafür, dass angelieferte Güter und Waren mittels geeigneter Wareneingangskontrollen den Anforderungen genügen, an den richtigen Ort, sei es ein Lager, sei es der Fertigungsbereich, gelangen und dass einerseits die Versorgungssicherheit genügend hoch, aber andererseits die Bestandskosten ausreichend tief liegen.

Häufig ist die Beschaffungslogistik auch für die Verwaltung aller von ihr mit Gütern und Materialien belieferten Lager verantwortlich. Allerdings kann diese Verantwortung auch dem Fertigungsbereich zugewiesen werden – ein strategischer Entscheid.

Sobald alle für die Marktleistungserstellung erforderlichen Komponenten verfügbar sind, geht es in die …

2.3.2 Produktions- oder innerbetriebliche Logistik

Wie in der Beschaffungslogistik ist auch hier die Bandbreite der Aufgaben sehr gross. Angefangen von der Fabrik- und Layoutplanung zur Gestaltung eines optimalen, das heisst kostengünstigen, aber sehr flexiblen Materialflusses, entlang dessen die Wertschöpfung stattfindet, über die strategischen Entscheidungsfelder «Make or Buy» und Outsourcing hin zur Einlastungsplanung, Termin- und Kapazitätsplanung, Überwachung und Kontrolle sind eine Fülle strategischer, taktischer und operativer Aufgabenbereiche zu finden.

Um diese Aufgaben erfüllen zu können, müssen Grundlagen und Dokumente vorhanden sein oder geschaffen werden. Dazu gehören die Stücklisten sämtlicher, je hergestellter Produkte und Baugruppen, die Arbeits- oder Operationspläne für alle Fertigungsvorgänge, die Materialstammdaten, abgeleitet aus den Stücklisten, mit ausreichend vollständigen Produkt- und Materialspezifikationen und deren Quellen (Eigenfertigung oder Fremdbezug) – und schliesslich auch die Arbeitsplatzdaten mit den für die Planung erforderlichen Angaben über die Eigenschaften der Werkzeugmaschinen, Montageplätze, Fliessbandgeschwindigkeiten, zulässigen Traglasten usw.

Auf diesen Stammdaten aufbauend, wird ein PPS-System (Produktionsplanungs- und Steuerungssystem) nutzbar, das neben Verwendungsnachweisen sämtlicher Materialien und Komponenten auch Termin- und Kapazitätspläne, Fortschrittskontrollen und Kostenkalkulationen und vieles andere mehr als Output ermöglicht. Dieses PPS-System ist in KMUs meist ein sehr rudimentäres, wenn (noch) keine IT-Unterstützung im Betrieb eingeführt ist, und basiert auf einigen wenigen Unterlagen, die oft nicht besonders detailliert sind, weil die Mitarbeiter meist über breites und tiefes Know-how verfügen. Mit IT-Unterstützung werden die Planungs- und Steuerungsaufgaben wesentlich genauer und detaillierter und erlauben eine kontinuierliche Überwachung der eingelasteten Aufträge.

Sobald das Produkt fertig gestellt ist und die Kundenbestellung vollständig zusammengestellt wurde, gehen diese über in die ...

2.3.3 Distributions- oder Vertriebslogistik

Kernaufgabe dieses Logistikbereiches im Rahmen der Unternehmenslogistik ist die Übergabe des vom Kunden beauftragten Produktes an den Kunden zu seiner Verwendung. Je nach Produkt – im weitesten Sinn des Wortes – ist die darauf abgestimmte Distributionslogistik ausserordentlich vielfältig.

Handelt es sich um Investitionsgüter grösserer Dimensionen, sind spezialisierte Transporteure im Einsatz. Sollen Medikamente oder Lebensmittel an den Endkunden gelangen, sind komplexe und kostenoptimierte Lager- und Transportstrukturen erforderlich. Oder, auch das ist Distributionslogistik im weiteren Sinn, das in der Restaurantküche zubereitete Menü muss ohne Qualitätseinbusse an den Tisch des Gastes kommen.

Ein Spezialgebiet der Distributionslogistik kann in gewissen Betrieben die Ersatzteillogistik einnehmen. Je nach Unternehmensstrategie bezüglich Ersatzteile zu den gelieferten Produkten oder Anlagen kann diese Ersatzteillogistik mehr oder weniger deutlich ausgeprägt oder auch – im Bereich mittelfristiger Konsumgüter – inexistent sein, indem dem Kunden grundsätzlich ein Neukauf des jeweiligen Produktes (z. B. elektrische Zahnbürste) zugemutet wird.

Im betrieblichen Alltag, aber auch auf Lieferanten- und Kundenseite fallen sporadisch oder auch regelmässig Abfälle an, sei es, dass Güter oder Produkte unbrauchbar geworden sind, sei es, dass während des Fertigungsprozesses Abfälle entstehen. Besonders Letztere werden innerhalb der Unternehmenslogistik speziell behandelt in der ...

2.3.4 Entsorgungslogistik

Sie sorgt dafür, dass mit möglichst geringem Aufwand möglichst vieles der zu entsorgenden Materialien wieder- oder weiterverwendet werden kann, das heisst als fertiges Produkt oder als recyclierter Rohstoff wiederum auf dem Beschaffungsmarkt verfügbar wird.

Neben verschiedenen Recycling-Formen finden sich in der Entsorgungslogistik noch die Verbrennung, die für die Energieerzeugung verwendet werden kann, die Kompostierung von biologischen Abfällen und schliesslich die Deponie.

Da die mit all den genannten Vorgängen verbundenen Aufgaben im Normalfall weder einfach noch kostendeckend abgewickelt werden können, musste der Gesetzgeber aktiv werden und mithilfe von Umweltschutzgesetzen den nötigen Zwang aufbauen. Gleichzeitig stieg auch in der Gesellschaft das Bewusstsein, dass mit Umwelt und Ressourcen schonend umgegangen werden muss, sodass heute vor allem für Fertigungsbetriebe, aber auch für Dienstleister mithilfe von Umweltzertifizierungen Wettbewerbsvorteile erarbeitet werden können.

Im Folgenden sollen noch vier Aufgabenbereiche der Logistik angesprochen werden, die als unternehmensübergreifend angesehen werden müssen:

2.3.5 Lagersysteme

Wir müssen uns bewusst sein, dass in jedem Fall, in dem ein Gut, ein Produkt, eine angefangene Arbeit – ob an einem materiellen oder immateriellen Gut – oder ein Halbfabrikat «ruht», also weder transportiert noch weiterbearbeitet wird, eine Lagerung darstellt. Damit, dies sei hier generalisierend festgehalten, fallen auch die entsprechenden «Lagerkosten» an.

Erfahrungswerte und auch detaillierte Kostenabklärungen zeigen auf, dass diese Lagerkosten, bezogen auf den mittleren Wert des gelagerten Gutes, zwischen 15 % (eher selten) über 25 % (sehr häufig) bis zu 35 % (eher extrem) ausmachen können. Diese Werte werden – oder sollten – immer wieder aktualisiert werden – eine Aufgabe des internen Controllings oder der Betriebsbuchhaltung. Wichtig dabei ist, dass nicht nur die konkreten Lager, die als solche bezeichnet werden, zu berücksichtigen sind, sondern auch alles, was als «Ware in Arbeit» im Fertigungs-, aber auch administrativen Bereich (z. B. Auftragsbearbeitung im Verkauf oder der Konstruktion) an den verschiedensten Stellen im Unternehmen «lagert» und damit Kosten verursacht. Dass diese Erhebungen einen grossen Aufwand verursachen, ist klar, aber wenigstens sollte eine fundierte Schätzung unternommen werden. Schliesslich können diese Lagerungskosten im weitesten Sinn durchaus im Bereich des Unternehmensgewinnes liegen.

2.3.6 Transportsysteme

Neben den betriebsexternen Transportsystemen, wie Strassen-, Schienen-, Schiffs-, Flug- und Rohrleitungssystemen, die meist von Drittfirmen betrieben und als Outsourcing-Dienstleistung angeboten werden, sind unternehmensinterne Transportsysteme, zusammengefasst als Fördersysteme bezeichnet, zu berücksichtigen. Mögliche Unterteilungen sind durch folgende Begriffe gegeben:

- Stetigförderer
- Unstetigförderer

und

- flurgebundene Förderer
- flurfreie Förderer

Daneben finden sich auch Rohrleitungssysteme für flüssige und gasförmige Stoffe. Sie alle dienen dem Materialfluss im Unternehmen und müssen bei der Konzipierung des Fabrik- und Fertigungslayouts dementsprechend einbezogen werden. Hinzu kommen noch die Förderhilfsmittel, die dazu dienen, das zu transportierende Gut überhaupt transportfähig zu machen, wie z. B. Verpackungen, Sicherungen gegen Verschieben während des Transports und Einrichtungen zum Stapeln.

2.3.7 Personensicherheit

In jedem Unternehmen sind Aspekte der Personensicherheit in unterschiedlichstem Ausmasse von Bedeutung. Da die Logistik mit ihren Aufgaben der Anordnung von Maschinen, Lagereinrichtungen und Transportwegführungen in hohem Ausmass Einfluss auf die Personensicherheit nimmt, wird diese Aufgabe sehr oft im Rahmen der Logistik behandelt. Ausserdem ist die Logistik nahezu immer dafür verantwortlich, dass Gegenstände der Persönlichen Sicherheitsausrüstung (PSA: Schutzhelm, Brille, Atemschutz, Sicherheitsschuhe ...) bereitgestellt werden.

2.3.8 Qualitätssicherung

Die Erfüllung der Kundenanforderungen in Bezug auf Qualität ist – wie oben ausgeführt – Teil der «6R» und steht neben der Erfüllung der Termin-, Kosten- und Mengenforderungen an gleichrangig hoher Stelle.

War bis in das frühindustrielle Zeitalter hinein die Kontrolle der Qualität nach Abschluss des Fertigungsprozesses die gängige Methode (mit entsprechenden Ausschusszahlen), stehen heute andere Konzepte im Zentrum. Ein wichtiger Schritt zur kompromisslosen Qualitätsausrichtung war und ist TQM – Total Quality Management. Wie der Name «Total» schon sagt, ist nicht «höchste» Qualität verlangt, sondern die vollständige, vom Kunden verlangte und vertraglich zugesicherte Erfüllung seiner Qualitätsanforderungen. Und Management bedeutet nichts anderes als durchgängige, professionelle Planung, Überwachung und Abweichungskorrektur der Qualität in allen Prozessen und Aufgaben in allen Bereichen des Unternehmens, also nicht nur in der Fertigung.

Die folgende Darstellung der historischen Entwicklung möge die Dynamik dieses Logistikbereiches aufzeigen.

Zeit	Schlagwort	Beschreibung	Vorreiter
um 1900	Qualitätskontrolle	Aussortieren von fehlerhaften Produkten	Ford, Taylor
um 1930	Qualitätsprüfung	Steuerung basierend auf Statistiken	Walter A. Shewhart, z.B. Regelkarten
um 1960	Qualitätsmassnahmen im ganzen Unternehmen	Vorbeugende Massnahmen	Genichi Taguchi, W.E. Deming
um 1964	Null-Fehler-Programm des US-Verteidigungsministeriums	Ziel der Perfektion	Philip B. Crosby
um 1985	Null-Fehlerstrategie	Six Sigma	General Electric, Motorola
1988	EFQM-Modell	Neun ganzheitliche Kriterien	EFQM
um 1990	Umfassendes Qualitätskonzept	Integration von Teilkonzepten	Ishikawa: 5 Why
1995	Total Quality Management	Qualität als Systemziel	W.E. Deming, Malcolm Baldrige: KVP kontinuierlicher Verbesserungs Prozess

Eine andere Übersicht bietet folgende Abbildung:

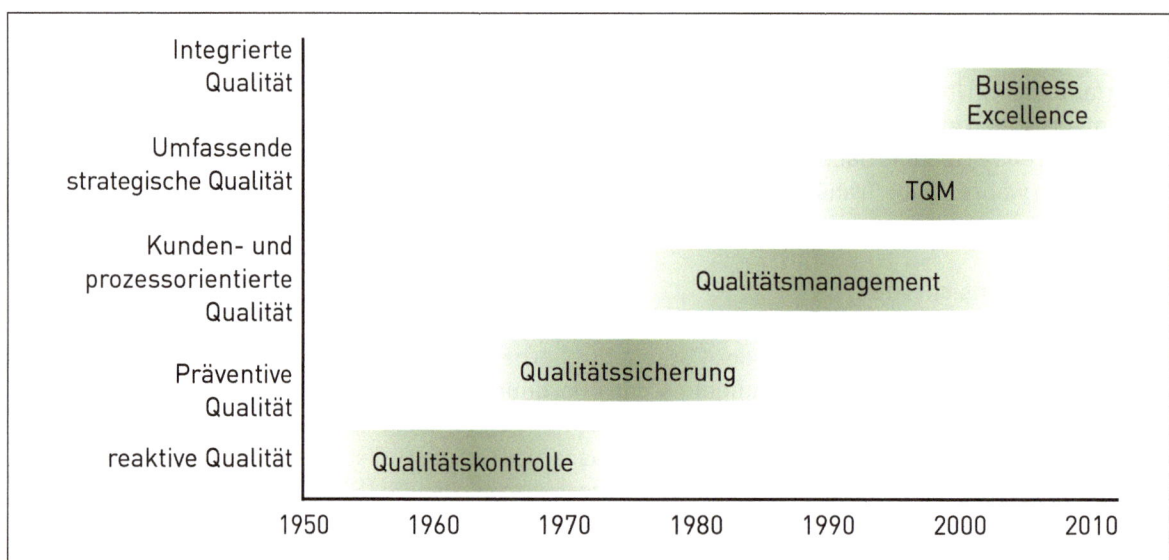

2.3.9 Zusammenfassung

Mit diesem «Durchgang» durch die Unternehmenslogistik soll auch eine wichtige Botschaft vermittelt werden:

Unternehmenslogistik als übergreifender Prozessbereich im Unternehmen soll das funktionale Ordnungsprinzip, das sich in organisatorischen Einheiten wie Einkauf, Lagerbewirtschaftung, Spedition, Fabrikstrukturen usw. äussert, ablösen und so ermöglichen, durch Eliminierung von Schnittstellen und Doppelspurigkeiten nicht nur Kosten einzusparen, sondern die gesamte Prozessqualität kontinuierlich zu steigern.

Damit zusammenhängend, können über Ansätze der Prozesskostenrechnung die bisher über mehr oder weniger grosse Zuschläge auf die direkten Kosten berücksichtigten Logistikkosten transparenter gemacht und wichtigen, messbaren Kostentreibern zugeordnet werden. Diese Art der Kostenbetrachtung ist derzeit noch kein Thema bei den eidgenössischen Prüfungen, könnte es aber in absehbarer Zukunft werden. Eine Aufnahme in dieses Repetitorium ist im Moment nicht geplant. Allerdings soll anhand eines Beispiels dieser Kostenrechnungsansatz aufgezeigt werden.

Einleitende Theorie 2

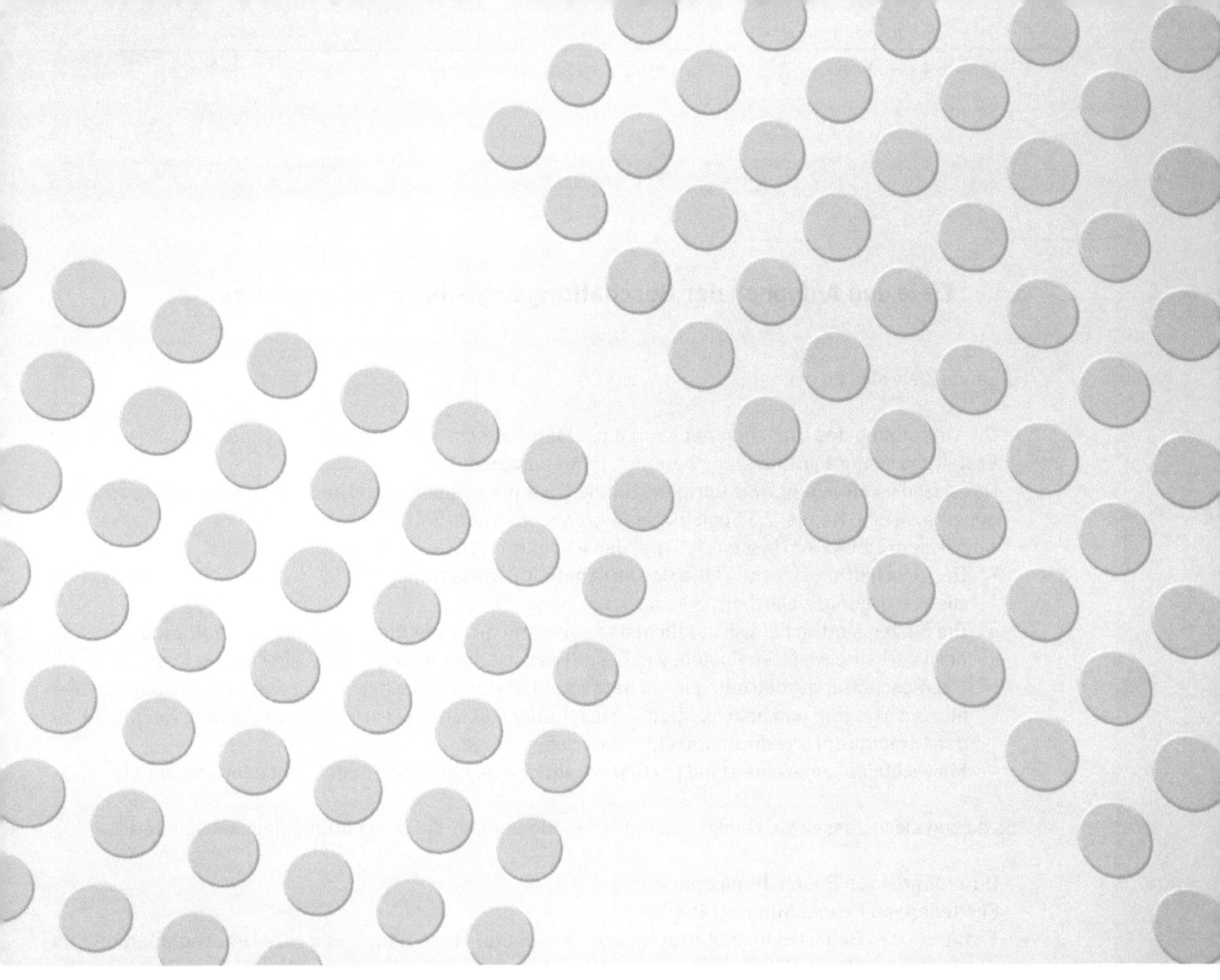

Beschaffungslogistik

Kapitel 3

3 Beschaffungslogistik

3.1 Ziele und Aufgaben der Beschaffungslogistik im Unternehmen

Folgende Ziele sind zu nennen:

- Die Versorgung des Unternehmens mit allen Materialien, Gütern und Dienstleistungen, die es für die Erstellung seiner Marktleistung benötigt, ist sichergestellt.
- Dabei ist die «6R»-Regel, die übrigens für die gesamte Logistik gilt, als übergeordnetes Zielsystem zu beachten (siehe Kapitel 2.2 Logistik als Abgrenzungsfrage, Seite 216).
- Aus diesem Zielsystem lassen sich u. a. diese konkreteren Ziele ableiten:
    - Der Beschaffungsmarkt ist in erforderlichem Ausmass transparent.
    - Die Versorgungssicherheit ist so hoch wie nötig.
    - Die Kosten sind so tief wie möglich; dazu gehören nicht nur die Preise der beschafften Güter, sondern auch alle weiteren Kosten, wie Zulaufkosten, Lagerkosten und administrative Kosten.
    - Das Beschaffungscontrolling ist sichergestellt, das heisst es herrscht jederzeit Transparenz über alle ausgelösten und beabsichtigten Bestellungen, die damit verbundenen Zahlungsverpflichtungen (Kreditoren) und die erwarteten Materialeingänge.
    - Mit wichtigen Lieferanten sind partnerschaftliche Beziehungen angebahnt oder am Laufen.

Aus diesen Zielen lassen sich einige wesentliche Aufgaben für die Beschaffungslogistik ableiten:

- Durchführen von Beschaffungsmarketing
- Festlegen von Beschaffungsstrategien
- Ermitteln den Bedarfes an Material (Spezifikation) und Menge; für das ganze Unternehmen und für den konkreten Beschaffungsfall
- Suchen und Auswählen von potenziellen Lieferanten, die für Offerten angefragt werden
- Festlegen von Lieferanten für konkrete Beschaffungsaufträge durch Angebotsvergleich, eventuell ergänzt durch eine Nutzwertanalyse
- Auslösen und Überwachen der Bestellung
- Entgegennehmen der Waren (Wareneingang), einschliesslich geeigneter Qualitätskontrolle; Veranlassen der Bezahlung von Rechnungen
- Überwachen von Lagerbeständen, wenn diese in den Kompetenzbereich der Beschaffungslogistik fallen
- Enge Zusammenarbeit mit Fertigung und Entwicklung/Konstruktion, vor allem in Bezug auf Trends auf den Beschaffungsmärkten; Mitwirkung bei Innovationen im Unternehmen.

Die Bedeutung der Beschaffungslogistik ist nicht zuletzt auch daran zu erkennen, dass ein erheblicher Anteil der bei der Nutzung des gelieferten Produktes beim Kunden auftretenden Fehlfunktionen nicht aus der Fertigung stammt, sondern durch fehlerhaftes oder ungeeignetes Material (Beschaffung) verursacht wird.

3.2 Beschaffungsstrategien

Aufgabe zu Beschaffungsstrategien

1. Beantworten Sie die hier gestellten Fragen zu beschaffungsstrategischen Aussagen.

   a) In der Beschaffungslogistik spricht man von mittelfristiger und langfristiger Strategie. Was ist damit gemeint und wie grenzen sich diese beiden Betrachtungsweisen voneinander ab?

   _____

   _____

   _____

   _____

   _____

   _____

   _____

   _____

   b) Beschaffungsstrategien weisen immer Abhängigkeiten von anderen Strategien im Unternehmen auf. Welche sind da zu nennen?

   _____

   _____

   _____

   _____

3.2.1 Beschaffungsstrategien aus der Kombination von Lieferantenstärke und Bestellerstärke

Wichtige strategische Überlegungen leiten sich vom Verhältnis der eigenen Stärke als Besteller und Bezüger zur Lieferantenstärke ab. Die folgende Matrix zeigt die Zusammenhänge auf und definiert die dazugehörigen Strategien:

		Bestellerstärke	
		Niedrig	**Hoch**
Lieferantenstärke	**Hoch**	Feld 1: Die Angebotsmacht des Lieferanten ist grösser als die Nachfragemacht des Abnehmers.	Feld 2: Zwei marktstarke Partner treffen aufeinander.
	Niedrig	Feld 3: Beide Marktpartner verfügen über keinen nennenswerten Handlungsspielraum.	Feld 4: Die Nachfragemacht des Abnehmers ist grösser als die Angebotsmacht des Lieferanten.

Aufgaben zu Beschaffungsstrategien aus der Kombination von Lieferantenstärke und Bestellerstärke

2. Beantworten Sie folgenden Fragen:
   Welche strategischen Ansätze lassen sich für die vier Felder definieren und wie nennt man diese Strategien?

   a) Feld 1:

   _____

   _____

   _____

   b) Feld 2:

   _____

   _____

   c) Feld 3:

   _____

   _____

   d) Feld 4:

   _____

   _____

   _____

3.2.2 Beschaffungsstrategien zur Sourcing-Definition

Aufgaben zu Beschaffungsstrategien zur Sourcing-Definition

3. In der Beschaffungslogistik kennt man eine Reihe von Begriffen, die für strategische Ansätze stehen. Erklären Sie die im Folgenden aufgeführten Begriffe und nennen Sie auch die damit zusammenhängenden Chancen und Risiken.

   a) Global Sourcing

   _____

   _____

   _____

   _____

   _____

   _____

b) Local Sourcing

_____

_____

_____

_____

_____

c) Single Sourcing

_____

_____

_____

_____

_____

_____

_____

_____

_____

d) Multiple Sourcing

_____

_____

_____

_____

_____

_____

_____

_____

_____

e) Dual Sourcing

_____

_____

_____

_____

_____

_____

_____

_____

f) Sole Sourcing

_____

_____

_____

_____

_____

_____

_____

_____

_____

_____

_____

_____

_____

_____

3.2.3 Artikelstrukturierung und Beschaffungsstrategie

In einem Handwerksbetrieb mit einer noch überschaubaren Menge an zu beschaffenden Produkten oder Materialien sind keine besonderen Massnahmen erforderlich, um z. B. Beschaffungsstrategien zu entwickeln. Aber bereits in mittelständischen Betrieben muss mit einigen Tausend Produkten gerechnet werden, für die Strategieüberlegungen entwickelt werden sollten. Hier drängt sich auf, diese Menge an Materialien zu strukturieren, sodass für geeignet zusammengefasste Materialgruppen gemeinsame strategische Ansätze entwickelt werden. Die wichtigste und bekannteste Strukturierungsmethode ist die sogenannte ABC-Analyse.

3.2.3.1 ABC-Analyse
Grundgedanke der ABC-Analyse ist es, drei Gruppen von Materialien zu bilden, indem deren Wert Kriterium ist, zu welcher Gruppe das jeweilige Material gehört. Wert meint den Wert in CHF für das gesamte Material oder Produkt. Nicht der Wert pro Stück oder der Stückpreis ist hier entscheidend, sondern der Betrag Menge mal Einzelwert.

Vorgegangen wird so, dass die Materialien bzw. Produkte nach ihrem Wert in absteigender Reihenfolge sortiert werden, sodass in einer Tabelle an der Spitze das Material mit dem höchsten Wert, an letzter Stelle jenes Material mit dem kleinsten Wert steht.

Danach werden drei Gruppen gebildet, die folgende Eigenschaften besitzen:

– A-Gruppe: umfasst ungefähr 80 % der Summe aller Werte
– B-Gruppe: umfasst ungefähr 15 % der Summe aller Werte
– C-Gruppe: umfasst ungefähr 5 % der Summe aller Werte

Die Erfahrung zeigt, dass bei sehr grosser Anzahl an Materialien die Mengen mit den Werten in einem gewissen Zusammenhang stehen, wobei mit Mengen die Stückzahl pro Material, das Gewicht oder das Volumen gemeint sein können. Folgende Aussagen bei grossen Materiallisten lassen sich machen:

– A-Gruppe mit ungefähr 80 % des Wertes umfasst ungefähr 20 % der gesamten Menge
– B-Gruppe mit ungefähr 15 % des Wertes umfasst ungefähr 35 % der gesamten Menge
– C-Gruppe mit ungefähr 5 % des Wertes umfasst ungefähr 45 % der gesamten Menge

Bitte beachten Sie für die Lösung der nachstehenden Aufgaben, dass für die Festlegung der Zugehörigkeit zur A-, B- oder C-Gruppe ausschliesslich der Wert des Materials herangezogen werden muss.

Aufgaben zu ABC-Analyse

4. Folgende Daten sind erhoben worden. Wie sieht die ABC-Analyse aus?

Produkt	Einkauf in Stück	Stückpreis in CHF	Einkauf in CHF
1	22 500	8.00	180 000.00
2	11 250	38.00	427 500.00
3	36 900	4.00	147 600.00
4	23 400	76.00	1 778 400.00
5	49 500	7.00	346 500.00
6	4 050	42.00	170 100.00
7	8 100	84.00	680 400.00
8	14 400	12.00	172 800.00
9	36 000	3.20	115 200.00
10	22 050	78.00	1 719 900.00
	228 150		**5 738 400.00**

Werten Sie anhand der folgenden Tabelle sowohl die Einkaufswerte der Materialien wie auch die Stückzahlen aus.

Lösungstabelle

Produkt	Einkauf in CHF (Wert)	Einkauf in CHF (Wert) kumuliert		Einkauf in Stück (Menge)	Einkauf in Stück (Menge) kumuliert	
	CHF	CHF	%	St.	St.	%
4						
10						
7						
2						
5						
1						
8						
6						
3						
9						

5. Stellen Sie das Resultat auch grafisch dar: horizontal die prozentuellen, kumulierten Mengen, vertikal die kumulierten, prozentuellen Werte.

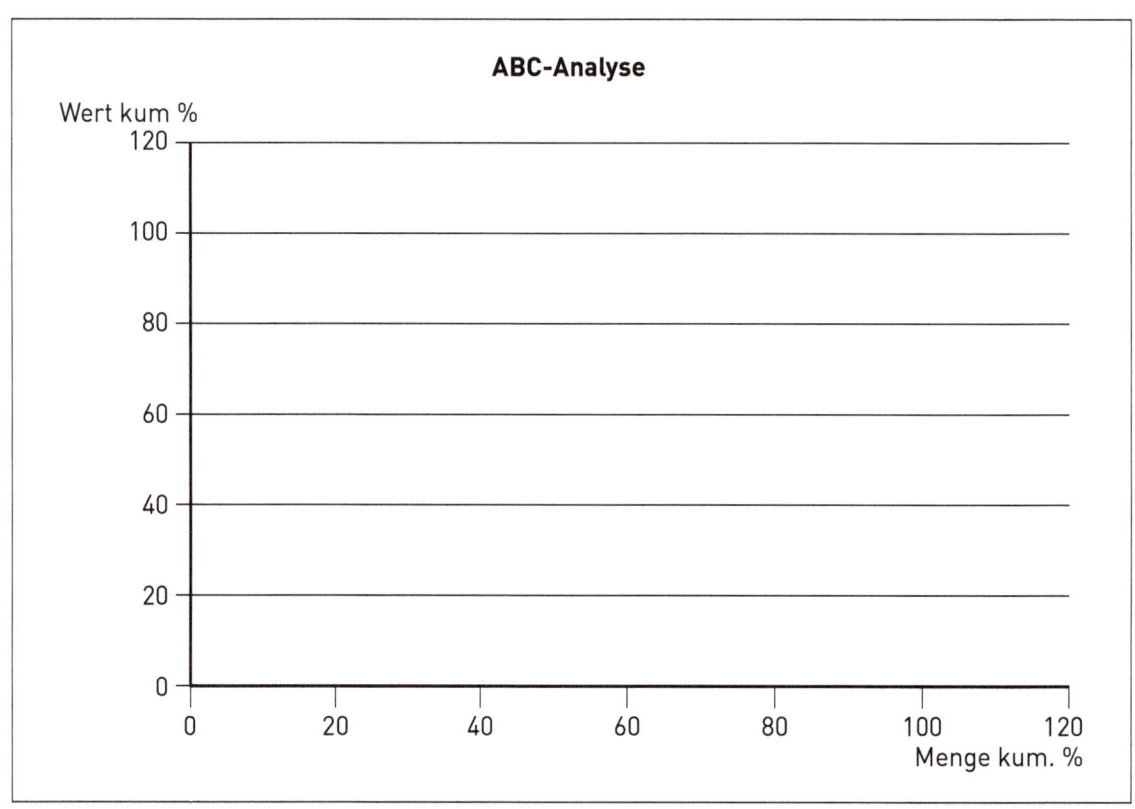

3.2.3.2 XYZ-Analyse
Ein weiterer Strukturierungsansatz wird XYZ-Analyse genannt.

Für die XYZ-Analyse werden beschaffungsrelevante Kriterien zur Bewertung der einzelnen Positionen einer Materialliste herangezogen. Dies können sein:

– Prognosegenauigkeit: Wie genau bzw. zuverlässig kann der zukünftige Verbrauch bzw. Bedarf eines Produktes oder Materials vorhergesehen werden?
– Beschaffungsrisiko: Wie hoch wird das zukünftige Risiko eingeschätzt, dass das betreffende Produkt in der jeweils benötigten Menge beschafft werden kann? Dabei ist an alle möglichen Risiken, politische, währungsbezogene, transportbedingte und andere zu denken.
– Technologie: Spannweite von hochkomplex und anspruchsvoll bis hin zu einfach; kann unter Umständen auch mit dem Beschaffungsrisiko zusammenfallen.

Für die genannten Kriterien wird jeweils eine Bewertungsstufe X, Y oder Z gewählt, wobei stets X für hoch steht, Y für mittel und Z für tief. In Aufgabenstellungen wird dies im Normalfall angegeben.

Die Bewertung der jeweiligen Materialpositionen nach X, Y, Z kann nur von erfahrenen Mitarbeitern in einem Unternehmen vorgenommen werden und ist in Aufgabenstellungen vorgegeben.

3.2.3.3 Kombination ABC- und XYZ-Analyse
Die ABC-Analyse bildet die Grundlage für die Kombination mit der XYZ-Analyse. Daraus können strategische Aussagen für die Beschaffung abgeleitet werden.

Die oben vorgelegte Tabelle, mit der die ABC-Analyse durchzuführen war, wurde von einem erfahrenen Mitarbeiter aus der Fertigung mit einer XYZ-Analyse ergänzt:

Produkt	Lagerbestand in Stück	Stückpreis in CHF	Lagerbestand in CHF	XYZ-Bewertung Prognosegenauigkeit
1	22 500	8.00	180 000.00	Y
2	11 250	38.00	427 500.00	Z
3	36 900	4.00	147 600.00	X
4	23 400	76.00	1 778 400.00	X
5	49 500	7.00	346 500.00	X
6	4 050	42.00	170 100.00	Y
7	8 100	84.00	680 400.00	Z
8	14 400	12.00	172 800.00	Z
9	36 000	3.20	115 200.00	Z
10	22 050	78.00	1 719 900.00	Y
Total	228 150		5 738 400.00	

X: konstante Nachfrage, hohe Prognosegenauigkeit
Y: trendbehaftete oder saisonale Nachfrage, mittlere Prognosegenauigkeit
Z: unregelmässige Nachfrage, starke Schwankungen, geringer Verbrauch, niedrige Prognosegenauigkeit

Aufgaben zu Kombination ABC- und XYZ-Analyse

6. Tragen Sie die XYZ-Werte in die unter Aufgabe 4 S. 243 f. erarbeitete Tabelle der ABC-Analyse ein und stellen Sie das Resultat der Analyse in den neun Feldern der ABC-Spalten und XYZ-Zeilen dar, indem Sie die jeweilige Materialposition in das zutreffende Feld schreiben.

	A	B	C
X			
Y			
Z			

7. Welche Schlüsse lassen sich aus der Kombination der beiden Artikelstrukturierungen für die einzelnen Felder ziehen? Beschreiben Sie für alle besetzten Felder geeignete Beschaffungsstrategien. Zunächst sind die Extremfälle zu bewerten, erst danach die Übergangsfelder. Begründen Sie, welche strategische Massnahme Sie vorgeschlagen haben.

Feldbezeichnung	Strategischer Ansatz
A-X	
A-Z	
C-X	
C-Z	
B-X	

Feldbezeichnung	Strategischer Ansatz
B-Y	
B-Z	
A-Y	
C-Y	

8. Welche allgemeinen Aussagen kann man zu den Gruppen A, B, oder C bzw. X, Y oder Z machen?

A-Artikel	
B-Artikel	
C-Artikel	
X-Artikel	
Y-Artikel	
Z-Artikel	

Beschaffungslogistik · **3**

9. Bisher haben wir die Kombination von ABC-Struktur mit der XYZ-Struktur der Prognosegenauigkeit betrachtet. Im Folgenden wollen wir eine weitere, wichtige Kombination analysieren. Nämlich jene, die sich aus der Überlagerung der ABC-Gruppierung durch jene des Beschaffungsrisikos (siehe Kapitel 7.4.4 XYZ-Analyse) ergibt.

Dabei stehen die Extrembereiche im Vordergrund, nämlich AX (hoher Wert, hohes Beschaffungsrisiko), CX (geringer Wert, hohes Beschaffungsrisiko), AZ (hoher Wert, niedriges Beschaffungsrisiko) und CZ (niedriger Wert, niedriges Beschaffungsrisiko).

Notieren Sie in der folgenden Tabelle Hauptaufgaben bzw. strategische Massnahmen.

	Hauptaufgaben, Massnahmen
Strategische Artikel (= AX Kombination)	
Engpass-Artikel (= CX Kombination)	
Hebel-Artikel (= AZ Kombination)	
Unkritische Artikel (= CX Kombination)	

Beschaffungslogistik

3

3.3 Auswahl geeigneter Lieferanten

Wenn das Material definiert und die zu beschaffende Menge bekannt sind, geht es darum, geeignete Lieferanten zu ermitteln. Dieser Vorgang ist Teil des Beschaffungsmarketings, das hier im Repetitorium nicht behandelt wird, da es Methoden des allgemeinen Marketings einsetzt und somit keine typische logistische Aufgabenstellung darstellt.

Aufgabe zu Auswahl geeigneter Lieferanten

10. Nennen Sie mindestens fünf unterschiedliche Informationsquellen, die Ihnen Hinweise auf potenzielle Lieferanten geben können. Beurteilen Sie, welche Vorteile bzw. welche Nachteile damit verbunden sein könnten, und schätzen Sie qualitativ den Rechercheaufwand ab.

Quelle	Vor- und Nachteile	Aufwand

Aus dieser Informationssammlung wird eine Liste der gefundenen Lieferanten erstellt.

3.3.1 Kriterien für die Reduktion auf eine sinnvolle Lieferantenanzahl

Sollte die oben gefundene Lieferantensammlung mehr als eine Handvoll Lieferanten aufweisen, dann muss mithilfe einer Nutzwertanalyse versucht werden, jene Lieferanten herauszufiltern, denen schliesslich eine Offertanfrage zugestellt werden soll. Dazu sind geeignete Kriterien zu ermitteln.

Aufgabe zu Kriterien für die Reduktion auf eine sinnvolle Lieferantenanzahl

11. Nennen Sie mindestens fünf Kriterien und wie Sie zu den entsprechenden Informationen kommen, die es Ihnen ermöglichen, die Anzahl Lieferanten, die Sie schliesslich anfragen wollen, auf drei bis maximal fünf – selten mehr – zu reduzieren.

Kriterium	Datenquelle

Beschaffungslogistik 3

3.4 Offertanfrage

Sind nun als Resultat der Marktanalysen und allenfalls einer Nutzwertanalyse einige wenige Lieferanten identifiziert worden, wird an Sie eine Offertanfrage gerichtet.

Für ein neues Produkt, das demnächst in die Fertigung gehen soll, wurden der Primärbedarf und der daraus resultierende Sekundärbedarf ermittelt. In einem nächsten oder auch parallel durchgeführten Schritt müssen für einzelne Komponenten potenzielle Lieferanten ermittelt werden. Selbstverständlich wird der Firmenleiter versuchen, bisherige Lieferanten zu berücksichtigen (siehe Kapitel 4.4.1 Übersicht über die Bedarfsarten, Seite 256). Jedoch ist es sinnvoll, wenigstens von Zeit zu Zeit – und besonders bei der Einführung eines neuen Produktes – die Lieferantenbasis zu erweitern oder allenfalls zu erneuern. Dazu müssen möglichst spezifische Offertanfragen erstellt werden. Unabhängig davon, an welche Lieferanten die Anfrage gestellt wird, muss sie einige wesentliche Elemente enthalten.

Aufgabe zu Offertanfrage

12. Stellen Sie dar und begründen Sie, aus welchen wesentlichen Bestandteilen eine Offertanfrage bestehen muss, um dem Ziel, vergleichbare Angebote zu erhalten, zu genügen.

Anfragebestandteil	Begründung

Beschaffungslogistik 3

3.5 Festlegung des zu beauftragenden Lieferanten

Anhand der eintreffenden Lieferantenangebote wird ein Angebotsvergleich durchgeführt. Darin werden die Angebote, meist auf der Basis der pro Angebot entstehenden Jahreskosten, verglichen. Bei Einzelaufträgen für eine einmalige Bestellung werden die Angebote auf dieser Basis verglichen. Bei diesem Vergleich werden möglichst alle im Angebot enthaltenen und im Betrieb durch die Lieferung entstehenden Kosten ermittelt und gegeneinandergestellt.

3.5.1 Angebotsvergleich 1

Nach dem Eintreffen der Angebote werden diese zunächst daraufhin überprüft, ob sie alle Muss-Kriterien der Offertanfrage erfüllen bzw. ob mindestens eine angebotene Variante der Anfrage entspricht. Diese Grundvarianten werden nun so weit bearbeitet, dass mit ihren Daten ein quantitativer Vergleich vorgenommen werden kann.

3.5.1.1 Produktspezifikation und allgemeine Angaben

Produkt
Rohr vierkant 40 × 40 mm, Länge 3000 mm, Wandstärke 0.8 mm, Kanten mit Radius 1 mm gerundet; Stahl rostfrei, Oberfläche riefenfrei (siehe Norm AXC 1876 der Häusler & Huber GmbH)

Bedarf
Der Jahresbedarf wird auf 600 Stück geschätzt.

Weitere, allgemeine Angaben für den Angebotsvergleich
Wechselkurs €/CHF: 1.15
Abschreibungsdauer für Investitionen oder Einmalzahlungen an den Lieferanten: 6 Jahre
Kalkulatorischer Zinssatz für Investitionen und Einmalzahlungen: 8 %
Lagerkostensatz: 25 % auf dem mittleren Netto-Lagerbestand
Bestellfixkosten CHF 130.00 pro ausgelöster Bestellung
Skonto ist bei den Jahreskosten zu berücksichtigen, nicht jedoch bei der Ermittlung der Lagerkosten

3.5.1.2 Angebotsübersicht

Angebot 1
Lieferant 1: Standort Norddeutschland

Stückpreis	€ 23.15	
Mindestbestellmenge	75 Stück	
Rabatt	7%	Ab einer Bestellmenge 150 Stück
Lieferung		EXW
Transportkostenbeitrag	€ 35.00	Für je zehn Rohre verpackt; Teilmengen pro Verpackung werden voll berechnet
CH MWST	8%	Auf Nettopreis; Einfuhr aus EU zollfrei
Zahlungsbedingungen		30 Tage rein netto

Angebot 2
Lieferant 2: Standort Olten

Stückpreis	CHF 28.70	
Mindestbestellmenge	50 Stück	
Rabatt	5%	Ab einer Bestellmenge 100 Stück
Rabatt	9%	Ab einer Bestellmenge 300 Stück
Lieferung		Frei Haus
Transportkosten		Im Preis enthalten
Zahlungsbedingungen	2% Skonto	Bei Bezahlung innerhalb zehn Tagen ab Lieferannahme Ansonsten rein netto 45 Tage

Aufgaben zu Angebotsvergleich 1

13. Vergleichen Sie die beiden Angebote und berücksichtigen Sie Rabatte und Skonto. Für die Berechnung der Lagerkosten sind nur die Rabatte zu berücksichtigen.

a) Analysieren Sie die Angebote und die Rahmenbedingungen und entwickeln Sie für den Angebotsvergleich eine geeignete Vergleichstabelle, die eventuell auch in Excel realisiert werden könnte. Dabei sollen vertikal alle Variablen sowie die zu berücksichtigenden Kostenelemente notiert werden und horizontal die diversen Angebote und Varianten der Angebote.

b) Vergleichen Sie nun detailliert mithilfe der von Ihnen entwickelten Kostenübersicht die beiden Angebote.[1] Tragen Sie nun in die von Ihnen erstellte Kostenstruktur die Werte ein, mit denen Sie den Kostenvergleich der Offerten durchführen.

c) Welches Angebot würden Sie empfehlen? Begründen Sie Ihre Empfehlung.

_____

_____

_____

_____

1 Es wird empfohlen, die Zwischenresultate mit 3 bis 4 Dezimalstellen zu ermitteln und erst das Schlussresultat auf zwei Stellen zu runden.

3.5.2 Angebotsvergleich 2

Der Fertigungsleiter hat vor einiger Zeit festgestellt, dass die bisherige, stark handwerklich ausgerichtete Fertigungsmethode für die Tischgestelle aus Stahlrohr nicht nur einen hohen Aufwand verursacht, sondern gelegentlich auch zu umfangreicher Nacharbeit Anlass gibt, wenn Winkelfehler zwischen Tischträger und Tischbeinen festgestellt und korrigiert werden müssen.

Deshalb hat er bei zwei bekannten Vorrichtungsherstellern Angebote für moderne Fertigungsanlagen einholen lassen. Auf ihnen können nahezu in einem einzigen Arbeitsgang sowohl die Stahlrohre abgeschnitten, eingespannt und verschweisst werden, wie auch die Entgratung und Beseitigung von Verzug vorgenommen werden.

Folgende Angaben sind aus den zwei Angeboten verdichtet worden. Die allgemeinen Angaben sind oben unter Weitere, allgemeine Angaben für den Angebotsvergleich enthalten.

3.5.2.1 Angebotsübersicht

Angebot 1
Lieferant 1 in Belgien

Anlage in Grundausführung (spezifizierte Zusatzeinrichtung kann nicht geliefert werden) komplett	€	287 000.00
Einwegverpackung	€	950.00
Transport inklusive Versicherung	€	1 250.00
Aufstellung und Inbetriebnahme	€	1 750.00
Gesamtpreis	**€**	**290 950.00**

Lieferfrist	3 Monate nach Bestellungseingang
Garantie	24 Monate ohne Betriebsstundenbegrenzung
Preise	Alle Preise in €
Ausbildung	Eine einwöchige Einricht- und Progammierausbildung von zwei Anlageführern in unserem Werk ist im Preis inbegriffen
Konditionen: Rabatt	12% auf Gesamtpreis
Zahlungsbedingungen	30 Tage netto

Für diese Anlage müssen noch Zusatzeinrichtungen bzw. Vorrichtungen hergestellt werden, die jedoch der eigene Betrieb übernehmen kann. Es wird mit einem einmaligen Aufwand von CHF 27 000.00 gerechnet, der entsprechend der internen Vorgaben abgeschrieben und kalkulatorisch verzinst werden muss.

Angebot 2
Lieferant 2 in der Schweiz

Anlage mit spezifizierter Zusatzeinrichtung komplett	CHF	305 000.00
Einwegverpackung	CHF	600.00
Transport	CHF	950.00
Transportversicherung	CHF	130.00
Aufstellung und Inbetriebnahme	CHF	860.00
Gesamtpreis	**CHF**	**307 540.00**

Lieferfrist	2 Monate nach Bestellungseingang
Garantie	24 Monate oder 12 000 Betriebsstunden
Preise	Alle Preise in CHF
Ausbildung/Einführung	Die Einführung eines Einrichters ist während der Inbetriebnahme durch unseren Techniker gewährleistet, sie ist im Preis für Anschluss und Inbetriebnahme enthalten
Konditionen: Rabatt	10% auf Gesamtpreis
Zahlungsbedingungen	20% nach Erhalt der Auftragsbestätigung 70% bei Auslieferung 10% bei Inbetriebnahme

Aufgabe zu Angebotsvergleich 2

14. Ermitteln Sie für beide Angebote die Gesamtkosten, sodass beide Anlagen entsprechend der Spezifikation funktionsfähig sind. Zeigen Sie den Rechnungsgang auf.
Geben Sie Ihre Empfehlung an und begründen Sie die Empfehlung.

	Angebot 1 Belgien		Angebot 2 Schweiz
Währung	€	CHF	CHF

Begründung Empfehlung:

_____

_____

_____

_____

_____

3.6 Kalkulation des Einstandspreises und des Lagerhaltungssatzes

Die Firma Häusler & Huber GmbH hat für ein Befestigungsset bestehend aus Spezialschraube, Hutmutter und Distanzhülse mit Unterlagscheiben ein neues Angebot eingeholt. Da dieses Set sehr häufig verwendet wird, muss der Einstandspreis, der dann in die Kalkulation der Herstellkosten einfliesst, genau kalkuliert werden.

Folgende Angaben des Lieferanten und der Betriebsbuchhaltung sind bekannt:

Jahresmenge (M)	2000	Verpackungskosten	CHF 57.00/Los
Bestellkosten (KB)	CHF 190.00/Bestellung	Frachtkosten	CHF 43.00/Los
Menge pro Bestellung (Los)	100	Zollkosten	CHF 160.00/Los
Angebotspreis	CHF 22.50/Stück	Lagerkosten Vorjahr ohne Kapitalkosten (KL)	CHF 1 300.00
Rabatt	8%	Gebundenes Kapital Vorjahr (Durchschnitt) (KD)	CHF 5 900.00
Skonto	2% bei Zahlung innert 10 Tagen	Kalkulatorischer Kapitalzins (ZS)	5%

Aufgaben zu Kalkulation des Einstandspreises und des Lagerhaltungssatzes

15. Gesucht sind folgende Werte:

Einstandskosten (EK) pro Stück

Lagerkostensatz (LS)

Lagerhaltungssatz (LHS)

Optimale Losgrösse X_{opt}

16. Geben Sie im Folgenden an, welche Zwischenrechnungen Sie ausgeführt haben.

Einkaufspreis pro Bestellung

Rabatt

Zieleinkaufspreis

Skonto

Bar-Einkaufspreis

Verpackung

Beschaffungslogistik

3

Frachtkosten
Zollkosten
Einstandskosten für 100 St.
Einstandskosten pro Stück
Lagerkostensatz LS
Lagerhaltungssatz LHS
Optimale Losgrösse X_{opt}

Folgende Berechnungsformeln sollen verwendet werden:

$$LS = \frac{KL \times 100}{KD}$$

$$LHS = LS + LZ$$

$$X_{opt} = \sqrt{\frac{200 \times M \times KB}{EK \times LHS}}$$

3.7 Normteile-Management mit Outsourcing und Prozesskostenrechnung

3.7.1 Einleitung

Im Rahmen eines Projektes zu Verbesserung der administrativen Abläufe wurde festgestellt, dass die Beschaffung der Normteile aufwendig ist und Verbesserungspotenzial beinhaltet. In einem Gespräch mit einem Schweizer Zulieferer von Normteilen mit einer sehr breiten Palette wurde die Möglichkeit erörtert, einen Teil der Normteile von dem Lieferanten in einer Art Kanban-System liefern und bewirtschaften zu lassen. Dazu wurde eine ABC-Analyse aller eingekaufter Materialien und Teile vorgenommen. Sämtliche Normteile fielen dabei in die Gruppe C, die ein Volumen von CHF 15 600.00 hat. Eine detailliertere Analyse dieser Gruppe ergab, dass 60 % dieser Gruppe für eine derartige Bewirtschaftung und Beschaffung geeignet wären.

Um diesem Angebot die eigenen Kosten gegenüberzustellen, wurden folgende Informationen erhoben:

Bisherige Anzahl Lieferanten für diese Normteile	25
Anzahl Bestellungen pro Jahr	165
Anzahl Lieferungen bzw. Rechnungen pro Jahr	210
Bereitstellungen im Montage-Handlager	400
Standardkostensatz CHF/Stunde	95.00
Durchschnittlich gebundenes Kapital in % des jährlichen Einkaufsvolumen	45%
Lagerkostensatz	28%

Aufgaben zu Normteile-Management mit Outsourcing und Prozesskostenrechnung

17. Berechnen Sie die Eigenkosten, bestehend aus den Prozesskosten und den Lagerkosten.
Die Prozesskosten setzen sich aus den folgenden Elementen zusammen:

Tätigkeit	t¹ Min.	Gesamt Min.	Gesamt Std.	Kosten CHF
Aktuellen Bedarf ermitteln	30			
Bestellung auslösen	5			
Auftragsbestätigung prüfen	10			
Bestellung überwachen, eventuell mahnen	25			
Ware abladen, Wareneingang verbuchen	15			
Menge und Qualität prüfen	25			
Im Teilelager einlagern	10			
In der Montagehalle im Handlager bereitstellen	9			
Rechnungen prüfen	3			
Rechnungen buchen	2			
Rechnungen zahlen und ablegen	7			
Total Prozesskosten				

Lagerkosten:

Relevantes Lagervolumen	
Lagerkosten	

Totale Eigenkosten:

Prozesskosten in CHF	
Lagerkosten in CHF	
Total Ist-Kosten in CHF	

18. Der Lieferant hatte inzwischen auf der Basis der für die vorgesehene Bewirtschaftung ausgewählten Normteile ein Angebot unterbreitet. Der darin vorgeschlagene Ablauf sieht vor, dass der Lieferant zweimal täglich die einzelnen Behälter im Montage-Handlager kontrolliert und bei Bedarf auffüllt. Die gelieferten Normteile werden vom Lieferanten einmal pro Monat entsprechend dem von ihm festgestellten Verbrauch fakturiert. Damit entfällt ein Teil des Kleinteilelagers, das im Unternehmen für andere Zwecke verwendet werden wird. Es ist vorgesehen, jährlich einmal stichprobenweise Preisvergleiche für die betroffenen Normteile vorzunehmen.

→

---

2 Die Zeiten gelten pro Einheit der angegebenen Tätigkeit.

Für diese Belieferung und Bewirtschaftungen, die sowohl Eigenschaften von KANBAN als auch JIT enthält, unterbreitet der Lieferant ein Angebot von jährlich CHF 38 000.00. Ferner stellt der Lieferant seine einmaligen Investitionen für Gebinde von CHF 7 500.00 in Rechnung, die nach unternehmens-internen Vorgaben in fünf Jahren abgeschrieben und mit 10 % verzinst werden.

Im Unternehmen selbst sind noch einmalige Anpassungen für das Montage-Handlager und der IT von CHF 12 000.00 zu berücksichtigen, deren jährliche Kosten in gleicher Weise berechnet werden. Für die Koordination mit dem Lieferanten und diverse Überwachungsarbeiten wird mit jährlich wiederkeh-renden Kosten von CHF 3 000.00 gerechnet.

Berechnen Sie nun die Kosten für das Outsourcing der Beschaffung und Bewirtschaftung des betrof-fenen Normteile-Sortiments.

Zusätzliche Investitionen Lieferant	
Zusätzliche Investitionen Häusler & Huber GmbH	
Jährliche Investitionskosten	
Jährlich wiederkehrende interne Kosten	
Offerte des Lieferanten	
Totale Outsourcing-Kosten	

19. Formulieren und begründen Sie Ihre Empfehlung an die Geschäftsleitung der Häusler & Huber GmbH.

_____

_____

_____

_____

_____

_____

_____

_____

_____

_____

_____

_____

_____

_____

_____

_____

3.8 Kennzahlen in der Beschaffungslogistik

3.8.1 Kennzahlen zur Kostenkontrolle

Wie in allen Bereichen der Logistik ist auch in der Beschaffungslogistik die Kenntnis der Kosten von grosser Bedeutung. Um zu verwertbaren Aussagen zu kommen, müssen die in der Beschaffung anfallenden Kosten auf einfache Art und Weise aus dem Kostenrechnungssystem des Unternehmens abgeleitet werden können. Bietet das Kostenrechnungssystem diese Möglichkeit nicht, ist der Aufwand für eine kontinuierliche Überwachung in den meisten Fällen zu gross und nicht gerechtfertigt. Diese Aussage gilt selbstverständlich auch für alle anderen Logistikbereiche.

Zu den Beschaffungskosten gehören u. a. folgende Kostenelemente:

- Erfassung und Pflege der Stammdaten: Lieferanten, Artikel ...
- Auftragsaufbereitung, -abklärung, -erfassung, -bestätigung, -verfolgung
- Beschaffungsplanung, Beschaffungsmarketing
- Warentransport, Warenannahme, Wareneingangsprüfung
- Warenumschlag, Wareneinlagerung, Erfassung der Daten im System
- Lieferantenbewertung, Lieferantenpflege

Die Summe aller dieser Kosten oder nur Teile davon – je nach beabsichtigter Aussage – wird für die Bildung von Kennzahlen herangezogen.

Aufgabe zu Kennzahlen zur Konstenkontrolle

20. Mit welchen Kennzahlen sind die Beschaffungskosten zu überwachen? Nennen Sie einige, beschreiben Sie sie kurz und geben Sie an, wie sie ermittelt werden.

Kennzahl	Berechnung	Beschreibung

3.8.2 Kennzahlen der Zeitkontrolle

Sind Kosten meist noch einigermassen zuverlässig aus Kostenrechnungssystemen abzuleiten, wird es bei den Basisdaten für Zeitkontrollen schwieriger. Denn die hierfür benötigten Zeiten werden kaum in einem ERP so erfasst, dass sie für diesen Zweck ohne Sonderaufwand extrahiert werden können. Folgende Zeiten sind u. a. von Bedeutung:

– Lieferzeiten, Liefertermine
– Bestellintervalle, Bestelltermine
– Zeitbedarf für Disposition, für die Erstellung und Auslösung von Bestellungen, für Bestellungsabwicklung
– Zeitbedarf für Stammdatenpflege
– Zeitbedarf für Wareneingang und Wareneingangskontrolle sowie Wareneinlagerung

Einige dieser Zeiten sind von besonderer Bedeutung für die Prozesserhebung und Prozessanalyse, für die Kontrolle der «Ware in Arbeit» und der damit verbundenen Kosten des gebundenen Kapitals, andere Zeiten dienen der Bewertung von Lieferanten.

Hier einige Beispiele für Kennzahlen, die der Lieferantenbewertung dienen:

Aufgabe zu Kennzahlen der Zeitkontrolle

21. Ergänzen Sie in unten stehender Tabelle die Spalte «Bedeutung, Zweck» in dem Sinn, dass Sie notieren, welchen Werten oder Logistikzielen die genannten Kennzahlen zuzuordnen sind.

Kennzahl	Berechnung	Bedeutung, Zweck
Lieferzuverlässigkeit	(Summe der pünktlich gelieferten Mengen) / (Summe der angeforderten Mengen)	
Termintreue bestätigt	(Anzahl der zum bestätigten Termin gelieferten Bestellungen) / (Gesamtzahl der Bestellungen)	
Termintreue gewünscht	(Anzahl der zum gewünschten Termin gelieferten Bestellungen) / (Gesamtzahl der Bestellungen)	
Lieferbereitschaftsgrad	(sofort lieferbare Menge pro Periode) / (bestellte Menge pro Periode)	

Die Kennzahlen der Zeitkontrolle finden sich auch im Logistikbereich Distributionslogistik, indem das Unternehmen zum Lieferanten gegenüber seinen Kunden wird.

3.8.3 Kennzahlen der Produktqualität

Auch hier nur einige wenige Beispiele:

Kennzahl	Berechnung	Bemerkung
Beanstandungs-quote	(Anzahl Qualitätsbeanstandungen) / (Anzahl Lieferungen)	Bezieht sich auf gesamte Lieferungen.
Fehlerquote	(Anzahl fehlerhaft gelieferter Teile) / (insgesamt gelieferte Teile)	Muss pro bestelltem/geliefertem Produkt erhoben werden.
Zurückweisungs-quote	(Anzahl zurückgewiesener Lieferungen) / (Anzahl Lieferungen insgesamt)	Hier können die Rückweisungsursachen sowohl im Produkt als auch im unzulänglichen Transport oder in Verpackungsfehlern liegen.

3.8.4 Weitere Kennzahlen zur Lieferantenbewertung

Neben den genannten kann ein Unternehmen für seine Lieferanten noch eine Reihe weiterer Bewertungskennzahlen führen. Hier seien noch einige Beispiele genannt:

– Kommerzielle Eigenschaften: Zahlungsbedingungen des Lieferanten, Eindruck von den Offerten und Bestellungsbestätigungen (Vollständigkeit, Struktur, Eingehen auf Kundenvorgaben), Erreichbarkeit der Ansprechpersonen, Auskunftsbereitschaft bzw. -fähigkeit ...
– Angaben/Aussagen zum Lieferanten selbst: Image, Zertifizierungen, Standort, Erscheinungsbild in der Presse ...

3.8.4.1 Einleitung – Szenario

Die Firma Häusler & Huber GmbH führt vierteljährlich eine Bewertung einiger ihrer wichtigsten Lieferanten durch. Dazu werden die Kennzahlen auf einer Skala von 0 bis 10 normiert, um damit Vergleiche vornehmen zu können. Von fünf Lieferanten sieht die Bewertung folgendermassen aus:

Lieferant	Termintreue	Produktqualität	Kommerz
A	8.5	9.0	7.5
B	9.2	8.1	9.0
C	8.9	9.6	9.1
D	9.8	9.7	9.9
E	6.7	7.9	8.9

Die Geschäftsleitung definierte bereits vor einiger Zeit Grenzwerte, die jeweils zu unterschiedlichen Massnahmen führen:

Massnahmenbereich	Grenzwert	Massnahme
S	< 8.0	Der Lieferant erfüllt die Anforderungen nicht. Lieferantensperre erforderlich.
M	8.0 bis 8.8	Der Lieferant erfüllt die Anforderungen ungenügend: Massnahmen zwingend erforderlich.
K	> 8.8 und < 9.6	Der Lieferant erfüllt die Anforderungen mit Einschränkungen. Er muss in den nächsten zwei Wochen kontaktiert werden.
N	9.6 bis 10.0	Der Lieferant erfüllt die Anforderungen in vollem Umfang. Keine Massnahmen erforderlich.

Aufgabe zu Weitere Kennzahlen zur Lieferantenbewertung

22. Bewerten Sie die genannten Lieferanten und legen Sie fest, welche Massnahmen in welchem Bereich durchgeführt werden müssen.

Lieferant	Massnahmenbereich bei			
	Termintreue	Produktqualität	Kommerz	Verbale Beschreibung der Massnahme(n)
A				
B				
C				
D				
E				

3.8.5 Kennzahlen zum Beschaffungsvolumen

Weitere Kennzahlen stellen die Struktur des Beschaffungsvolumens dar und erlauben z. B., Abhängigkeiten von Lieferanten frühzeitig erkennen zu können. Im Folgenden werden einige beispielhaft aufgeführt:

Kennzahl, Kenngrösse	Beschreibung
Jährliches/monatliches Einkaufsvolumen pro Lieferant	Wie viel wird jeweils bei bestimmten Lieferanten beschafft? Wenn bei vielen Lieferanten beschafft wird, wäre vielleicht eine ABC-Analyse sinnvoll?
Jährliches/monatliches Einkaufsvolumen pro Artikel pro Lieferant	Wie gross ist das Beschaffungsvolumen über eine bestimmte Periode für einzelne Artikel, pro Lieferant? Lässt sich die Einkaufsmacht bündeln? Besteht Tendenz zu Single Sourcing oder Sole Sourcing?
Einkaufsvolumen Inland zu Einkaufsvolumen Ausland (pro Land, pro Region)	Besteht währungspolitischer Spielraum? Sind risikoreiche Länder zu beachten?

Je nach Problemstellung müssen weitere Kennzahlen gesucht und ermittelt werden.

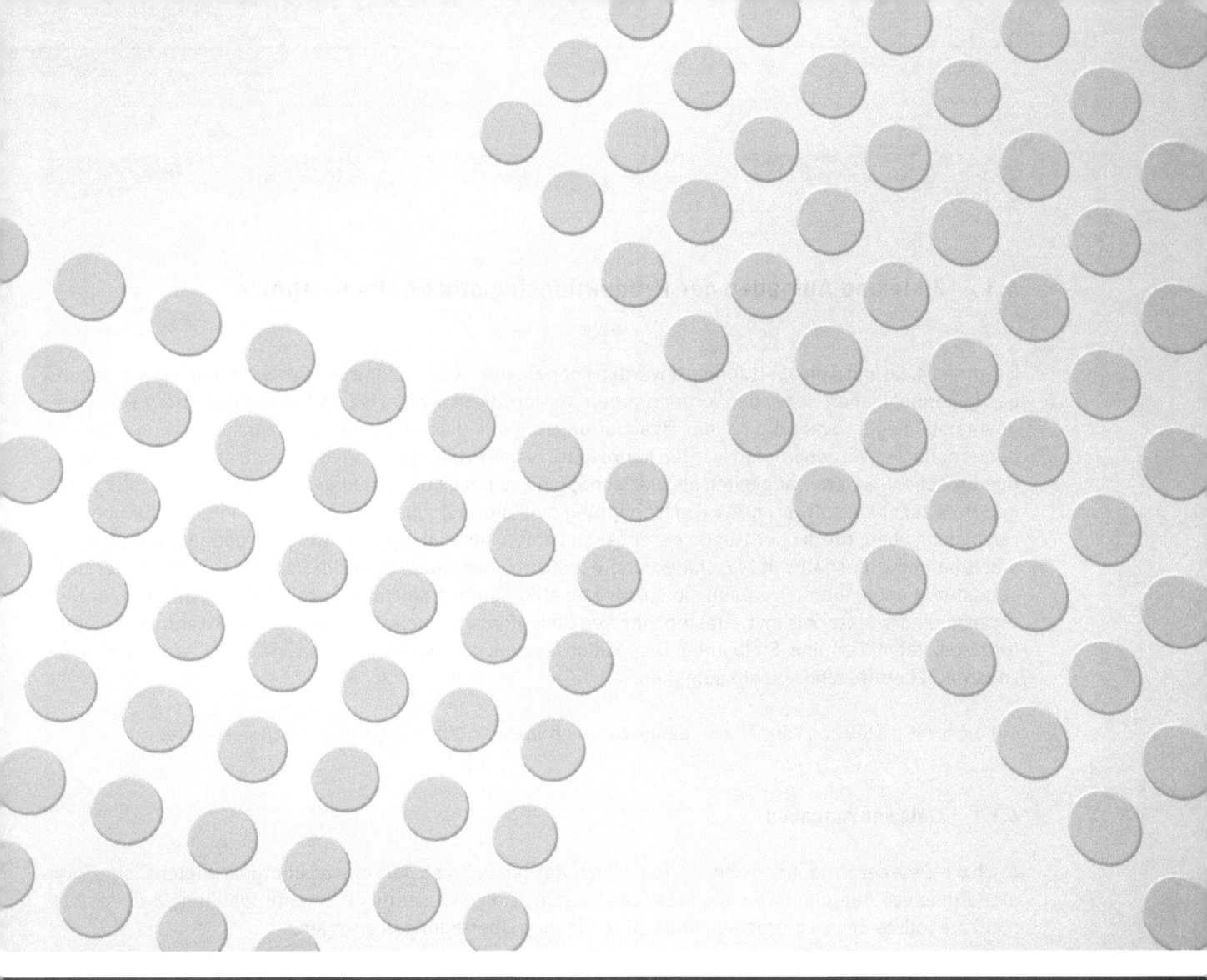

Produktionslogistik

Kapitel 4

4   Produktionslogistik

Produktionslogistik

4

4.1   Ziele und Aufgaben der Produktionslogistik im Unternehmen

Bevor die Ziele und Aufgaben definiert werden können, müssen im Sinne des Systemdenkens Abgrenzungen gegenüber jenen Bereichen vorgenommen werden, die sinnvollerweise nicht innerhalb der Produktionslogistik liegen. Während bei der Beschaffungslogistik diese Abgrenzung eher klar sein dürfte und daher einfacher vorgenommen werden kann, fällt bei der Produktionslogistik der strategische und wichtige Entscheid, welche Tätigkeiten als wertschöpfend zu bezeichnen sind und welche als unterstützende gelten, wesentlich schwerer. Als Wertschöpfung sind alle Aufgaben und Tätigkeiten im Produktionsbereich anzusehen, für die der Kunde bereit ist zu zahlen, also alle Bearbeitungsvorgänge, aber nicht für Wartung und Unterhalt von Maschinen und Geräten. Diese fallen daher in den Bereich der Unterstützungsfunktionen, letztlich zählen sie so zur Logistik. Folglich sind alle Bereitstellungsarbeiten des zu verarbeitenden Materials im weitesten Sinn Logistikaufgaben. Auch alle Planungs- und Kontrollaufgaben für Kapazitäten, Termine, Einlastung, Disposition, sowohl was die Anlagen als auch das Personal und die Hilfsmittel betrifft, sind Logistikaufgaben.

Mit dieser Klarstellung können nun einige der wichtigsten Aufgaben und Ziele definiert werden.

4.1.1   Ziele und Aufgaben

Auch die Ziele der Produktionslogistik leiten sich von den «6R» ab. Aus diesen übergeordneten Zielen folgt eine Reihe von Aufgaben. Die folgende Tabelle zeigt einige wesentliche Zusammenhänge auf, ist aber nicht als vollständig zu betrachten und soll zu eigenen Überlegungen anregen.

Ziele	Aufgaben
Der Materialfluss ist bezüglich Kosten und Störungsanfälligkeit optimiert.	Das Layout von Fabriken, Werkstätten und Fabrikationslager planen, gestalten und umsetzen.
Die Materialbestände sind bezüglich Kosten und Verfügbarkeit optimiert.	Sicherheitsbestände, Meldebestände und Maximalbestände für Lagermaterial strategisch orientiert festlegen. Optimale Bestellmengen/Losgrössen definieren.
Die Kosten zur Erreichung der vom Kunden definierten Qualität sind minimiert.	Von der Qualitätskontrolle zur Qualitätssicherung zum Total Quality Management voranschreiten. Über die Prozessqualität die Produktqualität steuern.
Die Kapazitätsauslastung der Maschinen und Anlagen ist zwischen niedrigen Kosten und hoher Flexibilität optimiert.	Langfristige, mittelfristige und kurzfristige Kapazitätsplanung, -überwachung und -steuerung durchführen. Auf sich ändernde Kundenbedürfnisse flexibel reagieren.
Für die Herstellung des Primärbedarfes ist die Menge des Sekundärbedarfes und des Tertiärbedarfes so frühzeitig wie möglich ermittelt.	Die Mengen des Primärbedarfes und des Sekundär- und Tertiärbedarfes und unter Berücksichtigung des verfügbaren bzw. disponiblen Lagerbestandes frühzeitig ermitteln und laufend überwachen bzw. nachführen.
Die Kosten der Herstellung des Primärbedarfes sind transparent, nachvollziehbar und mit der betrieblich erforderlichen Genauigkeit ermittelt und für die Nachkalkulation verfügbar.	Die Materialkosten wie auch die Lohnkostenansätze werden bei Bedarf neu ermittelt und in geeigneten Zeitabständen überprüft. Die Materialvorgaben und die Zeitvorgaben werden anhand der Stücklisten und der Operationspläne ermittelt und laufend bzw. zu betrieblich sinnvollen Zeitpunkten überprüft.
Die Fertigungsprozesse und Herstellverfahren sind unter Kontrolle und entsprechen dem jeweilig anwendbaren Stand der Technik.	Die Kosten der aktuellen Prozesse werden laufend bzw. in strategisch sinnvollen Abständen ermittelt und sinnvollen Alternativen gegenübergestellt. Dabei werden nicht nur die unterschiedlichen Investitionskosten, sondern auch die mit den Verfahren verbundenen Prozesskosten in ausreichendem Detaillierungsgrad ermittelt.

Aus dieser unvollständigen Aufstellung dürfte ersichtlich sein, dass die Produktionslogistik hochkomplexe Aufgaben und Anforderungen an den Technischen Kaufmann stellt und ein Fachwissen erfordert, das zum Teil erst in der beruflichen Praxis erworben werden kann.

Die folgenden Aufgabenstellungen sollen dem Studierenden helfen, sich in wichtige Teilgebiete der Produktionslogistik einzuarbeiten.

4.2 Materialflussmatrix

4.2.1 Einleitung – Szenario

Um einen genaueren Überblick über die im Unternehmen auftretenden Materialflüsse zu erhalten, hat der Fertigungsleiter der Häusler & Huber GmbH die Materialflüsse zwischen Wareneingang und den diversen Lagern sowie die Bewegungen von den Lagern zu den Verarbeitungsbereichen und bis zum Speditionsbereich erfassen lassen. Es handelt sich um grobe Schätzungen der Materialeinheiten auf Gewichtsbasis. Diese ist eher geeignet, den internen Transportaufwand abzubilden, als eine Erhebung auf Anzahl Artikel, da es sich um sehr unterschiedliche Materialien mit unterschiedlichsten Einheitsgewichten und Abmessungen handelt. Eine weitere Grösse für die Ist-Analyse könnte auch die Anzahl der Transporteinheiten sein.

Das im Folgenden verwendete Darstellungsmodell ist auf alle kennzeichnenden Grössen (Liter, Stück, Transporteinheiten, Gewicht) anwendbar. Hier stellen die Zahlen Gewichtseinheiten dar.

Von nach	1	2	3	4	5	6	7	8	9	10	11	12	Summe
1													
2	31												31
3	15												15
4	85												85
5	25												35
6	18												18
7				85									85
8		28	10		4								42
9		3	4					18					25
10			1		18	13	63	3	20				118
11						1		2	2	26			31
12					3	4	5		3	78	26		119
Summe	**174**	**31**	**15**	**85**	**25**	**18**	**68**	**23**	**25**	**104**	**26**		**594**

Zur Erklärung der obigen Zahlencodes:

Nr.	Stelle	Nr.	Stelle
1	Wareneingang	7	Schreinerei
2	Stangenlager 1	8	Werkstatt für Metallbearbeitung
3	Stangenlager 2	9	Schweisserei
4	Holzlager	10	Montage
5	Normteilelager	11	Fertigwarenlager
6	Kleinteilelager	12	Verpackung und Spedition

Nach dieser Ist-Aufnahme beschliesst der Fertigungsleiter, dass einerseits die zwei Stangenlager und andererseits das Normteilelager mit dem Kleinteilelager zusammengelegt werden sollen.

Aufgaben zu Materialflussmatrix

1. Ergänzen Sie die unten stehende Matrix mit den fehlenden Zahlen, indem Sie die Bewegungen der genannten Lager zusammenlegen.

Von nach	1	2 + 3	4	5 + 6	7	8	9	10	11	12	**Summe**
1											
2 + 3											
4	85										
5 + 6											
7		85									
8											
9						18					
10					63	3	20				
11						2	2	26			
12					5		3	78	26		
Summe					68	23	25	104	26		

2. Welche Schlüsse ziehen Sie aus der ergänzten Tabelle?

_____

_____

_____

_____

_____

_____

4.3 Fabrikplanung

4.3.1 Einleitung

Die Unternehmensleitung stellt Überlegungen an, im EU-Raum einen neuen, weiteren Fertigungsstandort aufzubauen. Dieser sollte, um von Währungsschwankungen unabhängiger zu werden, das volle Produktsortiment des Stammsitzes herstellen können. Ausserdem will man damit erreichen, dass immer wieder auftretende Kapazitätsengpässe ausgeglichen werden könnten. Langfristig will man am Stammsitz nur noch für den Schweizer Markt und für aussereuropäische Märkte produzieren und den EU-Markt vom neuen Standort bedienen.

Um Grundlagen für die Standortsuche und für Investitionskalkulationen zu erhalten, soll ein Ideal-Layout der neuen Fabrik erstellt werden. Dabei wird davon ausgegangen, dass grundsätzlich auftragsbezogen gefertigt wird und nicht, wie am aktuellen Standort, auch ein Verkaufslager mit Standardmöbeln vorzusehen ist. Mit in die Überlegungen werden auch die bereits ermittelten Waren- und Materialflüsse einbezogen, die mindestens annäherungsweise auch für den neuen Standort als Hinweise dienen können.

Aufgaben zu Fabrikplanung

3. Ordnen Sie alle im folgenden aufgeführten Funktionen und Bereiche in das vorgegebene Basislayout ein, sodass ein möglichst einfacher Materialfluss entsteht.

- Teilelager
- Schreinerei
- Abfälle und Entsorgung
- Administration, Konstruktion, Avor, Leitung
- Holzlager
- Wareneingang und Eingangslager

- Verpackung und Konstruktion
- Metallverarbeitung
- Schlusskontrolle
- Montage
- Eingangsprüfung

4. Beschreiben Sie den Materialfluss bzw. begründen Sie Ihre Anordnung.

Firmengelände

Einfahrt

Begründung, Erklärung

_____

_____

_____

_____

_____

_____

_____

_____

_____

Produktionslogistik **4**

_____

_____

_____

_____

_____

_____

_____

_____

_____

4.4 Bedarfsermittlung

Am Anfang jeder Auftrags- und Ablaufplanung und -steuerung steht die Ermittlung des Materialbedarfes. Dieser dient sowohl der Auslösung von Beschaffungs- und Einkaufsaufgaben wie auch sämtlichen Fertigungsaufträgen. Daher wird die Behandlung der Bedarfsermittlung hier in das Kapitel der Produktionsplanung gestellt.

4.4.1 Übersicht über die Bedarfsarten

Wir kennen Bedarfsarten nach dem Ursprung des Bedarfes, nämlich den Primär-, den Sekundär- und den Tertiärbedarf.

Aufgaben zu Bedarfsarten

5. Beschreiben Sie diese drei Bedarfsarten.

   a) Primärbedarf

   _____

   _____

   _____

   _____

   b) Sekundärbedarf

   _____

   _____

   _____

   _____

c) Tertiärbedarf

_____

_____

_____

_____

6. Eine weitere Differenzierung der Bedarfsarten ist die Unterscheidung in Brutto- und Nettobedarf. Was ist damit gemeint?

a) Bruttobedarf

_____

_____

b) Nettobedarf

_____

_____

_____

_____

4.4.2 Bedarfsermittlungsarten

Es gibt grundsätzlich zwei verschiedene Arten, wie ein Bedarf eines Gutes, eines Materials, eines Produktes usw. ermittelt wird. Einerseits programmorientiert oder deterministisch, andererseits verbrauchsorientiert oder stochastisch. Daneben gibt es noch die Schätzung zur Ermittlung des Bedarfes. Sie wird vor allem dort eingesetzt, wo es sich um neue Produkte handelt, deren Bedarf nur abgeschätzt werden kann.

Aufgaben zu Bedarfsermittlungsarten

7. Beschreiben Sie die beiden Arten der Bedarfsermittlung und auch, wie der Zeitpunkt der Bestellungsauslösung ermittelt wird:

a) Programmorientierte Bedarfsermittlung

_____

_____

_____

_____

_____

_____

b) Verbrauchsorientierte Bedarfsermittlung

8. Diskutieren Sie nun allfällig erkennbare Risiken bei beiden Bedarfsermittlungsarten:

a) Risiken bei der programmorientierten Bedarfsermittlung

b) Risiken bei der verbrauchsorientierten Bedarfsermittlung

4.4.3 Bedarfsermittlung programmorientiert

Für die programmorientierte Bedarfsermittlung werden diejenigen Mengen des Primär-, Sekundär- und allenfalls Tertiärbedarfes ermittelt, die für einen konkret vorliegenden Auftrag, sei es ein Kundenauftrag oder ein interner Auftrag, erforderlich sind. Dazu wird die Stückliste des zu fertigenden Produktes herangezogen.

In der Praxis werden vor allem drei verschiedene Darstellungsarten von Stücklisten verwendet. Sie sollen hier kurz vorgestellt werden, da deren Verständnis gelegentlich auf Schwierigkeiten stösst.

4.4.3.1 Darstellungsformen von Stücklisten

Stückliste in Tabellenform
Im betrieblichen Alltag ist diese Form die am weitesten verbreitete. Die folgende Tabelle zeigt ein Beispiel:

Stückliste Steuerschrank kpl, ABA16344s, Aend. b

Pos.	Beschreibung/Material	Menge	ME	Ident-Nr.	Bemerkungen
1	Steuerung kpl.	1	St.	ABV23597a, Aend. c	
2	Halterung seitlich	2	St.	ABM48761m, Aend. b	Ab Lager
3	Halterung oben	1	St.	ABM48761n, Aend. d	Ab Lager
4	Steuerkasten	1	St.	ABk22785a, Aend. f	
6	Anschlusskabel	0.4	m	KAB65693f	
7	...				

Jede Stückliste trägt einen Titel, nämlich die Bezeichnung und Identifikation des Produktes, für das die Stückliste massgeblich ist.

Die Ident-Nr. (auch im Stücklistentitel) ist im gesamten Betrieb eindeutig. Wie das Beispiel zeigt, muss auch der jeweils gültige Änderungsstand angegeben sein, da in der Praxis laufend kleinere oder grössere Änderungen vorgenommen werden müssen.

Im Beispiel ist in der Pos. 1 eine Baugruppe aufgeführt, die nun selbst wieder eine Stückliste besitzt, in der die für «Steuerung kpl.» benötigten Produkte, Komponenten und Materialien aufgeführt sind. So ergibt sich eine Hierarchie der Stücklisten, an deren untersten Ende Einkaufsteile oder auch Lagerteile, die selbst wieder Einkaufsteile sein können, stehen. Selbstverständlich können Lagerteile auch aus der eigenen Fertigung kommen. Letztlich aber sind alle Teile irgendwann einmal ein Produkt, das über den Einkauf in den Betrieb kommt.

4

Produktionslogistik

Stückliste als Strukturbaum

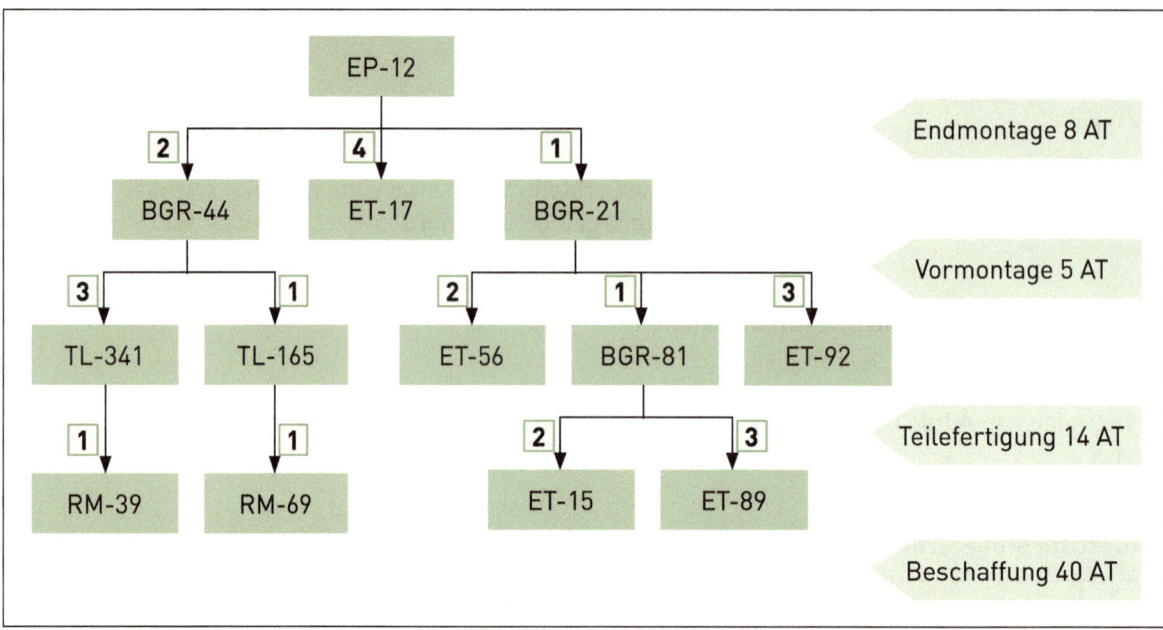

Diese Darstellungsform ist nur für sehr einfache Strukturen oder für nur eine ein- oder zweistufige Auflösung – also nicht bis zu den letzten Einkaufsteilen – geeignet und wird gerne für die Kommunikation mit Personen verwendet, die eine tabellarische Stückliste kaum interpretieren wollen oder können.

Das Beispiel zeigt schematisch in Form eines Strukturbaumes die Auflösungsstufen eines Endproduktes. Jedes Element, das keine weitere Struktur darunter aufweist, ist ein Einkaufsteil oder ein eingekauftes Rohmaterial.

Zur Erklärung:
- Für die Endmontage werden zwei Baugruppen BGR-44, 4 Einkaufsteile ET-17 und eine weitere Baugruppe BGR-21 benötigt.
- In der Vormontage wird eine BGR-44 aus je drei Teilen TL-341 und einem Teil TL-165 montiert. Ferner die BGR-21, aus zwei ET-56, einem BGR-81 und drei ET-92 zusammengesetzt.
- In der Teilefertigung findet für das TL-341 die Bearbeitung des Rohmaterials RM-39 (ein Stück) statt und für ein TL-165 die Bearbeitung von 1 RM-69.
- Ebenfalls auf der Stufe «Teilefertigung» wird die BGR-81 aus je zwei ET-15 und drei ET-89 zusammengesetzt.
- Beschaffung findet statt für ET-17 für die Endmontage, ET-56 und ET-92 für die Vormontage sowie auf der untersten Stufe RM-39, RM-69, ET-15 und ET-89.

Stückliste als geblockter Text

Bezeich-nung	Beschrei-bung	Stufe 1		Stufe 2		Stufe 3		St.	Liter	Bemerkung
		Bezeich-nung	Beschrei-bung	Bezeich-nung	Beschrei-bung	Bezeich-nung	Beschrei-bung			
VE71	Spezial-Le-derimpräg-nierung							1	2	Verkaufsein-heit in 2 Liter Gebinde
		VD36	Verdünner						0.75	Einkauf
		CZ17	Konzent-rat						0.25	Halbfabrikat
				A27	Impräg-nierung				0.35	Einkauf
				F03	Farbstoff				0.1	Einkauf
				B17a	Härter				0.55	Halbfabrikat
						B04	Turmaliol		0.68	Einkauf
						P81	Emulgator		0.32	Einkauf

www.klv.ch

Auch in dieser Darstellung sind alle sogenannten Fertigungs- oder Auflösungsstufen enthalten.

Daraus ist bereits ersichtlich, dass auch diese Darstellungsform nur für einfache Produktstrukturen geeignet ist. Sie wird überall dort eingesetzt, wo nur ein Textverarbeitungsprogramm oder ein Tabellenprogramm verfügbar ist, aber kein Zeichnungsprogramm, mit dem ein Strukturbaum gezeichnet werden kann. Grundsätzlich enthält diese Darstellung die gleichen Informationen wie der Strukturbaum, sie ist aber etwas schwieriger zu lesen. Sie wird deshalb hier dargestellt, weil sie gelegentlich in eidgenössischen Prüfungen Verwendung fand.

Diese Darstellung wird von links oben gelesen, wo das Fertigprodukt (Primärbedarf) aufgeführt ist. Die jeweils benötigten Mengen sind in den beiden vorletzten Spalten (St. bzw. Liter) angegeben. Die letzte Spalte macht Angaben über die Art des Produktes bzw. der Komponente.

Die Aufgaben zur programmorientierten Bedarfsermittlung folgen weiter unten.

4.4.4 Bedarfsermittlung verbrauchsorientiert

Die verbrauchsorientierte oder stochastische Bedarfsermittlung geht vom Bestandsverlauf in einem Lager aus.

Im Idealfall verläuft der Lagerbestand wie hier unten dargestellt.

Aufgaben zu Bedarfsermittlung verbrauchsorientiert

9. Erklären Sie die eingetragenen Werte.

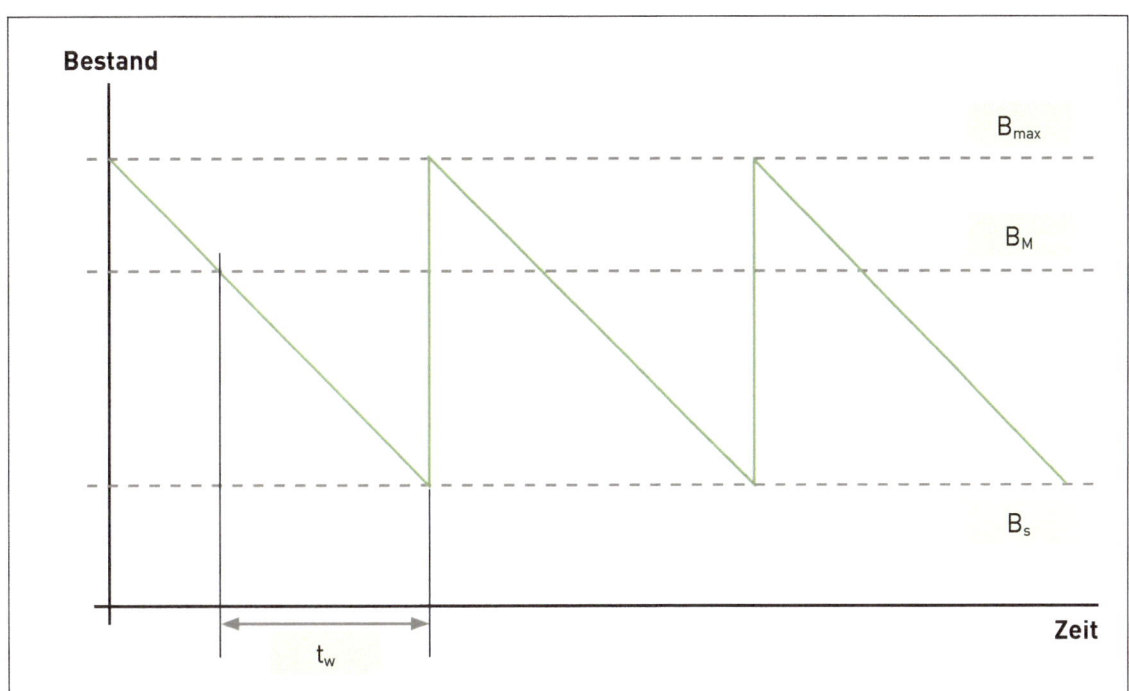

B_M: _____

_____

B_S : _____

_____

B_{max} _____

_____

t_w: _____

_____

10. Beantworten Sie die im Folgenden gestellten Fragen zur verbrauchsorientierten Bedarfsermittlung.

   a) Wie nennt man das Verfahren, das darauf beruht, dass beim Erreichen eines bestimmten Lager-
      bestandes (Meldebestand) die Bestellung ausgelöst wird?

   _____

   _____

   _____

   b) In der Praxis ist kaum mit einem derartig regelmässigen Verlauf des Lagerbestandes zu rechnen.
      Welche Risiken sind zu erwarten?

   _____

   _____

   _____

   c) In der obigen Grafik ist die Bestellmenge jedes Mal gleich gross. Ist das realistisch? Welche Mei-
      nung bzw. welches Wissen haben Sie dazu?

   _____

   _____

   _____

   _____

   d) Neben dem Bestellpunktverfahren gibt es noch ein weiteres Bestellverfahren, das verbrauchs-
      orientiert ist. Wie nennt man dieses? Welche Eigenschaften sind zu nennen?

   _____

   _____

   _____

   _____

   _____

   _____

Produktionslogistik

4

4.5 Bedarfsermittlung programmorientiert

4.5.1 Szenario 1

Für einen Standardtisch mit der Bezeichnung A27B3 ist eine Bestellung über 45 Stück eingetroffen. Der Materialdisponent ermittelt nun anhand der Stückliste und der Lagerliste den zu fertigenden Nettobedarf.

4.5.1.1 Stückliste

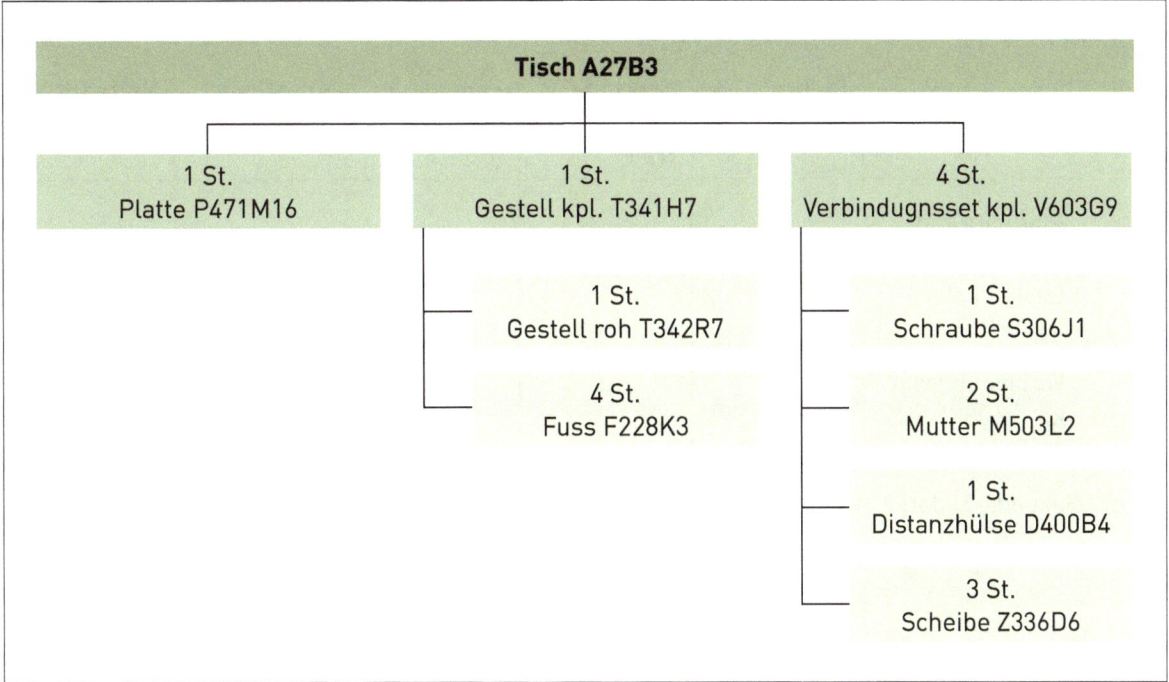

4.5.1.2 Lagerliste
An Lager liegen folgende Teile:

Material	Lagerbestand	Ausstände[1]
Tisch A27B3	2	6
Platte P471M16	6	4
Gestell kpl. T341H7	5	7
Gestell roh T341R7	–	3
Fuss F228K3	351	–
Verbindungsset kpl. V603G9	16	–
Schraube S306J1	215	–
Mutter M503L2	1 620	–
Distanzhülse D400B4	21	–
Scheiben Z336D6	321	–

1 Ausstände: In Auftrag gegebene Produkte der Lagerliste, die noch nicht an das Lager abgeliefert wurden; sollen berücksichtigt werden.

Produktionslogistik

4

Aufgabe zu Szenario 1

11. Ermitteln Sie für den Primär- und den Sekundärbedarf sowohl den Brutto- als auch den Nettobedarf.

a) Primärbedarf

	Bruttobedarf	Lagerbestand	Ausstände	Nettobedarf
Tisch A27B3				

b) Sekundärbedarf 1. Auflösungsstufe

	St. pro Tisch	Brutto St. für den Auftrag	Lager-bestand	Ausstände	Netto für den Auftrag
Platte P471M16					
Gestell kpl. T341H7					
Verbindungsset kpl. V603G9					

c) Sekundärbedarf 2. Auflösungsstufe für Gestell kpl. T341H7

	St. pro Gestell kpl. T341H7	Brutto St. für den Auftrag	Lager-bestand	Ausstände	Netto für den Auftrag
Gestell roh T341R7					
Fuss F228K3					

d) Sekundärbedarf 2. Auflösungsstufe für Verbindungsset kpl. V603G9

	St. pro Ver-bindungs-set kpl. V603G9	Brutto St. für den Auftrag	Lager-bestand	Ausstände	Netto für den Auftrag
Schraube S306J1					
Mutter M503L2					
Distanzhülse D400B4					
Scheibe Z336D6					

4.5.2   Szenario 2

Für zwei Tischmodelle sind Aufträge eines Möbelgrossisten eingetroffen. Diese Bestellung beinhaltet 18 Einheiten des Wohnzimmertisches A311T3 und 15 Einheiten des Esszimmertisches E409T1. Für alle Einzelteile, Baugruppen und Fertigprodukte müssen entsprechende Produktionsaufträge bzw. Einkaufsbestellungen erstellt werden. Von einigen Artikeln sind Lagerbestände ausgewiesen.

4.5.2.1   Bestandesdaten

Gerät/Baugruppe/Teile	Lagerbestände in St.	Ausstände in St.
WZ-Tisch A311T3	–	4
EZ-Tisch E409T1	3	–
Platte A311P7	24	–
Platte E409P8	6	6
Gestell kpl. A311G5	–	–
Gestell kpl. E409G1	–	–
Fuss A16F3	46	–
Rahmen A16R7	–	–
Rahmen A16R3	–	–
Querträger A16Q4	27	–
Längsträger A16L7	12	6
Längsträger A16L3	4	8
Befestigungsset H279B3	100	–
I-Schraube H273I2	500	–
U-Scheibe H273U9	760	–
Hülse H273H5	48	50

4.5.2.2   Stücklistenaufbau

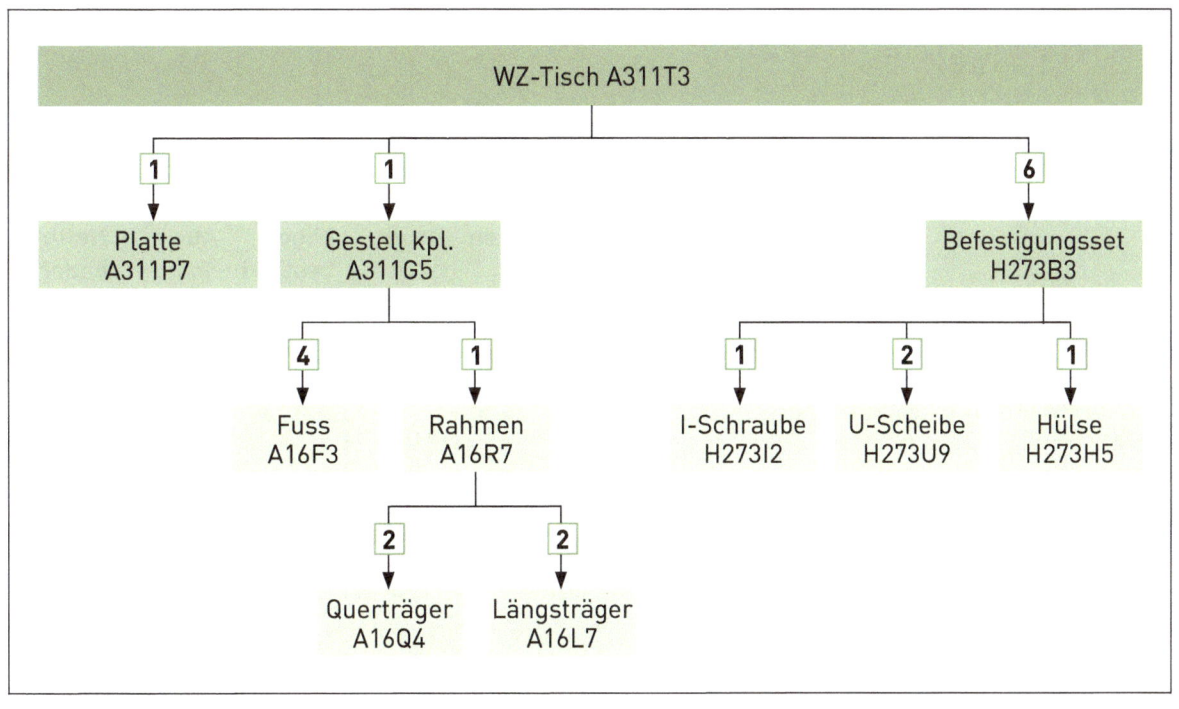

Produktionslogistik   **4**

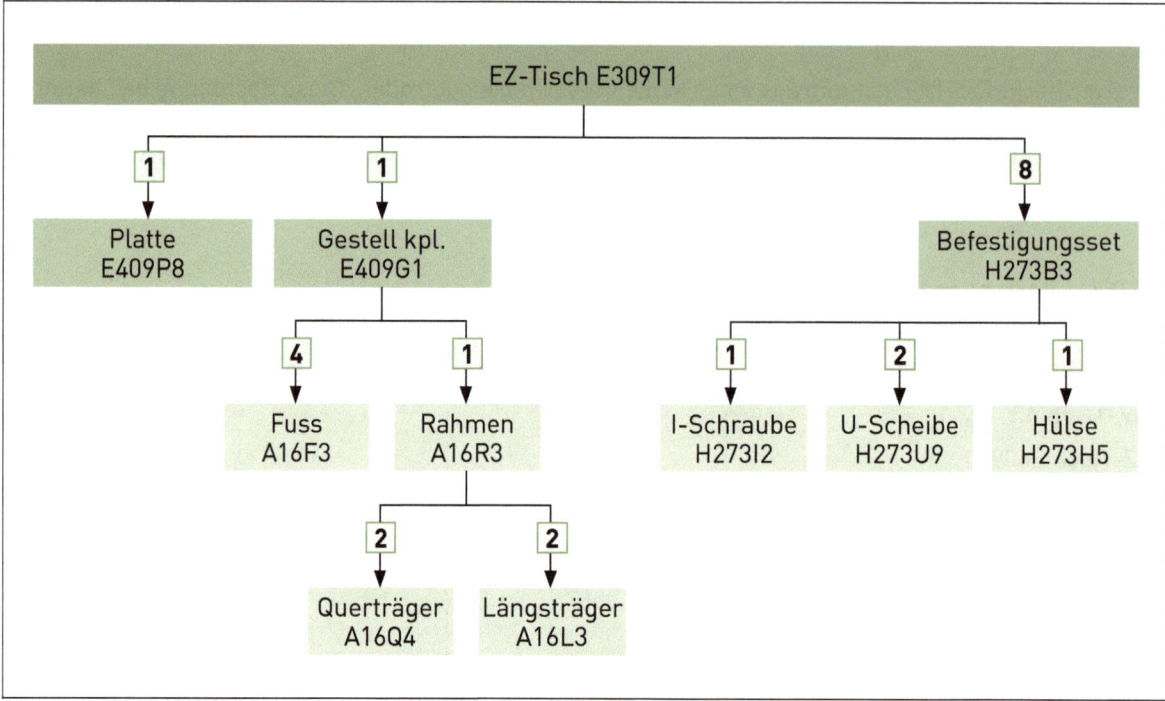

Aufgabe zu Szenario 2

12. Als Basis für die Produktionsaufträge haben Sie für beide zu liefernden Produkte Primär- und Sekundärbedarf zu ermitteln. Die nötigen Angaben entnehmen Sie der Tabelle Bestandesdaten und dem oben stehenden Stücklistenaufbau. Verwenden Sie ausschliesslich die vorgegebenen Lösungstabellen.
Berechnen Sie den Nettobedarf der Produkte A311T3 und E409T1.
Berechnen Sie den Nettobedarf für alle Baugruppen.
Berechnen Sie den Nettobedarf für alle Einzelteile.

a) Bedarfsermittlung Produkte = Primärbedarf

Produkt	Bruttobedarf	Lagerbestand	Ausstand	Nettobedarf
WZ-Tisch A311T3				
EZ-Tisch E409T1				

b) Bedarfsermittlung Auflösungsstufe 1 = Sekundärbedarf

Baugruppe/ Einzelteil	Stückzahl pro Produkt		Brutto St. für den Auftrag		Brutto-bedarf	Lager-bestand	Aus-stand	Netto-bedarf
	A311T3	E409T1	A311T3	E409T1				
A311P7								
A311G5								
H273B3								
E409P8								
E409G1								

c)   Bedarfsermittlung Auflösungsstufe 2 = Sekundärbedarf

Baugruppe/ Einzelteil	Stückzahl pro Baugruppe		Brutto St. für den Auftrag		Brutto- bedarf	Lager- bestand	Aus- stand	Netto- bedarf
	A311G5	E409G1	A311G5	E409G1				
A16F3								
A16R7								
A16R3								

d)   Bedarfsermittlung Auflösungsstufe 2 = Sekundärbedarf

Einzelteile	Stückzahl pro Baugruppe H273B3	Brutto St. für den Auftrag H273B3	Brutto- bedarf	Lager- bestand	Aus- stand	Netto- bedarf
H273I2						
H273U9						
H273H5						

e)   Bedarfsermittlung Auflösungsstufe 3 = Sekundärbedarf

Baugruppe/ Einzelteil	Stückzahl pro Baugruppe		Brutto St. für den Auftrag		Brutto- bedarf	Lager- bestand	Aus- stand	Netto- bedarf
	A16R7	A16R3	A16R7	A16R3				
A16Q4								
A16L7								
A16L3								

4.6   Stundensatzkalkulation

4.6.1   Einleitung – Szenario

Vor Kurzem wurde eine Trenn- und Schleifmaschine geliefert und in Betrieb genommen. Die Bestückung wird durch einen Bestückungsroboter vorgenommen. Für die Kalkulation ist ein Stundensatz der Schleifmaschine inklusive Roboter festzulegen.

4.6.1.1   Daten

Anschaffungskosten (aktivierbar) CHF	300 000.00
Pro Schleifscheibe (Einsatzdauer 1000 Std.) CHF	2300.00
Platzbedarf	24 m²
Gebäudekosten CHF	1800.00/m²/Jahr

Produktionslogistik   **4**

Produktive Kapazität, Zweischichtbetrieb	4000 Std./Jahr
Abschreibung	5 Jahre, linear
Verzinsung	10%
Wartung und Unterhalt CHF	60 000.00/Jahr
Kühlmittel CHF	16 000.00/Jahr
Energie CHF	4000.00/Jahr
Stundensatz Bestückungsroboter CHF	38.00/Std.

Ein Schleifteam, bestehend aus einem Schleifer/Einrichter und einem Hilfsarbeiter, betreut parallel drei Schleifanlagen zu gleichen Teilen.

Personalkosten Schleifer/Einrichter	106 800.00/Jahr
Hilfsarbeiter	78 000.00/Jahr

Die Angaben der Personalkosten sind inklusive Sozialleistungen.

Aufgabe zu Stundensatzkalkulation

13. Berechnen Sie anhand der oben stehenden Angaben den korrekten Stundensatz der Maschine inklusive Roboter und Personalanteil im folgenden Raster. Legen Sie zuerst die zu berücksichtigenden Kostenelemente fest und berechnen Sie sie danach.

Bezeichnung	Wert	Dauer/Menge	Pro Jahr	Pro Std.
Total				

4.7 Rationalisierung – Produktivitätssteigerung

4.7.1 Einleitung – Szenario

Für die oben genannte Trenn- und Schleifmaschine ist nun für die Geschäftsleitung der genauere Nachweis der Rentabilität zu erbringen. Selbstverständlich wurde sie vor dem Beschaffungsbescheid bereits nachgewiesen, aber nun sind die Daten detaillierter und genauer verfügbar.

Hier die Rekapitulation der relevanten Daten, ergänzt um die inzwischen abschätzbaren Einsparungen:

Anschaffungskosten (aktivierbar) CHF	300 000.00
Abschreibung	5 Jahre, linear
Verzinsung	10%
Einsparung Personal in Stellenprozent	200%
Kalkulatorische Lohnkosten für eine 100% Stelle	85 000.00

Aufgaben zu Rationalisierung – Produktivitätssteigerung

14. Ermitteln Sie die jährliche Einsparung und zeigen Sie den Rechengang auf.

15. Berechnen Sie die Kapitalrentabilität dieser Investition.

16. Ermitteln Sie nun die Amortisationszeit dieser Investition.

17. Beurteilen Sie die Ergebnisse in einer Aussage zu Händen der Geschäftsleitung.

4.8 Personalkapazität und Sachmittelkapazität

4.8.1 Einleitung – Szenario

Im Hinblick auf die Überlegungen, einzelne Modelle wegen der steigenden Nachfrage auf Verkaufslager zu fabrizieren, müssen neu die Personal- und Sachmittelkapazitäten objektiv ermittelt und als Planungsgrundlage festgelegt werden. Dazu wurde der Chef der Avor beauftragt, die in der Fertigung auftretenden Abläufe für die infrage kommenden Tischmodelle zu erfassen und anhand von Stichproben Bearbeitungszeiten zu notieren. Da nur die Metallbearbeitung Engpässe erwarten lässt, nicht aber die Schreinerei, in der die Tischplatten bearbeitet werden, wird nur Erstere analysiert.

4.8.1.1 Operationen und Zeiten
Es ergeben sich folgende durchschnittlichen Werte.

Arbeitsplatz (AP)	Anzahl AP[2]	Betriebsmittel	Tätigkeit	Durchschnittliche Bearbeitungszeit pro Tisch
Stangenlager	1	Keine	Bezug des Rohrmaterials für die Herstellung des Tischgestelles	20 Minuten (einschliesslich Wegzeit)
Zuschnitt	1	Trennschleifmaschine	Rohre zuschneiden	30 Minuten
Entgraten	1	Handschleifmaschine	Schnittstellen entgraten und für das Schweissen vorbereiten	40 Minuten
Schweisserei	2	Schweissanlage mit Spannvorrichtungen	Rohre einspannen, winkelig richten, verschweissen	60 Minuten
Kontrolle	1	Mess- und Richtvorrichtung	Tischgestell auf Richtplatte ausrichten, Längen und Winkel ausmessen, allfällige Abweichungen korrigieren, Schweissnähte verputzen	30 Minuten
Spritzkabine	2	Absaugung, Wasservorhang, Spritzpistolen Warmluftkabine	Entfetten, nach erstem Farbauftrag in Warmluftkabine trocknen, danach zweiten Farbauftrag anbringen und nochmals trocknen	75 Minuten
Zwischenlager	1	Transportvorrichtungen	In Transportvorrichtung ablegen und zum Zwischenlager fahren	5 Minuten

4.8.1.2 Personal und Rahmenangaben
Der Fertigungsleiter hat nach Rücksprache mit den Mitarbeitern drei Personen ausgewählt, die alle erforderlichen Fähigkeiten aufweisen, um im Team für die vorgesehene Serienfertigung eingesetzt zu werden. Die folgende Aufstellung zeigt die Übersicht über das für die genannten Aufgaben einsetzbare Personal:

Mitarbeiter	Beschäftigungsgrad	Einsatzmöglichkeit
O. M.	100%	Alle Arbeiten ausser Lackieren und Kontrolle
V. P.	80%	Lackieren, Kontrolle
J. H.	50%	Alle Arbeiten ausser Schweissen

---

2   AP = Arbeitsplatz

Mit folgenden durchschnittlichen Rahmenangaben wird im Unternehmen geplant:

Sollarbeitszeit	8 Std. pro Tag
Krankheit und Unfall	4 Tage pro Jahr
Ferien	23 Tage pro Jahr
Sonstige Abwesenheiten	3 Tage pro Jahr
Feiertage	5 Tage pro Jahr
Reinigung und Unterhalt	124 Std. pro Jahr
Durchschnittlicher Zeitgrad (Person)	1.10
Arbeitstage pro Woche	5
Wochen pro Jahr	52

Aufgaben zu Personalkapazität und Sachmittelkapazität

18. Berechnen Sie die reale personelle Kapazität in Stunden für das folgende Jahr.

	Berechnung mit Lösungsweg	Stunden
Arbeitszeit		
Planbare Absenzen		
Unplanbare Absenzen		
Präsenzzeit		
Unproduktive Arbeiten		
Produktiv einsetzbare Kapazität		
Reale personelle Kapazität		

19. Ermitteln Sie nun die personellen Kapazitäten pro Mitarbeiter pro Jahr.

Mitarbeiter	Beschäftigungsgrad	Stunden
O. M.	100%	
V. P.	80%	
J. H.	50%	
Total		

20. Für das nächste Jahr ist eine Produktion von 900 Tischgestellen geplant. Wie hoch ist die Auslastung der Metallbearbeitung in Stunden?

a) Ermitteln Sie zunächst den gesamten Stundenaufwand:

_____

_____

Produktionslogistik

4

4

Produktionslogistik

b) Vergleichen Sie den erforderlichen Stundenaufwand mit der verfügbaren Personalkapazität und beurteilen Sie die Situation.

_____

_____

_____

_____

21. Um wegen der unterschiedlichen Einsetzbarkeit der Mitarbeiter feststellen zu können, ob und wo eventuell Engpässe bestehen, ist eine differenziertere Betrachtung erforderlich.
Ermitteln Sie im folgenden tabellarischen Rahmen sowohl die pro Arbeitsgang benötigten Stunden als auch die durch die Mitarbeiter verfügbare personelle Kapazität. In einem ersten Ansatz verteilen Sie den Kapazitätsbedarf gleichmässig auf die für die jeweilige Tätigkeit einsetzbaren Mitarbeiter.

AP	Anzahl AP	Bearbeitungszeit Minuten	Total Stunden	O.M.	V.P.	J.H.
Stangenlager	1	20				
Zuschnitt	1	30				
Entgraten	1	40				
Schweisserei	2	60				
Kontrolle	1	30				
Spritzkabine	2	75				
Zwischenlager	1	5				
Total						

22. Beurteilen Sie die Situation und erstellen Sie einen Ihnen geeignet erscheinenden Massnahmenkatalog unter der Berücksichtigung, dass in einem ersten Schritt keine anderen Mitarbeiter herangezogen werden sollen. Begründen Sie Ihre Vorschläge.

_____

_____

_____

_____

_____

_____

_____

_____

23. Nachdem die personelle Kapazität ermittelt und beurteilt wurde, muss nun auch die sachmittelbezogene Kapazität betrachtet werden. Hierfür stehen folgende Angaben aus den Erfahrungen des Fertigungsleiters zur Verfügung. Sie gelten für alle Arbeitsplätze, ausgenommen Stangenlager und Zwischenlager.

Reinigung pro Arbeitsplatz	2 Stunden pro Woche
Maschinenausfall durch Störung (in % der theoretischen Maschinennutzungszeit)	2%
Vorsorgliche Wartung	3%
Durchschnittlicher Zeitgrad	1.00

Die Leistungsdaten seien hier nochmals erwähnt:

Arbeitswochen pro Jahr	52
Arbeitstage pro Woche	5
Stunden pro Arbeitstag	8
Es wird einschichtig gearbeitet	

a) Ermitteln Sie nun für die oben aufgeführten Arbeitsplätze die verfügbare Kapazität.

_____

_____

_____

_____

_____

Arbeitsplatz (AP)	Anzahl AP	Kapazität in Stunden pro Jahr
Zuschnitt	1	
Entgraten	1	
Schweisserei	2	
Kontrolle	1	
Spritzkabine	2	

b) Wie beurteilen Sie die reale technische Kapazität pro Arbeitsplatz, verglichen mit dem oben ermittelten Bedarf?

_____

_____

_____

_____

Produktionslogistik 4

4.9 Bearbeitungszeitkalkulation mit Operationsplan

4.9.1 Einleitung

Der in der oben dargelegten Aufgabe aufgeführte Bearbeitungsablauf wurde weiter detailliert, um für die Planung der Durchlaufzeit zu dienen. Ferner wurden weitere Zeiten, wie Liegezeiten, Transportzeiten und allgemeine Übergangszeiten, abgeschätzt.

Folgender Operationsplan wurde erstellt:

Arbeitsplatz (AP)	Anzahl AP	Tätigkeit	Rüstzeit pro Losgrösse Minuten	Durchschnittliche Bearbeitungszeit pro Tisch Minuten
Stangenlager	1	Bezug des Rohrmaterials für die Herstellung des Tischgestelles	0	5
		Transport Stangenlager bis Kreissäge	0	10
Trennschleifmaschine	1	Rohre zuschneiden	15	10
Entgraten	1	Schnittstellen entgraten und für das Schweissen vorbereiten	20	25
Schweisserei	2	Rohre einspannen, winkelig richten, verschweissen	20	40
Kontrolle	1	Tischgestell auf Richtplatte ausrichten, Längen und Winkel ausmessen, allfällige Abweichungen korrigieren, Schweissnähte verputzen	30	15
Spritzkabine	2	Entfetten, nach erstem Farbauftrag in Warmluftkabine trocknen, danach zweiten Farbauftrag anbringen und nochmals trocknen	10	60
Zwischenlager	1	In Transportvorrichtung ablegen und zum Zwischenlager fahren	0	5

Folgende Zusatzzeiten sind für die Ermittlung der Durchlaufzeiten durchschnittlich zu berücksichtigen:

Tätigkeit	Zeitbedarf
Transport von Arbeitsplatz zu Arbeitsplatz, einschliesslich allgemeines Handling; der Transport nach dem Bezug ab Stangenlager ist ausgewiesen	30
Liegezeit nach jedem Arbeitsgang einschliesslich Arbeitspapiere nachführen	40

Produktionslogistik

4

Aufgaben zu Bearbeitungszeitkalkulation mit Operationsplan

24. Ermitteln Sie die Durchlaufzeit in der Metallbearbeitung für eine Losgrösse von 50 Tischgestellen. Diese Losgrösse dient später der Unterteilung des Serienauftrages.

_____

_____

_____

_____

_____

_____

_____

_____

25. Wie beurteilen Sie die in der Metallbearbeitung verfügbare Kapazität, gemessen am Resultat der Durchlaufzeit für die Losgrösse 50 Stück?

_____

_____

_____

_____

_____

_____

_____

_____

_____

4.10 Einleitung PPS und Stammdatenermittlung

4.10.1 Einleitung – Szenario

Bisher wurden die Planung der gesamten Fertigung und die Steuerung von Fertigung und Montage nur rudimentär mittels Formularen und manuellen Einträgen durchgeführt. Mit der strategischen Absicht, sich von der bisherigen Betriebsart eines gross gewordenen Handwerksbetriebes in einen kleinen Industriebetrieb zu entwickeln, ist auch die Einführung eines professionellen PPS-Systems verbunden. Herr Huber hat es sich zur Aufgabe gemacht, dieses Projekt verantwortlich zu leiten, wobei er wegen der fehlenden Fachkenntnisse Sie als externen Berater engagiert hat.

4.10.2 PPS: Aufgaben, Eigenschaften, Ziele[3]

Unter PPS versteht man die Planung, Veranlassung und Überwachung der Fertigung in mengen- und terminmässiger Hinsicht. Generell wird zwischen Produktionsplanung und Produktionssteuerung unterteilt.

Folgende wesentliche Aufgaben hat ein PPS-System zu erfüllen:

- Planung des Fertigungsprogrammes und der Kapazität
- Grunddatenverwaltung, insbesondere der Stammdaten und der Fertigungsaufträge
- Bedarfsermittlung, Bezugs- und Einkaufsauslösung, Optimierung der Losgrössen
- Werkstattsteuerung mit Auftragsauslösung und Auftragsüberwachung
- Terminplanung und Terminüberwachung auf allen Stufen

An Zielen sind zu nennen:

- Eine hohe Termintreue gewährleistet.
- Die Durchlaufzeiten sind minimiert.
- Die Lagerbestände und damit die Kapitalbindung sind optimiert.
- Die verfügbare Kapazität ist optimal, nämlich möglichst hoch, aber mit hoher Flexibilität ausgelastet.
- Die Kosten der gesamten, vom PPS geplanten und gesteuerten Bereiche sind bei hoher Flexibilität gegenüber den Wünschen der Kunden minimiert.

Aufgabe zu Einleitung PPS und Stammdatenermittlung

26. In der folgenden Darstellung sind die wichtigsten Bereiche eines PPS-Systems blockartig dargestellt.

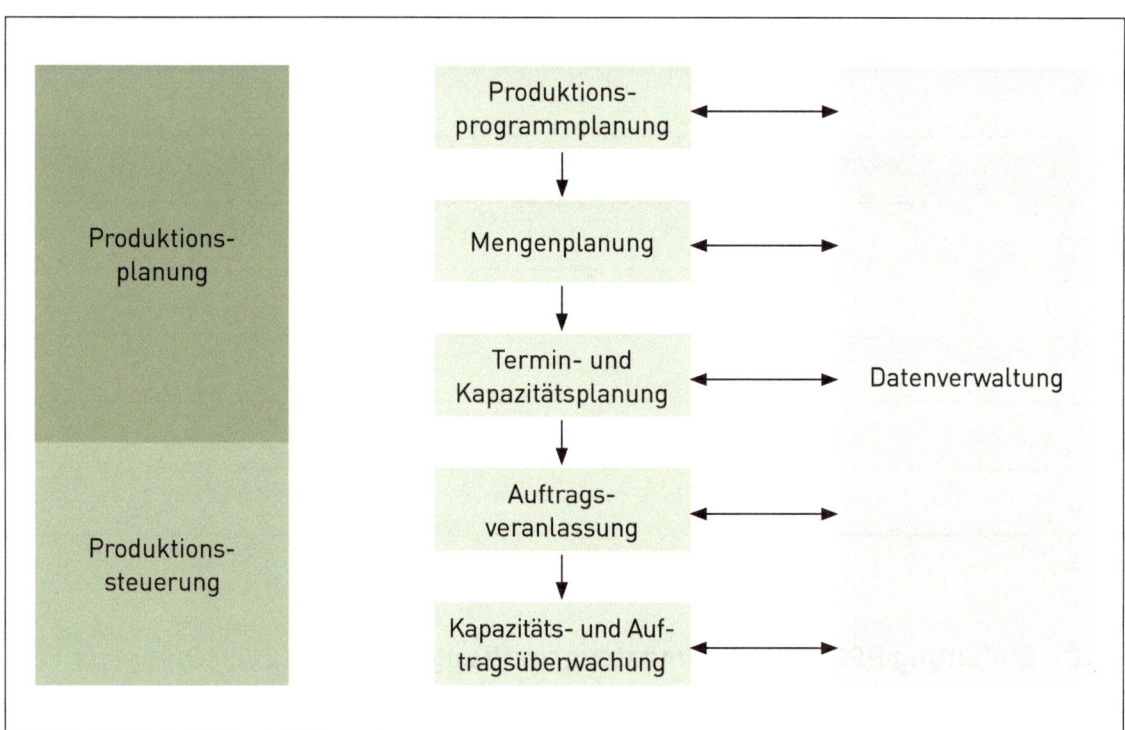

Ergänzen Sie den Bereich Datenverwaltung mit den für das PPS erforderlichen Stammdaten und erläutern Sie, wie und aus welchen Dokumenten des Unternehmens diese Daten gewonnen werden.

---

3   Vgl. H. Ehrmann: Logistik, 6. Aufl., 2008, S. 405 ff.

Stammdaten	Unterlagen bzw. Dokument und Vorgehen zur Gewinnung der Daten

Produktionslogistik   **4**

4.11 Rückwärtsterminierung für einen Kundenauftrag

4.11.1 Einleitung

Für den Tisch A27B3 (siehe Kapitel 4.5.1 Szenario 1, Seite 263) hat der Verkauf eine Prognose für die nächsten Arbeitstage erstellt, da einige Angebote in die Schlussphase treten und einige Kunden bereits terminierte Aufträge erteilt haben.

Um die Auftragsplanung in der Fabrik durchführen zu können, ist eine Rückwärtsterminierung vorzunehmen. Dazu sind folgende Angaben erhoben worden bzw. liegen vor:

Fertigprodukt bzw. Komponente	Aktueller Lagerbestand	Durchlaufzeit bzw. Wiederbeschaffungszeit Tage	Losgrösse
Tisch A27B3	–	1	Auftragsgrösse
Platte P471M16	4	2	5 St.
Gestell kpl. T341H7	2	3	4
Verbindungsset kpl V603G9	28	5	20

Für die Rückwärtsterminierung müssen folgende Bedingungen eingehalten werden:

– Die pro Tisch benötigte Anzahl Komponenten ist aus der Strukturstückliste auf Seite 263 zu entnehmen. Für die Terminierung wird nur die erste Auflösungsstufe berücksichtigt.
– Platte, Gestell und Verbindungsset müssen am Vortag der anschliessenden Tisch-Montage bereitstehen.
– Die angegebenen Losgrössen sind einzuhalten.

Aufgaben zu Rückwärtsterminierung für einen Kundenauftrag

27. Erstellen Sie die Rückwärtsterminierung in der folgenden Tabelle und bestimmen Sie den jeweiligen Tag, an dem der Fertigungsauftrag für die Platte und das Gestell bzw. die Einkaufsbestellung für das Verbindungsset ausgelöst werden soll.

a) Wenn mehrere Aufträge für diese Komponenten zur Erfüllung der Verkaufsprognose erforderlich sind, dann stellen Sie diese tabellarisch dar, mit Angabe des Tages der Auftragserteilung. Markieren Sie den Bereitstellungstag mit O und den Auslösetag mit X.

Arbeitstage		10	11	12	13	14	15	16	17	18	19	20	21	22
Tisch	Bedarf	–	–	–	–	–[3]	3	1	6	2	2	3	3	3
Platte	Bruttobedarf													
	Verfügbarer Bestand													
	Nettobedarf													
	Zeitliche Vorstaffelung													
Gestell	Bruttobedarf													
	Verfügbarer Bestand													
	Nettobedarf													
	Zeitliche Vorstaffelung													
Verbindungsset	Bruttobedarf													
	Verfügbarer Bestand													
	Nettobedarf													
	Zeitliche Vorstaffelung													

---

4   Arbeitstag 10 bis 14 sind bereits geplant und für die aktuelle Planungsaufgabe nicht mehr relevant.

b) Tragen Sie in den folgenden Tabellen die Nummer des Bereitstellungs-Arbeitstages und des Auslöse-Arbeitstages für alle von Ihnen ermittelten Aufträge für die Komponenten ein.

Platte	1. Auftrag	2. Auftrag	3. Auftrag	4. Auftrag	5. Auftrag	6. Auftrag	7. Auftrag
Bereitstellung							
Auftragsauslösung							

Gestell	1. Auftrag	2. Auftrag	3. Auftrag	4. Auftrag	5. Auftrag	6. Auftrag	7. Auftrag
Bereitstellung							
Auftragsauslösung							

Verbindungsset	1. Auftrag	2. Auftrag	3. Auftrag	4. Auftrag	5. Auftrag	6. Auftrag	7. Auftrag
Bereitstellung							
Auftragsauslösung							

28. Beurteilen Sie die Situation der Auftragserteilung und schlagen Sie, falls Sie Schwächen entdeckt haben sollten, eine oder mehrere Massnahmen vor, um den Aufwand zu reduzieren.

a) Beurteilung

_____

_____

_____

_____

_____

_____

b) Verbesserungsmassnahme(n)

_____

_____

_____

_____

_____

_____

Produktionslogistik 4

29. Welche vier Daten stehen bei der Durchlaufterminierung im Zentrum?

_____

_____

_____

_____

30. Erklären Sie den Unterschied zwischen der Vorwärts- und der Rückwärtsterminierung.

_____

_____

_____

_____

4.12 Kapazitätsplanung grob und fein

Die Kapazitätsplanung in einem Fertigungsbetrieb kann auf sehr unterschiedliche Arten durchgeführt werden. Wie so oft im betrieblichen Alltag wird so vorgegangen, dass die Planung vom Groben bis zum letzten Detail voranschreitet. Wir werden uns hier im gegebenen Rahmen vor allem mit den Methoden der Grobplanung auseinandersetzen. Auch hier sind eine Reihe unterschiedlicher Methoden zu beherrschen.

4.12.1 Einlastungsgrobplanung mittels grafischer Darstellung

Einleitung – Szenario

In der Schreinerei sind für die nächsten Wochen bereits einige Aufträge eingelastet worden. Nun sind weitere Aufträge hereingekommen, die mithilfe der sogenannten Rechteckapproximation in das Diagramm eingetragen werden müssen, um dem Fertigungschef einen groben Überblick über die Auslastungssituation zu gewähren.

Die neuen Aufträge stellen sich wie folgt dar:

Auftrag	Total Stunden in der Schreinerei	Durchlaufzeit Wochen	Arbeitsbeginn Woche/Jahr	Belastung Stunden/Woche
A2015/207	30	3	16/2015	
A2015/201	50	5	13/2015	
A2015/213	80	4	18/2015	
A2015/216	175	7	17/2015	

Aufgaben zu Einlastungsgrobplanung mittels grafischer Darstellung

31. Ermitteln Sie in oben stehender Tabelle zunächst für jeden Auftrag die Stundenbelastung pro Woche und tragen Sie diese zeitgerecht in das unten stehende Auslastungsdiagramm ein. Die grauen vertikalen Balken stellen die bereits eingelasteten Aufträge dar.

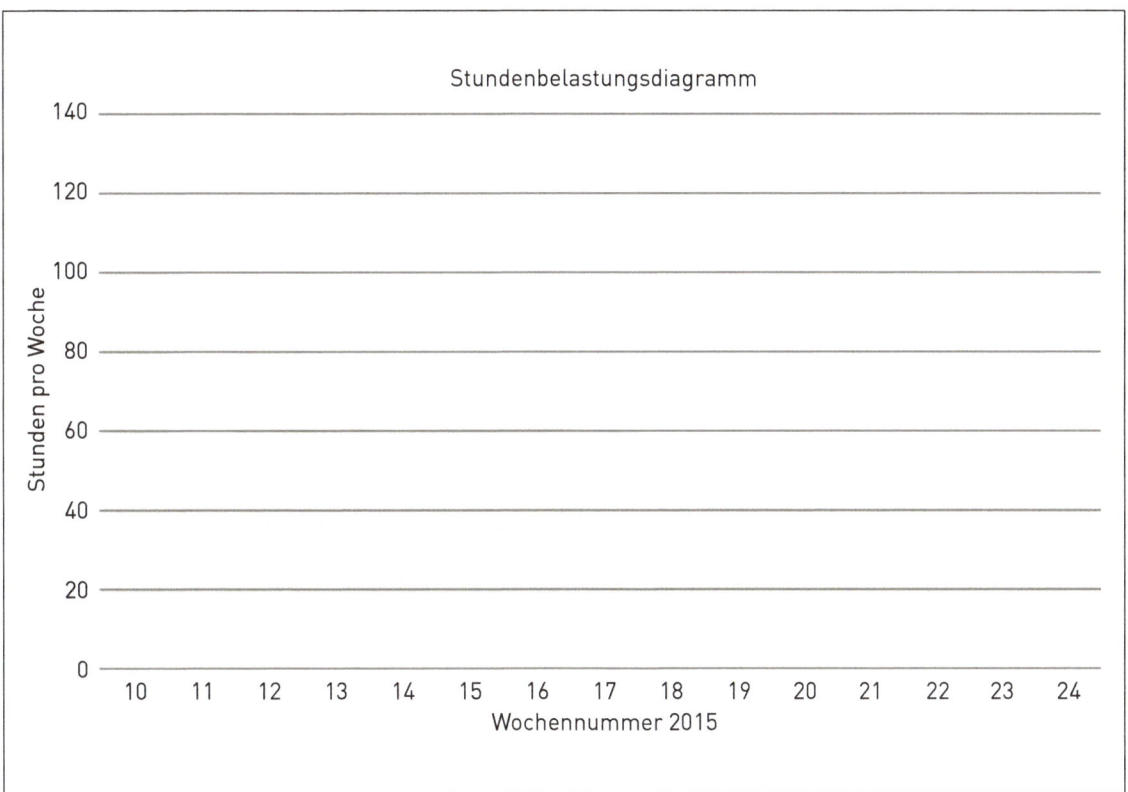

32. Unter der Voraussetzung, dass die maximale wöchentliche Kapazität 110 Stunden beträgt: Welche Massnahmen schlagen Sie vor für den Fall, dass Ihre Auswertung zeigen sollte, dass diese Kapazitätsgrenze überschritten wird?

   a) In welchen Wochen übersteigt die Einlastung die Kapazitätsgrenze und um wie viele Stunden?

   _____

   _____

   _____

   _____

   b) Welche Massnahmen schlagen Sie bei Überlast vor?

   _____

   _____

   _____

   _____

   _____

4.12.2 Terminplanung mittels Balkendiagramm

Für das Tischmodell A27B3 ist ein dringender Auftrag eines Grosskunden über 20 Stück hereingekommen, der nun unabhängig von der Auslastung terminiert werden soll. Da auf keine Lagerbestände zurückgegriffen werden kann, muss der gesamte Auftrag geplant werden.

Verwenden Sie die Strukturstückliste von Kapitel 4.5 Bedarfsermittlung programmorientiert, Seite 263.

Folgende Angaben sind bereits bekannt:

Fertigprodukt bzw. Komponente	Rüstzeit Stunden	Terminrelevante Arbeiten mit Bearbeitungszeit bzw. Wiederbeschaffungszeit	Losgrösse
Tisch A27B3	0	2 Stunden Montage und Schlusskontrolle pro Tisch	Auftragsgrösse
Platte P471M16	2 Stunden	Pro Los: 6 Stunden Bearbeiten, Imprägnieren 8 Stunden Trocknen	5 St.
Gestell kpl. T341H7	4 Stunden	Pro Los: 4 Stunden Rohre schneiden 8 Stunden Rohre schweissen und richten 4 Stunden Lackieren 16 Stunden Trocknen	4
Verbindungsset kpl V603G9	0	Pro Bestellung: 5 Tage	20

Ein Arbeitstag hat acht Stunden; eine Arbeitswoche hat fünf Arbeitstage.

Aufgaben zu Terminplanung mittels Balkendiagramm

33. Erstellen Sie eine Vorwärtsterminierung unter Berücksichtigung, dass alle Arbeiten auf Losgrössen basieren und dass pro Primär- bzw. Sekundärbedarfsteil grundsätzlich sequenziell gearbeitet wird, ausgenommen die jeweiligen Trocknungsoperationen, zu denen parallel gearbeitet wird.
Ermitteln Sie die Anzahl Lose:

	Tisch	Platte	Gestell	Verbindungsset
Anzahl Lose				

34. Führen Sie nun mittels der unten stehenden Tabelle eine Vorwärtsterminierung durch, indem Sie alle Arbeiten sofort beginnen lassen, die ohne Abhängigkeit sofort und parallel beginnen können. Beschriften Sie die Zeitachse geeignet.
Stellen Sie durch verschiedene Schraffierungen oder Farben die unterschiedlichen Bearbeitungsvorgänge im Balkendiagramm dar.

Termine, Zeitangaben: Nummer des Arbeitstages	1		2		3		4		5		6		7		8		9		10		11		12		13		14		15		16		17		18		19		20		21		22	
	V	N	V	N	V	N	V	N	V	N	V	N	V	N	V	N	V	N	V	N	V	N	V	N	V	N	V	N	V	N	V	N	V	N	V	N	V	N	V	N	V	N	V	N
Platte Los 1																																												
Platte Los 2																																												
Platte Los 3																																												
Platte Los 4																																												
Gestell Los 1																																												
Gestell Los 2																																												
Gestell Los 3																																												
Gestell Los 4																																												
Gestell Los 5																																												
Verbindungsset Los 1																																												
Verbindungsset Los 2																																												
Verbindungsset Los 3																																												
Verbindungsset Los 4																																												
Tisch:																																												
Montage und Schluss-kontrolle																																												

Platte und Gestell:

Rüsten + Bearbeitung bzw. Rohre schneiden

Trocknung

Gestell:

Schweissen und Richten

Lackieren

Verbindungsset:

Bestellung und Lieferung

35. Beschreiben Sie den kritischen Pfad.

_____

_____

36. Für welche Aufgaben finden Sie Pufferzeiten und wie gross sind sie?

_____

_____

_____

4.12.3 Jahresplanung mit Optimierungsfrage

Einleitung – Szenario

Derzeit stehen zwei Standardtische in der Kapazitätsplanung im Vordergrund. Der Fertigungsleiter versucht, sich aufgrund gewisser Schätzungen des Verkaufs ein Bild von den Möglichkeiten in der Fertigung zu machen.

Für die Fertigung der Tische sind zwei Werkstattbereiche massgebend:

– Schreinerei für die Tischplatten
– Metallverarbeitung für die Tischgestelle

Für die vorliegende Planungsaufgabe wurden folgende verfügbare Jahreskapazitäten geschätzt:

– Schreinerei: 360 Stunden
– Metallverarbeitung: 660 Stunden

Folgender Stundenbedarf wurde ermittelt:

	Schreinerei	Metallverarbeitung
Tisch A19C7	3 Stunden pro Tisch	6 Stunden pro Tisch
Tisch A17H4	4 Stunden pro Tisch	7 Stunden pro Tisch

In Zusammenarbeit mit dem Verkauf wurde ein Szenario erstellt, in dem für drei ausgewählte Kunden deren jährliche erwartete Bestellmenge für diese zwei Tischmodelle abgeschätzt wurde:

	Tisch A19C7	Tisch A17H4
Kunde 1	20	15
Kunde 2	15	25
Kunde 3	10	35

Aufgaben zu Jahresplanung mit Optimierungsfrage

37. Wie gross wäre der Kapazitätsbedarf, wenn alle drei Kunden, wie geschätzt, bestellen würden?

Kunde 1	Bedarf Schreinerei Stunden	Bedarf Metallverarbeitung Stunden
Tisch A19C7		
Tisch A17H4		
Total		

Kunde 2	Bedarf Schreinerei Stunden	Bedarf Metallverarbeitung Stunden
Tisch A19C7		
Tisch A17H4		
Total		

Kunde 3	Bedarf Schreinerei Stunden	Bedarf Metallverarbeitung Stunden
Tisch A19C7		
Tisch A17H4		
Total		

Total	Bedarf Schreinerei Stunden	Bedarf Metallverarbeitung Stunden
Kunde 1		
Kunde 2		
Kunde 3		
Total		

38. Wie beurteilen Sie das Resultat?

_____

_____

39. Welche Vorschläge würden Sie der Geschäftsleitung bzw. dem Fertigungsleiter und dem Verkaufsleiter unterbreiten?

_____

_____

_____

_____

Produktionslogistik 4

40. Mit welcher Stückzahlkombination – unabhängig von den oben aufgeführten Kundenmengen – liessen sich die beiden Kapazitätsgrenzen vollständig ausschöpfen?
Erklären Sie die Methode, mit der Sie dieses Resultat ermitteln können, und berechnen Sie das Resultat.

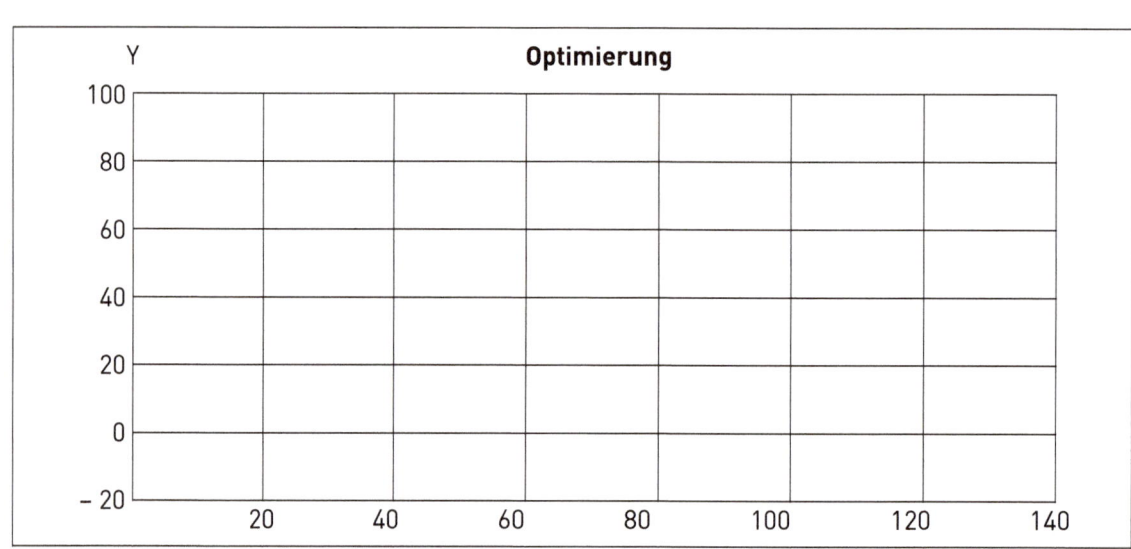

_____

_____

_____

_____

_____

_____

_____

_____

_____

_____

_____

_____

_____

_____

_____

_____

4.12.4 Montage- und Teilefertigungsplanung mit gegenseitiger Abhängigkeit

Einleitung – Szenario

Drei Tischmodelle wurden zur Planung in eine einzige Fertigungslinie zusammengefasst. Es sind dies die Modelle A19C7, A17H4 und A21R9. Für die weitere Planung wurden die Bearbeitungs- und Montagezeiten ermittelt. Sie sind in der folgenden Tabelle zu finden und gelten pro Stück:

Kapazitätsbedarf in Stunden	Montage	Schreinerei	Metallverarbeitung
Tisch A17C7	1.5	3	6
Tisch A17H4	3	4	7
Tisch A21R9	1	2	4

Der Verkauf hat, im Auftrag der Firmenleitung, eine Verkaufsprognose in Stück pro Woche für die nächsten Wochen erstellt:

Woche	26	27	28	29	30	31	32	33	34
Tisch A17C7	2	6	3	3	0	7	5	4	3
Tisch A17H4	3	0	4	4	5	1	6	3	5
Tisch A21R9	2	4	4	5	5	5	6	7	3

Um die Auslastungsplanung vornehmen zu können, hat der Fertigungsleiter die jeweilig verfügbare Kapazität in Stunden für die genannten Wochen ermitteln lassen, und zwar sowohl für die Schlussmontage als auch für die Schreinerei, wo die Tischplatten gefertigt werden, wie auch für die Metallbearbeitung für die Herstellung der Tischgestelle.

Woche	26	27	28	29	30	31	32	33	34
Montage	18	15	19	20	23	20	25	23	27
Schreinerei	42	38	40	28	32	30	35	38	35
Metallverarbeitung	60	55	75	70	65	80	65	70	75

Aufgaben zu Montage- und Teilefertigungsplanung mit gegenseitiger Abhänigkeit

41. Wichtig für die mittelfristige Planung sind laut Fertigungsleiter nur die Wochen 27 bis und mit 32. Folglich soll sich die Ermittlung des Auslastungsgrades für Montage, Schreinerei und Metallverarbeitung auf diese Wochen beschränken. Dabei ist zu berücksichtigen, dass die Tischplatte und die Tischgestelle jeweils in der Woche VOR der Montagewoche eingeplant werden, damit sie für die Montage ab dem darauffolgenden Montag zur Verfügung stehen.
    Ihre Aufgabe ist es nun, diese Einlastungsplanung auf Wochenbasis anhand der folgenden Lösungstabellen vorzunehmen.

    a) Montage

	h/Tisch	27	28	29	30	31	32
Tisch A17C7							
Tisch A17H4							
Tisch A21R9							
Bedarf total in h							
Kapazitätsangebot in h							
Auslastungsgrad in %							

    b) Schreinerei

	h/Tisch	27	28	29	30	31	32
Tisch A17C7							
Tisch A17H4							
Tisch A21R9							
Bedarf total in h							
Kapazitätsangebot in h							
Auslastungsgrad in %							

c) Metallverarbeitung

	h/Tisch	27	28	29	30	31	32
Tisch A17C7							
Tisch A17H4							
Tisch A21R9							
Bedarf total in h							
Kapazitätsangebot in h							
Auslastungsgrad in %							

42. Beurteilen Sie die Resultate in der Montage, der Schreinerei und der Metallverarbeitung.

_____

_____

_____

_____

43. Welche Massnahmen sind kurzfristig für Unterlast und für Überlast möglich und welche würden Sie vorschlagen?

_____

_____

_____

_____

_____

_____

_____

_____

_____

_____

_____

_____

Produktionslogistik 4

4.13 Prioritätenfestlegung für Aufträge

4.13.1 Einleitung – Szenario

Bei knappen Ressourcen, das heisst wenn die Kapazität für alle noch zu erwartenden Aufträge nicht ausreicht, muss ein Fertigungsleiter immer wieder die Frage beantworten, mit welcher Priorisierung er die eingegangenen oder zu erwartenden Aufträge abarbeiten soll. Erst wenn er sich über diese Rangfolge im Klaren ist, kann bzw. muss er mit dem Verkauf Kontakt aufnehmen, um diese Frage aus Sicht der Kunden weiter zu vertiefen.

Die gleiche Aufgabenstellung ergibt sich, wenn überlegt wird, ob bzw. mit welcher Priorität neue Produkte in das Sortiment aufgenommen werden sollen.

Das Vorgehen ist in beiden Fällen analog.

In einem speziellen Fertigungsbereich, der noch aus der Zeit vor dem Zusammenschluss der zwei Handwerksbetriebe stammt und von Herrn Huber betreut wurde bzw. wird, stellt die Firma für spezielle Kunden Décolletageteile[5] nach Kundenzeichnungen her, die besonderen Ansprüchen genügen müssen.

In den folgenden Aufgaben geht es darum, sinnvolle Reihenfolgen für eine Priorisierung zu finden, die bei der Entscheidungsfindung helfen, welche Produkte in die Fertigung aufzunehmen wären, bzw. welche Kundenaufträge zu bearbeiten wären, um eine möglichst hohe Kapazitätsauslastung zu ermöglichen.

Aufgaben zu Prioritätenfestlegung für Aufträge

Fall 1
Für vier komplexe Drehteile aus hochwertigem Messing liegen folgende Angaben vor:

	Verkaufspreis CHF	Variable Kosten CHF	Produktionszeit Minuten
Teil 1	2.50	1.50	8
Teil 2	2.10	1.10	4
Teil 3	1.30	0.90	2
Teil 4	3.60	2.10	6

Die Fixkosten, die diesem Fertigungsbereich zugewiesen werden können und die durch diesen Fertigungsbereich zu decken sind, betragen CHF 8000.00. Die Maschine, mit der diese Teile gefertigt werden, hat eine jährliche Kapazität von 2000 Stunden.

44. Ermitteln Sie, welches der vier Teile den grössten Gewinn erbringt. Geben Sie die Rangfolge an, in der die Teile priorisiert werden könnten.

_____

_____

_____

_____

_____

---

5 Kleindrehteile

_____

_____

_____

_____

_____

_____

Fall 2

Nachdem nun eine Methode zur Priorisierung von Produkten im Hinblick auf die Einleitung in die Fertigung oder als grobe Bewertung der Profitabilität verwendet wurde, möchte der Fertigungsleiter etwas tiefer in die Planung einsteigen und sich anhand geschätzter Absatzzahlen mit Auslastungsfragen im Fertigungsbereich näher auseinandersetzen.

Folgende zusätzliche Angaben wurden vom Verkauf geliefert:

	Absatzmenge pro Jahr St.
Teil 1	1 800
Teil 2	2 400
Teil 3	2 100
Teil 4	2 000

Die Grenzkapazität für dieses Spezialgebiet der Firma wurde mit 550 Stunden pro Jahr festgelegt. Die Priorisierung der vier genannten Produkte kann nach drei Kenngrössen erfolgen:

– absoluter Deckungsbeitrag pro Stück
– relativer Deckungsbeitrag (CHF/Min) pro Stück
– Stückgewinn

Für den Stückgewinn muss zunächst ermittelt werden, wie die genannten Fixkosten des Bereiches auf die einzelnen Produkte umgelegt werden können. Als Aufteilungsschlüssel bietet sich einzig die in Anspruch genommene Kapazität an.

	Verkaufs- preis CHF	Variable Kosten CHF	Produktions- zeit Minuten	Absatzmenge pro Jahr St.	Benötigte Kapazität Stunden	Fixe Kosten CHF pro Stück
Teil 1	2.50	1.50	8	1 800	240	1.592
Teil 2	2.10	1.10	4	2 400	160	0.796
Teil 3	1.30	0.90	2	2 100	70	0.398
Teil 4	3.60	1.80	6	2 000	200	1.194
Total					670	

Die Fixkosten werden nach folgendem Verteilmodell umgelegt: Fixkosten pro Stück = (Fixkosten total / Total benötigte Kapazität) × (Kapazität pro Teil / Stückzahl), z. B. für Teil 1: kf = (8000 / 670) × (240 / 1800) = 1.592.

45. Ermitteln Sie in der folgenden Tabelle nun den absoluten Deckungsbeitrag, den relativen Deckungs-beitrag und mittels des soeben ermittelten Fixkostenanteiles pro Stück auch den Stückgewinn.

	Verkaufs-preis CHF	Variable Kosten CHF	Produktions-zeit Minuten	Abs. DB CHF	Rel. DB CHF/min	Gewinn CHF pro Stück
Teil 1	2.50	1.50	8			
Teil 2	2.10	1.10	4			
Teil 3	1.30	0.90	2			
Teil 4	3.60	2.10	6			

46. Legen Sie mithilfe der drei Priorisierungskriterien die Reihenfolge der zu fertigenden Teile fest und ermitteln Sie, durch welche Teile die Fertigungskapazität ausgefüllt werden kann. Verwenden Sie dazu die drei folgenden Lösungstabellen.

a) Rangfolge nach absolutem Deckungsbeitrag

Teil-Nr.	Absatzmenge St. pro Jahr	Benötigte Kapazität	Kumulierte Kapazität

b) Rangfolge nach relativem Deckungsbeitrag

Teil-Nr.	Absatzmenge St. pro Jahr	Benötigte Kapazität	Kumulierte Kapazität

c) Rangfolge nach Stückgewinn

Teil-Nr.	Absatzmenge St. pro Jahr	Benötigte Kapazität	Kumulierte Kapazität

47. Beurteilen Sie die drei Möglichkeiten, in einem Fertigungsbetrieb Priorisierungen im Hinblick auf die optimale Auslastung begrenzter Kapazitäten vorzunehmen.

_____

_____

_____

_____

_____

_____

_____

_____

_____

4.14 Kalkulation eines Auftrages

4.14.1 Einleitung – Szenario

Für einen kürzlich neu entwickelten Tisch soll eine möglichst genaue Vorkalkulation der Herstellkosten durchgeführt werden. Dazu wurden sämtliche erforderlichen Kostenelemente ermittelt.

Materialeinzelkosten pro Tisch		
Stahlstangen	CHF	85.00
Füsse	CHF	12.00
Verbindungsset	CHF	23.00
Tischplatte roh	CHF	125.00
Fertigungszeiten		
Stahlstangen ablängen, schweissen, entgraten, kontrollieren	Stunden	5
Tischgestell einbrennlackieren	Stunden	2
Tischplatte bearbeiten	Stunden	2
Tischplatte imprägnieren und polieren	Stunden	1.5
Tisch montieren, kontrollieren	Stunden	1.5
Stundensätze und Zuschläge		
Stundensatz Metallbearbeitung	CHF	65.00
Stundensatz Lackiererei, Imprägnierung, Polieren	CHF	80.00
Stundensatz Schreinerei	CHF	75.00
Stundensatz Montage und Kontrolle	CHF	95.00
Materialgemeinkostensatz MGK	%	17.5
Fertigungsgemeinkostensatz FGK	%	23
Verwaltungs- und Vertriebsgemeinkosten VVGK	%	35

Produktionslogistik

4

Aufgabe zu Kalkulation eines Auftrages

48. Ermitteln Sie die Selbstkosten für einen Tisch anhand der oben stehenden Angaben. Zeigen Sie detailliert den Berechnungsablauf auf und beschriften Sie jeden Rechenschritt.

4.15   Make or Buy

4.15.1 Einleitung – Szenario

Der Fertigungsleiter stellt fest, dass es immer wieder zu Engpässen in der Schreinerei kommt, die nur mit grösseren Anstrengungen und Überstunden bewältigt werden können. Längerfristig ist zu erwarten, dass die Kapazität ausgeweitet werden müsste, wozu Investitionen erforderlich sein würden. Eine Analyse zeigt, dass sich für einige Tischmodelle, die besonders häufig bestellt werden, eine Ausweichmöglichkeit anbieten könnte. Eine befreundete Schreinerei hat sich kürzlich anerboten, einzelne Tischplattengrössen im Auftrag der Firma Häusler & Huber GmbH herzustellen. Nach einigen Vorgesprächen entscheidet sich der Fertigungsleiter zusammen mit dem Verkaufsleiter, ein bestimmtes Tischmodell für eine kalkulatorische Abschätzung heranzuziehen.

Hierfür wurden die eigenen Fertigungskosten ermittelt und der befreundeten Schreinerei die nötigen Zeichnungen und Daten für die Qualitätsanforderungen zugestellt. Nun liegen die folgenden Angaben vor:

4.15.1.1 Allgemeine Angaben

Geplante Stückzahl Tischplatten pro Jahr	St.	500
Materialgemeinkostensatz	%	17.5
Fertigungsgemeinkostensatz	%	23
Verwaltungs- und Vertriebsgemeinkostensatz	%	35
Lagerkostensatz	%	20

4.15.1.2 Eigenfertigung

Kosten	Einheit	Betrag
Investition für Kapazitätsausweitung	CHF	24 000.00
Annuitätsfaktor		0.26
Materialkosten pro Stück	CHF	165.00
Fertigungseinzelkosten Personal pro Stück	CHF	290.00

4.15.1.3 Angebot
Das eingetroffene Angebot beinhaltet folgende Angaben:

Bezeichnung	Einheit	Betrag
Stückpreis ab Werk	CHF	498.00
Einmaliger Kostenbeitrag für Transportvorrichtungen	CHF	2 000.00
Bestellmenge bzw. Losgrösse	St.	50
Transportkostenbeitrag pro 10 Stück	CHF	45.00
Reduzierter MGK$_{Eink}$ für Einkaufsmaterial	%	12

Ergänzende Bemerkungen:

– Der einmalige Kostenbeitrag wird wie eine interne Investition berücksichtigt. Die nötigen Angaben sind: fünf Jahre Abschreibung; 10 % Verzinsung.
– Wegen der Bestellmenge von 50 Stück pro Bestellung wird ein kleines Zwischenlager eingerichtet, das bei der Kostenkalkulation entsprechend berücksichtigt wird.

Aufgaben zu Make or Buy

49. Ermitteln Sie die Kosten der Eigenfertigung und finden Sie heraus, mit welchen Kosten pro Stück bei Eigenfertigung zu rechnen ist. Verwenden Sie dazu das folgende Schema. Der Rechenvorgang muss ausgewiesen sein.

Kostenelement	Berechnung
Materialkosten (MK) pro Jahr	
Fertigungskosten Personal (FK Pers) pro Jahr	
Fertigungskosten Arbeitsplatz (FK AP) pro Jahr	
Herstellkosten (HK) pro Jahr	
Kosten pro Stück	

50. Berechnen Sie nun den Einstandspreis für das vorliegende Angebot. Beschriften Sie den Lösungsweg.

Kostenelement	Formel	Betrag CHF

Produktionslogistik

4

51. Vergleichen Sie Eigenfertigung und Fremdbezug. Entwickeln Sie eine Empfehlung an die Unternehmensleitung und begründen Sie diese Empfehlung unter Berücksichtigung der Ausgangslage.

Vergleich	
Empfehlung	
Begründung	

4.16 Nutzwertanalyse

4.16.1 Einleitung

Bei nicht eindeutigen Resultaten im Kostenvergleich wird oft eine Nutzwertanalyse vorgenommen, die einen möglichst objektiven Entscheid in den Make-or-Buy-Überlegungen gewährleisten soll. Dazu sind einige wichtige Kriterien zu ermitteln, mit deren Hilfe über eine Gewichtung und Punktevergabe eine Entscheidungsgrundlage geschaffen wird.

Aufgaben zu Nutzwertanalyse

52. Legen Sie im Folgenden mindestens vier Kriterien fest und bewerten Sie sie qualitativ im Hinblick auf Eigenfertigung und Fremdbezug.

Kriterium	Bewertung Eigenfertigung	Bewertung Fremdbezug

→

Kriterium	Bewertung Eigenfertigung	Bewertung Fremdbezug

4.17 Break-Even-Überlegungen

Break-Even-Überlegungen dienen meist dazu, entweder zwei oder gelegentlich auch mehrere Fertigungsverfahren miteinander zu vergleichen, wobei die Variable die Fertigungsmenge ist. Ferner dient die Methode dazu, um bei gegebenen Fertigungskosten (Fixkosten und Variable) und erwartetem Verkaufspreis die Gewinnschwelle zu ermitteln. Wir wollen uns beide ansehen.

4.17.1 Einleitung – Szenario 1

Für einen kleinen Beistelltisch, der einer Reihe von Tischen als Verlängerung dient, sind die zu tätigenden Investitionen für die Fertigungsaufnahme und die variablen Kosten ermittelt worden. Ausserdem liegt die Preisschätzung des Verkaufs vor.

Fixe Kosten pro Jahr K_f	CHF	50 000.00
Variable Kosten pro Tisch k_v	CHF	175.00
Geschätzter Verkaufspreis VP	CHF	450.00

Aufgaben zu Szenario 1

53. Ermitteln Sie die Anzahl Beistelltische X für einen kostendeckenden Umsatz.

_____

_____

_____

54. Stellen Sie die Zusammenhänge auch grafisch dar.

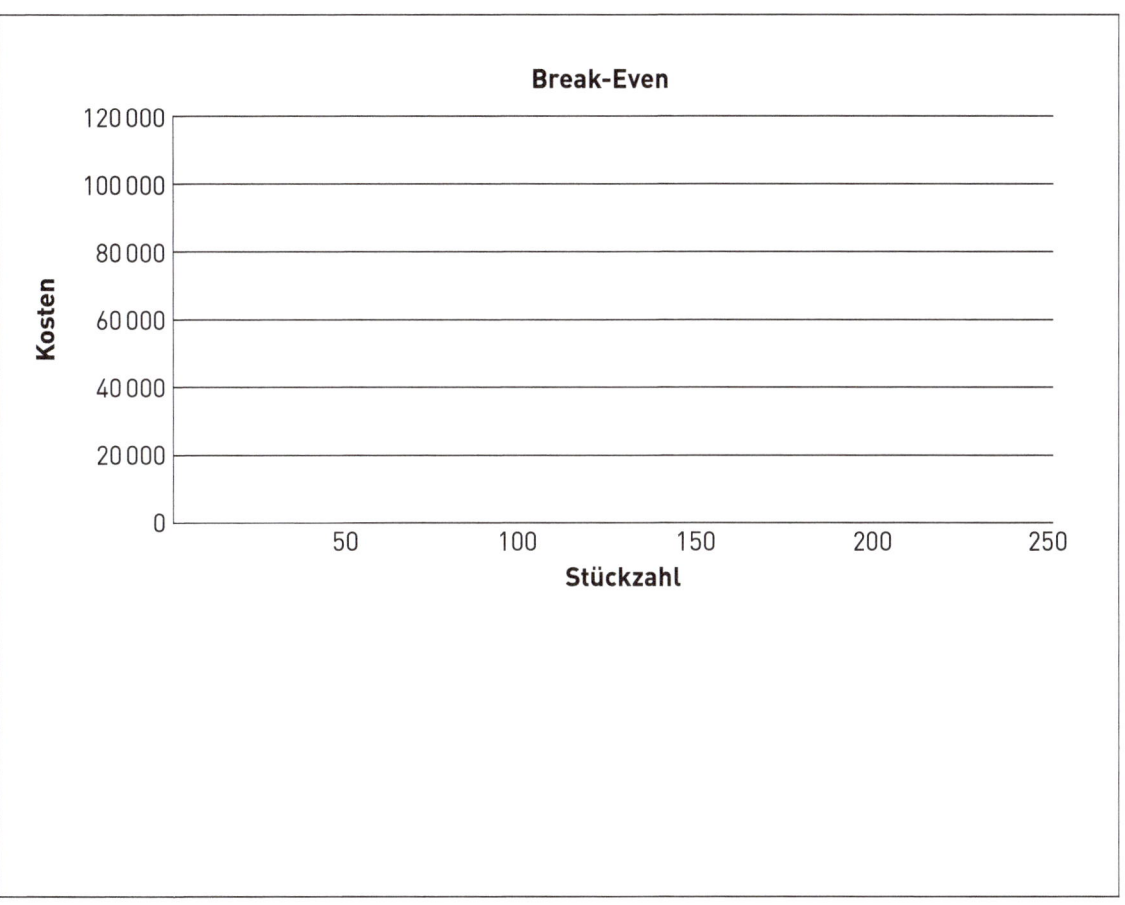

4.17.2 Einleitung – Szenario 2

In der Schweisserei ist ein sehr hoher Teil der Wertschöpfung noch in der Handarbeit zu finden, mit einigen wenigen Vorrichtungen. Der Fertigungsleiter wird vom Betriebsleiter Herr Martin Häusler beauftragt, Alternativen ausfindig zu machen, vor allem auch im Hinblick auf eine Ausweitung der Kapazität, die ohne grösseren Platzbedarf erfolgen soll.

Der Fertigungsleiter sieht sich auf zwei Fachmessen um und entscheidet sich, Angebote von zwei Lieferanten für Schweissautomaten einzuholen. Gleichzeitig lässt er nochmals die Daten der aktuell in Betrieb stehenden Anlage genauer untersuchen, um eine Basis für den Vergleich mit der ins Auge gefassten Investition zu schaffen.

Folgende für den Vergleich relevanten Daten sind aus den Angeboten extrahiert worden:

		Angebot 1	Angebot 2
Anlagekosten	CHF	115 000.00	138 000.00
Montage und Inbetriebnahme	CHF	8 200.00	10 500.00
Bearbeitungszeit pro Stück	Minuten	42	12
Maximale Betriebsdauer pro Jahr	Stunden	1850	1950
Kosten für Wartung und Unterhalt pro Jahr	CHF	1 800.00	3 200.00
Personalkosten anteilmässig pro Jahr	CHF	64 000.00	80 000.00

Abschreibungsdauer und Verzinsung: fünf Jahre und 10 %

Aufgaben zu Szenario 2

55. Ermitteln Sie zunächst den für jede Anlage relevanten Stundensatz aus den oben stehenden Angaben.

Kostenelement	Einheit	Angebot 1	Angebot 2
Stundensatz	CHF/Stunde		

56. Ermitteln Sie nun für die Break-Even-Berechnung für beide Anlagen die fixen und die variablen Kosten nach folgendem Schema:

Kostenelemente	Angebot 1	Angebot 2
Total Investition CHF		
Abschreibung CHF/Jahr		
Zinsen CHF/Jahr		
Total Fixkosten CHF/Jahr K_f		
Variable Kosten CHF/Stück k_v		

57. Mit diesen Angaben berechnen Sie, wie gross die Stückzahl X ist, für die beide Anlagen gleiche Kosten verursachen. Gefragt sind die allgemeine Formel und die daraus resultierende Stückzahl.

Formel	
Resultat	

58. Der Fertigungsleiter rechnet mit einer jährlichen Fertigungsmenge von gut 500 Stück, die er mit der neu zu beschaffenden Anlage herstellen könnte. Dies basiert auf den Umsatzzahlen der letzten Jahre. Welches Angebot empfehlen Sie dem Fertigungsleiter?

_____

_____

4.18 Optimale Losgrössen in der Fertigung

4.18.1 Einleitung – Szenario

Der Fertigungsleiter stellte kürzlich fest, dass bei der Herstellung der Tischgestelle insofern Optimierungsmöglichkeiten zu erwarten sind, als viele Tische nahezu identische Endteile aufweisen, die sich für eine Kleinserienfertigung eignen würden. Bei den Endteilen handelt es sich um je zwei Beine, die durch eine End-Querstrebe verbunden sind, also pro Tisch zwei Endteile. Um sich mit Argumenten für die nächste Geschäftsleitungssitzung auszurüsten, in der er den Antrag auf eine entsprechende Konstruktionsänderung zu stellen beabsichtigt, sammelt er für die Kalkulation erforderliche Daten. Dazu hatte er vorgängig einige Tischmodelle im Hinblick auf die Gleichteile analysiert und aus den Umsatzzahlen des letzten Jahres eine Prognose erstellt.

Prognosestückzahl pro Jahr Tischendteile	Stück	800
Variable Kosten (Lohn und Material)	CHF/Stück	110.00
Administrative Kosten pro Auftrag	CHF	95.00
Rüst- und Einrichtzeit pro Los	Minuten	45
Stundensatz	CHF/Stunde	85.00
Lagerkostensatz	%	25

Diese Kostenelemente fallen heute bei jedem Kundenauftrag an, wobei der Fertigungsleiter schätzt, dass nie mehr als zwei Tische pro Kundenauftrag im Mittel enthalten sind.

Für seine Argumentation an der Geschäftsleitungssitzung will er nun die Kosten pro Jahr für das bisherige Vorgehen und für sein Kleinserienkonzept ermitteln und gegeneinanderstellen.

Aufgaben zu Optimale Losgrössen in der Fertigung

59. Ermitteln Sie die Kosten für das heutige Vorgehen.

Beschreibung	Berechnung	Resultat
Anzahl Fertigungslose im bisherigen Verfahren		
Total administrative Auftragskosten CHF		
Total Rüstzeiten Minuten		
Total Rüstkosten		
Total variable Kosten		
Total Jahreskosten		

60. Ermitteln Sie nun anhand der vorliegenden Angaben die optimale Losgrösse Xopt für das angestrebte Kleinserienverfahren. Legen Sie nach Ermittlung des exakten Resultates eine Ihnen vernünftig erscheinende Losgrösse fest.

_____

_____

_____

61. Ermitteln Sie nun zum Vergleich mit dem bisherigen Fertigungsverfahren die Jahreskosten auf der Basis der von Ihnen festgelegten optimalen Losgrösse.

Beschreibung	Berechnung	Resultat
Anzahl Fertigungslose im neuen Verfahren		
Total administrative Auftragskosten CHF		
Total Rüstzeiten Minuten		
Total Rüstkosten		
Total variable Kosten		
Total Jahreskosten		

62. Formulieren Sie Ihren Vorschlag an die Geschäftsleitung und unterlegen Sie ihn mit einigen Argumenten.

_____

_____

_____

_____

_____

4.19 Produktionsplanung mit Variantenfertigung

4.19.1 Einleitung – Szenario

Um wenigstens teilweise eine Alternative zur reinen auftragsbezogenen Fertigung der Tische zu entwickeln, wurden drei Tischvarianten als sinnvolle erste Auswahl festgelegt. Für diese Varianten sollen die Endständer und die Verbindungsholme als vorgefertigte Baugruppen bzw. Teile bewirtschaftet werden. Diese beiden Komponenten würden als saubere und entgratete, aber noch nicht montierte und lackierte Teile an ein Zwischenlager gehen. Damit die Fertigungsleitung und die Geschäftsführung weitere Abklärungen und strategische Überlegungen anstellen können, soll das Mengengerüst und der zeitliche Anfall der Baugruppen und Einzelteile untersucht werden.

Die Variantenstückliste sieht wie folgt aus:

Artikel-bezeichnung	Artikel-Nr.	Variante A zu Tisch A27B3: Gestell kpl. T341H7	Variante B zu Tisch A34H8: Gestell kpl. T121D9	Variante C zu Tisch A51A2: Gestell kpl. T045K1
Endgestell	TG34A8	2	2	
Endgestell	TG81G6			2
Holm	TH67B5		2	2
Holm	TH12K7	2		

Entsprechend den jeweiligen Konstruktionszeichnungen für die drei Tisch-Varianten haben die Endgestelle und die Holme je unterschiedliche Abmessungen. Die obige Tabelle zeigt auf, für welche Tischvariante welche Endgestelle bzw. welche Holme verwendet werden.

Das in Aussicht genommene Produktionsprogramm für das nächste halbe Jahr in Anzahl Tischgestelle pro Monat, basierend auf den effektiven Programmzahlen des vergleichbaren Zeitraumes im aktuellen Jahr und der Verkaufsprognose, stellt sich wie folgt dar:

Monat	Variante A: Gestell kpl. T341H7	Variante B: Gestell kpl. T121D9	Variante C: Gestell kpl. T045K1
Januar	12	8	4
Februar	15	5	–
März	9	16	6
April	14	10	9
Mai	15	8	6
Juni	12	–	5

Aufgabe zu Produktionsplanung mit Variantenfertigung

63. Ermitteln Sie den Bruttobedarf pro Monat für die vier genannten Artikel entsprechend der folgenden Lösungstabelle:

			Bruttobedarf			
	Variante		TG34A8	TG81G6	TH67B5	TH12K7
Monat		St.	St.	St.	St.	St.
Januar	A					
	B					
	C					
	Total					
Februar	A					
	B					
	C					
	Total					

| | Variante | | Bruttobedarf | | | |
| | | | TG34A8 | TG81G6 | TH67B5 | TH12K7 |
Monat		St.	St.	St.	St.	St.
März	A					
	B					
	C					
	Total					
April	A					
	B					
	C					
	Total					
Mai	A					
	B					
	C					
	Total					
Juni	A					
	B					
	C					
	Total					
Total Halbjahr			248	60	154	140

Mit diesen Resultaten wird der Fertigungsleiter weitere strategische Abklärungen vornehmen.

4.20 Stückliste und Produktionsplanung

4.20.1 Einleitung – Szenario

Ein wichtiger Kunde hat einen Auftrag für das Tischmodell A34H7 über insgesamt acht Stück erteilt. Da dieser Auftrag hohe Priorität hat und die Auslieferung möglichst frühzeitig erfolgen soll, ist eine detailliertere Durchlaufplanung erforderlich. Dieses Modell wird eher selten bestellt, daher sind weder für den fertigen Tisch noch für seine Komponenten Lagerbestände vorhanden.

Von den letzten Aufträgen liegt ein Operationsplan vor, der für die Terminkalkulation herangezogen wird:

Operations-ID: Artikel und Operation	Rüstzeit pro Los in Min.	Produktionszeit pro Std.
OP 31: Tisch A34H7 Schlussmontage und Kontrolle	30	2
OP 144: Platte imprägnieren, finish und trocknen	15	8
OP 129: Platte bearbeiten (Schreinerei)	75	1.5

Operations-ID: Artikel und Operation	Rüstzeit pro Los in Min.	Produktionszeit pro Std.
OP 262: Tischgestell lackieren, finish und einbrenntrocknen	45	16
OP 218: Tischgestell herstellen (Stangen zuschneiden, schweissen, verputzen, richten)	90	4
OP 612: Verbindungsset (Bezug ab Lager)	–	–

Aufgaben zu Stückliste und Produktionsplanung

64. Ermitteln Sie mit nachstehender Lösungstabelle die Zeiten pro Artikel und Operationsschritt für den vorliegenden Auftrag.

Artikel und Operation	Rüstzeit in Min.	Produktions- zeit in Std.	Total Zeit in Std.
OP 31: Tisch A34H7 Schlussmontage und Kontrolle			
OP 144: Platte imprägnieren, Finish und Trocknen			
OP 129: Platte bearbeiten (Schreinerei)			
OP 262: Tischgestell lackieren, Finish und Einbrenntrocknen			
OP 218: Tischgestell herstellen (Stangen zuschneiden, schweissen, verputzen, richten)			
OP 612: Verbindungsset (Bezug ab Lager)			

65. Stellen Sie im unten stehenden Achsensystem mittels Vorwärtsterminierung den gesamten Ablauf des Auftrages als Balkendiagramm dar. Hierfür gilt, dass für die aktuelle Planung, ausser den Rüstzeiten, keine weiteren unproduktiven Zeiten (Liege- und/oder Transportzeiten) zu berücksichtigen sind.

OP 218																						
OP 262																						
OP 129																						
OP 144																						
OP 31																						
Zeitachse	0	10	20	30	40	50	60	70	80	90	100	110	120	130	140	150	160	170	180	190	200	210	220

66. Geben Sie an, welche Operationen auf dem kritischen Pfad liegen.

67. Nach wie viel Stunden und, bei einem Arbeitstag von acht Stunden, nach wie vielen Arbeitstagen ist die letzte Operation für den vorliegenden Auftrag abgeschlossen?

4.21 KANBAN

4.21.1 Einleitung – Szenario

Der Fertigungsleiter findet die bisherige Bereitstellung von Normteilen wie Schrauben, Scheiben usw. ineffizient, da immer ein jeweils verfügbarer Mitarbeiter ins Lager gehen muss, um Nachschub zu holen, wenn der jeweilige Artikel ausgegangen ist. Kürzlich hat er vom KANBAN-System gehört und möchte es für einige ausgewählte Standardartikel einführen. Anhand eines Beispiels will er von Ihnen einige Details ermitteln lassen.

Für das Normteil NT457B4 sind folgende Angaben verfügbar:

Jahresbedarf	8000	St.
Sicherheitsmarge	15	%
Arbeitstage pro Jahr	200	AT
Behälterfüllzeit inklusive Totzeiten und Transport	3	Std.
Umlaufzeit pro Behälter	2	AT

Aufgaben zu KANBAN

68. Ermitteln Sie, wie gross die zum Einsatz kommenden Behälter sein sollten, das heisst wie viele Teile sie fassen können.

_____

_____

_____

_____

_____

_____

69. Geben Sie ferner an, wie viele Behälter im Umlauf sein sollten, um ein unterbrechungsfreies Arbeiten zu ermöglichen. Begründen Sie Ihren Vorschlag.

_____

_____

_____

_____

_____

www.klv.ch

Produktionslogistik 4

4.22 Kennzahlen in der Produktionslogistik

In der Produktionslogistik, die die Wertschöpfung des Unternehmens begleitet und unterstützt, ist eine grosse Anzahl an unterschiedlichsten Kennzahlen bekannt, aus denen jedes Unternehmen jene auswählt, die ihm am geeignetsten erscheinen, Prozesse, Kosten und Qualität zu überwachen und zu optimieren.

Daneben sind aber alle jene Daten und Angaben von besonderer Bedeutung, mit deren Hilfe Durchlauf- und Bearbeitungszeiten, Bearbeitungs- und Montagekosten und anderes ermittelt werden. Sie dienen auch der Betriebsbuchhaltung für die Kostenträgerrechnung. Diese Gruppe von Kennzahlen, die u. a. in den Arbeitsplatzdaten des PPS-Systems zu finden sind, soll hier nicht behandelt werden.

Aus den eigentlichen Kennzahlen werden hier nur einige wenige aufgeführt, erläutert und mit konkreten Aufgabenstellungen nähergebracht.

4.22.1 Kennzahlen der Fertigungstiefe[6]

Kennzahl	Berechnung
Fertigungstiefe	Eigenfertigung/(Eigenfertigung + Fremdbezug)
Fertigungstiefe	Wertschöpfung/Gesamtleistung

Obwohl die Berechnungsformel einfach erscheint, ist die Ermittlung von Eigenleistung oder Wertschöpfung nicht unproblematisch. Es stellt sich die Frage, welche Daten aus der Betriebsbuchhaltung oder allenfalls der Finanzbuchhaltung hierfür herangezogen werden.

Als Näherung wird so verfahren, dass die Summe aller Herstellkosten – meist für eine Produktsparte – ermittelt wird, von der das gesamte, für diese Produktsparte eingekaufte Material abgezogen wird. Dies ergibt den Wert der Eigenfertigung bzw. der Wertschöpfung.

Aufgaben zu Kennzahlen der Fertigungstiefe

Oben haben wir am Beispiel von Make or Buy (siehe Kapitel 4.15 Make or Buy, Seite 295) gezeigt, dass die Holzplatte für ein bestimmtes Tischmodell bei einer Schreinerei bezogen werden könnte. Es stellt sich die Frage, in welchem Ausmass sich die Fertigungstiefe für dieses Tischmodell verändern würde, wenn die benötigte Tischplatte fremdbezogen werden würde.

Bezeichnung	Wert	
Herstellkosten für den Tisch in Eigenfertigung HK1	CHF	1 650.00
Herstellkosten für den Tisch bei Fremdbezug der Platte HK2	CHF	1 035.00
Einkaufspreis der Platte zu Vollkosten EK1	CHF	570.00
Einkaufswert des Materials für die Eigenfertigung, geschätzt EK2	CHF	890.00
Einkaufswert des Materials ohne die Tischplatte, geschätzt EK3	CHF	760.00

6   Vgl. H.-J. Mathar, J. Scheuring: Logistik für technische Kaufleute, compendio Bildungsmedien, Zürich, 3. Auflage 2014, S. 195

Produktionslogistik

4

70. Berechnen Sie nun die Fertigungstiefe für den Fall der vollen Eigenfertigung und für jenen, wenn die Tischplatte fremdbezogen wird.

Bezeichnung des Wertes	Berechnung

71. Welche Schlüsse ziehen Sie aus dem Resultat?

_____

_____

_____

_____

_____

_____

_____

_____

4.22.2 Kennzahlen des Nutzungsgrades[7]

Kennzahl	Berechnung
Beschäftigungsgrad	(ausgenutzte Kapazität) / (verfügbare Kapazität)
Ausnutzungsgrad der Arbeitsplätze	Belegschaft / Arbeitsplätze
Zeitgrad[6]	(vorgegebene Zeit) / (verbrauchte Zeit)

Diese Kennzahlen dienen der Beurteilung der Wirtschaftlichkeit eines Betriebes bzw. der Planung der Bearbeitungszeiten für Aufträge.

7 Vgl. H.-J. Mathar, J. Scheuring: Logistik für technische Kaufleute, compendio Bildungsmedien, Zürich, 3. Auflage 2014, S. 196

8 Siehe hierzu auch Kapitel 4.8 Personalkapazität und Sachmittelkapazität, Seite 270

4.22.3 Absolute Kennzahlen[9]

Neben den bisher betrachteten relativen Kennzahlen gibt es in der Produktionslogistik – wie auch in den anderen Bereichen – absolute Kennzahlen, die für die verschiedensten Zwecke und Planungsaufgaben benötigt werden. Hier sollen einige beispielhaft aufgeführt werden.

Kennzahl, Bezeichnung	Beschreibung
Kosten der Logistik; integral oder auch nach Bereichen	Welche Kosten fallen im gesamten Bereich der Logistik an, in der Beschaffungslogistik, im Zwischenlager usw.?
Arbeitsplatzkosten	Welche Kosten entstehen durch die Bereitstellung von Infrastruktur, Werkzeugmaschinen usw., die für die Auftragskalkulation benötigt werden?
Verfügbare Kapazitäten	Insgesamt oder nach Arbeitsplatz, meist in Stunden.
Verfügbare Lager- und Transportvolumina	In Anzahl Stellplatze, Kubikmeter, Tonnen …

9   Vgl. H.-J. Mathar, J. Scheuring: Logistik für technische Kaufleute, compendio Bildungsmedien, Zürich, 3. Auflage 2014, S. 199

Produktionslogistik

4

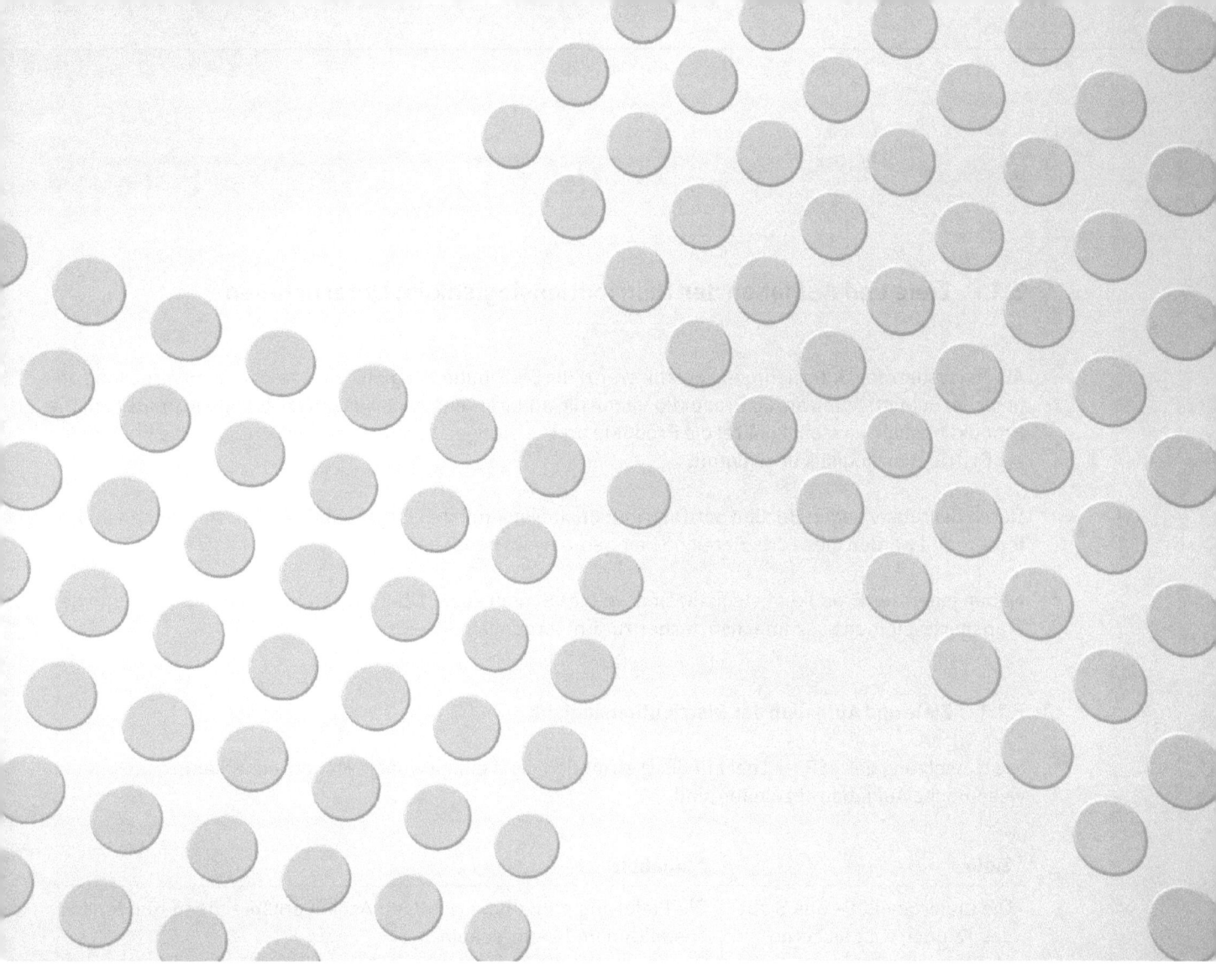

Distributionslogistik, Lager- & Transportsysteme

Kapitel 5

5 Distributionslogistik, Lager- & Transportsysteme

5.1 Ziele und Aufgaben der Distributionslogistik im Unternehmen

Als Teilsystem der Unternehmenslogistik grenzt die Distributionslogistik einerseits mit entsprechend definierten Schnittstellen an die Produktionslogistik, andererseits nach aussen an den Absatzmarkt an. Die Produktionslogistik stellt konkret die Produkte und Leistungen bereit, deren Verteilung an die Endkunden die Distributionslogistik übernimmt.

Durch die relativ engen Bezüge der Distributionslogistik mit den Lager- und Transportsystemen im Unternehmen werden diese drei Bereiche hier gemeinsam behandelt.

Neben jenen zur Produktionslogistik sind weitere Schnitt- bzw. Übergabestellen zu den Lager- und den Transportsystemen auszumachen, ferner zur Entsorgungslogistik.

5.1.1 Ziele und Aufgaben der Distributionslogistik

Die Umsetzung der «6R»-Regel auf die Distribution lässt einige wenige Hauptziele erkennen, aus denen wesentliche Aufgaben abzuleiten sind.

Ziele	Aufgaben
Die Lieferqualität – aus Sicht des Kunden – ist sichergestellt.	Die Lieferung enthält die richtigen Artikel entsprechend Kundenbestellung und Lieferschein. Sie ist unversehrt und vollständig.
Die vereinbarten Lieferzeiten sind eingehalten.	Dazu müssen – die Distributionsstruktur und die Standorte der Distributionslager geeignet festgelegt werden, – das Transportsystem und die Transportketten entsprechend gestaltet werden, – der Lieferbereitschaftsgrad kontinuierlich überwacht werden.
Eine konkurrenzfähige Lieferflexibilität ist definiert und eingehalten.	Anpassung des Auftragsumfanges und der Lieferkonditionen. Eingehen auf Kundenwünsche bezüglich Teillieferungen, Verpackungs- und Transportart. Kulanz und Flexibilität bei Defekten und bei Bestellung von Ersatzteilen.
Die Distributionskosten sind erfasst und unter Kontrolle.	Die Auftragsabwicklungskosten, wie insbesondere die Transportkosten, werden ausreichend detailliert erfasst und kontrolliert.

5.2 Ziele und Aufgaben von Lagersystemen

Lagersysteme sind im Rahmen der Unternehmenslogistik nahezu überall im Unternehmen präsent. Es gibt fast keinen Ort im Unternehmen, keinen Teilprozess, in dem nicht Material irgendwelcher Art gelagert wird. Sei es, dass ein Bearbeitungsschritt abgeschlossen ist und das Werkstück – im allgemeinsten Sinn – auf den nächsten Bearbeitungsschritt wartet. Sei es, dass Material als Sekundärbedarf in genügender Menge an Lager liegt, um in der Wertschöpfung für einen Kundenauftrag zum Einsatz zu kommen, oder auch, prozessbedingt, einen Reifungs- oder Trocknungsvorgang abzuwarten.

Damit sind bereits die meisten Zielsetzungen bzw. Aufgaben von Lagern angesprochen:

- Versorgungssicherheit gewährleisten
- Ausgleich zwischen unterschiedlichen Güterströmen herstellen
- Sortierung ermöglichen
- Kundenaufträge kommissionieren
- zwischen günstigem Angebot und zeitlich verschobener, erhöhter Nachfrage spekulieren
- Kostensenkung ermöglichen, z. B. durch Einkauf grösserer Mengen
- Veredeln, z. B. Wein, Käse

Eine Übersicht über die verschiedenen Lagerarten und Lagertechniken bietet die einschlägige Fachliteratur.

Ein sehr wichtiger Aspekt bei der Behandlung von Lagern ist, dass sie relativ hohe Kosten verursachen. Wie weiter unten aufgeführt, beinhalten die durch Lagerung entstehenden Kosten nicht nur die Verzinsung des gebundenen Kapitals, sondern eine Reihe weiterer Kostenelemente, deren Bedeutung oft unterschätzt wird. Daher ist stets grosses Augenmerk auf die Höhe der Lagerbestände zu richten. Einerseits dürfen sie nie zu niedrig werden, um die beabsichtigte Lagerfunktion erfüllen können, andererseits soll ihre Höhe wegen der damit verbundenen Kosten möglichst tief sein.

5.3 Ziele und Aufgaben von Transportsystemen

Neben den ausserbetrieblichen Transportsystemen, die meist über logistische Dienstleister von den Unternehmen genutzt werden, bestehen auch innerbetriebliche Transportsysteme, die in die Unternehmenslogistik integriert sind und auch als solche betrachtet werden müssen. Auch hier wollen wir uns die wesentlichen Ziele und deren Inhalte ansehen:[1]

- Die optimale Nutzung der innerbetrieblichen Transportsysteme führt zu minimalen Transportkosten, vermeidet Leerwege und führt zu einer hohen Auslastung.
- Ein hoher Servicegrad ermöglicht kurze Wartezeiten für anstehende Aufträge und kurze Transportzeiten.
- Eine hohe Flexibilität ermöglicht ein breites Spektrum an Gütern, die zu transportieren sind, und eine leichte Anpassung an Umstellungen im Betrieb.
- Hohe Transparenz sorgt für aussagefähige, stets verfügbare Informationen über die aktuelle Situation, ermöglicht eine verursachungsgerechte Kostenerfassung und -verrechnung und liefert Kennzahlen zur Steuerung der Transportsysteme.

Auch bei den Transportsystemen bietet die einschlägige Fachliteratur umfangreiche Übersichten über die Fördermittelarten und die Förderhilfsmittel, sowohl für den innerbetrieblichen als auch den ausserbetrieblichen Transport.

5.4 Distributionsvarianten

5.4.1 Einleitung – Szenario

Die Unternehmensleitung hat sich in ihrer letzten Sitzung mit den Speditionskosten auseinandergesetzt, die als zunehmend störend empfunden werden. Bisher wurden die Tische fertig montiert spediert, was grosse Speditionsvolumina bedeutet, wenn auch das jeweilige Gewicht gering ist und für die Kosten eine geringere Rolle spielt.

---

1 Vgl. H. Ehrmann: Logistik, 6., überarbeitete und aktualisierte Auflage, 2008, S. 217

Der Transport zu den Kunden im Inland erfolgt für die kleineren Tische durch den eigenen Lastwagen, für die grösseren Modelle wird ein Spediteur beauftragt, der auch Auslandslieferungen übernimmt, die er mit entsprechend spezialisierten Dienstleistern abwickelt.

Bei der Eigenspedition hat sich ein verpackungsloses Verfahren entwickelt, um möglichst viele Tische laden zu können. Entsprechende Vorrichtungen mit Polsterungen sorgen dafür, dass die Tische nicht aneinanderschlagen und so während des Transports beschädigt werden. Für den Spediteur müssen die Tische aufwendig geschützt und verpackt werden, was zu grossen Transportvolumina führt.

Die Unternehmensleitung ist sich bewusst, dass nicht sehr viel Spielraum besteht, denn im Durchschnitt werden nur ungefähr drei Tische pro Speditionsauftrag transportiert.

Aufgabe zu Distributionsvarianten

1. Sie als Generalist wurden von der Unternehmensleitung beauftragt, Vorschläge auszuarbeiten, mit denen eine Senkung der Speditionskosten zu erwarten ist. Darunter können auch ausgefallene Ideen sein. Zu berücksichtigen sind nur jene Transporte, die über den externen Spediteur gehen. Nennen Sie wenigstens zwei Massnahmen, begründen Sie sie und erklären Sie, warum dadurch die Speditionskosten sinken sollten.

Massnahme	Begründung und Kostensenkungspotenzial

5

Distributionslogistik, Lager- & Transportsysteme

5.5 Distributionsstrukturen

5.5.1 Einleitung – Szenario

Hauptabnehmer des Unternehmens Häusler & Huber GmbH waren Möbelhäuser vor allem im Inland, und nur gelegentlich bestellte ein Endkunde direkt beim Unternehmen. Die Unternehmensleitung hat an einigen der regelmässig stattfindenden Geschäftsleitungssitzungen darüber diskutiert, ob bzw. wie sich der Absatz ausweiten liesse, indem z. B. vermehrt Endkunden direkt bedient werden könnten, oder ob die Möglichkeit bestünde, über Grossverteiler als Zwischenhändler im In- und Ausland neue Marktsegmente anzusprechen.

Aufgabe zu Distributionsstrukturen

2. Sie wurden als externer Berater von Herrn Häusler beauftragt, beide Szenarien – Direktbelieferung von Endkunden und Vertrieb über Grossverteiler – im Hinblick auf die Distributionslogistik darzustellen und zu bewerten.

a) Direktverkauf an Endkunden

Beschreibung, Massnahmen	Bewertung: Vorteile/Nachteile	Chancen/Risiken

Distributionslogistik, Lager- & Transportsysteme 5

b) Vertrieb über Grossverteiler – Grossisten

Beschreibung, Massnahmen	Bewertung: Vorteile/Nachteile	Chancen/Risiken

5.6 Internationale Vertriebsfragen

5.6.1 Einleitung – Szenario

In einer Geschäftsleitungssitzung wurde über die Frage diskutiert, ob die Firma den Schritt ins Ausland wagen und auf den internationalen Märkten auftreten soll, die bisher kaum direkt bedient wurden. Der externe Speditionsdienstleister hat im Wesentlichen nur die Abwicklung besorgt. Dabei wurde u. a. auch die Frage der Distributionskosten aufgeworfen, muss doch überlegt werden, wie die Produkte zum Kunden gelangen. Da in der Geschäftsleitung hierüber Unklarheit herrscht bzw. zu wenig Kompetenz vorliegt, werden Sie beauftragt, die Frage der Vertriebskosten abzuklären.

Aufgaben zu Internationale Vertriebsfragen

3. Erklären Sie, welche Kostenelemente bei internationalem Vertrieb anfallen und auf welche Weise sie in einem zukünftigen Angebot an einen ausländischen Kunden bzw. in seiner Bestellung zu berücksichtigen sind.

Kostenelement	Beschreibung, Erklärung

4. Diese Kostenelemente müssen sowohl im Angebot wie auch in der Kundenbestellung berücksichtigt werden. Bevor dies aber im Detail abgeklärt werden kann, sind mit dem Kunden Vereinbarungen zu treffen, bis wohin der Hersteller auf dem gesamten Lieferweg verantwortlich ist. An dieser Stelle muss dann der Kunde die restliche Verantwortung übernehmen.

a) Damit dies nicht in jedem Fall individuell ausgehandelt werden muss, gibt es eine internationale Regelung hierfür. Wie heisst sie?

b) Nennen Sie einige Beispiele aus dieser Regelung und erklären Sie sie.

Bezeichnung	Erklärung

---

2   In der Lösung wird die offizielle Erklärung der genannten Website aufgeführt.

Distributionslogistik, Lager- & Transportsysteme 5

Bezeichnung	Erklärung

5.7 Distributionskennzahlen

5.7.1 Einleitung – Szenario

Der Verkaufsleiter führt regelmässig Statistiken über verschiedene Messgrössen in Zusammenhang mit der Lieferung an die Kunden. Dabei wählte er nur jene Bestellungen aus, die auftragsbezogen gefertigt werden mussten. Diejenigen Bestellungen, die ab Verkaufslager bedient wurden, wertete er nicht aus, weil sie wegen geringer Anzahl eine ungenügende statistische Basis darstellten.

Folgende Daten liegen nun für das letzte Halbjahr vor. Er will diese Daten auswerten, an der nächsten Geschäftsleitungssitzung vorlegen und zur Diskussion stellen.

Anzahl gelieferter Tische	261
Anzahl ausgelieferter Bestellungen	84
Zum vereinbarten Zeitpunkt gelieferte Tische	243
Zum vereinbarten Liefertermin ausgelieferte Bestellungen	79
Bestellungen, deren ursprünglicher Termin in Absprache mit dem Kunden später ausgeliefert wurden	14

Anzahl Reklamationen wegen defekter Verpackung	3
Anzahl Reklamationen wegen defekter Tische	5
Anzahl Reklamationen wegen falscher Lieferungen	1
Anzahl Reklamationen wegen unvollständiger Lieferungen	6

Aufgabe zu Distributionskennzahlen

5. Stellen Sie fest, welche Kenngrössen aus diesen Daten ermittelt werden können und berechnen Sie diese.

Kenngrösse	Berechnung und Wert

5.8 Förderhilfsmittel im Unternehmen

5.8.1 Einleitung – Szenario

Wie gelegentlich üblich für einen ehemaligen Handwerksbetrieb, aus dem das Unternehmen noch nicht ganz herausgekommen ist, werden die internen Transporte nach alten «Methoden» durchgeführt. Nicht sehr schwere Teile werden bei geringer Stückzahl oft noch von Hand durch die Mitarbeiter transportiert. Für schwerere Teile, auch grössere Mengen, werden übliche Euro-Paletten verwendet, die dann mit manuellen Gabelstaplern bewegt werden. Dabei kommt es oft vor, dass Teile weit über die Palette überstehen, was zu komplizierten «Manövern» in den Transportwegen führt. Beschädigungen von Einrichtungen, aber auch des transportierten Gutes sind dabei leider nicht allzu selten. Die Paletten werden allerdings auch unmittelbar zur Zwischenlagerung der transportierten Artikel verwendet, sodass im Fertigungs- und Lagerbereich auch einige Palettenregale hierfür vorhanden sind.

Durch einen Besuch bei einem Kunden hat Herr Häusler gesehen, dass es für den internen Transport effizientere Lösungen gibt, wie z. B. Gittercontainer auf Rollen. Ob sich diese dann auch für die Zwischenlagerung eignen, ist noch abzuklären.

Beispiele:

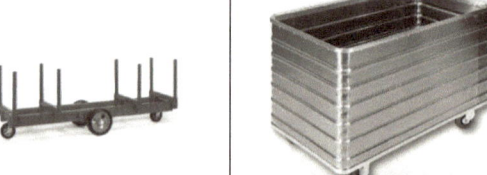			
Für Stangenmaterial	Für mittelgrosse, bearbeitete Teile	Für sperrigere Komponenten	Für Kleinteile

Eine weitere Variante wäre eine elektrisch betriebene Hängebahn an der Decke des Werkstattbereiches, die auch die verschiedenen Lager bedienen würde.

Aufgabe zu Förderhilfsmittel im Unternehmen

6. Da ein direkter Kostenvergleich wegen fehlender Basiskostenangaben des aktuellen Betriebes nicht möglich ist, sollen anhand einiger wichtiger Beurteilungskriterien die zukünftigen möglichen Lösungen dem heutigen Betrieb gegenübergestellt werden.
    Ermitteln Sie wenigstens vier wesentliche Kriterien, die in einer Nutzwertanalyse verwendet werden sollen und beurteilen Sie anschliessend verbal die drei aufgeführten Lösungsvarianten.

Kriterium	Bisheriger Betrieb mit Paletten und manuellen Gabelstaplern	Behälter und Fördermittel nach obiger bildlicher Darstellung	Elektrische Hängebahn

5.9 Evaluation Lagerstruktur

5.9.1 Einleitung – Szenario

Die Lagersituation im Unternehmen ist im Laufe der letzten Jahre eher ungeplant und unorganisiert gewachsen. Bei Bedarf wurde dort, wo Platz verfügbar war, ein neues Gestell für die Lagerung der jeweils neuen Teile aufgestellt. Der Fertigungsleiter hat sich vorgenommen, den Istzustand aufzunehmen und danach ein Lösungskonzept zu erarbeiten.

Für die Ist-Aufnahme hat er einen Grundrissplan herangezogen und alle bestehenden Lager darin eingezeichnet sowie auch die wesentlichen Materialflüsse zwischen dem Wareneingang und den Lagern. Die internen Materialflüsse von den Lagern zu den Verarbeitungs- bzw. Bezugsstellen sind im Moment nicht erfasst.

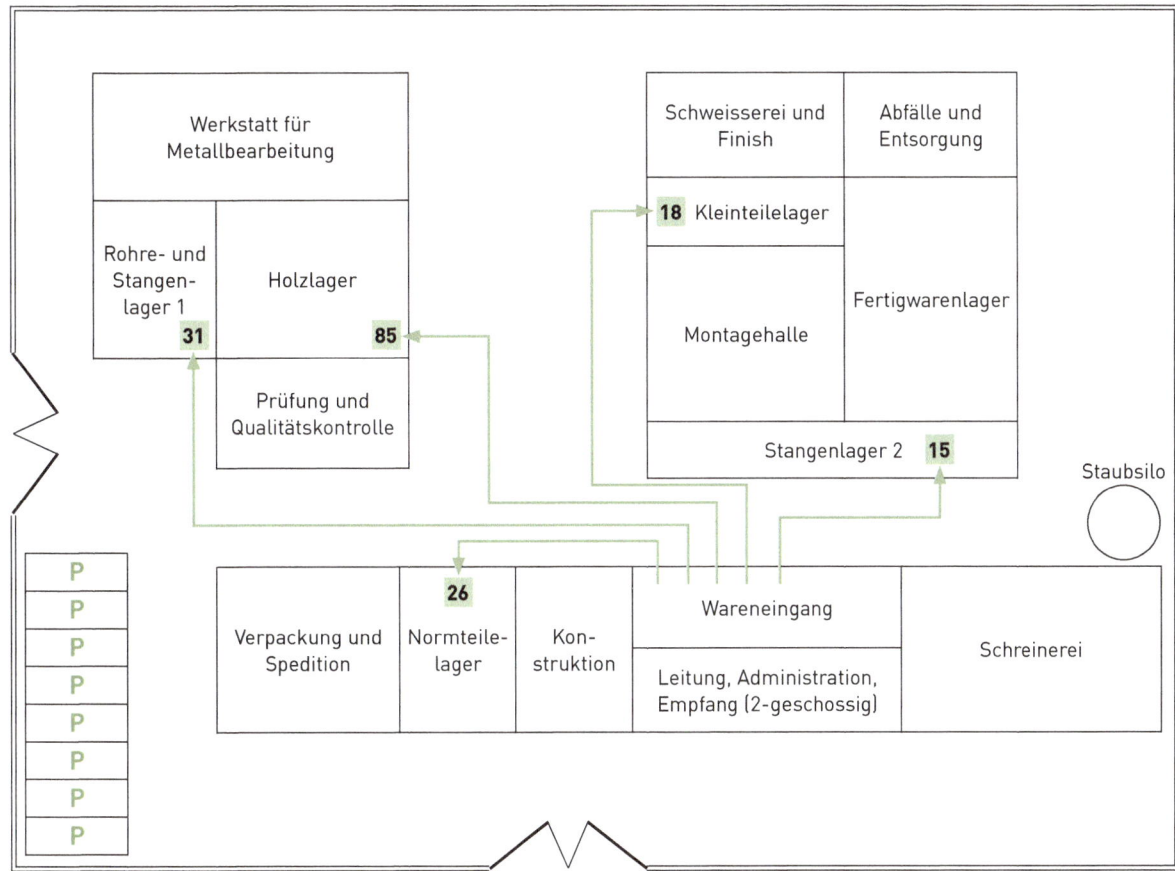

Die Pfeile zeigen die Transportwege an, die Zahlen am Ende der Pfeile geben Gewichtseinheiten der transportierten Artikel an.

Aufgabe zu Evaluation Lagerstruktur

7. Identifizieren Sie Schwachstellen und formulieren Sie Ziele aus dieser Schwachstellenanalyse, die sich nur auf die Anordnung der Lager bezieht.

Schwachstellen	Ziele

5.10 Bewertung und Erklärung von Lagerkonzepten

5.10.1 Einleitung – Szenario

Der Hauptlieferant für die Klein- und Normteile hat kürzlich bei einer Besprechung mit Herrn Häusler erwähnt, dass er bei einem anderen Kunden schon seit einiger Zeit die Belieferung mittels Konsignationslager durchführt. Auch erwähnte er den Begriff Vendor Managed Inventory.

Aufgaben zu Bewertung und Erklärung von Lagerkonzepten

8. Beschreiben bzw. definieren Sie, was diese beiden Begriffe bedeuten.

Begriff	Beschreibung, Definition
Konsignations-lager	
Vendor Managed Inventory	

9. Definieren Sie, welche Vorteile für die Firma Häusler & Huber GmbH aus einem derartigen Lagerkonzept resultieren könnten.

Konzept	Vorteile
Konsignations- lager	
Vendor Managed Inventory	
Für beide	

10. Welche der beiden Varianten würden Sie Herrn Häusler für Klein- und Normteile empfehlen?

_____

_____

_____

_____

5.11 Warenausgang und Verpackungsarten

5.11.1 Einleitung und Szenario

Der Verkaufsleiter, der bereits seit vielen Jahren in dieser Funktion im Unternehmen ist, stellt fest, dass die Zustände im Speditionsbereich unbefriedigend sind, von Jahr zu Jahr mehr Störungen verursachen und die Abwicklung des Warenausganges immer mehr Zeit beansprucht.

Bei einem Lokalaugenschein notiert er sich folgende Beobachtungen:

– Montierte und kontrollierte Tische, die auf den Versand warten, stehen wirr herum, weil nahezu kein Platz verfügbar ist. Immer wieder müssen Tische übereinandergestapelt werden, um Platz zu schaffen, was bei unvorsichtigem Handling leicht zu Beschädigungen führt, die dann aufwendig beseitigt werden müssen.
– Verpackungsmaterial liegt an allen möglichen Orten herum, und wenn eine bestimmte Verpackungsart benötigt wird, findet der beauftragte Mitarbeiter diese öfter nicht und muss Nachschub im Lager holen.
– Packzettel, Lieferscheine und Auftragsmarkierungen liegen lose bei den Tischen, und es traten schon einige Male Verwechslungen auf, die zwar meist vor Auslieferung beim Kunden erkannt und korrigiert werden konnten, aber zusätzliche und damit auch unnötige Umtriebe verursachten.

Distributionslogistik, Lager- & Transportsysteme **5**

– Soll der eigene Lastwagen oder derjenige des externen Spediteurs beladen werden, beginnt oft ein «wildes Suchen» nach den auszuliefernden Tischen. Dabei kommt es immer wieder vor, dass Tische, die schon verpackt sein müssten, noch unverpackt in irgendeiner Ecke stehen.
– Bei der Begutachtung der räumlichen Gegebenheiten im Speditionsbereich stellt der Verkaufsleiter fest, dass die vorhandene Raumhöhe von nahezu fünf Metern überhaupt nicht ausgenützt wird.

Aufgaben zu Warenausgang und Verpackungsarten

11. Formulieren Sie die obige Beschreibung um, indem Sie daraus mindestens zwei wichtige Schwachstellen beschreiben.

_____

_____

_____

_____

_____

_____

_____

12. Erstellen Sie Lösungsvorschläge für die von Ihnen formulierten Schwachstellen.

_____

_____

_____

_____

_____

_____

_____

_____

_____

_____

_____

_____

5.12 Lagerkennzahlen und ihre Interpretation

5.12.1 Einleitung – Szenario 1

Zur Beurteilung von Lagereigenschaften gibt es einige Kennzahlen, deren regelmässige Ermittlung dazu beiträgt, den jeweiligen Lagerzweck zu überwachen und zu steuern. Die wichtigsten seien hier aus der einschlägigen Literatur zitiert.[3]

Kennzahl	Berechnung	Bemerkung
Mittlerer Lagerbestand, einfacher Mittelwert	(Anfangsbestand + Endbestand) / 2	Berechnung ist ungenau und nur bei konstantem Verlauf einigermassen aussagefähig
	Summe aller Bestände pro Periode geteilt durch die Anzahl Perioden	Nur geeignet, wenn die Perioden alle annähernd gleich lang sind
Durchschnittlicher oder zeitlich gewichteter mittlerer Lagerbestand	Summe aller Bestände mal jeweiliger Periodendauer geteilt durch die Summe aller Perioden	Wird dann verwendet, wenn die Perioden unterschiedlich lang sind
Gleitender Mittelwert	Bildung des Mittelwerts für eine stets gleich lange Periodenreihe, dabei wird jeweils der älteste Periodenwert durch den neuesten ersetzt	Wird meist für Verbrauchswerte verwendet, kann aber auch in der Lagerbestandsbeurteilung eingesetzt werden
Gewogener gleitender Mittelwert	Ähnlich dem gleitenden Mittelwert, jedoch unterschiedliche Gewichtung der Perioden; dabei erhalten die älteren ein geringeres Gewicht als die neueren $MW = (B1 \times G1 + B2 \times G2 + \ldots + Bn \times Gn) / (G1 + G2 + \ldots + Gn)$ MW – Mittelwert B1 … Bn – Bestände G1 … Gn – Gewichtung	Ist bei Verbrauchswerten verbreitet und dient vor allem der Prognose; durch die steigende Gewichtung erhalten die neuesten Bestand- bzw. Verbrauchswerte grössere Bedeutung
Lagerumschlag (Wert)	Wert der Bezüge in einer Periode geteilt durch den mittleren Lagerbestand dieser Periode	Anstatt einer wertmässigen Betrachtung auch mengenmässige Betrachtung möglich
Lagerdauer (Tage)	Produktionstage in der betrachteten Periode geteilt durch den Lagerumschlag in der Periode	
Lagerreichweite (Tage)	Lagerbestand geteilt durch Umsatz in der betrachteten Periode multipliziert mit Anzahl Produktionstage in der Periode	
Lagerkostensatz	Summe aller Lagerkosten geteilt durch das durchschnittlich gebundene Kapital	Meist in %, sowohl die gesamten Lagerkosten als auch das durchschnittlich gebundene Kapital beruhen vor allem auf Schätzungen oder Näherungsberechnungen

---

3   Vgl. H.-J. Mathar, J. Scheuring: Logistik für technische Kaufleute, compendio Bildungsmedien, Zürich, 3., überarbeitete Auflage 2014, S. 196 f., 234, 238–241

Distributionslogistik, Lager- & Transportsysteme   5

Der Fertigungsleiter hat nun einige Bestände und Bezugszahlen erhoben, die in der folgenden Aufstellung auszugsweise für einen einzigen Lagerartikel zu finden sind:

Monat	1	2	3	4	5	6	7	8	9	10	11	12
Bestand	87	95	97	78	82	75	72	68	92	85	81	75
Bezüge	35	26	25	47	43	51	48	40	21	26	28	37

Die Anzahl Produktionstage in den aufgeführten zwölf Monaten wird mit 200 angegeben.

Aufgabe zu Szenario 1

13. Ermitteln Sie anhand der obigen Definitionen die hier in der anschliessenden Tabelle aufgeführten Lagerkennzahlen.

Kennzahl	Berechnung
Mittlerer Lagerbestand für das ganze Jahr	
Mittlerer Lagerbestand mit 12 Perioden	
Gleitender Mittelwert für jeweils 3 Perioden	
Gewogener gleitender Mittelwert: 3 Perioden, Gewichte 10, 25, 50	
Lagerumschlag	
Lagerdauer (Tage)	
Lagerreichweite (Tage)	

---

4   Rundung auf ganze Zahlen

Distributionslogistik, Lager- & Transportsysteme

5

5.12.2 Einleitung – Szenario 2

Ein nur gelegentlich benötigtes Ausgangsmaterial für ein besonderes Tischgestell hat zu Jahresbeginn einen Bestand von zwölf Rohren. Am 15. Februar werden davon sechs bezogen und verarbeitet. Damit der Sicherheitsbestand von zehn Stück eingehalten werden kann, muss eine Nachbestellung ausgelöst werden. Der Lieferant lässt mit sich reden und akzeptiert eine Bestellmenge von zehn Stück, obwohl er normalerweise für dieses Material eine Mindestbestellmenge von 15 Stück fordert. Diese Lieferung trifft am 15. Mai ein, sodass der Lagerbestand dann bei 16 liegt. Bis zum Jahresende werden keine Bezüge mehr getätigt.

Aufgabe zu Szenario 2

14. Geben Sie an, mit welcher Berechnungsmethode Sie am geeignetsten den für die Kapitalbindung erforderlichen mittleren Lagerbestand errechnen können. Stellen Sie diesem Wert die beiden anderen Berechnungsresultate gegenüber und diskutieren Sie diese Gegenüberstellung.

5.13 Lagerkostensatz

5.13.1 Einleitung – Szenario 1

Die Betriebsbuchhaltung hat bisher den Lagerkostensatz für den ganzen Betrieb mit 25 % angegeben. Der Fertigungsleiter möchte diesen Wert etwas differenzierter ermitteln und lässt von seinem Assistenten eine Erhebung durchführen.

In einem ersten Abklärungsvorgang besprechen die beiden, welche Kostenelemente zu berücksichtigen wären.

Aufgabe zu Szenario 1

15. Erstellen Sie eine Liste aller Kostenelemente, die in den Lagerkostensatz üblicherweise einfliessen und erklären Sie, falls erforderlich, wie Sie gedenken, an diese Werte heranzukommen.[5]

Kostenelement übergeordnet	Erklärung, Bemerkungen

Kostenelement Einzelkosten	Erklärung, Bemerkungen

---

5   Vgl. H. Ehrmann: Logistik, 6., überarbeitete und aktualisierte Auflage, 2008, S. 372 f.

Distributionslogistik, Lager- & Transportsysteme

5.13.2 Einleitung – Szenario 2

Es muss davon ausgegangen werden, dass in nur wenigen Betrieben alle diese Kostenelemente zuverlässig ausgeschieden und detailliert erfasst werden können. In den meisten Fällen wird die Betriebsbuchhaltung nur einigermassen zuverlässige Schätzungen durch Abgrenzung von anderen Kostenbereichen vornehmen können. Dies gilt auch für das Unternehmen Häusler & Huber GmbH.

Eine weitere Schwierigkeit besteht darin, für alle Lager im Betrieb die durchschnittliche Kapitalbindung in den Lagern festzustellen. Denn neben den eigentlichen, mehr oder weniger bewusst bewirtschafteten Lagern gibt es noch an vielen Stellen im Betrieb zwischengelagerte Materialien, die prozessbedingt zwischen zwei Fertigungsvorgängen warten müssen. Diese Kapitalbindungen sind nahezu nie objektiv erfasst, tragen aber erheblich zu den gesamten Lagerkosten im Betrieb bei. In Firmen mit ausgebauten ERP- und PPS-Systemen gibt es allerdings Auswertungen über den mittleren Bestand der «Ware in Arbeit», der als Kosten auf den Kostenträgern liegt und so einer statistischen Auswertung zugänglich ist. In der Firma Häusler & Huber GmbH ist dies jedoch nicht der Fall. Daher muss sich der Fertigungsleiter mit einigen geschätzten Werten zufriedengeben. Folgende Angaben konnte er ermitteln:

Die Raumkosten aller dezidierten Lager betragen CHF 36 000.00 pro Jahr. Das den verschiedenen Lagern meist in Teilzeit zuzuweisende Personal wird mit jährlichen Kosten von CHF 105 000.00 berücksichtigt. Die Versicherungsprämien sind schwer abzugrenzen, eine nachvollziehbare Abgrenzung von allen übrigen Versicherungsobjekten ergibt eine jährliche Prämie von CHF 17 000.00. Instandhaltungs- und Wartungskosten sind ebenfalls kaum abzugrenzen, sie werden mit jährlich CHF 5 000.00 geschätzt. Energiekosten lassen sich nicht ausscheiden, entsprechende Kalkulationsindikatoren fehlen. Schwundkosten müssen beim gelagerten Material nicht berücksichtigt werden, sie sind vernachlässigbar. Bezüglich Systemkosten ist die Situation so, dass eine Standard-Software auf einem PC läuft, in dem die Bestände mehr oder wenig regelmässig anhand der Lagereingänge und Lagerbezüge nachgeführt werden. Die Kosten des Betriebs dieses «Systems» werden mit CHF 1000.00 angenommen. Die Anzahl gelagerter Artikel weist das Lagerverwaltungssystem mit ca. 3 600 aus und die Anzahl Aufträge, die derzeit abgearbeitet werden, beträgt 116 mit einem Auftragstotal von CHF 680 000.00, wovon ca. 20 % bereits abgearbeitet ist. Der Jahresumsatz beträgt CHF 3 400 000.00.

Hinzu kommen 10 % kalkulatorische Zinsen, wie sie auch in der Investitionsrechnung des Betriebes verwendet werden.

Am schwierigsten war die Ermittlung der durchschnittlichen Kapitalbindung aller Lager. Der Fertigungsleiter behalf sich damit, dass er den entsprechenden Bilanzposten im Jahresabschluss des Unternehmens suchte und vom Maschinen- und Gebäude-Inventar zu trennen versuchte. Für die sachliche Abgrenzung zur Bilanz griff er mithilfe der Betriebsbuchhaltung auf entsprechende Positionen in der BEBU zurück. Je nach Berechnungsansatz muss mit einer durchschnittlichen Kapitalbindung von CHF 800 000.00 bis 900 000.00 gerechnet werden. Der Bestand an «Ware in Arbeit», also die angefangenen Aufträge, können anhand des Jahresumsatzes geschätzt werden, indem in Analogie zum aktuellen Auftragstotal mit einem durchschnittlichen Kostenträgervolumen über das Jahr von 20 % zu rechnen wäre. Diese Annahme ist eine reine Schätzung, die der Fertigungsleiter gemeinsam mit dem Finanzchef vorgenommen hat.

Aufgabe zu Szenario 2

16. Ermitteln Sie nun mit diesen Angaben den Lagerkostensatz einschliesslich der Verzinsung des gebundenen Kapitals und unter angemessener Berücksichtigung des Bestandes an «Ware in Arbeit».

_____

_____

_____

_____

_____

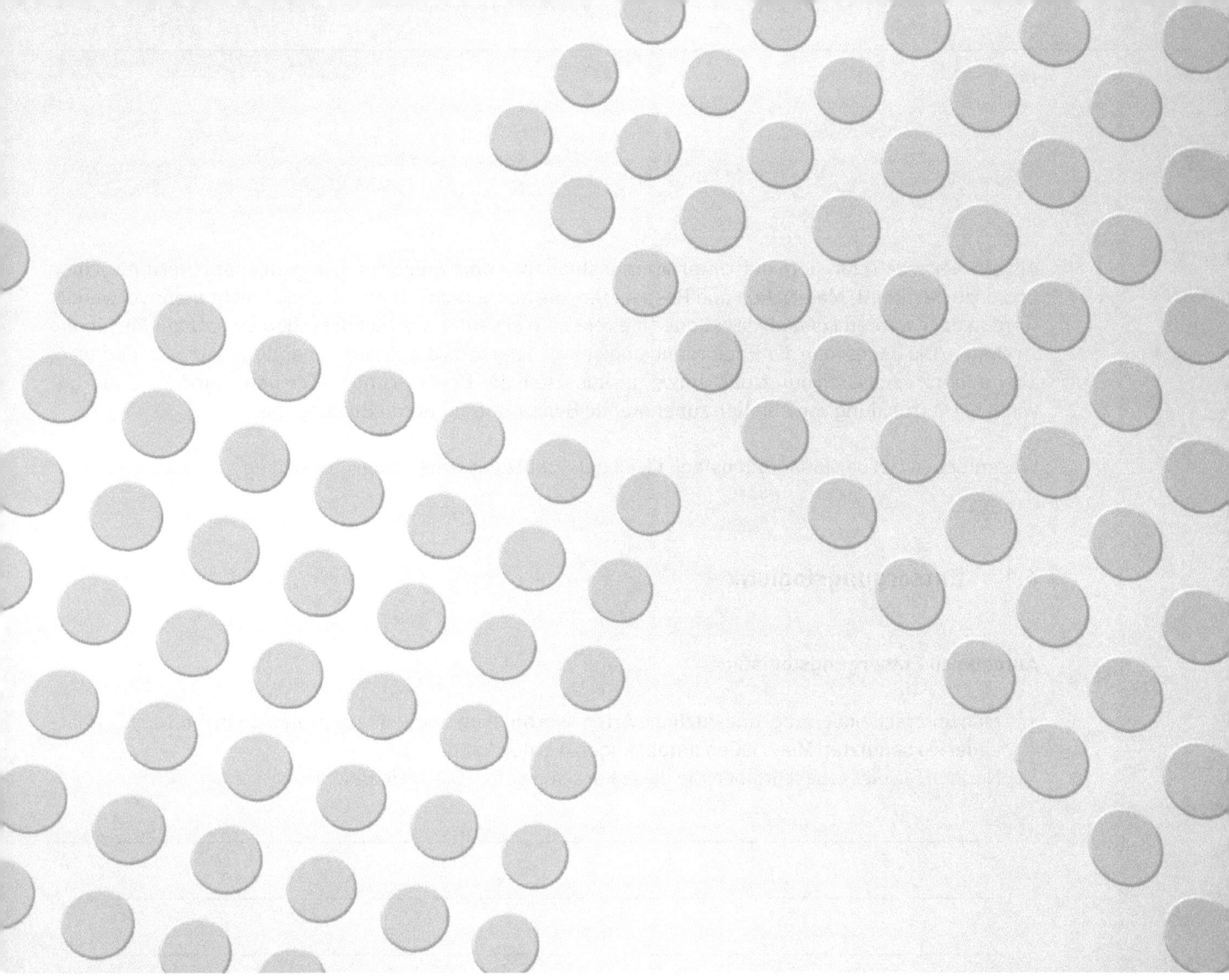

Entsorgungslogistik & Arbeitssicherheit

Kapitel 6

6 Entsorgungslogistik & Arbeitssicherheit

Als ein weiteres Teilsystem der Unternehmenslogistik ist die Entsorgungslogistik dafür verantwortlich und dazu bestimmt, Materialien und Ressourcen, die aus verschiedenen Gründen nicht mehr verwendet werden oder werden können, direkt oder indirekt zum erneuten wertschöpfenden Einsatz zur Verfügung zu stellen. Die Bedeutung der Entsorgungslogistik ist einerseits durch zunehmende gesetzliche Auflagen, aber andererseits auch durch das Umweltbewusstsein der Bevölkerung im Steigen begriffen. Dabei gewinnt die Vermeidung von Abfällen zunehmende Bedeutung vor deren Beseitigung.

Wesentliches Ziel der Entsorgungslogistik ist der Schutz der Umwelt bei gleichzeitig minimalen Kosten.

6.1 Entsorgungslogistik

Aufgabe zu Entsorgungslogistik

1. Man unterscheidet vier grundsätzliche Arten, wie mit nicht mehr im ursprünglichen Sinn des Primärbedarfes benutzten Materialien umgegangen werden kann.
   Nennen Sie diese, beschreiben Sie diese kurz und geben Sie je ein Beispiel an.

_____

_____

_____

_____

_____

_____

_____

_____

_____

_____

_____

_____

_____

_____

_____

_____

_____

_____

6.1.1 Einleitung – Szenario 1

In einem Fertigungsbetrieb wie der Firma Häusler & Huber GmbH fallen an vielen Orten Abfälle an. Neben den Abfällen in der Schreinerei sind es vor allem die metallischen Abfälle in der Metallbearbeitung und Schweisserei, wo auch Dämpfe und Gase zu berücksichtigen sind. In geringem Umfang trotzdem bedeutsam sind Abfälle, die in der Lackiererei entstehen. Aber auch beim Wareneingang und in der Spedition finden sich Abfälle verschiedenster Art.

Aufgabe zu Szenario 1

2. Nennen Sie wesentliche Aufgaben der Entsorgungslogistik, wie sie in der Firma Häusler & Huber GmbH anzutreffen sind.

_____

_____

_____

_____

_____

_____

_____

_____

_____

_____

_____

_____

6.1.2 Einleitung – Szenario 2

Das bisherige, traditionelle Entsorgungskonzept entspricht immer weniger den steigenden Anforderungen einerseits der herrschenden Gesetze, andererseits auch dem Wunsch der Unternehmensleitung, ein hohes ökologisches Image aufzubauen.

Aufgaben zu Szenario 2

3. Entwickeln Sie ein grobes Entsorgungskonzept, das in erster Linie auf Abfallvermeidung ausgeht, aber den Gegebenheiten eines holz- und metallverarbeitenden Betriebes gerecht wird.

   a) Welche Konzeptideen sehen Sie im Bereich Abfallvermeidung?

   _____

   _____

   _____ →

Entsorgungslogistik & Arbeitssicherheit | **6**

_____

_____

_____

_____

_____

_____

_____

_____

b) Welche Konzepte sehen Sie für die Abfallbeseitigung insbesondere im gesamten Fertigungs- und Speditionsbereich? Es geht hier nur um grundsätzliche Überlegungen, weil ein detaillierteres Konzept die vorhandenen Gegebenheiten im Detail berücksichtigen müsste, wie Platzverhältnisse, Geh- und Fahrwege, Fertigungsabläufe und einiges mehr.

_____

_____

_____

_____

_____

_____

_____

_____

_____

_____

_____

_____

_____

_____

Entsorgungslogistik & Arbeitssicherheit

6

6.1.3 Einleitung – Szenario 3

Bisher wurden sämtliche Restabfälle, wie Verpackungsabfälle und Papier aus dem Büro- und Fertigungsbereich, relativ unsystematisch gesammelt und in einem abschliessbaren Container mit einem Fassungsvermögen von 6 m³ deponiert, der von einem Dienstleister abgeholt wurde, sobald er gefüllt war.

Für das vergangene Jahr ergaben sich folgende Daten:

- insgesamt 50 Tonnen Restabfall
- 25 Transportvorgänge
- pro Transport CHF 280.00 Entsorgungsgebühr
- pro Tonne Restabfall CHF 120.00 Entsorgungsgebühr

Nach einem Besichtigungsgang legt der Fertigungsleiter der Geschäftsleitung den Vorschlag vor, mithilfe
einer probeweise gemieteten Ballenpresse zu analysieren, ob sich die Entsorgungskosten auf diesem
Weg senken liessen.

Ein dreimonatiger Probebetrieb ergab folgende Daten:

- Pro Mulde fielen im Schnitt 0.84 Tonnen Altkarton und Altpapier an.
- Dabei machte dessen Volumen ca. 60 % des Muldenvolumens aus.
- Für die gepressten Ballen erhielt die Firma CHF 17.50 pro Tonne, wobei die Abholung der Ballen gratis ist.
- Die Ballenpresse verursacht monatliche Betriebskosten von CHF 180.00 und würde bei einer Anschaffung eine Investition von CHF 9 000.00 verursachen, die wie im Betrieb für derartige Investitionen speziell vorgegeben in sechs Jahren abzuschreiben und mit 8 % zu verzinsen wäre.

Aufgabe zu Szenario 3

4. Ermitteln Sie die heutigen Kosten der Restabfallentsorgung und die Einsparungen, die durch eine
   Ballenpresse bewirkt werden könnten.

   a) Heutige Entsorgungskosten

   _____

   _____

   _____

   _____

   b) Einsparungen durch die Ballenpresse

   _____

   _____

   _____

   _____

   _____

   _____

   _____

Entsorgungslogistik & Arbeitssicherheit

6

c) In welcher Zeit ist die Investition refinanziert?

d) Empfehlung an die Geschäftsleitung, Begründung

6.1.4 Wissensfragen zum Umweltmanagement und zur Entsorgungslogistik

5. Wie heisst die internationale Norm, die Anforderungen an das Umweltmanagementsystem enthält?

6. Welche Aspekte im Rahmen eines Umweltmanagementsystems sind bei der Entwicklung und Herstellung von Produkten zu berücksichtigen?

7. Was sind die zentralen Aufgaben in der Entsorgungslogistik?

_____

_____

_____

_____

_____

_____

_____

_____

_____

_____

_____

_____

6.2 Kennzahlen in der Entsorgungslogistik

Wie für alle anderen Bereiche der Logistik sind auch in der Entsorgungslogistik Kennzahlen definiert, die für Planungs- und Überwachungsaufgaben wichtig sind.

Beispiele:

Kennzahl	Berechnung, Beschreibung
Verhältnis der Entsorgungskosten zu den Betriebskosten	Entsorgungskosten / Betriebskosten
Rückfluss Verpackungsmaterial	Anteil Rückfluss / Total Verpackungsmaterial
Anteil Recycling	Recyclingmenge / Gesamte Reststoffmenge
Abfallaufkommen pro Periode	Abfallmengen (Volumen, Gewicht) nach Materialien getrennt
Anzahl Orte, an denen Abfall entsteht	Zur Planung der Sammelplätze und der Transportmittel und Transportwege
Häufigkeit des Abfallabtransportes	Durch eigene Fahrzeuge oder durch Entsorgungsdienstleister

6.3   Ziele und Aufgaben der Arbeitssicherheit

Es hat sich eingebürgert, das Thema Arbeitssicherheit, auch Personensicherheit und Gesundheitsschutz genannt, im Bereich Unternehmenslogistik anzusiedeln. Dies ist nicht unbegründet, muss doch die Logistik im Betrieb dafür sorgen, dass die den Schutz der Gesundheit der Mitarbeitenden sichernden Einrichtungen, Materialien und Ausrüstungsgegenstände vorhanden und im Einsatz sind.

Andererseits ist Personen- und Arbeitssicherheit eine Führungsaufgabe und kann nicht delegiert werden, da das Unternehmen als Ganzes gegenüber dem Gesetzgeber, der die entsprechenden Gesetze erlässt, die Verantwortung übernimmt.

Erstes Ziel der Arbeitssicherheit ist die Verhinderung bzw. Vermeidung von Gefahren für Personen im Betrieb. Dazu sind durch systematische Analyse der betrieblichen Abläufe und Einrichtungen Gefahrenpotenziale zu erkennen und diese durch geeignete Massnahmen zu verringern oder zu beseitigen. Hinzu kommt, dass jeder Betrieb verantwortlich ist, seine Mitarbeitenden im Hinblick auf das Erkennen von Gefahren und auf unfallverhinderndes Verhalten zu schulen. Der Betrieb ist auch verpflichtet, ein nicht den Sicherheitsvorschriften entsprechendes Verhalten von Mitarbeitenden zu ahnden. Dies kann so weit gehen, dass fehlbare Mitarbeitende fristlos entlassen werden können. Der Betrieb ist ferner verpflichtet, geeignete, den Gefahrenpotenzialen des Betriebes angepasste persönliche Schutzausrüstungen (PSA) zur Verfügung zu stellen und deren Benutzung zu überwachen.

Im Rahmen dieses Repetitoriums erscheint es nicht sinnvoll, den auf Rechtsgrundlagen aufbauenden Wissensstoff auszubreiten. Es wird den Studierenden empfohlen, die einschlägigen Kapitel in der Fachliteratur zu erarbeiten, z. B.: H.-J. Mathar, J. Scheuring: Logistik für technische Kaufleute, compendio Bildungsmedien, Zürich, 3., überarbeitete Auflage 2014, Kapitel 3, S. 52 ff.

6

Entsorgungslogistik & Arbeitssicherheit

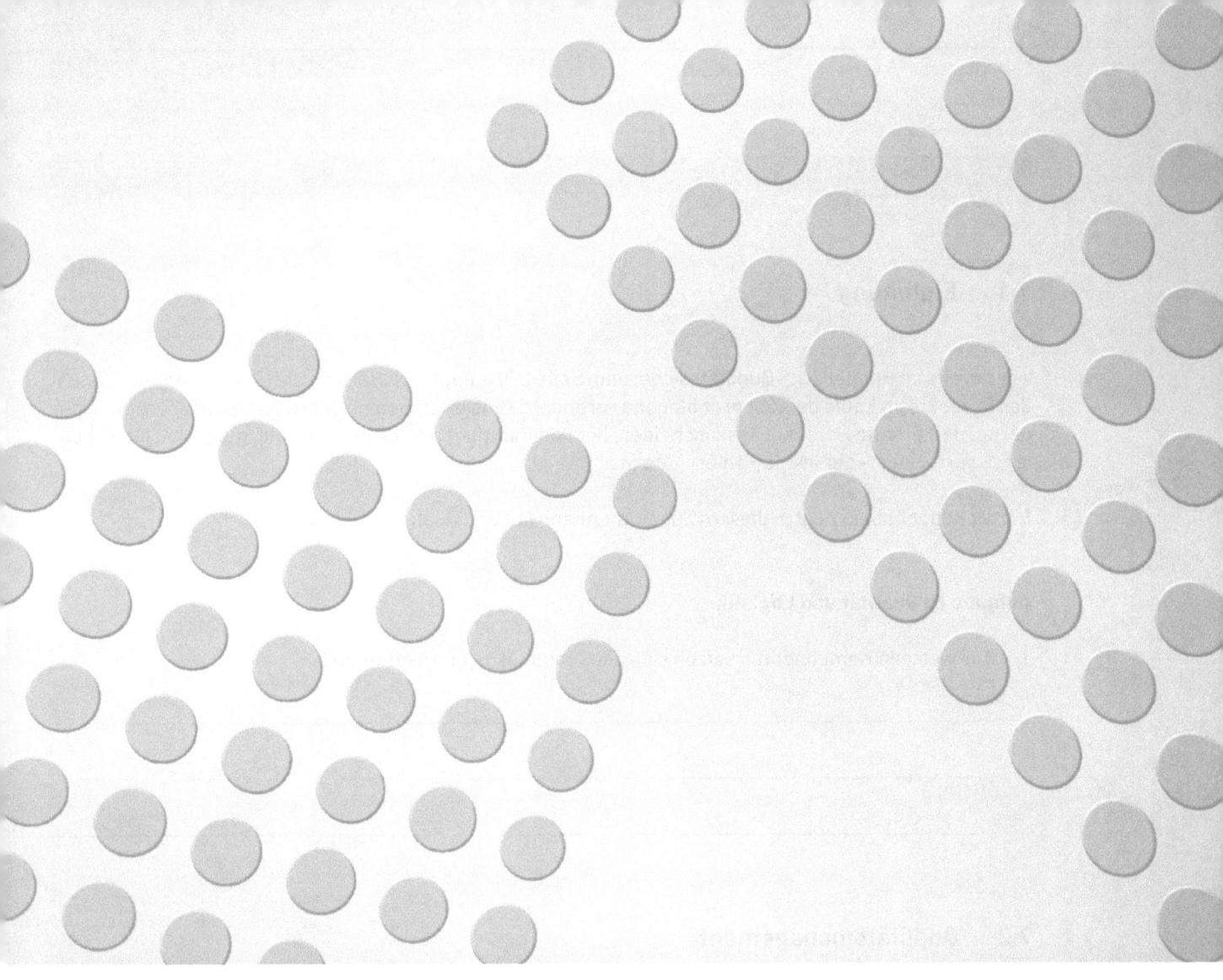

Qualität & Logistik

Kapitel 7

7 Qualität & Logistik[1]

7.1 Einleitung

Wie bereits im Kapitel 2.3.8 Qualitätssicherung, Seite 220 aufgeführt, hat sich die Einstellung zur Qualität der Produkte im Laufe der Zeit grundlegend verändert. Ging es zu Beginn der industriellen Fertigung nur darum, fehlerhafte Produkte auszuscheiden, liegt der heutige Schwerpunkt darauf, möglichst jeden Fehler zu vermeiden – der «Null-Fehler»-Ansatz.

Ein wichtiger Aspekt liegt in diesem Zusammenhang auf den Qualitätskosten.

Aufgabe zu Qualität und Logistik

1. Aus welchen Komponenten setzen sich die Qualitätskosten zusammen?

7.2 Qualitätsmanagement

Unter Qualitätsmanagement versteht man, im Gegensatz zum punktuellen Ansatz der Qualitätskontrolle und Qualitätssicherung, die Übertragung des Qualitätsdenkens von der Produktion auf alle Bereiche des Betriebes, einschliesslich der obersten Führungsebene. Nach diesem von Joseph Moses Juran ab 1954 in Japan vertretenen ganzheitlichen Ansatz ist eine Qualitätsverbesserung nur dann möglich, wenn sich alle Mitglieder des Unternehmens am Qualitätsprozess beteiligen. Dies ist nur dadurch möglich, dass als zentrales Element die Kundenorientierung einbezogen wird. Danach formuliert der Kunde die Qualität für das von ihm nachgefragte Produkt für die verlangte Dienstleistung.

Wesentliche Vorgehensweise für ein nachhaltiges Qualitätsmanagement ist die Auditierung.

Aufgaben zu Qualitätsmanagement

2. Welche Arten von Audits gibt es und auf welche Q-Dokumente richten sie sich?

---

1   H.-J. Mathar, J. Scheuring: Logistik für technische Kaufleute, compendio Bildungsmedien, Zürich, 3., überarbeitete Auflage 2014, Kapitel 1.4, S. 17 ff.

3. Wie heisst die internationale Norm, die für das Qualitätsmanagement angewendet wird?

   _____

4. Was versteht man unter dem Begriff «Zertifizierung eines Qualitätsmanagementsystems»?

   _____

   _____

   _____

   _____

   _____

5. In der Qualitätssicherung und Qualitätsprüfung wird immer wieder von Stichprobenkontrolle gesprochen. Welche Voraussetzungen müssen dabei erfüllt sein?

   _____

   _____

   _____

   _____

   _____

7.3 Qualitätswerkzeuge

7.3.1 Einleitung

Es gibt u. a. folgende Qualitätswerkzeuge, mit denen Abweichungen und Fehler im Rahmen der Qualitätskontrolle und Qualitätssicherung erfasst, dargestellt und analysiert werden.

- Korrektionsdiagramm
- Qualitätsregelkarte
- Qualitätszirkel
- Histogramm
- Streudiagramm
- Paretodiagramm
- Ursachen-Wirkungsdiagramm
- Brainstorming

Aufgabe zu Qualitätswerkzeuge

6. In dieser Aufgabe wollen wir uns mit der Qualitätsregelkarte beschäftigen. Die folgenden Angaben dienen der Erstellung einer Qualitätsregelkarte. Es handelt sich um den Durchmesser eines Drehteiles, das in grösseren Mengen serienmässig produziert wird.
   - Obere Warngrenze (OWG) = + 0.3 mm
   - Obere Eingriffsgrenze (OEG) = + 0.4 mm
   - Untere Eingriffsgrenze (UEG) = – 0.4 mm
   - Untere Warngrenze (UWG) = – 0.3 mm

   a) Legen Sie eine Qualitätsregelkarte an und tragen Sie folgende Stichprobenwerte, die alle aus einer einzigen Charge stammen, ein:
      - Stichprobe 1: + 0.25
      - Stichprobe 2: – 0.14
      - Stichprobe 3: – 0.28
      - Stichprobe 4: – 0.36
      - Stichprobe 5: + 0.41
      - Stichprobe 6: – 0.22
      - Stichprobe 7: – 0.05
      - Stichprobe 8: + 0.19
      - Stichprobe 9: – 0.14
      - Stichprobe 10: + 0.31

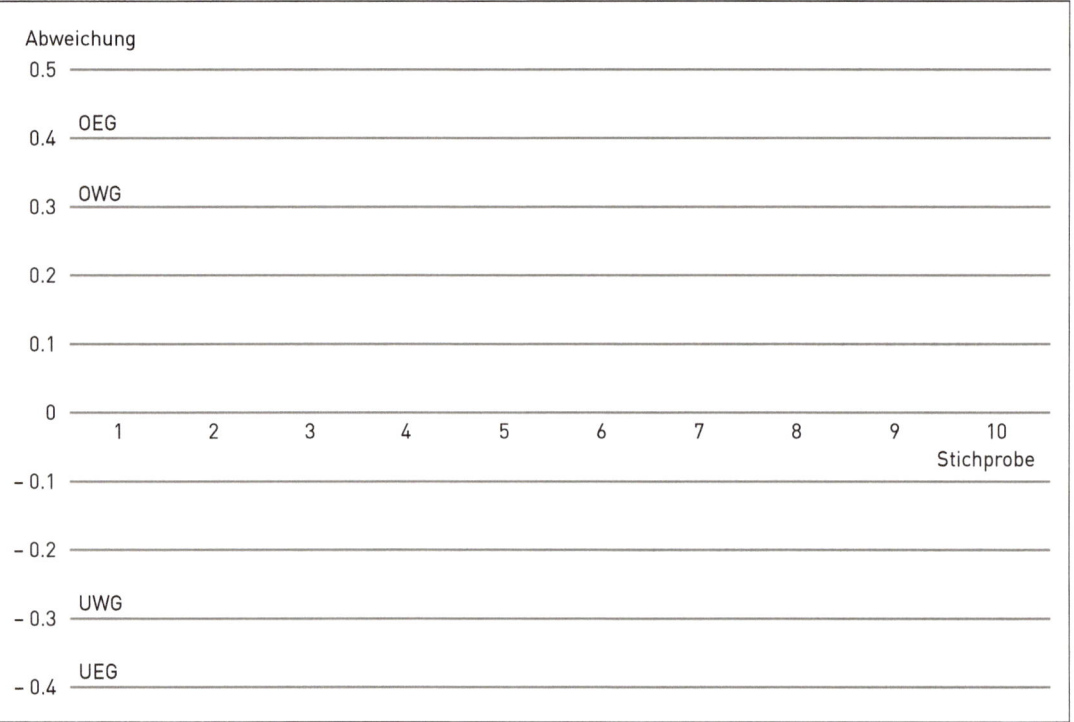

   b) Welche Schlüsse ziehen Sie aus dieser Darstellung?

   _____

   _____

   _____

   _____

   _____

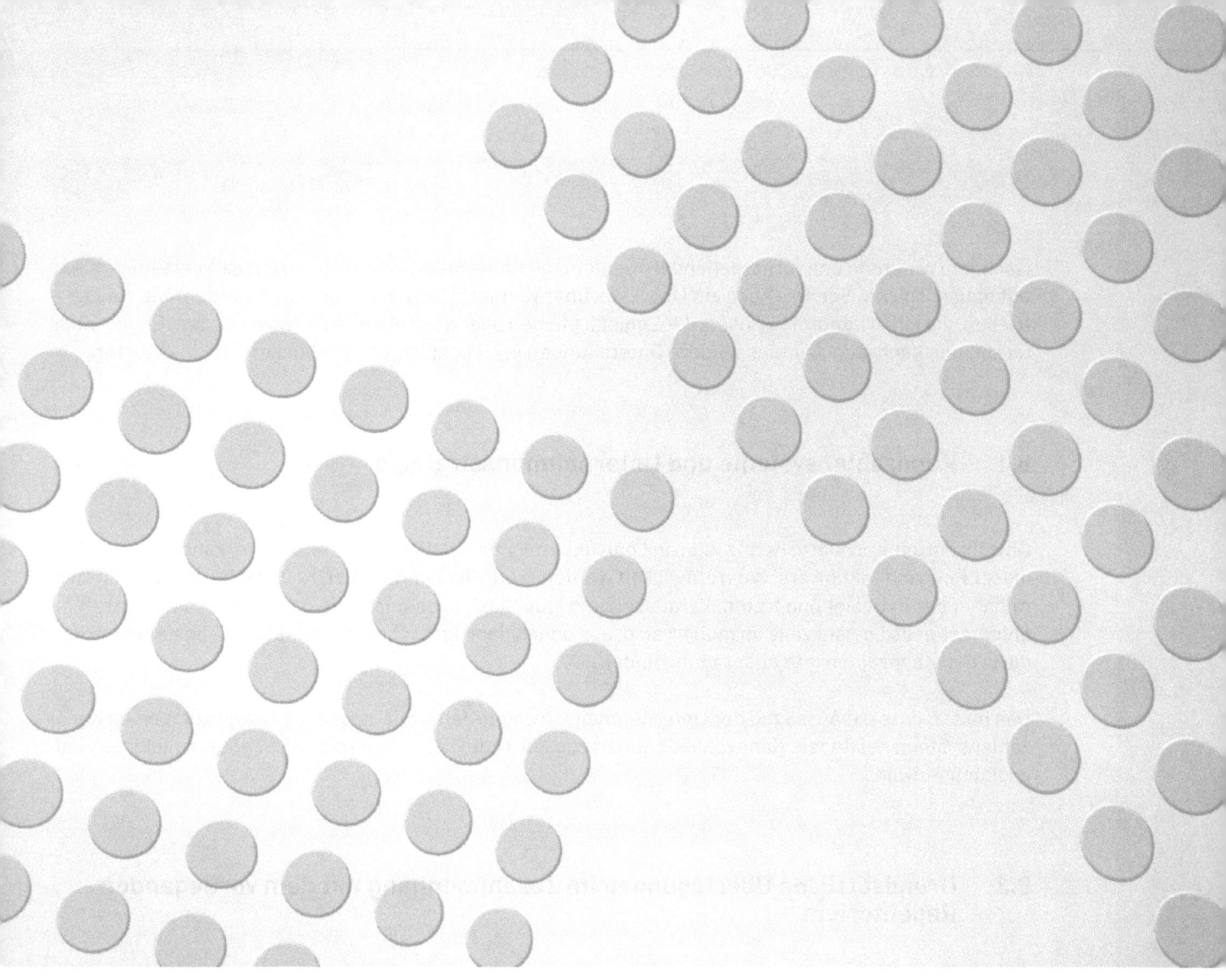

Kennzahlensysteme in der Logistik

Kapitel 8

8 Kennzahlensysteme in der Logistik

Nachdem wir uns in den vorhergehenden Kapiteln mit Kennzahlen im jeweiligen Logistikbereich beschäftigt haben, soll am Schluss noch ein Überblick über Kennzahlensysteme gegeben werden, wie sie in Betrieben, die einen integralen Ansatz der Logistik pflegen oder anstreben, verwendet werden. Dieses Kapitel soll und kann jedoch umfassendere Darstellungen in einschlägigen Lehrbüchern[1] nicht ersetzen.

8.1 Kennzahlensysteme und Unternehmensstrategie

Obwohl einzelne, isolierte Kennzahlen in Logistikbereichen nützlich und sinnvoll sind, kann der volle Wert dieser Kontrollfunktion erst dann entwickelt werden, wenn die individuellen Kennzahlen in einem System miteinander in Beziehung treten. Voraussetzung jedoch ist, dass bereits in der Unternehmensstrategie entsprechende Logistikziele formuliert sind, aus denen dann kritische Erfolgsfaktoren abgeleitet werden, die in den Kennzahlen ihre Ausprägung finden.

Das heisst, dass die Aussagen der Unternehmensstrategie den Umfang und die Komplexität eines Kennzahlensystems festlegen. Kennzahlen ohne Bezug zur Unternehmensstrategie bedeuten nicht gerechtfertigten Aufwand.

8.2 Grundsätzliche Überlegungen im Zusammenhang mit dem vorliegenden Repetitorium

Kennzahlen und Kennzahlensysteme erhalten erst dann ihren Wert in einem Betrieb, wenn sie entweder für den gleichen Sachverhalt in unterschiedlichen Bereichen verglichen werden können – Beispiel Lagerumschlag verschiedener Lager – oder wenn deren Verlauf über einen längeren Zeitraum analysiert werden kann. In beiden Fällen ist Voraussetzung, dass die beurteilende Person über langjährige Erfahrungen verfügt. Fehlt diese, ist entweder die Gefahr gegeben, wichtige Resultate zu übersehen oder allenfalls sogar falsche Schlüsse zu ziehen.

Daher können hier nur eher allgemeine Aussagen zu den Kennzahlen und ihrer Bedeutung gemacht werden. Schliesslich muss jedes Unternehmen die relevanten Kennzahlen im Hinblick darauf festlegen, erheben, analysieren und archivieren, welche Sachverhalte, Prozesse oder Bestände damit überwacht und gesteuert werden sollen.

---

1   H. Ehrmann: Logistik, Ludwigshafen (Rhein), 6. Auflage, 2008

Kennzahlensysteme in der Logistik   8

8.3 Logistik und Working Capital Management (WCM)

Der Begriff Working Capital Management ist relativ neu, bezeichnet jedoch eine unternehmerische Einstellung und Haltung gegenüber den in Lagerbeständen und in Aufträgen gebundenen Kapitalien, die schon immer in unternehmerischen Ansätzen zur integralen Kostenkontrolle enthalten waren.[2]

Während vor allem börsenkotierte Konzerne und Grossunternehmen unter dem Druck von Ratingagenturen und Shareholdern bereits seit Jahren mithilfe des Working Capital Managements das im Unternehmen gebundene Kapital zu optimieren versuchen, haben KMU diese in der Bilanz versteckten Schätze[3] noch kaum in den Blick genommen.

Voraussetzung ist, dass die IT die Basisdaten für die Kennzahlen für das WCM automatisiert erhebt und das damit zusammenhängende Kennzahlensystem in Reports generiert.

Es ist hier nicht der Ort, dieses relativ neue Instrument der Kostenkontrolle zu vermitteln. Jedoch soll durch die Erwähnung des Working Capital Managements auf die Trends der zunehmend integralen Betrachtung der Unternehmenslogistik hingewiesen werden.

Kennzahlensysteme in der Logistik 8

---

2   Siehe hierzu «Rezepte für den klugen Geldfluss», eine Sonderbeilage zur NZZ vom 30.10.2015 von Postfinance in Kooperation mit NZZ Media Solutions

3   E. Hofmann, J. Martin: Versteckte Schätze, in: UnternehmerZeitung vom 30.10.2015

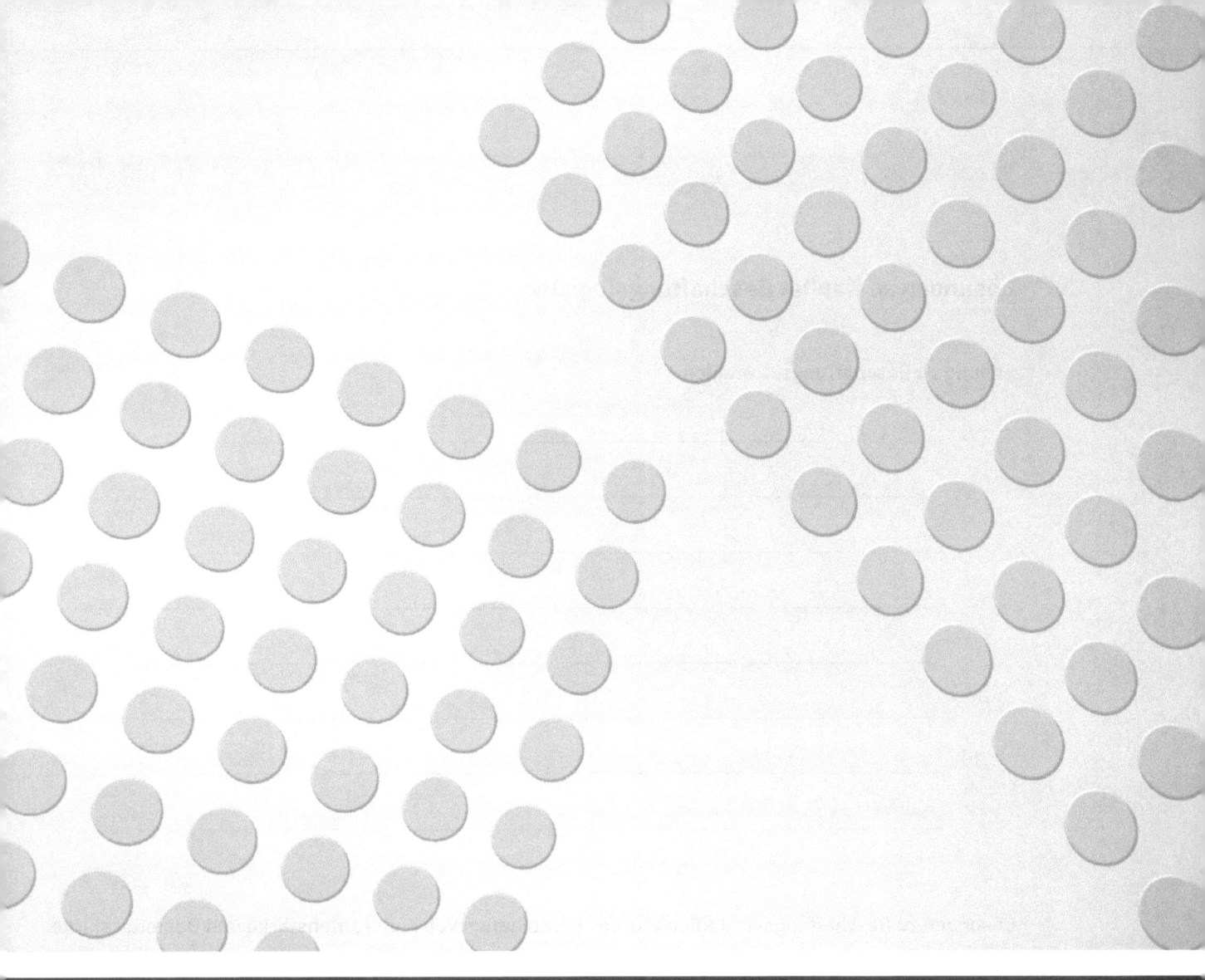

Lösungen BPL

Kapitel 9

9 Lösungen BPL

Lösungen zu Kapitel Beschaffungslogistik

Lösung zu Beschaffungsstrategien

1. a) Strategie beinhaltet Aussagen über die zu erreichenden Ziele, wie z.B., dass Rohmaterialien nur von zertifizierten Lieferanten (ISO 9000 und/oder ISO 14000) bezogen werden oder für strategisch wichtige Produkte SCM implementiert ist. Dazu muss noch der Zeitrahmen, eben mittelfristig oder langfristig, definiert werden.

   «Mittelfristig» meint ein Jahr bis maximal fünf Jahre, «langfristig» nimmt einen Zeitrahmen von über vier Jahren in den Blick.

   b) Unternehmensstrategie, Verkaufsstrategie, Geschäftsfeldstrategie, Logistikstrategie, MOB-Strategie, Warengruppenstrategie usw.

Lösungen zu Beschaffungsstrategien aus der Kombination von Lieferantenstärke und Bestellerstärke

2. a) Feld 1:

   Unabhängigkeit von diesem Lieferanten, Sicherstellung der Versorgung, alternativen Lieferanten suchen, Substitutionsgüter finden, neue konstruktive oder verfahrenstechnische Lösungen erarbeiten.

   Bezeichnung: Emanzipationsstrategie

   b) Feld 2:

   Frieden, kein Stress, Partnerschaft, Kompromisse schliessen, Beziehung stabilisieren.

   Bezeichnung: Geschäftsfreundestrategie

   c) Feld 3:

   Zusammenarbeit beenden oder deutlich ausweiten, den preisgünstigsten Lieferanten auswählen.

   Bezeichnung: Anpassungsstrategie

   d) Feld 4:

   Chancen nutzen und realisieren, Verhandlungen optimieren, Wettbewerb unter den Anbietern fördern.

   Bezeichnung: Chancenrealisierungsstrategie

Lösungen zu Beschaffungsstrategien zur Sourcing-Definition

3. a) Global Sourcing

Bezeichnet die weltweite Beschaffung für eine bestimmte Leistung bzw. ein bestimmtes Produkt. Durch die Globalisierung, das starke Lohngefälle und die Typisierung der Beschaffungsgüter wird Global Sourcing heute stark gefördert.

Chancen: Frühzeitiges Erkennen neuer Trends (Technologie, Preise, Währungsveränderungen, Preisentwicklungen ...) durch die damit verbundenen internationalen Kontakte.

Risiken: Meist hohe Transportrisiken (Kostenschwankungen, Störungen, Ausfälle, Verzögerungen ...), Währungsrisiken, politische Risiken, Risiken unterschiedlicher Kulturen und der Sprachbarrieren.

b) Local Sourcing

Bezeichnet die Beschaffung bei lokalen Quellen für eine bestimmte Leistung bzw. ein bestimmtes Produkt. Ist oft in KMUs anzutreffen, die traditionell gewachsene lokale Beziehungen pflegen.

Chancen: Die meist enge und langfristige Zusammenarbeit ermöglicht flexible Lieferkonditionen und bietet die Gelegenheit für gemeinsam entwickelte Produktstrategien.

Risiken: Verpassen internationaler Trends in den Beschaffungsmärkten, sowohl technologisch als auch bezüglich der Preisentwicklung.

c) Single Sourcing

Bezeichnet die Beschaffung aus einer einzigen Quelle für eine bestimmte Leistung bzw. für ein bestimmtes Produkt, z. B. ein Lieferant pro Artikel oder Artikelfamilie.

Chancen: Kann die Grundlage für die Verkürzung der Beschaffungszeiten und damit der Auftragsdurchlaufzeiten bilden; bietet die Möglichkeit zunehmend engerer Zusammenarbeit mit dem Lieferanten und damit der Nutzung von dessen Know-how, was der Produkt- und Prozessentwicklung zugute kommen kann.

Risiken: Entwicklungen auf dem Beschaffungsmarkt können übersehen werden (Technologie, Preise), wenn der Lieferant und/oder der Besteller sich allzu sehr aufeinander verlassen, Tendenz zu der Haltung «Wir haben es immer so gemacht».

d) Multiple Sourcing

Bezeichnet die Beschaffung bei mehreren Quellen für eine bestimmte Leistung oder ein bestimmtes Produkt. Diese Strategie senkt das Risiko einer zu grossen Abhängigkeit von einem

9

Lösungen BPL

anderen Unternehmen. Sie ist u. a. gebräuchlich bei traditionellen Kunden/Lieferanten-Verhältnissen.

Chancen: Als Besteller können vor allem Preisentwicklungen sehr schnell wahrgenommen werden, auch Technologietrends können so relativ einfach erkannt werden. Gefahr zunehmender Abhängigkeiten (Single Sourcing) wird gering.

Risiken: Verzettelung der Einkaufsmacht, hoher administrativer Beschaffungsaufwand, wenn der Beschaffungsprozess nicht weitgehend automatisiert werden kann; geringe Mengenrabatte.

e) Dual Sourcing

Auch Double Sourcing genannt, entspricht dem Single Sourcing mit Risikoabsicherung gegen den totalen Versorgungsausfall.

Chancen: Durch den Bezug von einem Zweitlieferanten haben die Unternehmen zusätzlich eine Möglichkeit, u. a. den Preis und die Qualität zu vergleichen.

Risiken: Ähnlich Single Sourcing, aber gemildert; wenn Verhandlungen nicht gut geführt werden, besteht die Gefahr geringerer Mengenrabatte; Risiko von Absprachen zwischen den beiden Lieferanten ist nicht auszuschliessen.

f) Sole Sourcing

Lieferanten mit monopolistischer Stellung auf dem Markt. Ursachen dafür können sein: staatliche Regulierungsmassnahmen, exklusive Nutzungsrechte, Ergebnis von Verdrängungswettbewerb, nur ein Lieferant beherrscht die erforderlichen Technologien. Führt zur vollständigen Abhängigkeit von der Geschäftspolitik des Lieferanten (Monopol-Lieferant).

Die Auswirkungen können durch folgende Massnahmen gemildert werden:

– langfristige Rahmenverträge

– Suche nach Substitutionsprodukten

– Veränderung der Marktstrukturen auf Anbieterseite

Chancen: In einer solchen Situation gibt es eigentlich keine Chancen. Bezüger sind vollkommen abhängig. Allerdings partizipieren sie an der Lieferantentechnologie, damit haben sie die gleiche Position wie die eigene Konkurrenz.

Risiken: Können durch diese Abhängigkeit gross werden, wenn der Monopollieferant die Entwicklungen seiner Konkurrenten verschläft.

Lösungen BPL 9

Lösungen zu ABC-Analyse

4. Lösungstabelle

Produkt	Einkauf in CHF (Wert)	Einkauf in CHF (Wert) kumuliert		Einkauf in Stück (Menge)	Einkauf in Stück (Menge) kumuliert	
	CHF	CHF	%	St.	St.	%
4	1 778 400.00	1 778 400.00	30.99	23 400	23 400	10.26
10	1 719 900.00	3 498 300.00	60.96	22 050	45 450	19.92
7	680 400.00	4 178 700.00	72.82	8 100	53 550	23.47
2	427 500.00	4 606 200.00	80.27	11 250	64 800	28.40
5	346 500.00	4 952 700.00	86.31	49 500	114 300	50.10
1	180 000.00	5 132 700.00	89.44	22 500	136 800	59.96
8	172 800.00	5 305 500.00	92.46	14 400	151 200	66.27
6	170 100.00	5 475 600.00	95.42	4 050	155 250	68.05
3	147 600.00	5 623 200.00	97.99	36 900	192 150	84.22
9	115 200.00	5 738 400.00	100.00	36 000	228 150	100.00

Erklärungen zur Lösung: Beginnend mit dem höchsten Einkaufswert werden alle Produkte in eine neue Tabelle eingetragen, zunächst nur der Einkaufswert und die Produktbezeichnung. Sind alle Produkte erfasst, beginnt man mit der dritten Spalte, wo die Einkaufswerte kumuliert werden. In der vierten Spalte werden die prozentualen Anteile des jeweiligen kumulierten Einkaufswertes ausgewiesen. Sobald diese Spalte vollständig ist, können die Grenzen zwischen den drei Gruppen festgelegt werden. Im vorliegenden Beispiel wurde als Grenze der A-Gruppe der Wert 72.82 % gewählt. Damit erreicht man hier eine einigermassen ausgewogene Verteilung über die nur zehn Produktpositionen. In der Praxis mit einigen Tausenden Positionen ist die Festlegung der Grenzen zwischen A, B und C normalerweise einfacher, weil der Übergang bei 80 % leichter zu finden ist.

5.

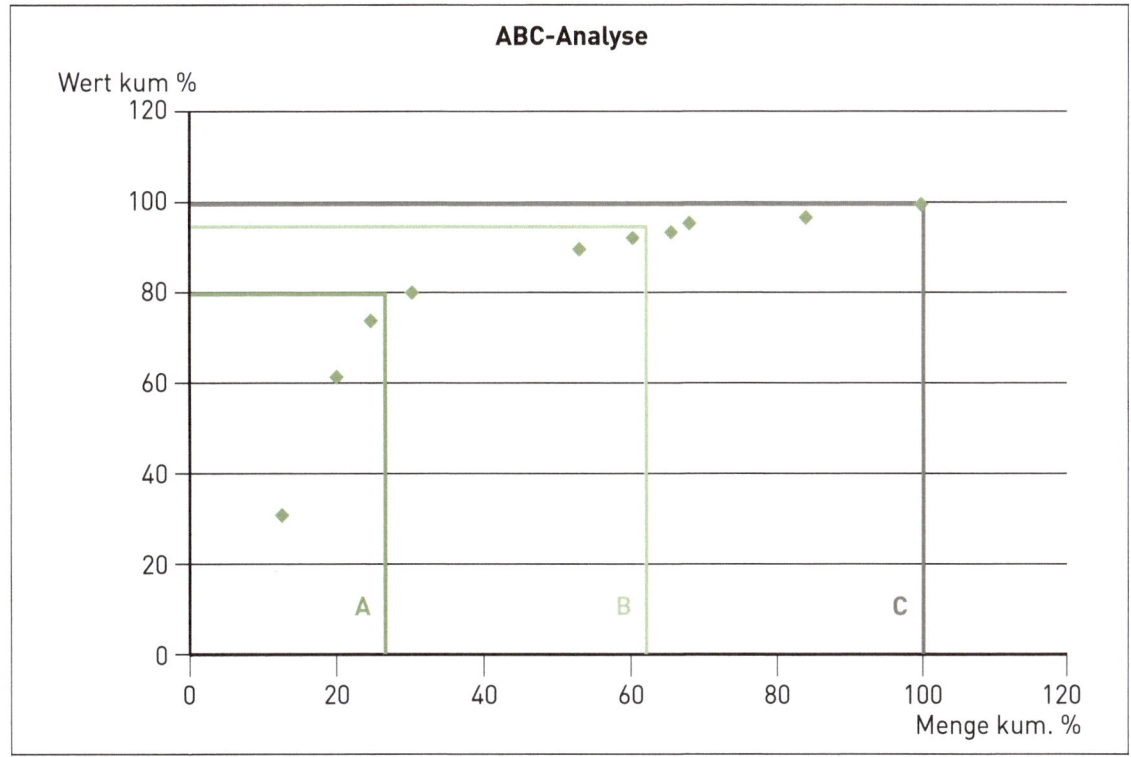

Lösungen zu Kombination ABC- und XYZ-Analyse

6.

	A	B	C
X	4	5	3
Y	10	1	6
Z	7	2	8, 9

7.

Feldbezeichnung	Strategischer Ansatz
A-X	Wegen des hohen Wertes und der hohen Prognosegenauigkeit eignen sich die Materialien dieses Feldes für Just-In-Time-Beschaffung. Das heisst, der Bedarf wird programmorientiert (auf Fertigungsaufträgen basierend) ermittelt und fertigungssynchron zugeliefert. Die hohe Prognosegenauigkeit erlaubt eine automatische Bestellungsauslösung.
A-Z	Wegen des hohen Wertes ist eine programmorientierte Bedarfsermittlung anzustreben. Um die unsichere Prognosesituation zu überbrücken, bieten sich entweder Rahmenverträge mit dem einzigen oder einigen wenigen Lieferanten an. Allenfalls könnte auch ein kleines Pufferlager erforderlich sein, das jedoch wegen des hohen Wertes des Materials und damit der hohen Lagerkosten minimal gehalten werden sollte.
C-X	Wegen des geringen Wertes eignet sich dieses Feld besonders gut für die verbrauchsorientierte Bedarfsermittlung über ein geeignet dimensioniertes Lager. Durch die hohe Prognosegenauigkeit kann der Bestellvorgang automatisch erfolgen.
C-Z	Dieses Feld ist für den Beschaffungslogistiker eine besondere Herausforderung. Einerseits deutet der geringe Wert auf eine verbrauchsorientierte Bewirtschaftung hin. Durch die unsichere Prognose ist aber die Steuerung des Lagerbestandes äusserst schwierig. Entweder ist immer wieder zu viel an Lager oder zu wenig. Der Beschaffungslogistiker sollte als strategische Massnahme gemeinsam mit der Entwicklung/Konstruktion versuchen, die Produkte bzw. Materialien in diesem Feld entweder aus dem Sortiment zu eliminieren oder durch konstruktive Veränderungen bzw. Kombination mit weiteren Teilen in Richtung A-Produkte zu verändern. Allenfalls könnte dadurch auch die Prognosegenauigkeit verbessert werden.
B-X	Die hohe Prognosegenauigkeit erlaubt eine automatisierte Bestellauslösung; die Wertgruppe B könnte entweder zu einer programmorientierten oder zu einer verbrauchsorientierten Bedarfsermittlung führen.
B-Y	Hier ist eine generell gültige Aussage unmöglich, weder ist der Wert noch die Prognosegenauigkeit hoch. Hier muss von Material zu Material entschieden werden.
B-Z	Die geringe Prognosegenauigkeit fordert eine manuelle Beschaffung, sei es über ein kleines Pufferlager (B-Produkt), sei es programmorientiert.
A-Y	Der hohe Wert dieser Materialien bei mittlerer Prognosegenauigkeit verlangt eine sorgfältige Bedarfsermittlung, in erster Linie programmorientiert.
C-Y	Wegen des geringen Wertes bei mittlerer Prognosegenauigkeit kann eine teilautomatische Bestellungsauslösung eingesetzt werden, bei guter Beobachtung des Lagerbestandes.

9

Lösungen BPL

8.		
A-Artikel	Sollen wegen ihres hohen Wertes und der damit verbundenen hohen Kapitalbindung immer genau geplant und überwacht werden. Die programmorientierte, möglichst fertigungssynchrone Beschaffung steht im Vordergrund.	
B-Artikel	In diesem Zwischenbereich können sie entweder programmorientiert oder verbrauchsorientiert geplant werden.	
C-Artikel	Wegen des geringen Wertes steht die verbrauchsorientierte Bedarfsermittlung und Bewirtschaftung im Vordergrund.	
X-Artikel	Weil für diese Artikel eine hohe Prognosegenauigkeit vorliegt, ist die fertigungssynchrone Beschaffung anzustreben.	
Y-Artikel	Diese Artikel lassen sich nur ungefähr prognostizieren. Hier bieten sich Abrufaufträge, basierend auf flexiblen Rahmenverträgen an.	
Z-Artikel	Weil bei diesen Artikeln kaum Prognosen möglich sind, empfehlen sich langjährige Rahmenverträge mit möglichst günstigen Konditionen bei gleichzeitiger Vorratshaltung. Durch die mehrjährigen Rahmenverträge mit rollender Prognose kann die Zusammenarbeit zwischen Besteller und Lieferant optimiert werden.	

9.	**Hauptaufgaben, Massnahmen**
Strategische Artikel (= AX Kombination)	Genaue Bedarfsprognose nach Menge und Bedarfszeitpunkt; laufende Marktanalyse; Aufbau guter, langfristiger Lieferantenbeziehungen; JIT-Strategie. Besonders bei langen Lieferfristen Abschluss von Rahmenverträgen. Bei hohen technologischen Anforderungen SCM entwickeln.
Engpass-Artikel (= CX Kombination)	Das hohe Beschaffungsrisiko, kombiniert mit geringem Wert, zielt auf höhere Sicherheitsbestände bei der Beschaffung über Lager ab. Da das hohe Beschaffungsrisiko auf sehr beschränkte Lieferantenauswahl hindeutet, erhält die Kontrolle und Pflege des oder der – wenigen – Lieferanten besondere Bedeutung. Durch laufende Marktbeobachtung werden Ausweichpläne angestrebt.
Hebel-Artikel (= AZ Kombination)	Die hier anzutreffende hohe Einkaufsmacht muss ausgenützt werden. Gezielte und regelmässige Lieferantenvergleiche, harte, aber faire Verhandlungen und optimierte Beschaffungsmengen sollen die Beschaffungskosten tiefhalten. Multiple Sourcing ist hier gut möglich.
Unkritische Artikel (= CX Kombination)	Bestände und Beschaffungsmengen sowie die gesamten Beschaffungskosten sollen optimiert werden. Standardisierung oder gar Normierung der betreffenden Produkte sollen angestrebt werden, um die Beschaffung weitgehend zu automatisieren und die Kosten tief zu halten.

Lösung zu Auswahl geeigneter Lieferanten

10.	**Quelle**	**Vor- und Nachteile**	**Aufwand**
	Internet	Spezifische Suche nach Lieferanten für ein neues Produkt dürfte schwierig sein. Eher nur sehr allgemeine Anfragen (z.B. «Lieferant für Buchenholzbretter») möglich. Vor- und Nachteil: keine oder sehr viele Treffer	Kann schnell sehr gross werden, ohne verwertbare Resultate

→

9

Lösungen BPL

Quelle	Vor- und Nachteile	Aufwand
Fachzeitschriften	Vorteil: einschlägige Inserate und Angebote Nachteil: nur bezahlte Inserate	Relativ gering, wenn Fachzeitschrift im Betrieb vorhanden; wenn nicht, muss zuerst nach den relevanten Fachzeitschriften gesucht werden
Fachmessen	Vorteil: breites Lieferantenspektrum, unmittelbare Vergleichsmöglichkeit und Kontaktaufnahme mit Frage-Antwort möglich Nachteil: Aufwand, kaum Beurteilungsmöglichkeit, ob die ausstellenden Lieferanten wirklich repräsentativ für die Branche sind	Grosser Aufwand, daher meist nur eine einzige Messe besucht
Branchenverband	Vorteil: zuverlässige, umfassende Datenbasis Nachteil: meist nur nationale Lieferanten	Gering
Eigener Kundendienst, eigene Einkäufer, eigene Lieferanten	Vorteil: die so gefundenen Lieferanten stehen bereits in einem vertiefteren Verhältnis zum Betrieb Nachteil: neue, unbekannte Lieferanten kommen kaum in den Fokus	Aufwand kann gross werden, wenn wirklich umfassend recherchiert wird
Konkurrenz (nur möglich, wenn gutes und vertrauensvolles Verhältnis)	Vorteil: hat vielleicht ähnliche Absichten, daher gute Auskunft Nachteil: ich muss meine Absichten wenigstens durchblicken lassen	Relativ gering

Lösung zu Kriterien für die Reduktion auf eine sinnvolle Lieferantenanzahl

11. Kriterium	Datenquelle
Firmengrösse	Geschäftsbericht, Branchenverzeichnis
Anzahl Mitarbeiter	Geschäftsbericht
Zertifizierung ISO9000, ISO14000; EFQM, Ökozertifizierung, Nachhaltigkeit	Website, Prospekte, Inserate, Geschäftsbericht
Standort (für Transportwege)	Website, Prospekte, Inserate, Geschäftsbericht
Gründungsjahr	Website, Prospekte, Inserate, Geschäftsbericht
Bonität, Hinweise auf Zuverlässigkeit	Bonität dürfte schwierig zu ermitteln sein; es müsste ein neutraler Broker eingeschaltet werden Zuverlässigkeit: eigene Konkurrenz, Hinweise von Kunden usw.
Innovation, Technologie	Website, Prospekte, Geschäftsbericht, Zeitungsartikel

Lösung zu Offertanfrage

12.	Anfragebestandteil	Begründung
	Spezifikation des Materials oder Produktes	Damit das Angebot auch tatsächlich dem ermittelten Bedarf entspricht, ist dem angefragten Lieferanten genau mitzuteilen, wie das zu liefernde Produkt beschaffen sein muss.
	Qualitätsmerkmale, z.B. Abmessungstoleranzen	Diese Qualitätsmerkmale dienen im Falle eines Lieferauftrages der Warenannahmekontrolle und sind meist Grenzwerte, die die Verwendung des zu beschaffenden Produktes sichern.
	Mengenangaben, meist als Jahresmenge und/oder Menge pro Bestellung	Damit werden dem angefragten Lieferanten Kapazitätsüberlegungen ermöglicht. Auch erwartet der Besteller Mengenrabatte.
	Liefer- und Zahlungsbedingungen	Die Liefer- und Zahlungsbedingungen haben beim Besteller Auswirkungen auf den Wareneingang und die Beanspruchung der Liquidität.
	Angaben zum Transport, sofern vom Besteller festlegbar	Die Transportkosten sind Teil der Beschaffungskosten (Zulaufkosten) und müssen für den Angebotsvergleich bekannt sein.
	Erfüllungsort und Gerichtsstand	An welchem Ort wird ein allfällig vereinbarter Liefervertrag erfüllt, welches Recht ist anwendbar?

Lösungen zu Angebotsvergleich 1

13. a)

Angebot Lieferant				
Bestellmenge				
Anzahl Bestellungen pro Jahr				
Gesamtpreis pro Jahr CHF				
Rabatt CHF				
Nettopreis pro Jahr CHF				
Skonto CHF				
Bestellkosten pro Jahr CHF				
Transportkosten pro Jahr CHF				
Zoll/MwST pro Jahr CHF				
Lagerkosten CHF				
Einstandskosten pro Jahr CHF				

9

Lösungen BPL

b)

Angebot Lieferant	1	1	2	2	2
Bestellmenge	75	150	50	100	300
Anzahl Bestellungen pro Jahr	8	4	12	6	2
Gesamtpreis pro Jahr CHF	15 973.50	15 973.50	17 220.00	17 220.00	17 220.00
Rabatt CHF	0.00	1 118.145	0.00	861.00	1 549.80
Nettopreis pro Jahr CHF	15 973.50	14 855.355	17 220.00	16 359.00	15 670.20
Skonto CHF	0.00	0.00	344.40	327.18	313.404
Bestellkosten pro Jahr CHF	$8 \times 130.00 = 1040.00$	520.00	$12 \times 130.00 = 1560.00$	780.00	260.00
Transportkosten pro Jahr CHF	$8 \times 35.00 \times 1.15 = 322.00$	603.75	0.00	0.00	0.00
Zoll/MWST pro Jahr CHF	$8\% \times 15 973.50 = 1 277.88$	1 188.4284	0.00	0.00	0.00
Lagerkosten CHF	$75 / 2 \times 23.15 \times 1.15 \times 25\% = 249.586$	$150 / 2 \times 23.15 \times 0.93 \times 1.15 \times 25\% = 464.23$	$50 / 2 \times 28.70 \times 25\% = 179.375$	340.8125	979.3875
Einstandskosten pro Jahr CHF	$18 862.966 \approx 18 862.95$	$17 631.763 \approx 17 631.75$	$18 614.975 \approx 18 615.00$	$17 152.632 \approx 17 152.65$	$16 596.183 \approx 16 596.20$

c) – Empfehlung: Angebot 2 mit einer Bestellmenge von je 300 Stück, zweimal pro Jahr

– Begründung: Das Angebot 2 ist nicht nur billiger, sondern kommt aus dem Inland, somit entfallen Transport- und Grenzübergangskosten. Ausserdem trägt das angebotene Skonto zu den tieferen Jahreskosten bei. Es entfallen Währungs- und Transportrisiko.

Lösung zu Angebotsvergleich 2

14.

	Angebot 1 Belgien		Angebot 2 Schweiz
Währung	**€**	**CHF**	**CHF**
Gesamt-Anlagepreis	290 950.00		307 540.00
Rabatt	$12\% \times 290 950.00 = 34 914.00$		$10\% \times 307 504.00 = 30 754.00$
Netto-Anlagepreis	256 036.00	294 441.40	276 786.00
Kosten der Zusatzeinrichtung: Abschreibung Verzinsung		$27 000.00 / 6 = 4 500.00$ $8\% \times 27 000.00 / 2 = 1 080.00$	–
Totale Kosten		300 021.40	276 786.00

Begründung Empfehlung:

Aufgrund der niedrigeren Kosten wird das Angebot aus der Schweiz empfohlen. ausserdem ist eine

Ausbildung und Schulung vor Ort enthalten, während beim Angebot aus Belfien nur im Hersteller-

werk eine Schulung enthalten ist. Auch die kürzere Lieferfrist spricht für das Angebot aus der Schweiz.

Lösungen zu Kalkulation des Einstandspreises und des Lagerhaltungssatzes

15.

Einstandskosten (EK) pro Stück	CHF 22.89
Lagerkostensatz (LS)	22.03%
Lagerhaltungssatz (LHS)	27.03%
Optimale Losgrösse X_{opt}	110 Stück

16.

Einkaufspreis pro Bestellung	CHF 22.50 × 100 = 2 250.00
Rabatt	8% → CHF 180.00
Zieleinkaufspreis	CHF 2 070.00
Skonto	2% → CHF 41.40
Bar-Einkaufspreis	CHF 2 028.60
Verpackung	CHF 57.00
Frachtkosten	CHF 43.00
Zollkosten	CHF 160.00
Einstandskosten für 100 Stück	CHF 2 288.60
Einstandskosten pro Stück	CHF 22.89
Lagerkostensatz LS	1 300.00 × 100 / 5 900.00 = 22.03%
Lagerhaltungssatz LHS	22.03% + 5% = 27.03%
Optimale Losgrösse X_{opt}	= 110.8 oder 110 Stück

Lösungen zu Normteile-Management mit Outsourcing und Prozesskostenrechnung

17.

Tätigkeit	t[1] Min.	Gesamt Min.	Gesamt Std.	Kosten CHF
Aktuellen Bedarf ermitteln	30	165 × 30 = 4950	82.5	7 837.50
Bestellung auslösen	5	165 × 5 = 825	13.75	1 306.25
Auftragsbestätigung prüfen	10	165 × 10 = 1650	27.5	2 612.50

→

1 Die Zeiten gelten pro Einheit der angegebenen Tätigkeit.

9

Lösungen BPL

Tätigkeit	t¹ Min.	Gesamt Min.	Gesamt Std.	Kosten CHF
Bestellung überwachen, eventuell mahnen	25	165 × 25 = 4125	68.75	6 531.25
Ware abladen, Wareneingang verbuchen	15	210 × 15 = 3150	52.5	4 987.50
Menge und Qualität prüfen	25	210 × 25 = 5250	87.5	8 312.50
Im Teilelager einlagern	10	210 × 10 = 2100	35	3 325.00
In der Montagehalle im Handlager bereitstellen	9	400 × 9 = 3600	60	5 700.00
Rechnungen prüfen	3	210 × 3 = 630	10.5	997.50
Rechnungen buchen	2	210 × 2 = 420	7	665.00
Rechnungen zahlen und ablegen	7	210 × 7 = 1470	24.5	2 327.50
Total Prozesskosten				**44 602.50**

Lagerkosten:

Relevantes Lagervolumen	45% × 15 600.00 × 60% = 4212.00
Lagerkosten	28% × 4 212 / 2 = 589.68, gerundet 589.70

Totale Eigenkosten:

Prozesskosten in CHF	44 602.50
Lagerkosten in CHF	589.70
Total Ist-Kosten in CHF	45 192.20

18.
Zusätzliche Investitionen Lieferant	7 500.00
Zusätzliche Investitionen Häusler & Huber GmbH	12 000.00
Jährliche Investitionskosten	(7 500.00 + 12 000.00) × (1 / 5 + 10% × ½) = 4 875.00
Jährlich wiederkehrende interne Kosten	3 000.00
Offerte des Lieferanten	38 000.00
Totale Outsourcing-Kosten	45 875.00

19. Der Geschäftsleitung wird empfohlen, die Offerte des Lieferanten anzunehmen.

Begründung: Obwohl der Kostenunterschied sehr klein ist, gibt es darüber hinaus eine Reihe von

Gründen, die für den Outsourcing-Entscheid sprechen:

– Das auf diese Art zu beschaffende Material kann ausgeweitet werden, was zusätzlichen Lagerraum

9

Lösungen BPL

frei werden lässt.

– Die Beschaffung und Bereitstellung von Normteilen gehört nicht zur Kernkompetenz und zur Wertschöpfung im Unternehmen.

– Es werden Personalkapazitäten für andere, wichtigere Aufgaben im Betrieb frei, die in der Kostenkalkulation nicht berücksichtigt wurden.

– Statt mit 25 bisherigen Lieferanten ist nun nur noch mit einem einzigen zu kommunizieren, was eine nicht zu vernachlässigende Reduktion des Aufwandes bedeutet.

– Durch die jährliche Kontrolle der Preise – wenn auch stichprobenartig – ist sichergestellt, dass die Preise für die Normteile konkurrenzfähig sind.

Lösung zu Kennzahlen zur Konstenkontrolle

20.

Kennzahl	Berechnung	Beschreibung
Beschaffungskosten pro Bestellung CHF	(Beschaffungskosten pro Periode) / (Anzahl Einkaufsbestellungen pro Periode)	Wird für Andler-Formel benötigt; Indikator für den Bestellungsaufwand, obwohl auch bestellungsunabhängige Elemente enthalten sein können.
Beschaffungskostenanteil %	(Gesamte Beschaffungskosten × 100) / Gesamtumsatz	Als Teil der Logistikkosten wichtiger Indikator der mittelfristigen oder längerfristigen Entwicklung der Logistikkosten.
Operative Einkaufskosten pro Bestellung CHF	(Summe aller operativen Kostenelemente, die durch Einkaufsbestellungen verursacht werden) / Anzahl Einkaufsbestellungen	Hierin sind alle jene Kosten nicht enthalten, die nicht unmittelbar durch Einkaufsbestellungen verursacht werden, wie für Stammdatenpflege, Marketing usw. Wird für Prozesskostenrechnung mit Kostentreiber «Anzahl Einkaufsbestellungen» benötigt.
Warenannahmekosten je eingehender Sendung CHF	(gesamte Kosten der Warenannahme) / (Anzahl angenommener Lieferungen)	Als Kenngrösse stellt dieser Wert einen Mittelwert über eine bestimmte Zeitperiode dar. Weichen die Warenannahmekosten einzelner Lieferungen stark davon ab, sind diese zu untersuchen.

Lösung zu Kennzahlen der Zeitkontrolle

21.

Kennzahl	Berechnung	Bedeutung, Zweck
Lieferzuverlässigkeit	(Summe der pünktlich gelieferten Mengen) / (Summe der angeforderten Mengen)	Dient der Lieferantenauswahl; Höhe der Planungssicherheit in Bezug auf eigene Lieferzeiten.
Termintreue bestätigt	(Anzahl der zum bestätigten Termin gelieferten Bestellungen) / (Gesamtzahl der Bestellungen)	Dient der Lieferantenauswahl; Höhe der Planungssicherheit in Bezug auf eigene Lieferzeiten.

→

9

Lösungen BPL

21.

Kennzahl	Berechnung	Bedeutung, Zweck
Termintreue gewünscht	(Anzahl der zum gewünschten Termin gelieferten Bestellungen) / (Gesamtzahl der Bestellungen)	Liegt Termintreue gewünscht bedeutend tiefer als Termintreue bestätigt, deutet das darauf hin, dass der betrachtete Lieferant stark ausgelastet ist und bei Anfragen/Bestellungen spätere Liefertermine fordert.
Lieferbereit- schaftsgrad	(sofort lieferbare Menge pro Periode) / (bestellte Menge pro Periode)	Wie weit kann der Lieferant auf kurzfristige Bedarfsschwankungen eingehen?

Lösung zu Weitere Kennzahlen zur Lieferantenbewertung

22.

| Lieferant | Massnahmenbereich bei | | | Verbale Beschreibung der Massnahme(n) |
	Termintreue	Produktqualität	Kommerz	
A	M	K	S	Dieser Lieferant muss gesperrt werden wegen seiner kommerziellen Eigenschaften.
B	K	M	K	Der Lieferant muss wegen der Qualität seiner Produkte umgehend Massnahmen ergreifen.
C	K	N	K	Wegen der teilweise ungenügenden Termintreue und wegen der kommerziellen Eigenschaften ist der Lieferant zu kontaktieren.
D	N	N	N	Keine Massnahmen.
E	S	S	K	Dieser Lieferant ist wegen mangelnder Termintreue und zu geringer Produktqualität zu sperren.

Lösungen zu Kapitel Produktionslogistik

Lösungen zu Materialflussmatrix

1.

Von nach	1	2 + 3	4	5 + 6	7	8	9	10	11	12	Summe
1											
2 + 3	46										46
4	85										85
5 + 6	43										43
7			85								85
8		38		4							42
9		7				18					25
10		1		31	63	3	20				118
11				1		2	2	26			31
12				7	5		3	78	26		119
Summe	174	46	85	43	68	23	25	104	26		594

2. Gesamthaft gibt es keine Änderung in den transportierten Gewichtseinheiten, da zwischen den verschiedenen Standorten nach wie vor die gleichen Teile und damit die gleichen Gewichte verschoben werden müssen.

Vorraussichtlich wird aber die jeweilige Anzahl Transporteinheiten sinken, weil mehrere Lieferungen, die bisher von zwei Standorten erfolgten, nun zusammengefasst werden können (Lieferung von Stangenlager 1 und 2 zusammengefasst in einen Lagerbezug und in eine Transporteinheit).

Lösungen zu Fabrikplanung

3. & 4.

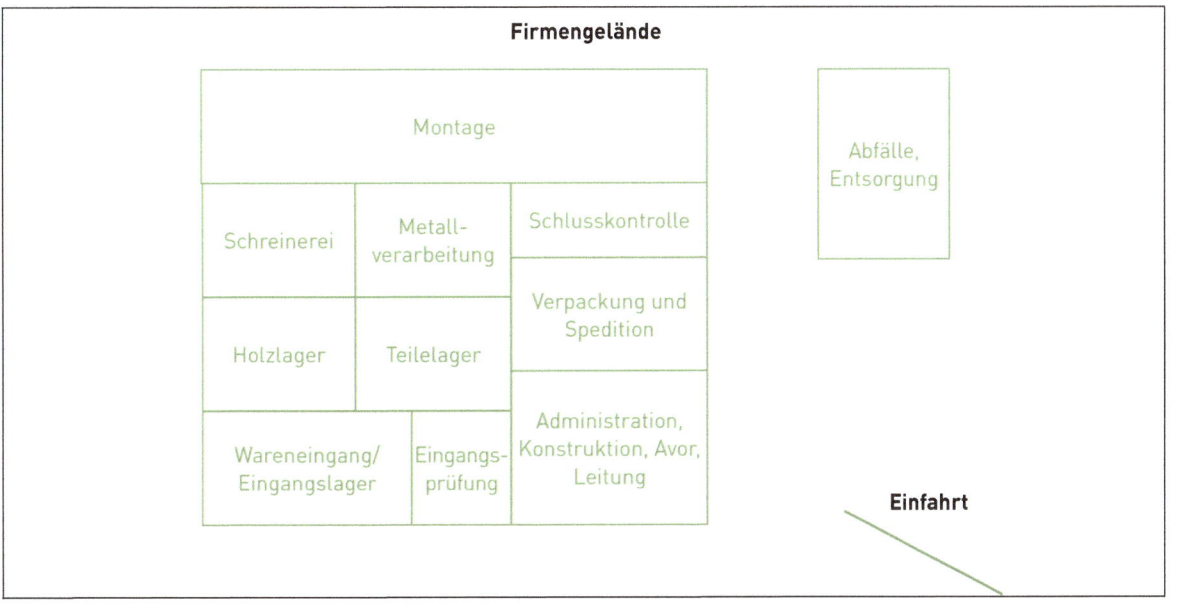

Begründung, Erklärung

Das angelieferte Material wird im Wareneingang entgegengenommen und zunächst im Eingangslager gelagert, bis in der angeschlossenen Eingangsprüfung die vereinbarten Qualitätskontrollen durchgeführt wurden. Anschliessend werden Holz und alle übrigen Teile getrennt gelagert. Von diesen beiden Lagern werden die für die Holzbearbeitung in der Schreinerei benötigten Hölzer einerseits und die zu bearbeitenden Metallteile für die Metallverarbeitung andererseits entnommen und für den jeweils betroffenen Auftrag bearbeitet.

Anschliessend gehen die fertigen Tischplatten und Metallteile auftragsspezifisch zur Schlussmontage in die Montagehalle. Nach der Montage gehen die fertigen Produkte in die Schlusskontrolle und von dort in die Verpackung und Spedition, von wo aus sie das Fabrikgelände verlassen.

Alle Bearbeitungsabfälle gelangen entweder vollautomatisch (über Absaugungsanlagen) oder von Fall zu Fall in den Bereich der Abfälle und der Entsorgung, von wo sie von einem externen Dienstleister oder durch den firmeninternen Transportdienst abtransportiert werden.

Die Administration, mit Konstruktion, Avor und Firmenleitung, ist in einem eigenen Gebäudeteil zusammengefasst und steht in mehr oder weniger direkter Verbindung zu den übrigen Bereichen der Firma. Mit diesem Layout ist sichergestellt, dass der Materialfluss kreuzungsfrei und weitgehend linear angeordnet ist.

Lösungen zu Bedarfsarten

5. a) Primärbedarf

    Primärbedarf sind alle Produkte, Leistungen und Materialien, die unmittelbar gebrauchsfähig sind und keiner weiteren Bearbeitung bedürfen. Letztlich handelt es sich dabei um alle vom Kunden in Auftrag gegebenen Lieferungen – also Fertigprodukte aller Art.

    b) Sekundärbedarf

    Der Sekundärbedarf ist die Summe aller Materialien, Baugruppen und Leistungen, die zur Herstellung des Primärbedarfes erforderlich und im Primärbedarf enthalten sind – also alle Rohmaterialien, eingekauften oder selbst hergestellten Baugruppen und Komponenten, die Teil des Endproduktes sind.

c) Tertiärbedarf

Beim Tertiärbedarf handelt es sich um alle Materialien und Leistungen, die zwar für die Herstellung des Primärbedarfes benötigt werden, aber nicht in ihm enthalten sind – also z.B. Hilfsstoffe und Verpackungen während des Fertigungsprozesses, etwa zur Reinhaltung, Kühlmittel bei der Bearbeitung oder auch Lösungsmittel, die für den Farbauftrag benötigt werden.

6. a) Bruttobedarf

Bruttobedarf meint diejenige Menge, die zur Erfüllung eines gegebenen Auftrages erforderlich ist. Beispiel: Ein Kunde bestellt 25 Tische, dann ist das der Bruttobedarf.

b) Nettobedarf

Der Nettobedarf entsteht dadurch, dass vom Bruttobedarf der auf einem Lager für den vorliegenden Auftrag verfügbare Bestand abgezogen wird. Das heisst, dass nur noch der Nettobedarf hergestellt werden muss. Gibt es keinen Lagerbestand, der für die Erfüllung eines Auftrages verwendet werden kann, dann ist brutto = netto.

Lösungen zu Bedarfsermittlungsarten

7. a) Programmorientierte Bedarfsermittlung

Bei der programmorientierten Bedarfsermittlung wird von einem konkreten Auftrag ausgegangen. Dieser stellt den Primärbedarf dar. Anhand der für dieses Produkt gültigen Stückliste wird nun der Sekundärbedarf ermittelt. Dies kann mehrstufig erfolgen, wenn die Stücklistenstruktur mehrstufig ist. Sowohl beim Primärbedarf als auch beim Sekundärbedarf sind die Möglichkeiten brutto-netto zu berücksichtigen.

Der Bestellzeitpunkt für die auf diese Art ermittelte Bedarfsmenge hängt von deren Beschaffungszeit ab, sei es bei einem Lieferanten, sei es in der eigenen Fertigung, und vom Zeitpunkt, zu dem dieses Produkt im gesamten Terminplan benötigt wird.

Der Auslösezeitpunkt entweder für einen Beschaffungsauftrag oder für einen Fertigungsauftrag im eigenen Betrieb wird mit den Methoden der Auftragsterminierung (Netzplan, Balkendiagramm ...) ermittelt.

b) Verbrauchsorientierte Bedarfsermittlung

Bei der verbrauchsorientierten Bedarfsermittlung steht der jeweilige Lagerbestand des betrachteten Produktes im Fokus. Der Bedarf entsteht dadurch, dass der Lagerbestand sinkt und zu einem bestimmten Zeitpunkt eine Nachbestellung ausgelöst werden muss, damit der Lagerbestand nie unter ein vorgegebenes Mass sinkt.

Der Bestellzeitpunkt wird in Form einer einfachen Rückwärtsterminierung festgelegt, indem bekannt ist, wann spätestens die Bedarfsmenge an das Lager geliefert werden muss. Davon zurückgerechnet wird die Herstell- oder Beschaffungsdauer für das betreffende Produkt. Dort, wo dieser Moment auf den Verlauf des Lagerbestandes trifft, wird die Nachbestellung zur Auffüllung des Lagers ausgelöst.

8. a) Risiken bei der programmorientierten Bedarfsermittlung

Hier sind die Risiken voraussichtlich eher gering. Einzig dürften Risiken in den Fertigungs- bzw. Lieferzeiten liegen, das heisst, ob sich die prognostizierten, geschätzten und zugesicherten Liefertermine einhalten lassen. Bei Einkaufsartikeln sind allgemein Beschaffungsrisiken zu nennen.

b) Risiken bei der verbrauchsorientierten Bedarfsermittlung

Neben der Einhaltung der Liefer- oder Fertigungszeit für das an das Lager zu liefernde Teil sind vor allem die Unsicherheiten im Verlauf des Lagerbestandes zu beachten. So kann sich, nach Auslösung des Lagerauftrages, plötzlich der Verlauf des Lagerbestandes ändern. Entweder sinkt der Verbrauch ab Lager drastisch, der Lagerbestand bleibt hoch. Dann kommt viel zu viel in das Lager, der Bestand nach Einlieferung ist zu hoch. Oder der Bezug ab Lager steigt und der Lagerbestand sinkt viel schneller als erwartet, sodass der Lagerbestand ohne besondere Massnahmen zu tief, im Extremfall null wird.

Lösungen zu Bedarfsermittlung verbrauchsorientiert

9. Erklären Sie die eingetragenen Werte.

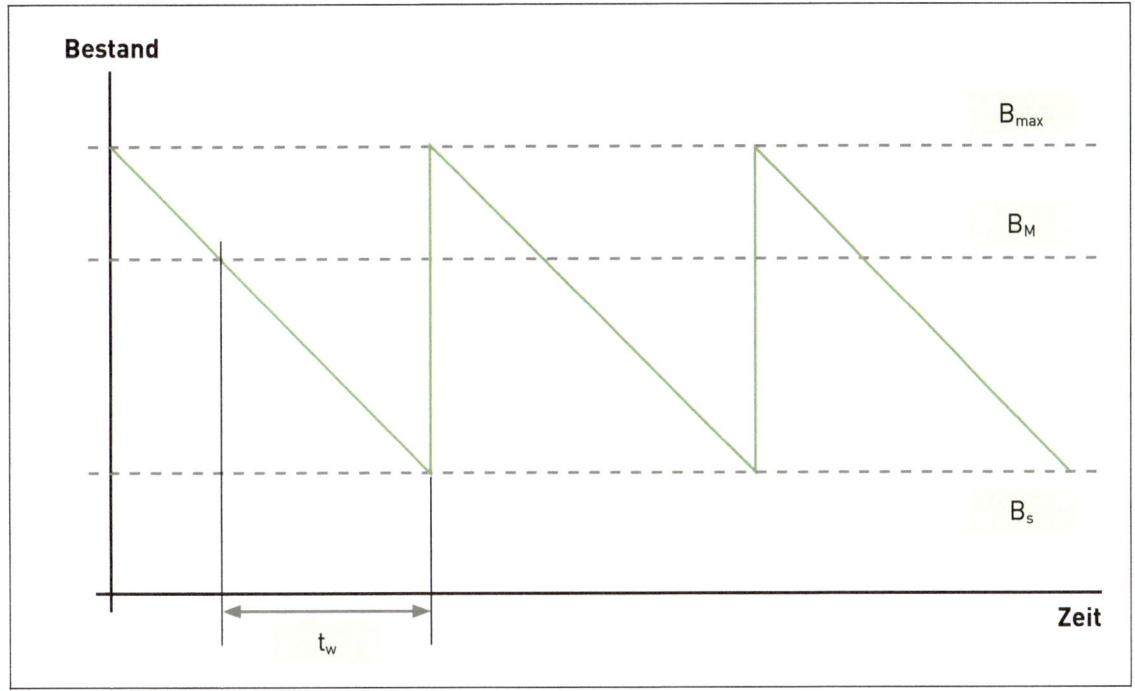

B_M: Meldebestand: Wenn der Verlauf des Lagerbestandes dieses Niveau erreicht, wird die Nachbestellung ausgelöst.

B_s: Sicherheitsbestand: Dieser Bestand darf nicht unterschritten werden, um Lieferrisiken (Nichteinhalten der Liefertermine, Mindermengenlieferung ...) abdecken zu können.

B_{max} Maximaler Bestand: Dieser Bestand soll aus Kostengründen nicht überschritten werden, denn zu hohe Lagerbestände verursachen hohe Kosten, denen kein unmittelbarer Nutzen gegenübersteht.

t_w: Wiederbeschaffungszeit: Dies ist die vom Lieferanten (kann intern oder extern sein) zugesicherte Lieferzeit nach Auslösen der Bestellung.

10. a) Das Verfahren wird Bestellpunktverfahren genannt. Der Bestellpunkt, das heisst der Meldebestand, wird so gewählt, dass die Wiederbeschaffungszeit t_w von jenem Zeitpunkt, bei dem der Sicherheitsbestand erreicht werden wird, abgezogen wird. Bei diesem Bestand wird die Bestellung ausgelöst.

b) Durch Veränderung des Verlaufes kann entweder der Sicherheitsbestand vor Eintreffen der nächsten Lieferung erreicht werden. Oder der Verbrauch sinkt nach der Bestellung, weshalb nach Eintreffen der ausgelösten Bestellung der Lagerbestand über den Maximalbestand ansteigt.

c) Nur unter der Bedingung absolut regelmässigen Verlaufes ist eine über die gesamte Zeit konstante Bestellmenge sinnvoll. Meist wird durch Anpassen der Bestellmenge ein unregelmässiger Verbrauch ab Lager ausgeglichen. Dazu ist viel Erfahrung und eine enge Vernetzung mit der Fertigung und dem Verkauf erforderlich, die den Verbrauchsverlauf unmittelbar beeinflussen.

d) Es handelt sich um das Bestellrhythmusverfahren, bei dem in gleichbleibenden zeitlichen Abständen eine Bestellung zum Auffüllen des Lagers ausgelöst wird.

Wie der Name sagt, dient nicht der aktuelle Lagerbestand zur Auslösung der Bestellung. Daher ist dieses Verfahren nur bei absolut regelmässigem Verbrauch anwendbar. Da dieser jedoch kaum jemals in idealer Weise vorliegt, wird der daher schwankende Bestandesverlauf durch Anpassung der jeweiligen Bestellmenge berücksichtigt. Bei aus diesem Verfahren auftretenden hohen Lagerbeständen kann gelegentlich auch eine Bestellung übersprungen werden.

Das heisst, dass in der Praxis der Bestellrhythmus durch das Bestellpunktverfahren überlagert wird.

Lösungen zu Szenario 1

11. a) Primärbedarf

	Bruttobedarf	Lagerbestand	Ausstände	Nettobedarf
Tisch A27B3	45	2	6	37

b) Sekundärbedarf 1. Auflösungsstufe

	St. pro Tisch	Brutto St. für den Auftrag	Lager-bestand	Ausstände	Netto für den Auftrag
Platte P471M16	1	37	6	4	27
Gestell kpl. T341H7	1	37	5	7	25
Verbindungsset kpl. V603G9	4	148	16	–	132

c) Sekundärbedarf 2. Auflösungsstufe für Gestell kpl. T341H7

	St. pro Gestell kpl. T341H7	Brutto St. für den Auftrag	Lager-bestand	Ausstände	Netto für den Auftrag
Gestell roh T341R7	1	25	–	3	22
Fuss F228K3	4	100	351	–	–

d) Sekundärbedarf 2. Auflösungsstufe für Verbindungsset kpl. V603G9

	St. pro Verbindungsset kpl. V603G9	Brutto St. für den Auftrag	Lagerbestand	Ausstände	Netto für den Auftrag
Schraube S306J1	1	132	215	–	–
Mutter M503L2	2	264	1620	–	–
Distanzhülse D400B4	1	132	21	–	111
Scheibe Z336D6	3	396	321	–	75

Lösung zu Szenario 2

12. a) Bedarfsermittlung Produkte = Primärbedarf

Produkt	Bruttobedarf	Lagerbestand	Ausstand	Nettobedarf
WZ-Tisch A311T3	18	–	4	14
EZ-Tisch E409T1	15	3	–	12

b) Bedarfsermittlung Auflösungsstufe 1 = Sekundärbedarf

Baugruppe/ Einzelteil	Stückzahl pro Produkt A311T3	E409T1	Brutto St. für den Auftrag A311T3	E409T1	Bruttobedarf	Lagerbestand	Ausstand	Nettobedarf
A311P7	1	–	14	–	14	24	–	(– 10)
A311G5	1	–	14	–	14	–	–	14
H273B3	6	8	84	96	180	100	–	80
E409P8	–	1	–	12	12	6	6	–
E409G1	–	1	–	12	12	–	–	12

c) Bedarfsermittlung Auflösungsstufe 2 = Sekundärbedarf

Baugruppe/ Einzelteil	Stückzahl pro Baugruppe A311G5	E409G1	Brutto St. für den Auftrag A311G5	E409G1	Bruttobedarf	Lagerbestand	Ausstand	Nettobedarf
A16F3	4	4	56	28	84	46	–	38
A16R7	1	–	14	–	14	–	–	14
A16R3	–	1	–	12	12	–	–	12

Lösungen BPL 9

d) Bedarfsermittlung Auflösungsstufe 2 = Sekundärbedarf

Einzelteile	Stückzahl pro Baugruppe H273B3	Brutto St. für den Auftrag H273B3	Brutto-bedarf	Lager-bestand	Aus-stand	Netto-bedarf
H273I2	1	80	80	500	–	(– 420)
H273U9	2	160	160	760	–	(– 600)
H273H5	1	80	80	48	50	(– 18)

e) Bedarfsermittlung Auflösungsstufe 3 = Sekundärbedarf

Baugruppe/ Einzelteil	Stückzahl pro Baugruppe A16R7	Stückzahl pro Baugruppe A16R3	Brutto St. für den Auftrag A16R7	Brutto St. für den Auftrag A16R3	Brutto-bedarf	Lager-bestand	Aus-stand	Netto-bedarf
A16Q4	2	2	28	24	52	27	–	25
A16L7	2	–	28	–	28	12	6	10
A16L3	–	2	–	24	24	4	8	12

Lösung zu Stundensatzkalkulation

13.	Bezeichnung	Wert	Dauer/Menge	Pro Jahr	Pro Std.
	Abschreibung der Investition	300 000.00	5 Jahre	60 000.00	15.00
	Verzinsung der Investition	10% auf mittlerem Kapital	1 Jahr	10% 700 000.00 / 2 = 35 000.00	8.75
	Wartung und Unterhalt	60 000.00	1 Jahr	60 000.00	15.00
	Gebäudekosten	1800.00	24 m²	43 200.00	10.80
	Schleifscheiben	2300.00	1000 Std.		2.30
	Kühlmittel	16 000.00	1 Jahr	16 000.00	4.00
	Energie	4000.00	1 Jahr	4000.00	1.00
	Bestückungsroboter				38.00
	Personalkosten Schleifer	106 800.00	3 Maschinen	35 600.00	8.90
	Personalkosten Hilfsarbeiter	78 000.00	3 Maschinen	26 000.00	6.50
	Total				**110.25**

Lösungen zu Rationalisierung – Produktivitätssteigerung

14. Gesamte Einsparung = Einsparung Personal – Abschreibung und Verzinsung der Investition

Gesamte Einsparung = 200 % × 85 000.00 - (300 000.00 / 5 + 10 % × 300 000.00 / 2) = 170 000.00 – 75 000.00 = 95 000.00

15. Rentabilität = Einsparung × 100 / Kapitaleinsatz = 95 000.00 × 100 / 300 000.00 = 31.66 %

16. Amortisation = Kaptaleinsatz / (Einsparung + Abschreibungen) = 300 000.00 / (95 000.00 + 60 000.00) = 1.95 Jahre

17. Da die Kapitalrentabilität bei über 30 % liegt und die Amortisationszeit unter zwei Jahren, ist die bereits getätigte Investition sinnvoll.

Lösungen zu Personalkapazität und Sachmittelkapazität

18.

	Berechnung mit Lösungsweg	Stunden
Arbeitszeit	8 × 5 × 52	2 080
Planbare Absenzen	Ferien + Feiertage = (23 + 5) × 8	224
Unplanbare Absenzen	Krankheit + Unfall + Sonstige = (4 + 3) × 8	56
Präsenzzeit		1 800
Unproduktive Arbeiten	Reinigung + Unterhalt	124
Produktiv einsetzbare Kapazität		1 676
Reale personelle Kapazität	Produktivzeit × Zeitgrad = 1676 × 1.10	1 843.6

19.

Mitarbeiter	Beschäftigungsgrad	Stunden
O. M.	100 %	1 843.6
V. P.	80 %	1 474.88
J. H.	50 %	921.8
Total		**4 240.28**

20. a) Auslastung in Stunden = Summe aller Zeiten in Minuten × Stückzahl / 60 = (20 + 30 + 40 + 60 + 30 + 75 + 5) × 900 / 60 = 3900 h

  b) Erforderliche Stunden: 3900 h

  Verfügbare Kapazität: 4240.28 h →

Lösungen BPL

9

Beurteilung: Zwar ist die verfügbare Kapazität grösser als der Bedarf, aber eventuell könnten Engpässe wegen der unterschiedlichen Einsetzbarkeit der Mitarbeiter vorliegen.

21.

AP	Anzahl AP	Bearbeitungszeit Minuten	Total Stunden	O. M.	V. P.	J. H.
Stangenlager	1	20	300	150	0	150
Zuschnitt	1	30	450	225	0	225
Entgraten	1	40	600	300	0	300
Schweisserei	2	60	900	900	0	0
Kontrolle	1	30	450	0	225	225
Spritzkabine	2	75	1 125	0	562.5	562.5
Zwischenlager	1	5	75	37.5	0	37.5
Total			3 900	1612.5	787.5	1500

Bemerkung bezüglich der je zwei Arbeitsplätze in der Schweisserei und in der Spritzkabinae: Für die Ermittlung der erforderlichen personellen Kapazität sind diese nicht relevant, wohl aber für die später behandelte Berechnung der Durchlaufzeiten.

22. Beurteilung: J. H. ist mit einer Einlastung von 1500 Stunden und einer personellen Kapazität von 921.8 Stunden überlastet, während die anderen beiden Mitarbeiter über freie Kapazität verfügen.

Massnahmen: O. M. könnte noch weitere 231.1 Stunden und V. P. 687.38 Stunden übernehmen, um J. H. zu entlasten, total also 918.48 Stunden. Die notwendige Entlastung für J. H. beträgt 578.2 Stunden. Wenn also J. H. vor allem bei der Kontrolle, in der Spritzkabine und im Zwischenlager zum Einsatz kommt, wird seine verfügbare jährliche Stundenzahl nicht mehr überschritten. Wenn diese Person dann noch freie Kapazität hat, kann sie zur Unterstützung an den anderen Arbeitsplätzen herangezogen werden.

23. a) Theoretisch verfügbare Kapazität: Wochen × (AT pro Woche) × (Stunden pro AT) – Reinigung

$= 52 \times 5 \times 8 - 2 \times 52 = 2080\text{ h} - 104\text{ h} = 1976$

Reale technische Kapazität: theoretisch verfügbare Kapazität – Maschinenausfall durch Störung – vorsorgliche Wartung $= 1976 - 1976 \times 2\,\% - 1976 \times 3\,\% = 1877.2\text{ h}$

Arbeitsplatz (AP)	Anzahl AP	Kapazität in Stunden pro Jahr
Zuschnitt	1	1 877.2
Entgraten	1	1 877.2
Schweisserei	2	2 × 1 877.2 = 3 754.4

Arbeitsplatz (AP)	Anzahl AP	Kapazität in Stunden pro Jahr
Kontrolle	1	1 877.2
Spritzkabine	2	3 754.4

b) Der oben ermittelte Kapazitätsbedarf pro Arbeitsplatz kann ohne Probleme gewährleistet werden. Beispiel: Entgraten benötigt 600 Stunden, verfügbar sind 1877.2 Stunden.

Lösungen zu Bearbeitungszeitkalkulation mit Operationsplan

24. Summe aller Rüstzeiten: 15 + 20 + 20 + 30 + 10 = 95 min

Summe aller Bearbeitungszeiten unter Berücksichtigung, dass einzelne Arbeitsplätze parallel belegt werden: 5 + 10 + 10 + 25 + 40 / 2 + 15 + 60 / 2 + 5 = 120 min

Transportzeiten: 5 × 30 = 150 min

Liegezeiten: 6 × 40 = 240 min

Die Durchlaufzeit setzt sich zusammen aus Summe der Rüstzeiten plus Summe Bearbeitungszeiten mal Anzahl Stück im Los plus Transportzeiten plus Liegezeiten: 95 + 120 × 50 + 150 + 240 = 6485 min = 108.08 h oder bei 8 h pro Arbeitstag = 13.5 AT.

25. Unter der Annahme, dass wirklich 900 Tischgestelle pro Jahr geplant sind, ergibt das eine Auslastung von 900 / 50 × 13.5 AT = 243 AT.

Unter der Rahmenbedingung von 52 Wochen zu je 5 AT ist die Bruttokapazität demgegenüber 260 AT. Das würde heissen, dass der Bereich der Metallbearbeitung nahezu vollständig von den Serientischen ausgelastet werden würde. Das ist in Bezug auf die Herstellung des übrigen Sortimentes nicht akzeptabel.

Wenn die strategische Planung, 900 Standardtische pro Jahr herzustellen, beibehalten wird, müsste ein eigener Fertigungsbereich hierfür aufgebaut werden.

Lösung zu Einleitung PPS und Stammdatenermittlung

26.

Stammdaten	Unterlagen bzw. Dokument und Vorgehen zur Gewinnung der Daten
Stücklisten (Erzeugnisstrukturdaten)	Montage- und Teilezeichnungen mit ihren Stücklisten; Übernahme der Daten in für das PPS-System normierter Form Wenn nicht alle Stücklisten vorhanden sind, müssen sie noch erstellt werden.

→

Stammdaten	Unterlagen bzw. Dokument und Vorgehen zur Gewinnung der Daten
Artikel- oder Materialstamm	Aus den in den Stücklisten erfassten Teilen und Produkten wird der Artikelstamm extrahiert. Es muss für jedes im Unternehmen verwendete Teil oder Produkt eine eindeutige Position eröffnet sein.
Operations- bzw. Arbeitspläne	Prozessbeschreibungen, Ablaufbeschreibungen; für jeden Fertigungsvorgang müssen die einzelnen Arbeitsschritte erfasst und in ihrem zeitlichen Aufwand abgeschätzt werden. Diese Daten, die zunächst eher grob und summarisch erfasst werden, müssen für die laufende Verfeinerung und Verbesserung der Planungsgrundlagen nach und nach detaillierter erfasst und korrigiert werden.
Arbeitsplatzdaten	Die im Betrieb vorhandenen Arbeitsplätze (Maschinen, Einrichtungen, Montageplätze mit Vorrichtungen) sind zu inventarisieren und mit den planungs- und steuerungsrelevanten Daten (Plankapazitäten, Bearbeitungsgeschwindigkeiten, Grenzwerte für Werkstückabmessungen, Werkzeuge usw.) zu ergänzen.

Lösungen zu Rückwärtsterminierung für einen Kundenauftrag

27. a)

Arbeitstage		10	11	12	13	14	15	16	17	18	19	20	21	22
Tisch	Bedarf	–	–	–	–	–³	3	1	6	2	2	3	3	3
Platte	Bruttobedarf					3	1	6	2	2	3	3	3	
	Verfügbarer Bestand	4	4	4	4	1	0	4	2	0	2	4	1	
	Nettobedarf							2* 5			5	5		
	Zeitliche Vorstaffelung				X	–	0							
								X	–	0				
									X	–	0			
Gestell	Bruttobedarf					3	1	6	2	2	3	3	3	
	Verfügbarer Bestand	2	2	2	2	3	2	0	2	0	1	2	3	
	Nettobedarf					4		4	4		4	4	4	
	Zeitliche Vorstaffelung	X	–	–	0			X	–	–	0			
				X	–	–	0		X	–	–	0		
					X	–	–	0	X	–	–	0		
Verbindungsset	Bruttobedarf					12	4	24	8	8	12	12	12	
	Verfügbarer Bestand	28	28	28	28	16	12	8	0	12	0	8	16	
	Nettobedarf							20			20		20	20
	Zeitliche Vorstaffelung	X	–	–	–	–	0							
				X	–	–	–	–	0					
						X	–	–	–	–	0			
							X	–	–	–	–	0		

9

Lösungen BPL

b)

Platte	1. Auftrag	2. Auftrag	3. Auftrag	4. Auftrag	5. Auftrag	6. Auftrag	7. Auftrag
Bereitstellung	15	18	19				
Auftragsauslösung	13	16	17				

Gestell	1. Auftrag	2. Auftrag	3. Auftrag	4. Auftrag	5. Auftrag	6. Auftrag	7. Auftrag
Bereitstellung	13	15	16	18	19	20	
Auftragsauslösung	10	12	13	15	16	17	

Verbindungsset	1. Auftrag	2. Auftrag	3. Auftrag	4. Auftrag	5. Auftrag	6. Auftrag	7. Auftrag
Bereitstellung	15	17	19	20			
Auftragsauslösung	10	12	14	15			

28. a) Beurteilung

Die oftmalige Beauftragung mit kleinen Stückzahlen – die Losgrössen sind mit fünf Stück für die Platte und vier Stück für das Gestell klein – verursacht jedes Mal administrativen Aufwand, einerseits zur Erstellung der Auftragspapiere, aber auch für den Bezug ab Lager und das Einrichten der Arbeitsplätze.

Es ist anzunehmen, dass diese Art der Kleinserienfertigung aus der Tradition der beiden Handwerkerbetriebe stammt und für einen angehenden Industriebetrieb nicht mehr geeignet ist.

b) Verbesserungsmassnahme(n)

Das gesamte Fertigungs- und Beauftragungskonzept müsste, in Verbindung mit dem Verkauf unter Hinzuziehung eines Marketingfachmannes, neu überdacht werden. Wenn der Markt genügend gross und auch gut prognostizierbar wäre, müsste auf mittelgrosse Serien übergegangen werden. Sollte das nicht möglich oder wünschbar sein, dann müsste die Beauftragung der Fertigung vereinfacht werden, um wenigstens den administrativen Aufwand zu reduzieren.

29. Anfangstermin

Endtermin

Kritischer Pfad

Pufferzeiten

30. Die Vorwärtsterminierung geht von einem festgelegten Anfangstermin – oftmals das Datum des Kundenauftrages – aus und ermittelt den frühestmöglichen Endtermin.

Bei der Rückwärtsterminierung geht man von einem festgelegten Endtermin – meist der verlangte Kundenwunschtermin – aus und ermittelt den spätestmöglichen Anfangstermin.

9

Lösungen BPL

Lösungen zu Einlastungsgrobplanung mittels grafischer Darstellung

31.

Auftrag	Total Stunden in der Schreinerei	Durchlaufzeit Wochen	Arbeitsbeginn Woche/Jahr	Belastung Stunden/Woche
A2015/207	30	3	16/2015	10
A2015/201	50	5	13/2015	10
A2015/213	80	4	18/2015	20
A2015/216	175	7	17/2015	25

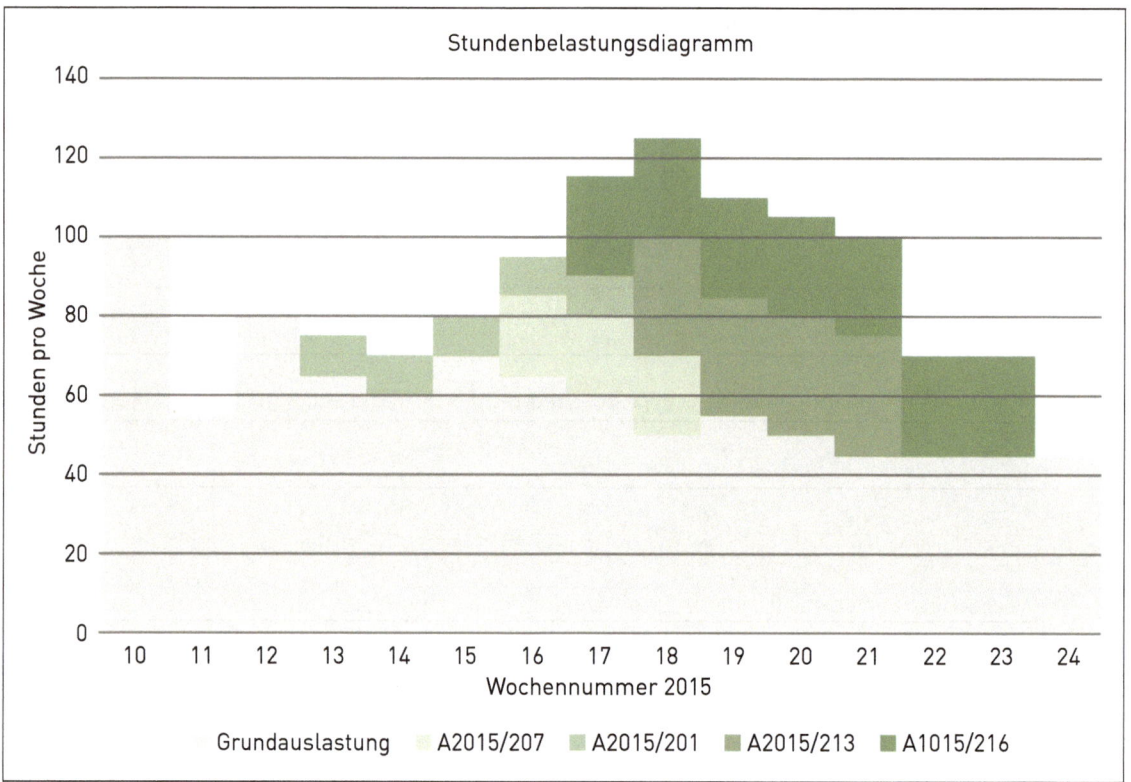

32. a) In der Woche 17 beträgt die Überlast fünf Stunden und in der Woche 18 beträgt sie 15 Stunden. In der Woche 19 erreicht die Belastung die Kapazitätsgrenze.

b) In Anbetracht der nur geringen Überlast, die sich auch noch auf zwei Wochen beschränkt, sollte sich durch Verschiebung von Teilen von Aufträgen in die vorhergehenden Wochen das Überlast-problem lösen lassen.

Lösungen zu Terminplanung mittels Balkendiagramm

33.

	Tisch	Platte	Gestell	Verbindungsset
Anzahl Lose	1	4	5	4

34. siehe Folgeseite

Termine, Zeitangaben: Nummer des Arbeitstages	1		2		3		4		5		6		7		8		9		10		11		12		13		14		15		16		17		18		19		20		21		22	
	V	N	V	N	V	N	V	N	V	N	V	N	V	N	V	N	V	N	V	N	V	N	V	N	V	N	V	N	V	N	V	N	V	N	V	N	V	N	V	N	V	N	V	N
Platte Los 1																																													
Platte Los 2																																													
Platte Los 3																																													
Platte Los 4																																													
Gestell Los 1																																													
Gestell Los 2																																													
Gestell Los 3																																													
Gestell Los 4																																													
Gestell Los 5																																													
Verbindungsset Los 1																																													
Verbindungsset Los 2																																													
Verbindungsset Los 3																																													
Verbindungsset Los 4																																													
Tisch:																																													
Montage und Schluss-kontrolle																																													

Platte und Gestell:
Rüsten + Bearbeitung bzw. Rohre schneiden
Trocknung

Gestell:
Schweissen und Richten
Lackieren

Verbindungsset:
Bestellung und Lieferung

Lösungen BPL 9

35. Der kritische Pfad wird durch die Herstellung des Gestelles und die Montage der Tische gebildet.

36. Pufferzeiten sind bei der Herstellung der Platten und der Beschaffung der Verbindungssets zu finden. Sie betragen in beiden Fällen 9.5 AT.

Lösungen zu Jahresplanung mit Optimierungsfrage

37.

Kunde 1	Bedarf Schreinerei Stunden	Bedarf Metallverarbeitung Stunden
Tisch A19C7	20 × 3 = 60	20 × 6 = 120
Tisch A17H4	15 × 4 = 60	15 × 7 = 105
Total	120	225

Kunde 2	Bedarf Schreinerei Stunden	Bedarf Metallverarbeitung Stunden
Tisch A19C7	15 × 3 = 45	15 × 6 = 90
Tisch A17H4	25 × 4 = 100	25 × 7 = 175
Total	145	265

Kunde 3	Bedarf Schreinerei Stunden	Bedarf Metallverarbeitung Stunden
Tisch A19C7	10 × 3 = 30	10 × 6 = 60
Tisch A17H4	35 × 4 = 140	35 × 7 = 245
Total	170	305

Total	Bedarf Schreinerei Stunden	Bedarf Metallverarbeitung Stunden
Kunde 1	120	225
Kunde 2	145	265
Kunde 3	170	305
Total	435	795

38. Der Kapazitätsbedarf für alle drei Kunden liegt über den verfügbaren Kapazitäten von 360 Stunden in der Schreinerei und 660 Stunden in der Metallverarbeitung.

39. Wenn die Kapazitätsgrenzen durch Umdisponierung erhöht werden könnten, wäre die Belieferung der drei Kunden möglich und der Verkauf könnte diese Aufträge akquirieren.

Alternativ könnten auch nur zwei Kunden für diese Art der Planung ausgesucht werden. Dann würden aber die verfügbaren Kapazitäten nicht ausgeschöpft.

40. Es handelt sich dabei um eine Optimierungsaufgabe, die sowohl grafisch als auch algebraisch gelöst werden kann. Sie stellt einen Rückgriff auf das Grundlagenwissen in Algebra dar, in der ein System von zwei Gleichungen die Ermittlung zweier Unbekannten ermöglicht.

In beiden Lösungswegen muss zunächst der Bedarf pro Arbeitsbereich und die darin verfügbare Kapazität gleich gesetzt werden.

Dabei wird stellvertretend für die gesuchte Anzahl Tische A19C7 ein X und für die gesuchte Anzahl Tische A17H4 ein Y gesetzt.

Damit wird für die Schreinerei: 3 Stunden × X + 4 Stunden × Y = 360 Stunden.

Und für die Metallverarbeitung: 6 Stunden × X + 7 Stunden × Y = 660 Stunden.

Für die grafische Lösung ist ein Achsenkreuz mit X in der Horizontalen und Y in der Vertikalen zu erstellen, in das die beiden Geraden, die durch die beiden soeben aufgestellten Gleichungen gebildet werden, einzuzeichnen sind. Um dies durchzuführen, sind für die beiden Gleichungen, die je eine Gerade darstellen, die Schnittpunkte mit den Achsen zu errechnen.

Gleichung für die Schreinerei:

Für die X-Achse wird Y = 0, das heisst 3 × X + 4 × 0 = 360 oder X = 360 / 3 = 120.

Für die Y-Achse wird X = 0, das heisst 3 × 0 + 4 × Y = 360 oder Y = 360 / 4 = 90.

Für die Metallverarbeitung:

Für die X-Achse wird Y = 0, das heisst 6 × X + 7 × 0 = 660 oder X = 660 / 6 = 110.

Für die Y-Achse wird X = 0 oder 6 × 0 + 7 × Y = 660 oder Y = 660 / 7 = 94.286.

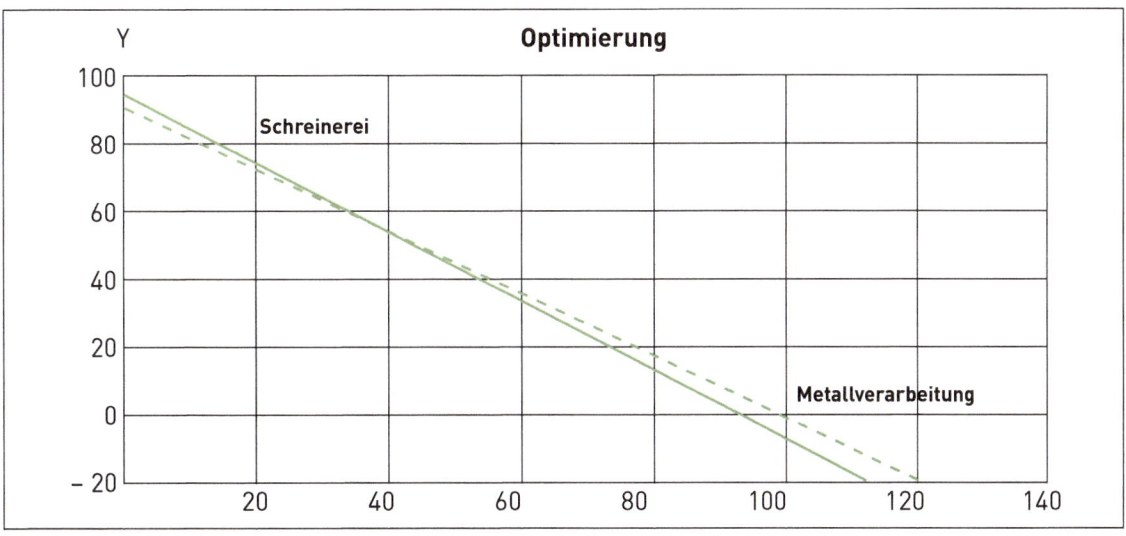

Wenn auch nicht sehr deutlich, lässt sich aus der Grafik der Schnittpunkt der beiden Geraden herauslesen, der beide oben aufgestellten Bedingungen, die durch die Gleichungen repräsentiert werden, erfüllt:

Bei einem X = 40 und einem Y = 60 werden die Kapazitätsgrenzen genau erfüllt.

Nun noch die algebraische Lösung im Detail.

Dazu nochmals die beiden Gleichungen:

Schreinerei: 3 Stunden × X + 4 Stunden × Y = 360 Stunden

Metallverarbeitung: 6 Stunden × X + 7 Stunden × Y = 660 Stunden

Nun wird aus der ersten Gleichung der Wert für X ermittelt.

3 × X = 360 – 4 × Y → X = 360 / 3 – 4 / 3 × Y = 120 – 4 / 3 × Y

Dieses wird in die zweite Gleichung eingesetzt:

6 × (120 – 4 / 3 × Y) + 7 × Y = 660

720 – 8 × Y + 7 × Y = 660

720 – 660 = 8 × Y – 7 × Y

60 = Y → Y = 60 das erste Resultat. Nun noch diesen Wert in die oben ermittelte Gleichung eingesetzt:

X = 120 – 4 / 3 × 60 = 120 – 80 = 40 das zweite Resultat.

Beide stimmen mit den Ermittlungsergebnissen aus der grafischen Lösung überein.

Lösungen zu Montage- und Teilefertigungsplanung mit gegenseitiger Abhänigkeit

41. a) Montage

	h/Tisch	27	28	29	30	31	32
Tisch A17C7	1.5	6 × 1.5 = 9	4.5	4.5	0	10.5	7.5
Tisch A17H4	3	0 × 3 = 0	12	12	15	3	18
Tisch A21R9	1	4 × 1 = 4	4	5	5	5	6
Bedarf total in h		13	20.5	21.5	20	18	31.5
Kapazitätsangebot in h		15	19	20	23	20	25
Auslastungsgrad in %		86.7	107.9	107.5	87	92	126

b) Schreinerei

	h/Tisch	27	28	29	30	31	32
Tisch A17C7	2	3 × 3 = 9	9	0	21	15	12
Tisch A17H4	4	4 × 4 = 16	16	20	4	24	12
Tisch A21R9	2	4 × 2 = 8	10	10	10	12	14
Bedarf total in h		33	35	30	35	51	38
Kapazitätsangebot in h		38	40	28	32	30	35
Auslastungsgrad in %		86.8	87.5	107.1	109.4	170.0	108.6

9

Lösungen BPL

c) Metallverarbeitung

	h/Tisch	27	28	29	30	31	32
Tisch A17C7	6	3 × 6 = 18	18	0	42	30	24
Tisch A17H4	7	4 × 7 = 28	28	35	7	42	21
Tisch A21R9	4	4 × 4 = 16	20	20	20	24	28
Bedarf total in h		62	66	55	69	96	73
Kapazitätsangebot in h		55	75	70	65	80	65
Auslastungsgrad in %		112.7	88	78.6	106.2	120	112.3

42. Neben einzelnen Unterlast-Situationen ist auch in einigen Wochen zum Teil massive Überlast festzustellen. In der Montage ist die Woche 32, in der Schreinerei die Woche 31 und in der Metallverarbeitung sind die Wochen 31 und 32 betroffen.

43. Ausgleich von Überlast und Unterlast durch Verschiebung von Arbeitsaufträgen von der überlasteten Woche in die Woche mit Unterlast. Das erfordert aber, dass Fertigwaren bis zur vom Kunden verlangten Auslieferung zwischengelagert werden können oder dass Terminverschiebungen zulässig sind. Diese Massnahmen müssen mit dem Verkauf abgeklärt werden.

Zusätzliches Personal einstellen oder Personal von Fertigungsbereichen abziehen und dort einsetzen, wo Überlast herrscht. Das bedingt, dass diese Mitarbeiter die anfallenden Arbeiten beherrschen und dass die Kapazität der Sachmittel diese Erhöhung der Personalkapazität zulässt.

Überzeit anordnen. Das erfordert eine Anmeldung bei der zuständigen Behörde der Standortgemeinde.

Zweischichtbetrieb kommt nicht infrage, da dies eine längerfristige und auch länger dauernde Massnahme zur dauerhaften Erhöhung der Kapazität ist.

Lösungen zu Prioritätenfestlegung für Aufträge

44. Zunächst müssen die Deckungsbeiträge, bezogen auf die jeweilige Produktionszeit, ermittelt werden.

Dies sind folgende Werte:

Teil 1: (2.5 – 1.5) / 8 = 0.125 CHF/min

Teil 2: (2.1 – 1.1) / 4 = 0.25 CHF/min

Teil 3: (1.3 – 0.9) / 2 = 0.20 CHF/min →

Lösungen BPL 9

Teil 4: (3.6 – 1.8) / 6 = 0.30 CHF/min

Teil 4 ist jenes Produkt, das, bezogen auf die beanspruchte Kapazität, den höchsten Deckungsbeitrag

erbringt. Folglich wird auch dieses Teil den höchsten Gewinn erwirtschaften. Dieser errechnet sich

wie folgt:

Periodengewinn = Deckungsbeitrag pro Stunde × Kapazität pro Jahr – Fixkosten = 0.3 × 60 × 2000 –

8000 = 28 000.00 CHF

Reihenfolge: Teil 4 – Teil 2 – Teil 3 – Teil 1

45.

	Verkaufs- preis CHF	Variable Kosten CHF	Produktions- zeit Minuten	Abs. DB CHF	Rel. DB CHF/min	Gewinn CHF pro Stück
Teil 1	2.50	1.50	8	1.00	0.125	– 0.592
Teil 2	2.10	1.10	4	1.00	0.25	0.204
Teil 3	1.30	0.90	2	0.40	0.20	0.002
Teil 4	3.60	2.10	6	1.80	0.30	0.606

46. a) Rangfolge nach absolutem Deckungsbeitrag

Teil-Nr.	Absatzmenge St. pro Jahr	Benötigte Kapazität	Kumulierte Kapazität
4	2000	200	200
1	1800	240	440
2	1650	110	550
3	0	0	550

b) Rangfolge nach relativem Deckungsbeitrag

Teil-Nr.	Absatzmenge St. pro Jahr	Benötigte Kapazität	Kumulierte Kapazität
4	2000	200	200
2	2400	160	360
3	2100	70	430
1	900	120	550

c) Rangfolge nach Stückgewinn

Teil-Nr.	Absatzmenge St. pro Jahr	Benötigte Kapazität	Kumulierte Kapazität
4	2000	200	200
2	2400	160	360
3	2100	70	430
1	0	0	430

47. Am geeignetsten dürfte der relative Deckungsbeitrag sein, weil er einerseits die Deckung der Fixkosten, andererseits aber auch den Ressourcenverbrauch berücksichtigt, den das betreffende Produkt verursacht.

Der absolute Deckungsbeitrag bringt eine Reihenfolge, die auf die Ressourcenbeanspruchung keine Rücksicht nimmt.

Der Stückgewinn, der wegen der methodisch nicht immer einfachen Verteilung der Fixkosten auf die Produkte schon daher kritisch betrachtet werden muss, führt dazu, dass jene Produkte, die negativen Gewinn verursachen, ganz aus dem Fertigungsprogramm fallen sollten/dürften. Das führt zu Unterdeckung der Fixkosten.

Lösung zu Kalkulation eines Auftrages

48. Materialkosten

- Allgemeine Formel: Materialkosten MK = MEK + MEK × MGK = MEK × (1 + MGK)

- MEK = 85.00 + 12.00 + 23.00 + 125.00 = 245.00

- MK = 245.00 × (1 + 17.5 / 100) = 287.88

Fertigungskosten

- Allgemeine Formel: Fertigungskosten FK = FEK + FEK × FGK = FEK × (1 + FGK)

- FEK = 5 × 65.00 + 2 × 75.00 + 1.5 × 80.00 + 1.5 × 95.00 = 897.50

- FK = 879.50 × (1 + 23 / 100) = 1 103.93

Herstellkosten

- Allgemeine Formel: Herstellkosten HK = MK + FK

- HK = 287.875 + 1 103.925 = 1 391.80

Selbstkosten

- Allgemeine Formel: Selbskosten = SK = HK + HK ×VVGK = HK × (1 + VVGK)

- SK = 1 391.80 × (1 + 357100) = 1 878.93

Lösungen zu Make or Buy

49.	Kostenelement	Berechnung
	Materialkosten (MK) pro Jahr	MEK = 500 × 165 = 82 500.00 MGK = 82 500.00 × 17.5 % = 14 437.50 MK = 96 937.50
	Fertigungskosten Personal (FK Pers) pro Jahr	FEK Pers = 500 × 290 = 145 000.00 FGK Pers = 145 000 × 23 % = 33 350.00 FK Pers = 178 350.00
	Fertigungskosten Arbeitsplatz (FK AP) pro Jahr	FEK AP = 24 000.00 × 0.26 = 6240.00 FGK AP = 624.00 × 23 % = 1435.20 FK AP = 7675.20
	Herstellkosten (HK) pro Jahr	HK = MK + FK Pers + FK AP = 282 962.70
	Kosten pro Stück	HP pro St. = 282 962.70 / 500 = 565.9254 = 565.93

50.	Kostenelement	Formel	Betrag CHF
	Einkaufspreis pro Jahr	500 St. × 498.00	249 000.00
	Transportkosten pro Jahr	500 / 10 × 45.00	2250.00
	Lagerkosten pro Jahr	Mittlerer Lagerbestand in St. × Stückpreis × Lagerkostensatz = 50 St. / 2 × (498.00 + 45.00 / 10) × 20 %	2512.50
	Investitionskosten	Abschreibung: 2000.00 / 5 Verzinsung: 2000.00 / 2 × 10 %	400.00 100.00
	Total Jahreskosten		254 262.50
	Einstandspreis pro Stück EP	261 332.50 / 500	508.525
	Materialkosten zum Vergleich mit Eigenfertigungskosten MK	MK = EP + EP × MGK_{Eink} 508.525 × (1 + 12 / 100)	569.548

51.	**Vergleich**	Die Eigenfertigung mit CHF 565.93 liegt um wenige Prozent unter dem voll kalkulierten Fremdbezug von CHF 569.55. Es liegt also praktisch Kostengleichheit vor.
	Empfehlung	Ich empfehle, wenigstens probeweise einige Male den Fremdbezug vorzunehmen, auch wenn sich der Lieferant wegen Nichterreichen der geschätzten Jahresmenge von 500 Stück gezwungen sehen könnte, höhere Preise geltend zu machen.
	Begründung	Die Make-or-Buy-Überlegung wurde in erster Linie im Hinblick auf die Kapazitätsengpässe angestellt. Da diese voraussichtlich in nächster Zeit nicht verschwinden werden, ist die Entwicklung eines leistungsfähigen und zuverlässigen Lieferanten wichtig. Dessen Leistungsfähigkeit kann aber nur mittels einiger Bestellungen und Lieferungen getestet werden. Da es sich beim Produkt «Tischplatte» nicht um eine strategische Komponente im Tischgeschäft handelt, ist auch daher der Fremdbezug zu empfehlen. Die wohl wichtigste Begründung für die Empfehlung ist die Reduktion der Kapazitätsengpasse in der Schreinerei, wodurch wenigstens mittelfristig keine Investitionen anfallen werden.

9

Lösungen BPL

Lösungen zu Nutzwertanalyse

52.

Kriterium	Bewertung Eigenfertigung	Bewertung Fremdbezug
Know-how	Fördert eigenes Know-how und die eigene Kompetenz Generiert hierfür Kosten Know-how muss zur Kernkompetenz passen	Know-how-Verlust möglich Fremdbezug nützt fremdes Know-how, das eventuell fortgeschrittener ist als das eigene Keine eigenen Investitionen Abhängigkeit wird grösser
Fertigungs-kapazität	Eigenfertigung gestattet flexiblere Auslastung der eigenen Kapazitäten, jedoch nur für den Fall ausreichender Reserven Ansonsten erzeugt Überlast zusätzliche Kosten	Eigene Fertigungskapazität wird frei für Kernkompetenz Falls Lieferant Probleme haben sollte zu liefern, kann es schwierig werden, das bei ihm bezogene Produkt wieder zurückzuholen
Qualitäts-management	Resultierende Qualität ist unter eigener Kontrolle und kann jederzeit optimiert werden	Abhängigkeit von Q-Massnahmen des Lieferanten Eventuell sind Audits erforderlich, dann ist eine stärkere vertragliche Bindung anzustreben
Innovation	Eigenfertigung kann zu Routine verleiten, wodurch der Anschluss an das Innovationsniveau des Marktes verloren geht Kann aber auch von Konkurrenz abheben, wenn grosser Wert auf Innovation gelegt wird	Abhängigkeit vom Lieferanten, was positiv, aber auch negativ sein kann Wenn Lieferant zu den innovativeren Unternehmen zählt, profitiert das bestellende Unternehmen
Wertanteil	Bei hohem Anteil am Endprodukt ist Eigenfertigung wegen höherer Fertigungstiefe zu priorisieren Bei geringem Anteil ist die Entscheidungsschwelle für «buy» eher tiefer zu setzen	Wenn zu beziehendes Produkt hohen Anteil am Umsatz des Lieferanten hat, ist dies genauer zu analysieren Bei geringem Anteil wahrscheinlich eher unkritisch

9

Lösungen BPL

Lösungen zu Szenario 1

53. $X = K_f / (VP - k_v) = 50\,000.00 / (450.00 - 175.00) = 181.80$ oder ca. 180 Stück

Das heisst, dass die Herstellung ab 180 Stück Gewinn abwirft.

54.
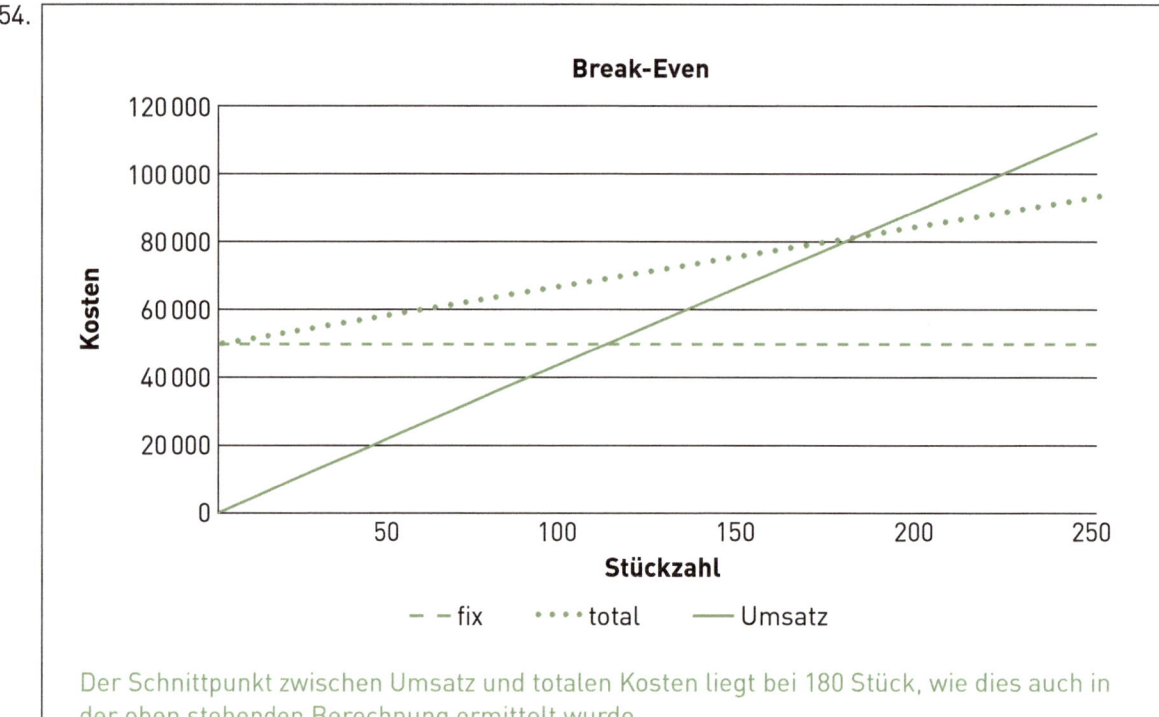

Der Schnittpunkt zwischen Umsatz und totalen Kosten liegt bei 180 Stück, wie dies auch in der oben stehenden Berechnung ermittelt wurde.

Lösungen zu Szenario 2

55. Kostenelement	Einheit	Angebot 1	Angebot 2
Abschreibung	CHF	(115 000.00 + 8200.00) / 5 = 24 640.00	29 700.00
Verzinsung	CHF	10 % × (115 000.00 + 8200.00) / 2 = 6160.00	7 425.00
Wartung und Unterhalt	CHF	1800.00	3 200.00
Personalkosten	CHF	64 000.00	80 000.00
Total Jahreskosten	CHF	96 600.00	120 325.00
Betriebsdauer pro Jahr	Stunden	1850	1 950
Stundensatz	CHF/Stunde	52.2162	61.7051

56. Kostenelemente	Angebot 1	Angebot 2
Total Investition CHF	115 000.00 + 8 200.00 = 123 200.00	138 000.00 + 10 500.00 = 153 800.00
Abschreibung CHF/Jahr	123 200.00 / 5 = 24 640.00	153 800.00 / 5 = 29 700.00
Zinsen CHF/Jahr	123 200.00 / 2 × 10 % = 6 160.00	153 800.00 / 2 × 10 % = 7 425.00
Total Fixkosten CHF/Jahr K_f	24 640.00 + 6 160.00 = 30 800.00	29 700.00 + 7 425.00 = 37 125.00
Variable Kosten CHF/Stück k_v	42 / 60 × 52.2162 = 36.5514	12 / 60 × 61.7051 = 12.3410

57. Formel	Die Kosten müssen gleichgesetzt werden. $K_1 = K_2$ $K_1 = K_{f1} + X × k_{v1}$ $K_2 = K_{f2} + X × k_{v2}$ Daraus lässt sich X ableiten: $X = (K_{f1} - K_{f2}) / (k_{v2} - k_{v1})$
Resultat	$X = (30 800.00 - 37 125.00) / (12.3410 - 36.5515) = 261.25$ oder ca. 260 Stück

58. Der Fertigungsleiter rechnet mit einer jährlichen Fertigungsmenge von gut 500 Stück, die er mit der neu zu beschaffenden Anlage herstellen könnte. Dies basiert auf den Umsatzzahlen der letzten Jahre. Welches Angebot empfehlen Sie dem Fertigungsleiter?

Da die erwartete Stückzahl über dem Break-Even-Punkt liegt, ist das Angebot 2 zu empfehlen, zwar

mit höheren Fixkosten, aber geringeren variablen Kosten.

Lösungen zu Optimale Losgrössen in der Fertigung

59. Beschreibung	Berechnung	Resultat
Anzahl Fertigungslose im bisherigen Verfahren	800 / 2 Endteile / 2 Tische pro Auftrag	200
Total administrative Auftragskosten CHF	200 × 95.00	19 000.00
Total Rüstzeiten Minuten	200 × 45	9000
Total Rüstkosten	9000 / 60 × 85.00	12 750.00
Total variable Kosten	800 × 110.00	8800.00
Total Jahreskosten		40 550.00

60. Auftragsfixe Kosten: 95.00 + 45 / 60 × 85.00 = 158.75

$$X^{opt} = \sqrt{\frac{200 × 800 × 158.75}{110 × 25}} = 96.1 \text{ St., aufgerundet } 100 \text{ St.}$$

61.

Beschreibung	Berechnung	Resultat
Anzahl Fertigungslose im neuen Verfahren	800 / Losgrösse	8
Total administrative Auftragskosten CHF	8 × 95.00	760.00
Total Rüstzeiten Minuten	8 × 45	360
Total Rüstkosten	360 / 60 × 85.00	510.00
Total variable Kosten	800 × 110.00	8800.00
Total Jahreskosten		10070.00

62. Der Kostenvergleich zwischen bisherigem und vorgeschlagenem Verfahren zeigt, dass das neue Verfahren bedeutend günstiger wird. Selbstverständlich sind die reinen Herstellkosten immer noch die gleichen. Was hingegen massiv reduziert werden kann, sind die Kosten für die Auftragsauslösung (administrative Kosten) und die Kosten für die bisher bei jedem Einzelauftrag anfallende Rüstzeit.

Ich beantrage daher, das neue Verfahren einzuführen und mit den konkreten Planungen zu beginnen.

Lösung zu Produktionsplanung mit Variantenfertigung

63.

Monat	Variante	St.	Bruttobedarf TG34A8 St.	TG81G6 St.	TH67B5 St.	TH12K7 St.
Januar	A	12	24	0	0	24
	B	8	16	0	16	0
	C	4	0	8	8	0
	Total		40	8	24	24
Februar	A	15	30	0	0	30
	B	5	10	0	10	0
	C	0	0	0	0	0
	Total		40	0	10	30
März	A	9	18	0	0	18
	B	16	32	0	32	0
	C	6	0	12	12	0
	Total		50	12	44	18
April	A	14	28	0	0	28
	B	10	20	0	20	0
	C	9	0	18	18	0
	Total		48	18	38	28

Monat	Variante		Bruttobedarf			
			TG34A8	TG81G6	TH67B5	TH12K7
		St.	St.	St.	St.	St.
Mai	A	15	30	0	0	30
	B	8	16	0	16	0
	C	6	0	12	12	0
	Total		46	12	28	30
Juni	A	12	24	0	0	0
	B	0	0	0	0	0
	C	5	0	10	10	10
	Total		24	10	10	10
Total Halbjahr			248	60	154	140

Lösungen zu Stückliste und Produktionsplanung

64.	Artikel und Operation	Rüstzeit in Min.	Produktionszeit in Std.	Total Zeit in Std.
	OP 31: Tisch A34H7 Schlussmontage und Kontrolle	30	$8 \times 2 = 16$	16.5
	OP 144: Platte imprägnieren, Finish und Trocknen	15	$8 \times 8 = 64$	64.25
	OP 129: Platte bearbeiten (Schreinerei)	75	$8 \times 1.5 = 12$	13.25
	OP 262: Tischgestell lackieren, Finish und Einbrenntrocknen	45	$8 \times 16 = 128$	128.75
	OP 218: Tischgestell herstellen (Stangen zuschneiden, schweissen, verputzen, richten)	90	$8 \times 4 = 32$	33.5
	OP 612: Verbindungsset (Bezug ab Lager)	0	0	0

63.
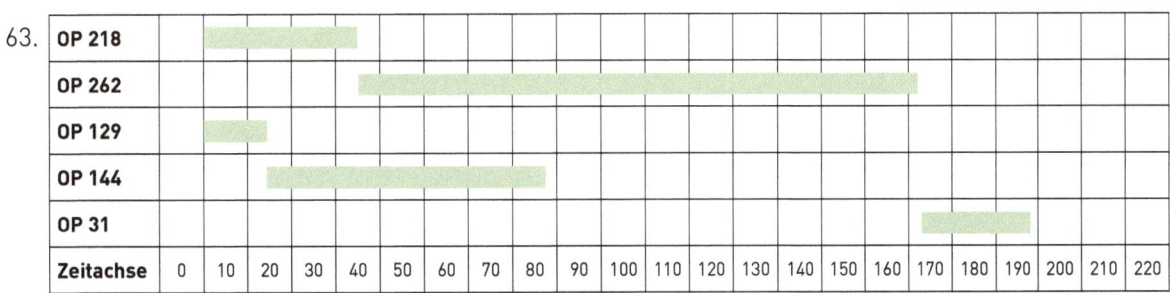

66. OP 218, OP 262 und OP 31

67. Nach 178.75 Stunden bzw. 22.34 Arbeitstagen ist OP 31 mit der Schlussmontage und der Kontrolle

abgeschlossen.

Lösungen zu KANBAN

68. Gesamtmenge = Jahresbedarf plus Sicherheitsmarge = 8000 + 8000 × 15 % = 9200

Mittlerer täglicher Verbrauch = Gesamtmenge / Arbeitstage pro Jahr = 9 200 / 200 = 46

Wenn ein Behälter eine Umlaufzeit von 2 AT hat, dann muss das Fassungsvermögen 2 × 46 = 92 Teile, oder aufgerundet 100 Teile betragen.

69. Damit immer Artikel an der Entnahmestelle zur Verfügung stehen, also der Behälter sich nicht zum Auffüllen an der Auffüllstation befindet und damit für eine Entnahme nicht verfügbar ist, sollten zwei Behälter im Umlauf sein. Mehr als zwei bringen keinen Nutzen.

Lösungen zu Kennzahlen der Fertigungstiefe

70.

Bezeichnung des Wertes	Berechnung
Fertigungstiefe volle Eigenfertigung	(HK1 – EK2) / HK1 = (1 650 – 890) / 1 650 = 0.46 oder 46 %
Fertigungstiefe bei Bezug der Tischplatte	(HK2 – EK3) / (HK2 + EK1) = (1 035 – 760) / (1 035 + 570) = 0.171 oder 17 %

71. Wenn die Tischplatte fremdbezogen wird, fällt die Fertigungstiefe auf etwa ein Drittel gegenüber der vollen Eigenfertigung. Es stellt sich hier die Frage, ob das im Interesse der Geschäftsleitung ist. Wie bereits im Falle der Make-or-Buy-Überlegungen zeigt sich auch hier, dass nicht der Preis oder die Kosten für den Fremdbezug der Tischplatte ausschlaggebend sein werden, sondern nur die knappe Fertigungskapazität.

Lösungen zu Kapitel Distributionslogistik, Lager- & Transportsysteme

Lösung zu Distributionsvarianten

1.	**Massnahme**	**Begründung und Kostensenkungspotenzial**
	Transportcontainer anschaffen, in die mehrere Tische, analog zum eigenen Lastwagen, eingelegt werden können, die mittels Polsterung geschützt sind.	Da sich diese Art der Ladung beim eigenen Lastwagen bewährt hat, sind keine Transportschäden zu erwarten. Die Einsparung liegt darin, dass pro Volumeneinheit mehr Tische als bisher mit Einzelverpackung transportiert werden können. Ausserdem entfallen die ebenfalls zu bezahlende Ladezeit und die Einzelverpackung der Tische. Die Container müssten allerdings angeschafft und bewirtschaftet werden, damit immer genügend verfügbar sind. Eine genaue Kalkulation der Kosten müsste vorgenommen werden.
	Tische unmontiert, das heisst Gestell und Platte separat, verladen. Gestell und Platte mit Schrumpffolie oder Luftpolsterfolie schützen.	So sollten pro Speditionsvolumen mehr Einheiten ineinander gestellt werden können. Dazu müsste wohl ein Mitarbeiter speziell ausgebildet werden. Auch hier reduzieren sich die Kosten wegen der höheren Anzahl Einheiten pro Speditionsvolumen.
	Tische grundsätzlich umkonstruieren, indem das Tischgestell, bestehend aus Endgestell und den Längsholmen, erst beim Kunden montiert wird, die Tischplatte ebenfalls separat (Modell Ikea).	Damit könnten relativ flache Verpackungseinheiten gebildet werden, die nur ein geringes Speditionsvolumen beanspruchen. Die Speditionskosten würden so wahrscheinlich minimiert. Die Umkonstruktion und die Umstellung auf die neuen Fertigungsabläufe wären noch als Investitionskosten zu kalkulieren und durch die Einsparungen zu amortisieren.

Lösung zu Distributionsstrukturen

2. a) Direktverkauf an Endkunden

Beschreibung, Massnahmen	Bewertung: Vorteile/Nachteile	Chancen/Risiken
Erschliessung des Endkundensegmentes durch Messebeteiligung, Internetauftritt, Inserate, Prospekte	Vorteile: unmittelbare Erfassung der Bedürfnisse der Endkunden; Eliminierung der Margen der Möbelhäuser Nachteile: zunehmend Einzelfertigung; erhöhte Auftrags- und Distributionskosten durch Einzellieferung Neutral: Der Markt für Tische wird nicht grösser, was zu erhöhtem Konkurrenzkampf führen könnte	Chancen: möglicherweise Verbesserung der Kenntnisse der Kundenbedürfnisse, auf die dann besser eingegangen werden kann; Gewinnung von Marktanteilen Risiken: möglicherweise negative Auswirkungen durch Konkurrenzierung mächtiger Möbelhäuser, die mit Preisnachlässen reagieren könnten

→

Lösungen BPL

9

Beschreibung, Massnahmen	Bewertung: Vorteile/Nachteile	Chancen/Risiken
Neue Verteilstrukturen durch eigene Transportmittel oder Transportdienstleister aufgrund vermehrter Einzellieferung	Vorteile: besseres Eingehen auf Lieferwünsche der Endkunden; erhöhte Lieferflexibilität, rasche Reaktion Nachteile: wie oben, erhöhte Distributionskosten	Chancen: durch Direktkontakt mit Endabnehmern Entdecken weiterer Kundenbedürfnisse; eventuell Verkauf oder Vermittlung von Dienstleistungen (Montageservice, Reparaturservice, Pflegeservice) Risiken: zu grosse oder zu kleine Transport- und Verteilkapazität; genau wird sie kaum je passen
Erweiterung des Sortiments durch Entwicklung neuer Modelle, wenn Kundenbedürfnisse genauer und besser erfasst werden	Vorteile: bessere Abdeckung des Marktes, erhöhter Marktanteil Nachteile: Sortiment ist bezüglich Umsatz sehr zersplittert, Logistikkosten steigen durch kleinere Losgrössen und vergrösserten Artikelstamm (Verwaltungs- und Lagerkosten steigen)	Chancen: organisches Firmenwachstum möglich, wenn durch diese Massnahme eine nennenswerte Umsatzerhöhung realisiert werden sollte Risiken: Ablauf- und Kostenprobleme, wenn dem erhöhten Umsatz zu wenige konsequent strukturelle Massnahmen folgen

b) Vertrieb über Grossverteiler – Grossisten

Beschreibung, Massnahmen	Bewertung: Vorteile/Nachteile	Chancen/Risiken
Suche und Evaluation eines Grossverteilers, Angebote einholen, Vertragsverhandlungen einleiten und abschliessen	Vorteile: grössere, prognostizierbare Umsätze für ein meist engeres, definiertes Sortiment Nachteile: knappere Gewinnmargen, da meist erhöhter Preisdruck; Verlust des direkten Kundenkontaktes	Chance: Erschliessung neuer Märkte durch den Grossverteiler, die direkt kaum erschliessbar wären; mögliche Synergien mit anderen Produkten des Grossverteilers Risiken: Verlust der Marktkenntnisse; Abhängigkeit vom Grossverteiler; wenn das Grössenverhältnis des eigenen Unternehmens zum Grossverteiler nicht ausgeglichen ist, kann Übernahme drohen oder ein Verlust von Umsatz, weil der Grossverteiler zu schwach ist
Bei möglicher und geplanter Umsatzsteigerung müssen Fertigungseinrichtungen entsprechend ausgebaut und angepasst werden	Vorteile: Modernisierung der Infrastruktur bei gleichzeitig besserer Planbarkeit der Auslastung, Optimierung der Lagerbestände und Losgrössen Nachteil: hohe Investitionen, Unruhe durch Umstrukturierung; eventuell fehlendes Fachpersonal	Chancen: Wachstumsschub; vom KMU zum Industriebetrieb Risiken: wie oben – Umstrukturierung hält nicht Schritt mit dem Umsatzwachstum; Mentalität und Denkweise bleibt dem KMU verhaftet

9

Lösungen BPL

Lösungen zu Internationale Vertriebsfragen

3.

Kostenelement	Beschreibung, Erklärung
Transportkosten	Kosten des Transportes zwischen Herstellort und Ablieferort. Dabei ist zu berücksichtigen, dass unterschiedliche Transportmittel auf diesem Weg zum Einsatz kommen dürften.
Transportversicherung	Das abzuliefernde Produkt muss gegen Beschädigung, Verlust, Diebstahl usw. ausreichend versichert sein, um die von Kunden zu tätigende Investition ausreichend zu schützen. Dabei können auf dem gesamten Transportweg sehr unterschiedliche Risiken auftreten, die entsprechend zu berücksichtigen sind.
Zoll, Zölle	Wo überall auf dem gesamten Transportweg fallen Zölle an? Das betrifft Transitzölle genauso wie Zölle im Endbestimmungsland.

4. a) Es handelt sich dabei um die Incoterms der International Chamber of Commerce.

b)

Bezeichnung	Erklärung[1]
EXW Ex Works	Ex Works means that the seller delivers when it places the goods at the disposal of the buyer at the sellers premises or at another named place (i.e., works, factory, warehouse etc.). The seller does not need to load the goods on any collecting vehicle, nor does it need to clear the goods for export, where such clearance is applicable.
DDP Delivered Duty Paid	Delivered Duty Paid means that the seller delivers the goods when the goods are placed at the disposal of the buyer, cleared for import on the arriving means of transport ready for unloading at the named place of destination. The seller bears all the costs and risks involved in bringing the goods to the place of destination and has an obligation to clear the goods not only for export but also for import, to pay any duty for both export and import and to carry out all customs formalities.
FAS Free Alongside Ship	Free Alongside Ship means that the seller delivers when the goods are placed alongside the vessel (e.g., on a quay or a barge) nominated by the buyer at the named port of shipment. The risk of loss of or damage to the goods passes when the goods are alongside the ship, and the buyer bears all costs from that moment onwards.
FOB Free On Board	Free On Board means that the seller delivers the goods on board the vessel nominated by the buyer at the named port of shipment or procures the goods already so delivered. The risk of loss of or damage to the goods passes when the goods are on board the vessel, and the buyer bears all costs from that moment onwards.
CFR Cost and Freight	Cost and Freight means that the seller delivers the goods on board the vessel or procures the goods already so delivered. The risk of loss of or damage to the goods passes when the goods are on board the vessel. the seller must contract for and pay the costs and freight necessary to bring the goods to the named port of destination.

→

1 http://www.iccwbo.org/products-and-services/trade-facilitation/incoterms-2010/the-incoterms-rules/

9

Lösungen BPL

Bezeichnung	Erklärung
CIF Cost, Insurance and Freight Es gibt insgesamt elf derartige Regeln. Jede dieser Abkürzung muss mit der genauen Angabe des Ortes ergänzt werden, an dem der Kosten- und Risikoübergang vom Hersteller zum Kunden erfolgt.	Cost, Insurance and Freight means that the seller delivers the goods on board the vessel or procures the goods already so delivered. The risk of loss of or damage to the goods passes when the goods are on board the vessel. The seller must contract for and pay the costs and freight necessary to bring the goods to the named port of destination. The seller also contracts for insurance cover against the buyers risk of loss of or damage to the goods during the carriage. The buyer should note that under CIF the seller is required to obtain insurance only on minimum cover. Should the buyer wish to have more insurance protection, it will need either to agree as much expressly with the seller or to make its own extra insurance arrangements.

Es gibt insgesamt elf derartige Regeln. Jede dieser Abkürzung muss mit der genauen Angabe des Ortes ergänzt werden, an dem der Kosten- und Risikoübergang vom Hersteller zum Kunden erfolgt.

Lösung zu Distributionskennzahlen

5.

Kenngrösse	Berechnung und Wert
Lieferzuverlässigkeit	$\dfrac{\text{Summe der pünklich gelieferten Mengen}}{\text{Summer der angeforderten (bestellten) Mengen}} = \dfrac{243}{261} = 0.93 \text{ oder } 93\%$
Termintreue 1	$\dfrac{\text{Anzahl zum bestätigten Termin gelieferter Bestellungen}}{\text{Gesamtzahl der Kundenbestellungen}} = \dfrac{79}{84} = 0.94 \text{ oder } 94\%$
Termintreue 2	$\dfrac{\text{Anzahl zum gewünschten Termin gelieferter Bestellungen}}{\text{Gesamtzahl der Kundenbestellungen}} = \dfrac{79-14}{84} = 0.774$
Speditionsqualität	$\dfrac{\text{Anzahl fehlerfrei verpackt angekommener Bestellungen}}{\text{Anzahl ausgelieferter Bestellungen}} = \dfrac{84-3}{84} = 0.964 \text{ oder } 96.4\%$
Lieferqualität	$\dfrac{\text{Anzahl fehlerfrei gelieferter Artikel}}{\text{Gesamtanzahl gelieferter Artikel}} = \dfrac{261-5}{262} = 0.981 \text{ oder } 98.1\%$
Korrekte Lieferungen	$\dfrac{\text{Anzahl korrekt ausgelieferter Bestellungen}}{\text{Gesamtanzahl ausgelieferter Bestellungen}} = \dfrac{84-1}{84} = 0.988 \text{ oder } 98.8\%$
Vollständigkeit der Lieferungen	$\dfrac{\text{Anzahl vollständig ausgelieferter Bestellungen}}{\text{Gesamtanzahl ausgelieferter Bestellungen}} = \dfrac{84-6}{84} = 0.929 \text{ oder } 92.9\%$

Lösung zu Förderhilfsmittel im Unternehmen

6.	Kriterium	Bisheriger Betrieb mit Paletten und manuellen Gabelstaplern	Behälter und Fördermittel nach obiger bildlicher Darstellung	Elektrische Hängebahn
	Platzbedarf während des Transportes	Hoch	Mittel	Klein
	Handling	Aufwendig	Reduziert	Einfach
	Beschädigungsgefahr	Hoch	Reduziert	Gering
	Transportzeit	Mittel	Mittel	Mittel
	Kosten, Investitionen	Keine	Mittel	Hoch
	Personensicherheit	Hohes Gefährdungspotenzial	Reduziertes Gefährdungspotenzial	Nahezu kein Gefährdungspotenzial
	Personalaufwand	Hoch	Hoch	Gering
	Eignung für Zwischenlagerung	In Verbindung mit Palettenregalen: gut	Weniger gut, vor allem weil die Anschaffung teuer ist und daher die verfügbare Menge an Fördermittel beschränkt bleibt	Sehr gering, ausser es werden spezielle «Lagerbahnhöfe» der Deckenbahn eingerichtet, was hohe Investitionen erfordert

Lösung zu Evaluation Lagerstruktur

7.	Schwachstellen	Ziele
	Für die gleiche Materialart sind zwei verschiedene Lagerstandorte vorhanden (Norm- bzw. Kleinteile; Rohre und Stangen).	Für gleiche Materialarten besteht nur ein einziges Lager.
	Einige Lager sind in Bezug auf die hauptsächlichsten Bedarfsträger/Bezugsstellen sehr ungünstig angeordnet – weite, komplizierte Wege (Holzlager zu Schreinerei; Normteilelager zur Montage).	Alle Lager sind zentral angeordnet oder liegen in geeigneter Nähe zum hauptsächlichen Bezüger.
	Der Wareneingang liegt ungünstig zur Anlieferung und zur Prüfung bzw. Q-Kontrolle, die auch für die eingehenden Waren laut Layout zuständig sein dürfte; ferner weite Wege zu den Lagern.	Der Warenfluss von Anlieferung über Wareneingang und Eingangsprüfung zu den Lagern ist optimiert.

9

Lösungen BPL

Lösungen zu Bewertung und Erklärung von Lagerkonzepten

8.

Begriff	Beschreibung, Definition
Konsignationslager	Die im Lager beim Besteller liegenden Produkte sind im Eigentum des Lieferanten. Die Bezahlung erfolgt erst im Anschluss an den Bezug aus dem Lager. Dazu muss der Abnehmer die Menge und den Zeitpunkt des Bezuges dem Lieferanten melden. Dies eignet sich für besonders teure Artikel mit schwankendem Bedarf. Der Lagerplatz gehört dem Abnehmer, die gelagerten Bestände werden durch den Abnehmer versichert. Der Nachschub erfolgt durch den Lieferanten, entweder auf der Basis der gemeldeten Entnahmemenge, durch die Aufforderung durch den Abnehmer oder zu regelmässigen Zeitpunkten. Welche Variante gewählt wird, hängt vom Verlauf des Lagerbestandes ab.[2]
Vendor Managed Inventory	Auch hier sind die Lagerbestände im Eigentum des Lieferanten. Dieser verwaltet die Bestände und disponiert den Nachschub, er hat damit die volle Verantwortung für die Versorgung des Abnehmers mit den so verwalteten Artikeln. Der Lieferant bestimmt Häufigkeit und Menge des Nachschubs. Er kann so Lager- und Lieferkosten optimieren. Vorteile aus Sicht des Abnehmers sind der reduzierte Dispositionsaufwand und die verringerten Lagerbestände, bei gleichzeitig hoher Versorgungssicherheit.[3]

9.

Konzept	Vorteile
Konsignationslager	Lagerbestände sind in der eigenen Überwachung, dadurch besteht eine geringere Abhängigkeit vom Lieferanten. Lagerbestand gehört dem Lieferanten, nur die Versicherung und der Lagerraum verursachen Kosten. Verrechnung erst nach Entnahme.
Vendor Managed Inventory	Der Lieferant reagiert selbstständig und rasch auf Verbrauchsschwankungen, hoher Servicegrad bzw. hohe Versorgungssicherheit. Geringe Dispositions- und Verwaltungskosten beim Abnehmer. Durch reduzierte Abwicklungskosten beim Lieferanten können niedrigere Preise, günstigere Konditionen vereinbart werden. Hohe Bindung des Lieferanten an den Abnehmer. Keine Lagerkosten, auch keine Versicherung für das betroffene Material. Eventuell zahlt der Lieferant sogar Miete für den Lagerplatz.
Für beide	Geringerer Lagerbestand, reduzierter Dispositions- und Abwicklungsaufwand beim Besteller und beim Lieferanten.

10. Da die Klein- und Normteile im Normalfall einen einigermassen regelmässigen Verbrauch aufweisen dürften, käme das Vendor Managed Inventory infrage. Ein Kommissionslager drängt sich für diese Art der Materialien nicht auf, weil das Konsignationslager seine Vorteile eher für teure und unregelmässig benötigte Artikel erweist.

Lösungen zu Warenausgang und Verpackungsarten

11. Keine übersichtliche und geregelte Lagerung des zu spedierenden Gutes.

Die Markierung bzw. Identifizierung der Objekte nach Aufträgen ist mangelhaft, indem sie meist nur lose an den Objekten angebracht ist.

Die Bereitstellung des benötigten Verpackungsmaterials ist entweder nicht geregelt oder wegen

---

2 vgl. wirtschaftslexikon24.com, Begriff Konsignationslager

3 vgl. wirtschaftslexikon24.com, Begriff Vendor Managed Inventory

Platzmangel nicht möglich.

Ein Prozess zur Erstellung der Versandbereitschaft der Kundenaufträge ist entweder nicht dokumen-

tiert oder wird nicht befolgt.

12. Konzipieren und Erstellen eines geeigneten Zwischenlagers für die von der Montage angelieferten Tische unter Ausnützung der Raumhöhe. Anschaffung eines hierfür geeigneten Fördermittels und Bereitstellung geeigneter Förderhilfsmittel, mit denen die Tische in das mehrstöckige Lagerregal eingelagert werden können.

Jeder Tisch erhält eine Etikette mit Artikelnummer und Auftragsnummer, entweder auf seiner Unter-

seite oder offen sichtbar zum Ablösen nach Auslieferung. Packzettel, Lieferschein und andere Spedi-

tionsdokumente sind in Klarsichttaschen direkt am Objekt unverlierbar anzubringen. Wenn mehrere

Tische in einem Auftrag spediert werden, sind die zusammengehörenden Tische eindeutig zu markie-

ren.

An einer geeigneten Stelle im Speditionsbereich wird das gesamte benötigte Verpackungsmaterial in

ausreichender Menge (z. B. Tagesbedarf) bereitgestellt. Werkzeuge und/oder Vorrichtungen zum Zu-

schneiden, Formen und Verkleben stehen ebenfalls bereit. Ein Mitarbeiter im Speditionsbereich

übernimmt die Aufgabe und Verantwortung, dass stets ausreichend Verpackungsmaterial verfügbar

ist.

Zwischen der Fertigstellung der Tische in der Montage und der Übernahme durch den externen Spe-

diteur bzw. den eigenen Chauffeur wird ein Prozess entworfen, getestet und in Kraft gesetzt, der ver-

hindert, dass unverpackte Ware knapp vor der Spedition noch rasch verpackt werden muss. Auch

muss dieser Prozess sicherstellen, dass auf dem gesamten Weg von der Montage bis zum Abtrans-

port Beschädigungen vermieden werden.

Lösung zu Szenario 1

Kennzahl	Berechnung
Mittlerer Lagerbestand für das ganze Jahr	(87 + 75) / 2 = 81
Mittlerer Lagerbestand mit 12 Perioden	(87 + 95 + 97 + 78 + 82 + 75 + 72 + 68 + 92 + 85 + 81 + 75) / 12 = 82.25

13. vor der Tabelle.

9 Lösungen BPL

Kennzahl	Berechnung

Gleitender Mittelwert für jeweils 3 Perioden												
Monat	1	2	3	4	5	6	7	8	9	10	11	12
Bestand	87	95	97	78	82	75	72	68	92	85	81	75
gl. MW[4]	87	91	93	90	86	78	76	72	77	82	86	80

Gewogener gleitender Mittelwert: 3 Perioden, Gewichte 10, 25, 50												
Monat	1	2	3	4	5	6	7	8	9	10	11	12
Bestand	87	95	97	78	82	75	72	68	92	85	81	75
gl. MW[4]	–	–	108	97	94	88	84	79	94	96	95	88

Lagerumschlag	Bezüge: 35 + 26 + 25 + 47 + 43 + 51 + 48 + 40 + 21 + 26 + 28 + 37 = 427 Mittl. Lagerbestand: 81 oder 82.25 Lagerumschlag: 427 / 81 = 5.3 oder 5.2
Lagerdauer (Tage)	200 / 5.3 = 37.7 Tage
Lagerreichweite (Tage)	200 × 81 / 427 = 37.9 Tage

Lösung zu Szenario 2

14. Durchschnittlicher oder für den einfachen mittleren Lagerbestand zeitlich gewichteter Lagerbestand

= (12 St. × 1.5 Monate + 6 St. × 3 Monate + 16 St. × 7.5 Monate) / 12 Monate = 13 St.; dieser zeitlich gewichtete Bestand entspricht am besten der durch den schwankenden Bestand aufgetretenen Kapitalbindung

Einfacher mittlerer Lagerbestand = (12 + 16) / 2 = 14 St.

Einfacher mittlerer Lagerbestand = (12 + 6 + 16) / 3 Perioden = 11.3

Der einfache mittlere Lagerbestand, gebildet aus den beiden Endwerten, liegt zu hoch, während der periodenbezogene Bestand wegen der ungleich langen Perioden im vorliegenden Fall zu tief liegt.

Schlussfolgerung: Bei sehr unregelmässigem Verlauf der Lagerbestände kommt nur die zeitlich gewichtete Berechnung infrage. Sie wird allerdings nur sehr selten angewendet, weil die detaillierten Zahlen oft nicht vorliegen und auch, weil der Rechenaufwand für die verlangte Aussagegenauigkeit zu hoch ist. Insbesondere wenn es um die Ermittlung von Lagerkosten geht, ist wegen des geschätzten Kostensatzes ohnehin keine hohe Rechengenauigkeit möglich.

Lösung zu Szenario 1

15. Kostenelement übergeordnet	Erklärung, Bemerkungen
Kosten der Lagerungsvorgänge (Ein- und Auslagerung)	Personalkosten aller Mitarbeiter im Lagerbereich
Kosten der Lagerhilfsmittel	Fördermittelkosten, Regale, Lagereinrichtungen
Kosten der Lagerverwaltung und Lagerdisposition	Personalkosten, Systemkosten
Kosten der Kapitalbindung	Verzinsung des Inventars, Abschreibung und Verzinsung der Investitionen
Kosten des Lagerschwundes	

Kostenelement Einzelkosten	Erklärung, Bemerkungen
Personalkosten	Alles Personal, das mittelbar oder unmittelbar mit dem Lager in Verbindung steht
Gebäudekosten	Oder Raumkosten
Abschreibungen	Auf Investitionen für die Einrichtungen und den Betrieb der Lager
Zinsen auf gebundenem Kapital	
Instandhaltungs- und Wartungskosten	Auf den Einrichtungen, den Fördermitteln des Lagers, für das System
Heizungs-, Beleuchtungs-, Klimakosten	
Energiekosten	Für den Betrieb der Lagereinrichtungen (automatisierte, mechanisierte Lagerbeschickung und Lagerentnahme)
Versicherungskosten	Auf dem Inventar, auf den Einrichtungen, den Gebäuden, SUVA usw.
Kosten des Schwundes	
Systemkosten	IT-Infrastrukturkosten

Lösung zu Szenario 2

16. Lagerkosten in CHF = 36 000.00 + 105 000.00 + 17 000.00 + 5 000.00 + 1 000.00 = 164 000.00

Durchschnittliche Kapitalbindung im Lager + durchschnittlicher Bestand «Ware in Arbeit» = 850 000.00

+ 3 400 000.00 × 20% = 1 530 000.00

Lagerkostensatz ohne Zinsen = 164 000.00 / 1 530 000.00 = 0.107 oder 10.7%

Lagerkostensatz total = 10.7 + 10 = 20.7%

Lösungen zu Kapitel Entsorgungslogistik & Arbeitssicherheit

Lösung zu Entsorgungslogistik

1. **Wieder-Verwendung:** Das ursprüngliche Produkt wird ohne Veränderung für den ursprünglichen Zweck wiederum eingesetzt, z. B. Mineralwasserflaschen mit Pfand, die zurück an den Mineralwasserabfüller gehen und nach Reinigung und Desinfektion wieder mit Mineralwasser gefüllt werden.

   Weiter-Verwendung: Das ursprüngliche Produkt wird ohne – wesentliche – Veränderung für einen anderen Zweck verwendet, z. B. Lastwagenpneu als Spielschaukel auf einem Kinderspielplatz oder als Puffer in einem Bootshafen.

   Wieder-Verwertung: Der Werkstoff des ursprünglichen Produktes wird dazu verwendet, wiederum das gleiche Produkt herzustellen, z. B. Glasflaschen werden eingeschmolzen, um wieder Flaschen zu fertigen, oder Altpapier zu Recycling-Papier.

   Weiter-Verwertung: Das ursprüngliche Produkt wird in einem Produktionsprozess zu einem neuen Produkt umgeformt, z. B. alte Pneus zerkleinert als Zuschlagstoff für speziellen Strassenbelag.

Lösung zu Szenario 1

2. Sammeln und Trennen von Abfällen

   Absaugen von Stäuben, Gasen und Dämpfen, getrennt nach Art

   Bereitstellen von geeigneten Sammelbehältern, dezentral an den Orten des Abfallanfalles und zentral

   Lagern der unterschiedlichen Abfallarten getrennt nach Abfallkategorien

   Identifizieren und Kennzeichnen der gesammelten Abfälle

   Trennen von Stäuben, Gasen und Dämpfen von der abgesaugten Luft in Filteranlagen sowie anschliessendem Sammeln der Filterrückstände in spezialisierten Behältern

   Eventuell Verdichten lockerer Abfälle zur Volumenreduktion

   Abtransport zur weiteren Behandlung ausserhalb des Unternehmens, meist durch spezialisierte Dienstleister

   Entwicklung von Konzepten zur Abfallvermeidung und Abfallbeseitigung unter Einbezug aller Bereiche des Unternehmens, auch des administrativen Bereiches

9 Lösungen BPL

Lösungen zu Szenario 2

3. a) Abfall im Fertigungsbereich kann dadurch vermieden werden, dass das beschaffte Ausgangsmaterial, wie Holzplatten und Stahlrohre, möglichst genau auf die benötigten Endmasse abgestimmt beschafft wird. So entsteht weniger Abfall an Holz und Stahl. Das heisst, dass bereits in der Beschaffungslogistik angesetzt werden muss.

Bei der Bearbeitung sollen Werkzeuge und Maschinen zum Einsatz kommen, die schmale Schnitte ermöglichen, wodurch die Menge der Späne reduziert wird. Dies ist allerdings bearbeitungstechnologisch begrenzt.

Verpackungsmaterial könnte so konzipiert werden, dass es mehrfach verwendet wird. Dies gilt insbesondere für die Distributionslogistik.

Im Bürobereich soll vor allem darauf geachtet werden, dass der Papierverbrauch durch Ausdrucke und Kopien auf ein Minimum beschränkt wird, also Annäherung an das «papierlose Büro».

b) Bevor mit der Konkretisierung eines Konzeptes begonnen werden kann, muss ein umfassendes, vollständiges Inventar aller Abfälle erstellt werden mit Schätzungen der jährlichen Gesamtmenge und – bei stärkeren zeitlichen Schwankungen – eventuell auch Angaben hierüber. Dieses Inventar ermöglicht erst, die Grösse der Abfallbehälter sowie deren Austauschzyklen festzulegen und mit externen Dienstleistern entsprechende Dienstleistungsverträge auszuhandeln.

Wichtig ist, dass dort, wo Abfälle auftreten, vor allem in der Holz- und Metallbearbeitung, die Abfallmaterialien sauber getrennt werden. Dazu sind deutlich beschriftete Sammelbehälter in genügender Anzahl aufzustellen, sodass keine langen Transportwege entstehen, die die Mitarbeiter unter Umständen abhalten würden, konsequent und regelmässig auf Abfallbeseitigung zu achten.

Für alle Stäube, Dämpfe und Gase sind ausreichend leistungsfähige Absauganlagen zu installieren, deren Filteranlagen eine hochgradige Abscheidung von der Abluft, die über Dach abzuführen ist, ermöglichen müssen.

Auch im Speditionsbereich, wo voraussichtlich Verpackungsabfälle entstehen, sind entsprechende Behälter aufzustellen.

Für alle Abfälle bzw. für die entsprechenden Container ist an geeignetem, gut zugänglichem Ort im Gelände der Firma Platz auszuscheiden, um den Abtransport durch einen externen Dienstleister möglichst einfach und effizient gestalten zu können.

9

Lösungen BPL

Lösung zu Szenario 3

4. a) 25 Muldenwechsel à CHF 280.00 = CHF 7 000.00

   Entsorgungskosten für 50 Tonnen à CHF 120.00 = CHF 6 000.00

   Totale Entsorgungskosten pro Jahr: CHF 13 000.00

   b) Durch den Wegfall von 0.84 Tonnen pro Mulde mit einem Volumenanteil von 6 m^3 × 60% = 3.6 m^3

   entstehen folgende Entsorgungskosten:

   – Anzahl Transporte: (25 Transporte / 6 m^3) × (6 m^3 – 3.6 m^3) = 10 Transporte pro Jahr

   – Entsorgungsmenge: 50 Tonnen – (0.84 Tonnen × 25 Container) = 29 Tonnen

   – Kosten: 10 Transporte à 280.00 + 29 Tonnen à 120.00 = CHF 6 280.00

   – Folglich werden die Minderkosten: bisher CHF 13 000.00 – 6 280.00 = CHF 6 720.00

   – Gutschriften: 0.84 Tonnen × 25 Container = 21 Tonnen Ballen 21 Tonnen × CHF 17.50 = CHF 3 675.00

   – Hinzu kommen Betriebs- und Investitionskosten:

     – Betriebskosten 12 × 180.00 = CHF 2 160.00

     – Investitionskosten: 9 000.00 / 6 Jahre + (9 000.00 / 2) × 8% = CHF 1 860.00

     – Summe Kosten Ballenpresse: CHF 4 020.00

   – Damit ergeben sich jährliche Einsparungen von: 6 720.00 + 3 675.00 – 4.020.00 = 6 375.00

   c) 9 000.00 / 6 375.00 = 1.41 Jahre

   d) Die Anschaffung der Ballenpresse wird mit der Begründung empfohlen, dass die Refinanzie

   rungszeit sehr kurz ist und dass damit auch ein wichtiges Zeichen gegenüber den Mitarbeitern

   und den Kunden gesetzt wird. Ausserdem ist zu erwarten, dass die Entsorgungskosten in Zukunft

   steigen werden.

Lösung zu Wissensfragen zum Umweltmanagement und zur Entsorgungslogistik

5. ISO 14000

6. – Rohstoffverbrauch

   – Energieverbrauch

   – Wasserverbrauch

   – Luftverunreinigungen

   – Einsatz von Gefahrstoffen (Lösungsmittel, Gifte, gefährliche Chemikalien …)

   – Abfall insbesondere in der Fertigung und Distribution

   – Lärmemissionen

   – Umweltgerechte Entsorgung

7. – Vermeiden von Abfällen

   – Vermindern von Abfällen

   – Trennen von Abfällen

   – Sammeln der verschiedenen Abfälle in geeigneten Sammelbehältern, die in der nötigen Anzahl

     bereitzustellen sind

   – Identifizieren, Etikettieren der gesammelten Abfälle

   – Verdichten, Komprimieren loser Abfälle zur Volumenreduktion

   – Transportieren

   – Richtiges Lagern (insbesondere Gefahrenstoffe)

   – Schulen der Mitarbeiter im Hinblick auf die Einführung und Umsetzung eines Entsorgungs- und

     Umweltkonzeptes

Lösungen BPL

9

Lösungen zu Kapitel Qualität und Logistik[1]

Lösung zu Qualität und Logistik

1. – Fehlerverhütungskosten

   – Prüfkosten

   – Fehlerkosten

Lösungen zu Qualitätsmanagement

2. – Systemaudit: analysiert das QM-Handbuch des Betriebes

   – Prozessaudit: analysiert die Verfahrensanweisungen bzw. die Prozessbeschreibungen

   – Produktaudit: analysiert die Arbeitsanweisungen zur Bearbeitung der Produkte

3. ISO 9000

4. Eine Zertifizierung nach ISO 9001 ist ein von dem zu zertifizierenden Betrieb unabhängiger Nachweis, dass die Umsetzung des Qualitätsmanagements einem bestimmten Standard entspricht[2]. Der Nachweis muss durch eine vom Betrieb unabhängige Institution erfolgen.

5. – Stichprobenentnahme nur durch ausgebildetes Personal

   – Keine systematische Entnahme der Proben

   – Statistisch gestreute Entnahme aus der gesamten Charge, dem gesamten Los

1 H.-J. Mathar, J. Scheuring: Logistik für technische Kaufleute, compendio Bildungsmedien, Zürich, 3., überarbeitete Auflage 2014, Kapitel 1.4, S. 17 ff.

2 H.-J. Mathar, J. Scheuring: Logistik für technische Kaufleute, compendio Bildungsmedien, Zürich, 3., überarbeitete Auflage 2014, Kapitel 1.4.5, S. 34 f.

9

Lösungen BPL

Lösung zu Qualitätswerkzeuge

6. a)

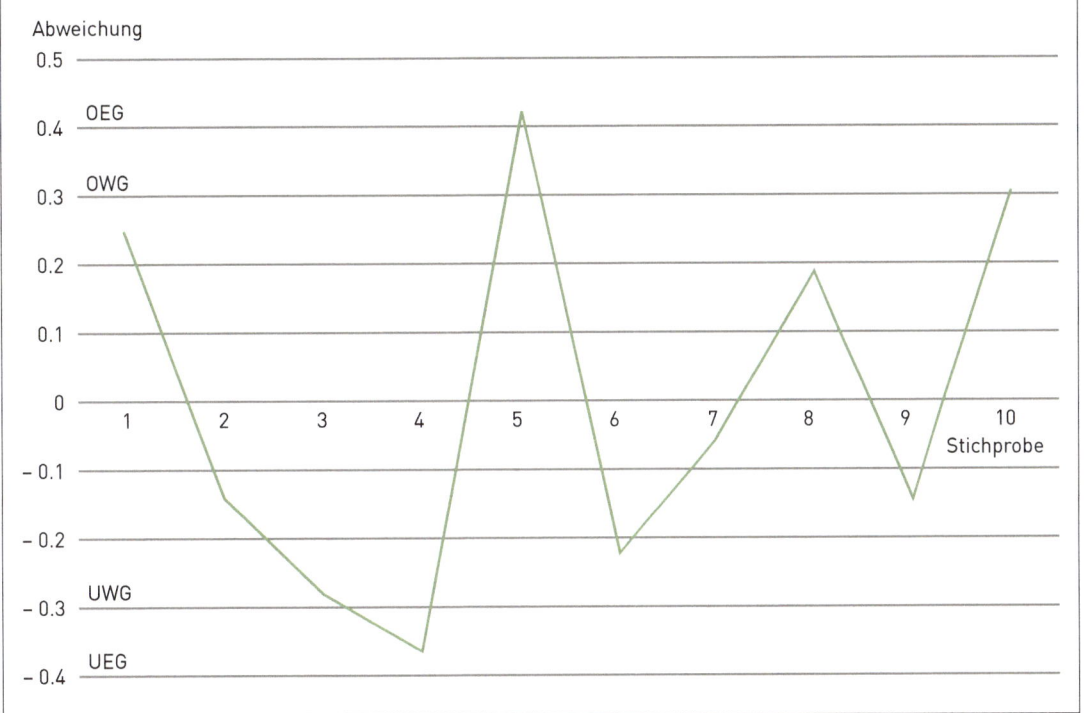

b) Da nur ein einziger Stichprobenwert die Eingreifgrenze, in diesem Fall die obere, überschreitet, muss diese Charge zunächst gesperrt werden. Danach ist zu entscheiden, ob durch weitere Stichproben oder durch eine Stückprüfung die Charge untersucht werden muss, um einen Verwendungsentscheid fällen zu können.

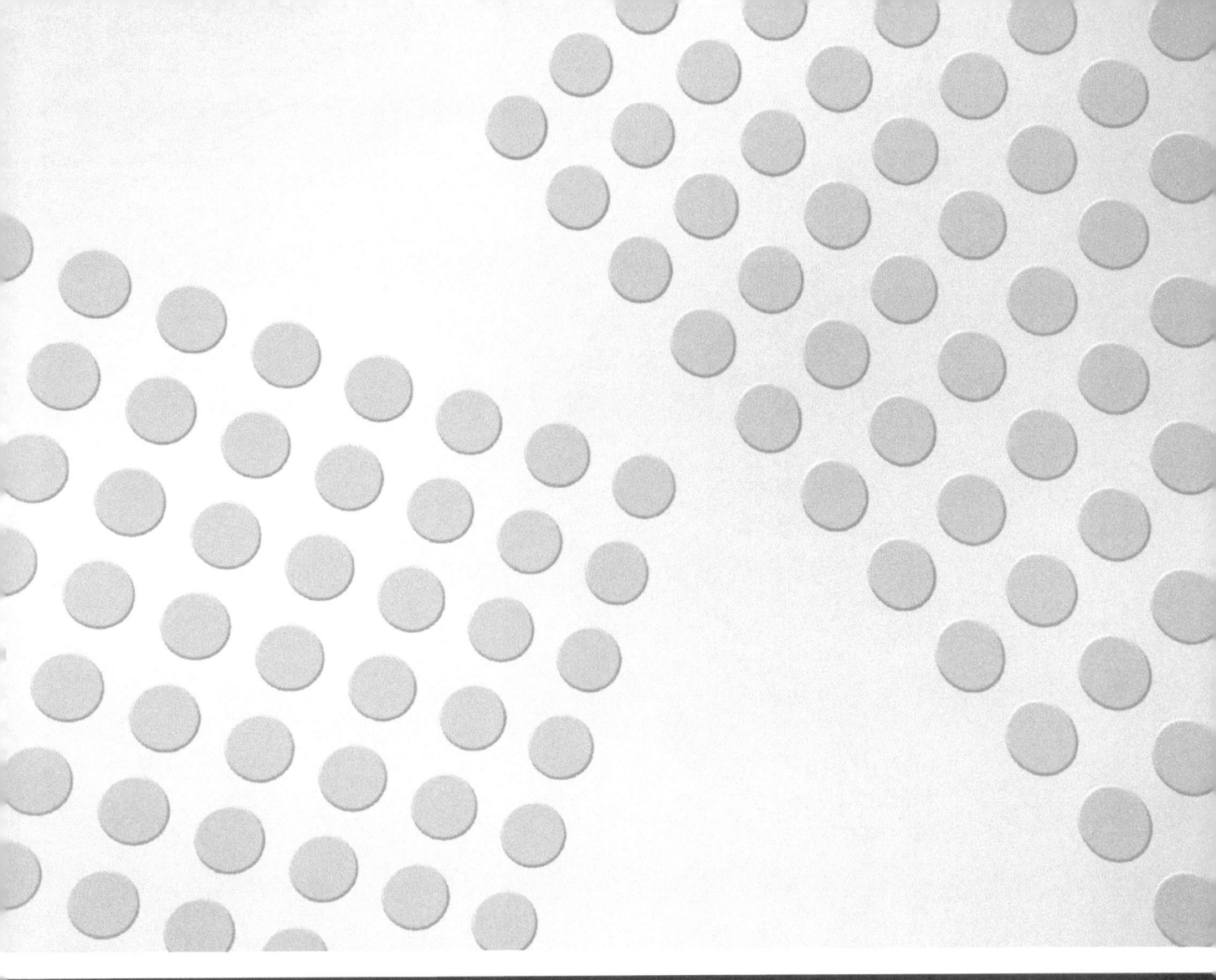

Anhang

Bildquellenverzeichnis
Internetquellen

Anhang

Bildquellenverzeichnis

Fotolia Deutschland GmbH, Berlin: S. 16 (ribtoks), S. 20 (a7880ss), S. 23 (jijomathai), S. 41 (vladimircaribb), S. 46 (Pixel), S. 50 (envfx), S. 53 (the fan), S. 66 (hywards), S. 111 (Robert Kneschke), S. 111 (Picture-Factory); Meierhofer AG: S. 116; SuisseCo GmbH: S. 17; Red Hat: S. 24; ITACS Training AG: S. 37; Universität Siegen, Herr Prof. Dr, Manfred Grauer (Vorlesung Informationswirtschaft): S. 52; David Urbealis: S. 54; elektroniktutor.de: (Herr Detlef Mietke) S. 60 (AVM GmbH, Berlin) S. 60; TeleGeography: S. 62; Cisco Systems: S. 62; Learn Internet Basics: S. 64; Packetdesign: S. 64; Technische Kaufleute – Informatik (Herr Oliver Lux): S. 85; GPS Gesellschaft zur Prüfung von Software mbH: S. 112–113;

Internetquellen

www.wikipedia.ch

www.wikipedia.org

www.conrad.ch

www.tiobe.com

www.vr-zone.com

www.allgemeinbildung.ch

www.what-when-how.com

www.swisscom.ch

www.ictroom.com

www.bexio.com

www.objective-partner.com

www.office-loesung.de

www.tiobe.com

www.zen.co.uk

www.elektroniktutor.de

www.suisseco.com

www.studyblue.com

www.submarinecablemap.com

www.cisco.com

www.learninternetbasics.com

www.packetdesign.com

A

Anhang